丛书总主编　陈宜瑜
丛书副总主编　于贵瑞　何洪林

中国生态系统定位观测与研究数据集

草地与荒漠生态系统卷

内蒙古奈曼站
（2005—2015）

李玉强　李玉霖　刘新平　主编

中国农业出版社
北　京

图书在版编目（CIP）数据

中国生态系统定位观测与研究数据集．草地与荒漠生态系统卷．内蒙古奈曼站：2005-2015 / 陈宜瑜总主编；李玉强，李玉霖，刘新平主编．—北京：中国农业出版社，2022.11
ISBN 978-7-109-29357-1

Ⅰ．①中… Ⅱ．①陈… ②李… ③李… ④刘… Ⅲ．①生态系－统计数据－中国②草地－生态系－统计数据－奈曼旗－2005－2015③荒漠－生态系－统计数据－奈曼旗－2005－2015 Ⅳ．①Q147②S812③R942.264.73

中国版本图书馆 CIP 数据核字（2022）第 078704 号

ZHONGGUO SHENGTAI XITONG DINGWEI GUANCE YU YANJIU SHUJUJI

中国农业出版社出版
地址：北京市朝阳区麦子店街 18 号楼
邮编：100125
责任编辑：李昕昱　文字编辑：郝小青
版式设计：李　文　责任校对：周丽芳
印刷：中农印务有限公司
版次：2022 年 11 月第 1 版
印次：2022 年 11 月北京第 1 次印刷
发行：新华书店北京发行所
开本：889mm×1194mm　1/16
印张：24
字数：726 千字
定价：98.00 元

丛书指导委员会

中国生态系统定位观测与研究数据集
草地与荒漠生态系统卷·内蒙古奈曼站

编 委 会

主　编　李玉强　李玉霖　刘新平

编　委　（按拼音顺序排序）

陈　敏　段育龙　冯　静　黄文达

李玉霖　李玉强　连　杰　刘新平

罗亚勇　罗永清　潘成臣　曲　浩

苏　娜　王立龙　王旭洋　云建英

张　蕊　张铜会　赵学勇

进入 20 世纪 80 年代以来，生态系统对全球变化的反馈与响应、可持续发展成为生态系统生态学研究的热点，通过观测、分析、模拟生态系统的生态学过程，可为实现生态系统可持续发展提供管理与决策依据。长期监测数据的获取与开放共享已成为生态系统研究网络的长期性、基础性工作。

国际上，美国长期生态系统研究网络（US LTER）于 2004 年启动了 Eco Trends 项目，依托 US LTER 站点积累的观测数据，发表了生态系统（跨站点）长期变化趋势及其对全球变化响应的科学研究报告。英国环境变化网络（UK ECN）于 2016 年在 *Ecological Indicators* 发表专辑，系统报道了 UK ECN 的 20 年长期联网监测数据推动了生态系统稳定性和恢复力研究，并发表和出版了系列的数据集和数据论文。长期生态监测数据的开放共享、出版和挖掘越来越重要。

在国内，国家生态系统观测研究网络（National Ecosystem Research Network of China，简称 CNERN）及中国生态系统研究网络（Chinese Ecosystem Research Network，简称 CERN）的各野外站在长期的科学观测研究中积累了丰富的科学数据，这些数据是生态系统生态学研究领域的重要资产，特别是 CNERN/CERN 长达 20 年的生态系统长期联网监测数据不仅反映了中国各类生态站水分、土壤、大气、生物要素的长期变化趋势，同时也能为生态系统过程和功能动态研究提供数据支撑，为生态学模型的验证和发展、遥感产品地面真实性检验提供数据支撑。通过集成分析这些数据，CNERN/CERN 内外的科研人员发表了很多重要科研成果，支撑了国家生态文明建设的重大需求。

近年来，数据出版已成为国内外数据发布和共享，实现"可发现、可访问、可理解、可重用"（即 FAIR）目标的重要手段和渠道。CNERN/CERN 继 2011 年出版"中国生态系统定位观测与研究数据集"丛书后再次出版新一期数据集丛书，旨在以出版方式提升数据质量、明确数据知识产权，推动融合专业理论或知识的更高层级的数据产品的开发挖掘，促进 CNERN/CERN 开放共享由数据服务向知识服务转变。

该丛书包括农田生态系统、草地与荒漠生态系统、森林生态系统以及湖泊湿地海湾生态系统共 4 卷（51 册）以及森林生态系统图集 1 册，各册收集了野外台站的观测样地与观测设施信息，水分、土壤、大气和生物联网观测数据以及特色研究数据。本次数据出版工作必将促进 CNERN/CERN 数据的长期保存、开放共享，充分发挥生态长期监测数据的价值，支撑长期生态学以及生态系统生态学的科学研究工作，为国家生态文明建设提供支撑。

2021 年 7 月

科学数据是科学发现和知识创新的重要依据与基石。大数据时代，科技创新越来越依赖于科学数据综合分析。2018 年 3 月，国家颁布了《科学数据管理办法》，提出要进一步加强和规范科学数据管理，保障科学数据安全，提高开放共享水平，更好地为国家科技创新、经济社会发展提供支撑，标志着我国正式在国家层面加强和规范科学数据管理工作。

随着全球变化、区域可持续发展等生态问题的日趋严重以及物联网、大数据和云计算技术的发展，生态学进入"大科学、大数据"时代，生态数据开放共享已经成为推动生态学科发展创新的重要动力。

国家生态系统观测研究网络（National Ecosystem Research Network of China，简称 CNERN）是一个数据密集型的野外科技平台，各野外台站在长期的科学研究中，积累了丰富的科学数据。2011 年，CNERN 组织出版了"中国生态系统定位观测与研究数据集"丛书。该丛书共 4 卷、51 册，系统收集整理了 2008 年以前的各野外台站元数据，观测样地信息与水分、土壤、大气和生物监测以及相关研究成果的数据。该丛书的出版，拓展了 CNERN 生态数据资源共享模式，为我国生态系统研究、资源环境的保护利用与治理以及农、林、牧、渔业相关生产活动提供了重要的数据支撑。

2009 年以来，CNERN 又积累了 10 年的观测与研究数据，同时国家生态科学数据中心于 2019 年正式成立。中心以 CNERN 野外台站为基础，生态系统观测研究数据为核心，拓展部门台站、专项观测网络、科技计划项目、科研团队等数据来源渠道，推进生态科学数据开放共享、产品加工和分析应用。为了开发特色数据资源产品、整合与挖掘生态数据，国家生态科学数据中心立足国家野外生态观测台站长期监测数据，组织开展了新一版的观测与研究数据集的出版工作。

本次出版的数据集主要围绕"生态系统服务功能评估""生态系统过程与变化"等主题进行了指标筛选，规范了数据的质控、处理方法，并参考数据论文的体例进行编写，以翔实地展现数据产生过程，拓展数据的应用范围。

该丛书包括农田生态系统、草地与荒漠生态系统、森林生态系统以及湖泊湿地海湾生态系统共 4 卷（51 册）以及图集 1 本，各册收集了野外台站的观测样地与观测设施信息，水分、土壤、大气和生物联网观测数据以及特色研究数据。该套丛书的再一次出版，必将更好地发挥野外台站长期观测数据的价值，推动我国生态科学数据的开放共享和科研范式的转变，为国家生态文明建设提供支撑。

2021 年 8 月

CONTENTS

目 录

第1章

□□□□□□□□□□□□□□□□□□□□□□□□□□

台 站 介 绍

1.1 台站简介

奈曼沙漠化研究站（以下简称奈曼站）正式建于 1985 年，前身为中国科学院兰州沙漠研究所奈曼沙漠化研究站，依托单位为中国科学院西北生态环境资源研究院。奈曼站于 1992 年加入中国生态系统研究网络（CERN），2003 年被确定为国家林业局沙尘暴地面观测站，2004 年成为国家自然科学基金委员会奈曼青少年科学教育基地，2005 年正式成为国家野外科学观测研究站，2013 年成为奈曼旗生态文明教育基地，2015 年成为通辽市青少年生态文明教育基地，2019 年成为内蒙古自治区科普示范基地。

奈曼站历史悠久，属中国科学院生态系统研究网络（CERN）的骨干台站之一。奈曼站地处中国北方农牧交错带最具代表性的科尔沁沙地，是我国唯一专门从事土地沙漠化及其治理研究的野外科学观测研究站，研究领域是包括农田和草地在内的农牧复合生态系统。

奈曼站在土地沙漠化治理研究方面颇具特色，已有较多成果，其科研成果为"三北"防护林、京津风沙源治理、退耕还林还草等国家重大生态工程建设提供了有力支撑。同时，奈曼站在建站之初就认识到发展农牧业经济是实现土地沙漠化治理的根本途径，多年来着力开发高效农牧业经济发展关键技术和模式，通过引种适地丰产作物及林草品种，有效改善了当地居民的饮食结构，提高了农牧民的经济收入和生活质量，为科尔沁沙地乃至整个北方农牧交错带的绿色发展和脱贫攻坚重大任务的完成提供了关键技术和模式支持。

1.1.1 自然概况

奈曼站位于内蒙古自治区通辽市奈曼旗境内，地理坐标：120°42′00″E，42°55′00″N。平均海拔358 m，干燥度 1.4～1.8。多年平均降水量 350～500 mm，蒸发量 1 500～2 500 mm。多年平均气温3～7 ℃，≥10 ℃积温 2 300～3 200 ℃，无霜期 90～140 d。多年平均风速在 3.5～4.5 m/s，每年大风日数 20～60 d。

奈曼站所处的科尔沁沙地地处东北平原与内蒙古高原、半湿润与半干旱、农与牧 3 条过渡带的交汇处，农田、草地、沙地 3 种生态系统并存，土壤、植被、微气候梯度变化明显，是我国北方农牧交错区过渡带特征最典型的地区，所代表的农牧交错区面积 60 万～80 万 km²。

奈曼全旗境内有 6 个土壤类型、16 个土壤亚类、40 个土属和 98 个土种。草甸土主要分布在海拔250～300 m 的河流沿岸河漫滩、一级阶地及境内坨间甸子上；风沙土主要分布在海拔 280～380 m 的西北部和中部；栗钙土主要分布在教来河以南；盐土主要分布在与重度盐化草甸土毗邻地区；沼泽土分布在沼泽周围；褐土分布在海拔 400～650 m 的南部低山丘陵地区。该地土壤基质不稳定，起沙风频繁强劲，降水变化大，生态环境十分脆弱，沙漠化面积和年均发展速度分别占全国的 19.3% 和65.2%，每年都有近万平方千米草场和约 7 000 km² 农田被流沙吞蚀，约 30% 的农田因受风沙危害而减产，是我国最典型的风沙生态环境脆弱区。

奈曼全旗境内植被类型有 7 种，植物 300 多种，其中禾本科、菊科、豆科植物占优势。疏林草原植被分布在南部山区，主要植物有山杏（*Prunus sibirica*）、白茅（*Imperata cylindrica*）等。阔叶灌木疏林草原植被分布在黄土丘陵和山前平原，主要植物有荆条（*Vitex negundo*）、白茅等。半干旱草原植被分布在黄土丘陵以北，主要植物有大针茅（*Stipa grandis*）、羊草（*Leymus chinensis*）等。沙生半干旱草原植被分布在西北部、北部、东北部、中部地带，主要植物有黄柳（*Salix gordejevii*）、锦鸡儿（*Caragana sinica*）和大针茅等。

1.1.2　社会经济条件

奈曼旗是一个以蒙古族为少数民族主体、汉族占多数的少数民族聚居区，包括蒙古族、汉族、满族、朝鲜族、回族、达斡尔族等 19 个民族。奈曼旗矿产与能源缺乏，工业基础薄弱，农牧业人口占全旗总人口的 70.0%，但农牧业产值仅占社会总产值的 18.3%。奈曼旗是我国沙漠化最严重的地区，早在 1986 年，奈曼旗便被确定为第一批国家扶贫开发重点旗，贫困现象极为普遍，经过 30 年的努力奋斗，到 2016 年末，全旗贫困人口由最初的 21.8 万减少到 2.8 万，贫困发生率由 57.7% 减小为 7.4%，现已顺利脱贫，各方面良性发展。此外，该地是我国十大沙漠（地）中水热条件最好的地区。这里既是我国沙漠化重点治理区，又是内蒙古的商品粮和商品畜牧业生产基地，是我国北方沙地治理及农业开发的典型试验示范区。

1.1.3　区域和领域代表性

（1）奈曼站以科尔沁沙地为核心研究区域，是我国北方农牧交错生态脆弱区和半干旱风沙区的典型代表。

科尔沁沙地地带性植被为稀树草原，但是过去 200 多年传统农业的不断发展使区域林草景观发生了根本变化，形成了农田和草地生态系统镶嵌分布的沙地景观。科尔沁沙地耕地农业和草地农业交错发展，农田和草地面积分别占区域总面积的 29% 和 48%。

科尔沁沙地主体分布于西辽河冲积平原，堆积了第四纪以来深厚的沙质疏松土层，抗干扰能力很弱，在干旱和强风作用下极易发生土壤风蚀或风积。特别是人类过度放牧、乱开垦、乱樵采和不合理利用水资源等破坏了覆盖良好的原生植被，深厚的沙层在风力作用下就地起沙，形成各种风沙地貌，严重威胁区域生态环境安全和社会经济发展。因此，科尔沁沙地土地沙漠化过程具有典型的区域特征，是包括呼伦贝尔沙地、浑善达克沙地与毛乌素沙地在内的北方半干旱风沙活动区的典型代表。

奈曼站的核心研究区域是科尔沁沙地，处于蒙古高原向东北平原的倾斜区、我国东部半湿润与半干旱气候过渡区、传统畜牧业和耕地农业的契合发展带等多个过渡区的交汇处，区域内降水时空波动性大，土地利用方式多样，人类活动干扰强烈，生态环境极其脆弱，是我国生态脆弱区的典型代表。

（2）奈曼站处于耕地农业和草地农业的契合发展带，农田生态系统和草地生态系统交错共存，是农牧复合生态系统的典型代表。

奈曼站处于北方农牧交错带，区域内既有大面积农田，又存在相当大面积的天然草地，农田生态系统和草地生态系统交错共存，两种系统都有各自的结构和功能，同时又相互影响，属于典型的农牧复合生态系统。这类系统空间结构相对复杂，功能多样，但环境脆弱，易发生退化，北方干旱半干旱地区往往是土地沙漠化较为严重的区域。奈曼站的研究领域代表了农田和草地交错共存的农牧复合生态系统。

1.2　研究方向

1.2.1　重点学科方向

长期以来，奈曼站重点关注以科尔沁沙地为核心区域的北方农牧交错带土地沙漠化及其治理这一科学问题，土地沙漠化研究既是农学、草原学和自然地理学的交叉融合，又是沙漠学、生态学、土壤学、林学等多学科的综合，并且涉及生态经济学和可持续发展生态理论的具体实践和应用。多年来，基于在沙区的治沙实践，奈曼站形成了以恢复生态学为主，土壤学、生态水文学、荒漠草地生态学等优势学科相互融合、协同发展的学科体系。

基于北方农牧交错带典型区科尔沁沙地的土地沙漠化及其治理研究，奈曼站已明确了区域土地沙漠化类型、程度与成因，阐明了固沙植被恢复演替规律和时空格局特征，研发示范了"小生物圈模式"等一系列沙化土地治理技术和模式，实现了科尔沁沙地土地沙漠化的整体逆转。"奈曼沙漠化土地综合整治模式"及其相关理论和技术也被联合国环境规划署（UNEP）、联合国开发计划署（UN-DP）和联合国其他相关机构作为长期的基本培训教材和科普宣传内容，并于1998年获得了联合国颁发的"拯救干旱区土地成功业绩奖"。

1.2.2　主要研究领域

奈曼站以内蒙古东部的科尔沁沙地为基础，面向我国北方农牧交错带，以沙漠化治理和区域农牧业可持续发展的国家重大战略需求为导向，聚焦半干旱地区生态恢复的基础科学问题，开展沙漠化治理和典型农牧复合生态系统定位观测、试验研究、技术示范、人才培养和科普教育，力争建成具有重要国际影响力的区域研究中心，为国家生态安全及区域农牧业经济发展决策提供科技支撑。主要研究领域包括以下几点。

1.2.2.1　农牧复合生态系统变化长期定位观测

基于北方农牧交错带的自然环境特点，按照定位观测的标准和规范，对区域内农田生态系统和草地生态系统的重要生态过程及区域水环境、土壤环境、大气环境和生物环境等生态要素进行长期定位观测，为深入认识农牧复合生态系统变化过程及作用机理提供数据支持。

1.2.2.2　土地沙漠化发生机制研究

针对我国北方农牧交错带土地沙漠化的成因、分布和气候特征系统开展沙漠化过程与土地利用变化关系的研究，分析土地沙漠化过程与自然因素和社会因素的关系，揭示其变化规律及驱动机制，为沙漠化土地的治理与持续恢复提供理论依据。

1.2.2.3　退化农牧复合生态系统持续恢复机理研究

在充分认识区域生态环境变化的基础上，研究退化农牧复合生态系统自然恢复和人工重建的有效途径，揭示恢复过程中生态系统结构与功能的演变及发生机制，分析退化生态系统恢复过程中的生态环境效应及其与气候变化的关系，评估生态系统恢复过程中资源合理利用的可行性与持续性，预测恢复生态系统结构和功能的变化趋势。

1.2.2.4　沙化土地治理技术和农牧业可持续发展模式试验示范

面向国家防沙治沙重点生态建设工程和区域可持续发展的技术需求，研发北方农牧交错带沙漠化土地治理和生态恢复的关键技术与高效、环境友好的农牧复合生态系统优化管理模式，通过野外站的平台优势开展技术和模式的示范服务，为区域生态建设和可持续发展提供科技支撑。

1.3　研究成果

2013—2018年，奈曼站共承担61项科研任务，其中国家重点基础研究发展计划项目"中国北方沙漠化过程及其防治研究""干旱区绿洲化、荒漠化过程及其对人类活动、气候变化的响应与调控"和"植物固沙的生态水文学机理过程及调控"，国家重点研发计划项目"中国北方半干旱荒漠区沙漠化防治关键技术与示范"，国家科技支撑项目"半干旱受损生态系统恢复与资源持续利用技术试验示范"等国家及省部级重大研究任务30余项，合同经费7 644万元。在这些项目的支持下，奈曼站取得了一批有重要影响的研究成果。2013—2018 年，共出版专著 4 部，在 *Geoderma*、*Catena*、*Ecology and Evolution*、*Soil Biology and Biochemistry*、*Land Degradation and Development* 等有国际影响力的刊物上发表论文 196 篇。此外，还获批专利及软件著作权 16 项。

长期以来，奈曼站一直以半干旱农牧交错带土地沙漠化及其治理为研究方向，在沙漠化成因、过程及其逆转机理研究，沙地生态系统的结构、功能与管理，退化生态系统恢复重建的生物学机理研究等方面取得丰富成果，受到高度肯定。"半干旱典型黄土区与沙地退化土地持续恢复技术"获 2016 年度甘肃省科技进步一等奖，"风沙灾害防治理论与关键技术应用"获 2018 年度国家科技进步二等奖（图 1-1）。

图 1-1　甘肃省科技进步一等奖和国家科学技术进步二等奖

第 2 章

主要样地(点)与观测设施

2.1 概述

基于北方农牧交错带东端科尔沁沙地的自然环境特点，按照定位观测的标准和规范，奈曼站对区域内农田生态系统和草地生态系统的重要生态过程及区域水环境、土壤环境、大气环境和生物环境等生态要素进行长期定位观测和研究。截至 2018 年，奈曼站共建有农田综合观测场等典型生态系统长期观测样地（点）9 个（图 2-1），采样地达 27 个，其中水分观测采样地 21 个、土壤采样地 6 个、生物采样地 6 个（表 2-1）。根据科学研究的需要，各观测与试验场内共设有 27 个观测设施，安装有自动气象辐射观测系统、中子水分管、水面蒸发仪、大型蒸渗仪、土壤温湿盐自动观测系统等野外观测与试验设备，长期动态观测气象、水文、土壤以及生物等要素。

图 2-1 奈曼站长期观测样地（点）分布

表 2-1 奈曼站长期观测样地（点）与观测设施

序号	观测样地（点）名称	观测场代码	采样地与观测设施名称
			奈曼站农田综合观测场生物土壤采样地（NMDZH01ABC_01）
			奈曼站农田综合观测场中子管采样地（NMDZH01CTS_01）
1	奈曼站农田综合观测场	NMDZH01	奈曼站农田综合观测场烘干法采样地（NMDZH01CHG_01）
			奈曼站农田综合观测场地下水水位观测点（NMDZH01CDX_01）

（续）

序号	观测样地（点）名称	观测场代码	采样地与观测设施名称
1	奈曼站农田综合观测场	NMDZH01	奈曼站农田综合观测场地下水水质观测点（NMDZH01CDX_02） 奈曼站农田综合观测场大型蒸渗仪（NMDZH01CZS_01） 奈曼站农田综合观测场土壤温湿盐观测系统（NMDZH01CTS_01）
2	奈曼站沙地综合观测场	NMDZH02	奈曼站沙地综合观测场生物土壤长期采样地（NMDZH02ABC_01） 奈曼站沙地综合观测场中子管采样地（NMDZH02CTS_01） 奈曼站沙地综合观测场烘干法采样地（NMDZH02CHG_01） 奈曼站沙地综合观测场地下水水质观测点（NMDZH02CDX_01） 奈曼站沙地综合观测场地下水水位观测点（NMDZH02CDX_02）
3	奈曼站农田辅助观测场	NMDFZ01	奈曼站农田辅助观测场生物土壤采样地（NMDFZ01ABC_01） 奈曼站农田辅助观测场烘干法采样地（NMDFZ01CHG_01）
4	奈曼站固定沙丘辅助观测场	NMDFZ02	奈曼站固定沙丘辅助观测场生物土壤采样地（NMDFZ02ABC_01） 奈曼站固定沙丘辅助观测场中子管采样地（NMDFZ02CTS_01） 奈曼站固定沙丘辅助观测场烘干法采样地（NMDFZ02CHG_01）
5	奈曼站流动沙丘辅助观测场	NMDFZ03	奈曼站流动沙丘辅助观测场生物土壤采样地（NMDFZ03ABC_01） 奈曼站流动沙丘辅助观测场烘干法采样地（NMDFZ03CHG_01）
6	奈曼站综合气象要素观测场	NMDQX01	奈曼站综合气象要素观测场中子管采样地（NMDQX01CTS_01） 奈曼站综合气象要素观测场E601蒸发皿（NMDQX01CZF_01） 奈曼站综合气象要素观测场雨水采样器（NMDQX01CYS_01） 奈曼站综合气象要素观测场地下水位观测点（NMDQX01CDX_01）
7	奈曼站旱作农田调查点	NMDZQ01	奈曼站旱作农田调查点生物土壤采样地（NMDFZQ01ABC_01） 奈曼站旱作农田调查点烘干法采样地（NMDFZQ01CHG_01）
8	奈曼站灌溉地下水水质观测点	NMDFZ12	奈曼站灌溉地下水采样点（NMDFZ12CGD_01）
9	奈曼站老哈河地表水水质观测点	NMDFZ13	奈曼站老哈河流动地表水采样点（NMDFZ13CLB_01）

2.2 主要样地

2.2.1 奈曼站农田综合观测场（NMDZH01）

奈曼站农田综合观测场位于内蒙古自治区通辽市奈曼旗大柳树林场奈曼站站区内，观测场为多边形，总面积 9 000 m²，中心点坐标：120°42′00″E，42°55′46″N；左下角坐标：120°41′59″E，42°55′47″N；右上角坐标：120°42′01″E，42°55′45″N。观测场于 1997 年建立，2005 年正式开始观测，设计使用年限为 100 年。

观测场为平坦的典型灌溉农田，灌溉用水以地下水为主，耕作体系为玉米，施肥制度为底肥＋追肥，土壤为草甸风沙土。该观测场代表了科尔沁沙地灌溉农田的养分水平、土壤类型、灌溉耕作制度。场地内安装有奈曼站农田综合观测场大型蒸渗仪（NMDZH01CZS_01），设有奈曼站农田综合观测场土壤温湿盐观测系统（NMDZH01CTS_01）、奈曼站农田综合观测场地下水水位观测点

（NMDZH01CDX＿01）、奈曼站农田综合观测场地下水水质观测点（NMDZH01CDX＿02）。主要观测项目如下。

土壤观测项目：表层土壤速效养分（碱解氮、速效钾、有效磷）（1 年 1 次）；表层土壤养分（有机质、全氮、pH、缓效钾）（2～3 年 1 次）；表层土壤速效微量元素（有效钼、有效锰、有效铁、有效硫）（5 年 1 次）；表层土壤交换性阳离子（交换性钙、交换性镁、交换性钾、交换性钠）和阳离子交换量（5 年 1 次）；表层土壤容重、土壤养分全量、微量元素全量、重金属、矿质全量（5 年 1 次）；机械组成、剖面土壤容重（10 年 1 次）。

生物观测项目：作物的生育期、植株性状、生物量、植物样品元素含量及热值等。在植物生长的整个生育期内调查，直到收获。

水分观测项目：农田地下水水质（pH、钙离子、镁离子、钾离子、钠离子、碳酸根离子、重碳酸根离子、氯化物、硫酸根离子、磷酸根离子、硝酸根离子、矿化度、化学需氧量、水中溶解氧、总氮、总磷、电导率、溶解性总固体、总硬度、总碱度、硝酸盐）。

图 2-2 为奈曼站农田综合观测场景观。

图 2-2　奈曼站农田综合观测场景观

2.2.2　奈曼站沙地综合观测场（NMDZH02）

奈曼站沙地综合观测场位于内蒙古自治区通辽市奈曼旗大柳树林场奈曼站站区附近，观测场为多边形，总面积 20 000 m²，中心点坐标：120°41′38″E，42°55′48″N；左下角坐标：120°41′40″E，42°55′50″N；右上角坐标：120°41′36″E，42°55′46″N。观测场建立于 2005 年，设计使用年限为 100 年。

奈曼站沙地综合观测场代表科尔沁沙地严重沙漠化土地的典型类型，100％代表地带性荒漠类型。观测场周边为不同类型的沙丘和丘间低地以及零星分布的小块农田。观测场建立前为有轻度樵采的半固定沙地，没有放牧行为，植物群落组成以黄柳、盐蒿、小叶锦鸡儿（*Caragana microphylla*）等多年生灌木半灌木植物和一年生杂类草为主，处于沙地植物群落演替的初级阶段。场内设有奈曼站沙地综合观测场生物土壤长期采样地（NMDZH02ABC_01）、奈曼站沙地综合观测场中子管采样地（NMDZH02CTS_01）、奈曼站沙地综合观测场烘干法采样地（NMDZH02CHG_01）、奈曼站沙地综合观测场地下水水质观测点（NMDZH02CDX_01）、奈曼站沙地综合观测场地下水水位观测点（NMDZH02CDX_02）。主要观测项目如下。

生物观测项目：灌木层植物群落种类组成、草本层植物群落种类组成、灌木层植物群落特征、草本层植物群落特征、植物群落种子产量、土壤有效种子库、荒漠短命植物生活周期、荒漠植物群落灌木物候观测、荒漠植物群落草本物候观测、荒漠植物群落凋落物回收量季节动态、荒漠植物群落优势植物和凋落物的元素含量与能值。

土壤观测项目：表层土壤速效养分（碱解氮、速效钾、有效磷）（1年1次）；表层土壤养分（有机质、全氮、pH、缓效钾）（2～3年1次）；表层土壤速效微量元素（有效钼、有效锰、有效铁、有效硫）（5年1次）；表层土壤交换性阳离子（交换性钙、交换性镁、交换性钾、交换性钠）和阳离子交换量（5年1次）；表层土壤容重、土壤养分全量、微量元素全量、重金属、矿质全量（5年1次）；机械组成、剖面土壤容重（10年1次）。

水分观测项目：沙地地下水水质（pH、钙离子、镁离子、钾离子、钠离子、碳酸根离子、重碳酸根离子、氯化物、硫酸根离子、磷酸根离子、硝酸根离子、矿化度、化学需氧量、水中溶解氧、总氮、总磷、电导率、溶解性总固体、总硬度、总碱度、硝酸盐）。

图2-3为奈曼站沙地综合观测场景观。

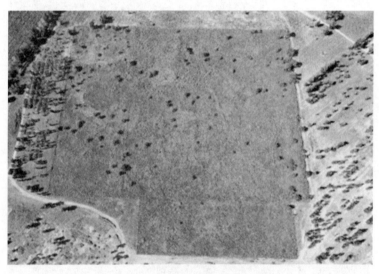

图2-3 奈曼站沙地综合观测场景观

2.2.3 奈曼站农田辅助观测场（NMDFZ01）

奈曼站农田辅助观测场位于内蒙古自治区通辽市奈曼旗大柳树林场奈曼站站区内，观测场为多边形，总面积2 400 m²。中心点坐标为120°42′01″E，42°55′44″N。观测场建立于1997年，2005年开始正式观测。

农田辅助观测场为典型灌溉农田，灌溉用水以地下水为主，耕作体系为玉米，施肥制度为底肥＋追肥，观测场周边为玉米农田，土壤为草甸风沙土。观测场代表了科尔沁沙地灌溉农田的养分水平、土壤类型、灌溉耕作制度。场内设有奈曼站农田辅助观测场生物土壤采样地（NMDFZ01ABC_01）和奈曼站农田辅助观测场烘干法采样地（NMDFZ01CHG_01）。主要观测项目如下。

土壤观测项目：表层土壤速效养分（碱解氮、速效钾、有效磷）（1年1次）；表层土壤养分（有机质、全氮、pH、缓效钾）（2～3年1次）；表层土壤速效微量元素（有效钼、有效锰、有效铁、有效硫）（5年1次）；表层土壤交换性阳离子（交换性钙、交换性镁、交换性钾、交换性钠）和阳离子交换量（5年1次）；表层土壤容重、土壤养分全量、微量元素全量、重金属、矿质全量（5年1次）；机械组成、剖面土壤容重（10年1次）。

生物观测项目：作物的生育期、植株性状、生物量、植物样品元素含量及热值等。在植物生长的整个生育期内调查，直到收获。

图2-4为奈曼站农田辅助观测场景观。

图2-4 奈曼站农田辅助观测场景观

2.2.4 奈曼站固定沙丘辅助观测场（NMDFZ02）

奈曼站固定沙丘辅助观测场位于内蒙古自治区通辽市奈曼旗大柳树林场村内，距离奈曼站区3 km，观测场为多边形，总面积65 000 m²。中心点坐标为120°42′52E，42°56′49″N。该观测场为1985年建立的奈曼站沙地围封固沙试验样地，2005年开始正式观测。

固定沙丘辅助观测场的4 hm²沙丘自1985年开始进行围封固沙试验，现有90％成为固定、半固定沙丘，所代表的地带性荒漠类型面积在辅助观测场中达75％以上，观测场周围主要是人工种植沙地植被区。观测场内无樵采和放牧干扰、坡度平缓，固定沙丘植物优势明显，植物群落为小叶锦鸡儿＋盐蒿＋杂草群落和一年生杂类草。场地内设有奈曼站固定沙丘辅助观测场生物土壤采样地（NMDFZ02ABC_01）、奈曼站固定沙丘辅助观测场中子管采样地（NMDFZ02CTS_01）、奈曼站固定沙丘辅助观测场烘干法采样地（NMDFZ02CHG_01）。主要观测项目如下。

土壤观测项目：表层土壤速效养分（碱解氮、速效钾、有效磷）（1年1次）；表层土壤养分（有机质、全氮、pH、缓效钾）（2～3年1次）；表层土壤速效微量元素（有效钼、有效锰、有效铁、有效硫）（5年1次）；表层土壤交换性阳离子（交换性钙、交换性镁、交换性钾、交换性钠）和阳离子交换量（5年1次）；表层土壤容重、土壤养分全量、微量元素全量、重金属、矿质全量（5年1次）；机械组成、剖面土壤容重（10年1次）。

生物观测项目：生境要素、植物群落特征、植被类型、地上部生物量、地下部生物量、凋落物生物量、种子产量、土壤种子库、生物碳、物种分布格局和物候期等。

图 2-5 为奈曼站固定沙丘辅助观测场景观。

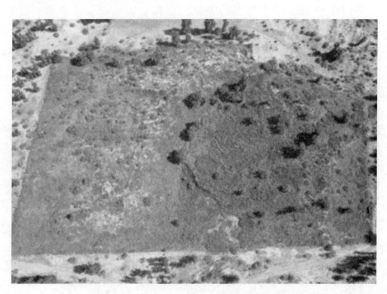

图 2-5　奈曼站固定沙丘辅助观测场景观

2.2.5　奈曼站流动沙丘辅助观测场（NMDFZ03）

奈曼站流动沙丘辅助观测场位于内蒙古自治区通辽市奈曼旗尧勒甸子村，观测场为多边形，总面积 55 000 m²。中心点坐标为 120°42′58″E，42°56′31″N。观测场建立于 2005 年，同年开始正式观测。

流动沙丘辅助观测场代表科尔沁沙地严重沙漠化土地的典型类型，100%代表地带性荒漠类型。观测场内有轻度樵采和放牧行为，植物群落组成以小叶锦鸡儿和一年生杂类草为主，观测场外主要是不同类型的沙丘及人工杨树林。观测场内设有奈曼站流动沙丘辅助观测场生物土壤采样地（NMDFZ03ABC_01）和奈曼站流动沙丘辅助观测场烘干法采样地（NMDFZ03CHG_01）。主要观测项目如下。

土壤观测项目：表层土壤速效养分（碱解氮、速效钾、有效磷）（1 年 1 次）；表层土壤养分（有机质、全氮、pH、缓效钾）（2～3 年 1 次）；表层土壤速效微量元素（有效钼、有效锰、有效铁、有效硫）（5 年 1 次）；表层土壤交换性阳离子（交换性钙、交换性镁、交换性钾、交换性钠）和阳离子交换量（5 年 1 次）；表层土壤容重、土壤养分全量、微量元素全量、重金属、矿质全量（5 年 1 次）；机械组成、剖面土壤容重（10 年 1 次）。

生物观测项目：生境要素、植物群落特征、植被类型、地上部生物量、地下部生物量、凋落物生物量、种子产量、土壤种子库、生物碳、物种分布格局和物候期等。

图 2-6 为奈曼站流动沙丘辅助观测场景观。

2.2.6　奈曼站综合气象要素观测场（NMDQX01）

奈曼站综合气象要素观测场建立于 2005 年 1 月，2005 年 6 月开始正式观测，设计使用年限为 100 年。场地为 25 m×25 m 的标准气象场，四周建有围栏。中心点坐标为 120°41′58″E，42°55′46″N。周围为典型农田。

奈曼站综合气象要素观测场内安装了自动气象站和人工气象要素观测仪器，布设了奈曼站综合气象要素观测场中子管采样地（NMDQX01CTS_01）、奈曼站综合气象要素观测场 E601 蒸发皿

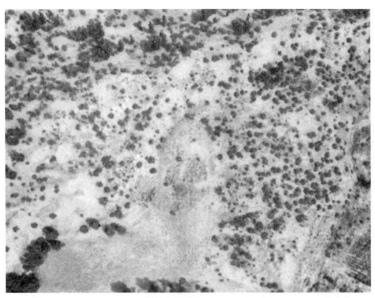

图 2-6　奈曼站流动沙丘辅助观测场景观

（NMDQX01CZF_01）、奈曼站综合气象要素观测场雨水采样器（NMDQX01CYS_01）、奈曼站综合气象要素观测场地下水位观测点（NMDQX01CDX_01）等采样地及水分观测设施。主要观测项目如下。

大气观测项目：风速、风向、气压、日照、干球温度、湿球温度、地表温度、浅层低温、最高温度、最低温度、蒸发、降水、总辐射、净辐射、反射辐射、日照时数、降水量、雪深、冻土。

水分观测项目：蒸发量、土壤含水量、地下水位、雨水水质（pH、钙离子、镁离子、钾离子、钠离子、碳酸根离子、重碳酸根离子、氯化物、硫酸根离子、磷酸根离子、硝酸根离子、矿化度、化学需氧量、水中溶解氧、总氮、总磷、电导率、溶解性总固体、总硬度、总碱度、硝酸盐）。

图 2-7 为奈曼站综合气象要素观测场平面示意图。

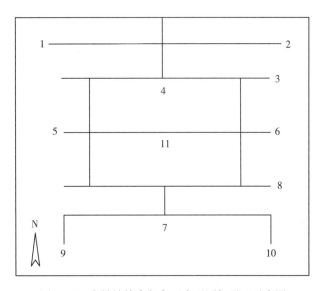

图 2-7　奈曼站综合气象要素观测场平面示意图

1. 风杆和风传感器　2. 自动站　3. 自动站辐射架　4. 百叶箱（人工观测温湿度表）　5. E601 蒸发器（中子管、水位井）
6. 量雨器　7. 日照计　8. 雨水采样器　9. 地表温度　10. 冻土器、土壤温度计　11. 小型蒸发器

2.2.7　奈曼站旱作农田调查点（NMDZQ01）

奈曼站旱作农田调查点位于内蒙古自治区通辽市奈曼旗大柳树林场奈曼站站区内，观测场为多边形，总面积 2 500 m²。调查点中心点坐标为 120°41′37″E，42°55′43″N。2005 年建立，同年开始正式观测。

调查点为典型旱作农田，不施肥，无灌溉，土壤较为贫瘠，水分状况较差，土壤为草甸风沙土。实行轮作休耕制度，耕作体系为小麦和大豆轮作。调查点周围为人工樟子松林和自然草地，地势平坦。调查点设有奈曼站旱作农田调查点生物土壤采样地（NMDFZQ01ABC_01）和奈曼站旱作农田调查点烘干法采样地（NMDFZQ01CHG_01）。主要观测项目如下。

土壤观测项目：表层土壤速效养分（碱解氮、速效钾、有效磷）（1 年 1 次）；表层土壤养分（有机质、全氮、pH、缓效钾）（2～3 年 1 次）；表层土壤速效微量元素（有效钼、有效锰、有效铁、有效硫）（5 年 1 次）；表层土壤交换性阳离子（交换性钙、交换性镁、交换性钾、交换性钠）和阳离子交换量（5 年 1 次）；表层土壤容重、土壤养分全量、微量元素全量、重金属、矿质全量（5 年 1 次）；机械组成、剖面土壤容重（10 年 1 次）。

生物观测项目：作物的生育期、植株性状、生物量、植物样品元素含量及热值等。在植物生长的整个生育期内调查，直到收获。

图 2-8 为奈曼站旱作农田调查点景观。

图 2-8　奈曼站旱作农田调查点景观

2.2.8　奈曼站灌溉地下水水质观测点（NMDFZ12）

奈曼站灌溉地下水水质观测点位于内蒙古自治区通辽市奈曼旗大柳树林场奈曼站站区内。调查点中心点坐标为 120°41′54″E，42°55′48″N。1997 年建设，2005 年开始正式观测。

调查点为奈曼站站区 1997 年建设的灌溉水井，主要用于奈曼站农田的灌溉。调查点周围为农田和果园，无放牧干扰，设有奈曼站灌溉地下水采样地（NMDFZ12CGD_01）。主要观测项目如下。

水分观测项目：灌溉地下水水质（pH、钙离子、镁离子、钾离子、钠离子、碳酸根离子、重碳酸根离子、氯化物、硫酸根离子、磷酸根离子、硝酸根离子、矿化度、化学需氧量、水中溶解氧、总氮、总磷、电导率、溶解性总固体、总硬度、总碱度、硝酸盐）。

图 2-9 为奈曼站灌溉地下水水质观测点景观。

图 2-9　奈曼站灌溉地下水水质观测点景观

2.2.9　奈曼站老哈河流动地表水水质观测点（NMDFZ13）

奈曼站老哈河流动地表水水质观测点位于内蒙古自治区通辽市奈曼旗苇莲苏乡，距离奈曼站站区 50 km。调查点中心点坐标为 120°56′26″E，42°23′36″N。调查点于 1997 年设立，2005 年开始正式观测。

老哈河是我国辽河西源西辽河上源，在通辽市境内。老哈河自奈曼旗苇莲苏乡西奈曼营子村入境，入境后的老哈河属于界河，河左岸为赤峰市翁牛特旗，右岸为奈曼旗。流经苇莲苏乡、平安地乡，境内河道比降为 0.2%。调查点周围为典型农田和各种类型的沙丘，无放牧干扰。调查点设有奈曼站老哈河流动地表水采样点（NMDFZ13CLB_01）。主要观测项目如下。

水分观测项目：流动地表水水质（pH、钙离子、镁离子、钾离子、钠离子、碳酸根离子、重碳酸根离子、氯化物、硫酸根离子、磷酸根离子、硝酸根离子、矿化度、化学需氧量、水中溶解氧、总氮、总磷、电导率、溶解性总固体、总硬度、总碱度、硝酸盐）。

图 2-10 为奈曼站流动地表水水质观测点景观。

图 2-10　奈曼站流动地表水水质观测点景观

2.3　主要观测设施

2.3.1　奈曼站综合气象要素观测场 E601 蒸发皿（NMDQX01CZF＿01）

奈曼站 E601 蒸发皿设置在奈曼站综合气象要素观测场，中心点坐标为 120°41′57″E，42°55′47″N。该长期观测设施建立于 2005 年，同年正式开始观测。蒸发量自动观测数据每 5 min 记录一次，同时进行人工观测，每天记录一次数据，与自动观测数据对比。基本观测项目为蒸发量、降水量、水面温度。自动扣除降雨使水面上升对蒸发的影响，并记录上升的值作为降水参考。主要观测仪器及设备包括 FS-01 型数字式水面蒸发传感器、E601 型直径为 618 mm 的蒸发桶、E601 蒸发皿和 CR200 数据采集器，各部分配套协调使用观测水面蒸发量。

蒸发量是地表热量平衡和水量平衡的组成部分，也是水循环中直接受土地利用和气候变化影响的一项指标，同时，蒸发量也是热能交换的重要影响因子。所以，蒸发量在估算陆地蒸发、作物需水和作物水分平衡等方面具有重要的应用价值。进行蒸发量变化的研究，对深入了解气候变化、探讨水分循环变化规律具有十分重要的意义。该自动观测设施可为各项在该区域进行的科学研究提供基础数据，可为奈曼站承担的科研任务提供基础观测数据。

图 2-11 为奈曼站气象要素观测场 E601 蒸发皿景观。

图 2-11　奈曼站综合气象要素观测场 E601 蒸发皿景观

2.3.2　奈曼站农田综合观测场大型蒸渗仪（NMDZH01CZS＿01）

奈曼站大型 Lysimeter 蒸渗仪设置在奈曼站农田综合观测场，占地面积为 600 m²，中心点坐标为 120°41′57″E，42°55′45″N。建立于 2005 年，调试完成后同年开始正式观测。该长期观测设施主要负责蒸散量的人工观测，每天记录一次数据。

蒸渗仪是农林及其他环境科学中研究水分平衡的重要工具，能够量化测量裸地的实际蒸散量以及覆盖有植被的土地的实际蒸散量。此外，蒸渗仪可以采集其土柱中的渗漏水来估计水分在土壤剖面的流失量及其对地下水的补给量，渗漏水可以在实验室进行溶质成分分析，因而可以用蒸渗仪观测土壤中不同溶质的运移情况。对深入了解气候变化、探讨水分循环变化规律具有十分重要的意义。该观测设施可为各项在该区域进行的科学研究提供基础数据，为奈曼站承担的科研任务提供基础观测数据。

图 2-12 为奈曼站农田综合观测场大型蒸渗仪景观。

图 2-12　奈曼站农田综合观测场大型蒸渗仪景观

2.3.3　奈曼站农田综合观测场土壤温湿盐观测系统（NMDZH01CTS_01）

奈曼站土壤温湿盐观测系统设置在奈曼站农田综合观测场，中心点坐标为 120°41′38″E，42°55′48″N。2017 年安装，调试完成后同年开始正式观测。该长期观测设施的基本观测项目为土壤水分、土壤温度和土壤电导率，可实现全天候同步自动观测，每小时记录一次数据。主要观测仪器设备包括 A755 型数据采集器、SDI-KZ 扩展单元、Hydra Probe II 土壤温湿盐度传感器、A922 供电模块以及 Add Tera 数据采集与管理系统。

土壤温度、水分和盐分特征与土壤生物的动态变化以及植物的物候和生长动态密切相关，同时土壤温度与土壤水分也是地表-大气相互作用的主要影响因子。观测土壤温湿盐动态变化过程可为水-土-气-生多圈层相互作用的研究提供有力的数据支撑，同时可为奈曼站承担的科研任务提供基础观测数据。

图 2-13 为奈曼站农田综合观测系统土壤温湿盐观测系统景观。

图 2-13　奈曼站农田综合观测场土壤温湿盐自动观测系统景观

第 3 章

长期联网生物观测数据集

3.1 群落生物量数据集

3.1.1 概述

本数据集包括奈曼站 2005 年、2010 年、2015 年 3 个长期观测样地的年尺度观测数据（灌木层、草本层群落生物量）。地上部、地下部总干重单位为 g/m^2，保留 2 位小数。观测点信息如下：沙地综合观测场生物土壤长期采样地（NMDZH02ABC_01，120°42′15″—120°42′17″E，42°55′35″—42°55′46″N），固定沙丘辅助观测场生物土壤采样地（NMDFZ02ABC_01，120°42′16″—120°42′39″E，42°55′36″—42°55′37″N）、流动沙丘辅助观测场生物土壤采样地（NMDFZ03ABC_01，120°42′16″—120°42′17″E，42°55′33″—42°55′35″N）。

3.1.2 数据采集和处理方法

2005 年、2010 年、2015 年对 3 个采样地水平灌木层、草本层群落生物量进行观测。观测频率为 5 年 1 次。在质控数据的基础上，以年和样地为基础单元，计算多个样方的平均值，生成样地尺度的数据。

3.1.3 数据质量控制和评估

3.1.3.1 数据获取过程的质量控制
对于野外调查数据，严格翔实地记录调查时间、核查并记录样地名称代码。

3.1.3.2 规范原始数据记录的质控措施
原始数据是各种数据问题的溯源依据，要求做到：数据真实、记录规范、书写清晰、数据及辅助信息完整等。使用专用、规范印制的数据记录表和记录本，根据本站调查任务制定年度工作调查记录本，按照调查内容和时间顺序依次排列，装订成本。使用铅笔规范整齐填写，原始数据不准删除或涂改，如记录或观测有误，需轻画横线标记原数据，并将审核后正确的数据记录在原数据旁或备注栏。

3.1.3.3 数据辅助信息记录的质控措施
在进行野外调查时，要求对样地位置、调查日期、样地环境状况做翔实描述与记录。

3.1.3.4 数据质量评估
将获取的数据与各项辅助信息数据以及历史数据进行比较，评价数据的正确性、一致性、完整性、可比性和连续性，经站长、数据管理员和观测负责人审核认定后上报。

3.1.4 数据

表 3-1 中为奈曼站 2005 年、2010 年、2015 年 3 个长期观测样地年尺度群落生物量数据。

表 3-1　群落生物量

年份	样地代码	样地规格/ (m×m)	群落层次	地下部取样样方/ (m×m×m)	地上部总干重/ (g/m²)	地下部总干重/ (g/m²)
2005	NMDFZ02ABC_01	5×5	灌木层	1×1×1	73.04	27.09
2010	NMDFZ02ABC_01	5×5	灌木层	1×1×1	64.55	30.03
2015	NMDFZ02ABC_01	5×5	灌木层	1×1×1	1 642.33	464.51
2005	NMDZH02ABC_01	1×1	草本层	1×1×0.4	347.18	407.77
2010	NMDZH02ABC_01	1×1	草本层	1×1×0.5	186.87	19.06
2015	NMDZH02ABC_01	1×1	草本层	1×1×0.5	70.65	18.13
2005	NMDFZ02ABC_01	1×1	草本层	1×1×0.4	111.45	165.89
2010	NMDFZ02ABC_01	1×1	草本层	1×1×0.5	30.55	11.40
2015	NMDFZ02ABC_01	1×1	草本层	1×1×0.5	38.49	7.86
2005	NMDFZ03ABC_01	1×1	草本层	1×1×0.4	40.02	36.71
2010	NMDFZ03ABC_01	1×1	草本层	1×1×0.5	49.52	3.82
2015	NMDFZ03ABC_01	1×1	草本层	1×1×0.5	14.02	1.00

3.2　灌木层种类组成数据集

3.2.1　概述

本数据集包括奈曼站 2005 年、2010 年、2015 年 1 个长期观测样地的年尺度观测数据（灌木层物种组成、株丛数、基茎、高度和单种生物量）。计量单位：株（丛）数为株或丛，平均基径为单位 cm，平均高度单位为 m，地上部、地下部总干重为 g/m²。小数位数：株（丛）数为 0 位，平均基径为 1 位，平均高度为 1 位，干重为 2 位。观测点信息如下：固定沙丘辅助观测场生物土壤采样地（NMDFZ02ABC_01，120°42′16″—120°42′17″E，42°55′33″—42°55′35″N）。

3.2.2　数据采集和处理方法

2005 年、2010 年、2015 年对 1 个辅助观测场样地水平的灌木物种组成、株丛数、基茎、高度和单种生物量进行调查。观测频率为 5 年 1 次。在质控数据的基础上，汇总所有样方的数据，计算多个样方的平均值，生成样地水平的数据。

3.2.3　数据质量控制和评估

3.2.3.1　数据获取过程的质量控制
对于野外调查数据，严格翔实地记录调查时间、核查物种名称并记录样地名称代码。

3.2.3.2　规范原始数据记录的质控措施
原始数据是各种数据问题的溯源依据，要求做到：数据真实、记录规范、书写清晰、数据及辅助信息完整等。使用专用、规范印制的数据记录表和记录本，根据本站调查任务制定年度工作调查记录本，按照调查内容和时间顺序依次排列，装订成本。使用铅笔规范整齐填写，原始数据不准删除或涂改，如记录或观测有误，需轻画横线标记原数据，并将审核后的正确数据记录在原数据旁或备注栏。

3.2.3.3　数据辅助信息记录的质控措施
在进行野外调查时，要求对样地位置、调查日期、样地环境状况做翔实描述与记录。

3.2.3.4 数据质量评估

将获取的数据与各项辅助信息数据以及历史数据信息进行比较，评价数据的正确性、一致性、完整性、可比性和连续性，经站长、数据管理员和观测负责人审核认定后上报。

3.2.4 数据

表 3-2 中为奈曼站 2005 年、2010 年、2015 年 1 个长期观测样地年尺度灌木层种类组成数据。

表 3-2 灌木层种类组成

年份	样地代码	样方数/个	样方规格/（m×m）	植物种名	每样方株（丛）数/（株或丛）	平均基径/cm	平均高度/m	物候期	地上部总干重/（g/m²）	地下部总干重/（g/m²）
2005	NMDFZ02ABC_01	7	5×5	小叶锦鸡儿	2	1.4	1.2	落种期	56.03	11.38
2005	NMDFZ02ABC_01	10	5×5	盐蒿	5	0.9	0.5	成熟期	33.83	19.12
2010	NMDFZ02ABC_01	6	5×5	小叶锦鸡儿	2	1.5	0.5	落种期	60.54	28.40
2010	NMDFZ02ABC_01	8	5×5	盐蒿	6	0.8	0.4	成熟期	35.28	16.24
2015	NMDFZ02ABC_01	6	5×5	小叶锦鸡儿	2	1.1	1.3	落种期	76.90	26.37
2015	NMDFZ02ABC_01	4	5×5	盐蒿	9	0.6	0.3	成熟期	26.34	1.70

3.3 草本层种类组成数据集

3.3.1 概述

本数据集包括奈曼站 2005—2015 年 3 个长期观测样地的年尺度观测数据（草本层物种组成、株丛数、叶层平均高度和单种生物量）。计量单位：每平方米株（丛）数为株或丛，叶层平均高度为 cm，地上绿色部分总干重为 g/m²。小数位数：株丛数为 0 位，小于 1 的按实际结果记录，叶层平均高度为 1 位，地上绿色部分总干重为 2 位。观测点信息如下：沙地综合观测场生物土壤长期采样地（NMDZH02ABC_01，120°42′15″—120°42′17″E，42°55′35″—42°55′46″N），固定沙丘辅助观测场生物土壤采样地（NMDFZ02ABC_01，120°42′16″—120°42′39″E，42°55′36″—42°55′37″N），流动沙丘辅助观测场生物土壤采样地（NMDFZ03ABC_01，120°42′16″—120°42′17″E，42°55′33″—42°55′35″N）。

3.3.2 数据采集和处理方法

每年 8 月对 3 个观测样地水平的草本层物种组成、株（丛）数、叶层高度和单种生物量进行调查。在质控数据的基础上汇总所有样方的数据，计算多个样方的平均值，生成样地水平的数据。

3.3.3 数据质量控制和评估

3.3.3.1 数据获取过程的质量控制

对于野外调查数据，严格翔实地记录调查时间、核查物种名称并记录样地名称代码。

3.3.3.2 规范原始数据记录的质控措施

原始数据是各种数据问题的溯源依据，要求做到：数据真实、记录规范、书写清晰、数据及辅助信息完整等。使用专用、规范印制的数据记录表和记录本，根据本站调查任务制定年度工作调查记录本，按照调查内容和时间顺序依次排列，装订成本。使用铅笔规范整齐填写，原始数据不准删除或涂改，如记录或观测有误，需轻画横线标记原数据，并将审核后的正确数据记录在原数据旁或备注栏。

3.3.3.3 数据辅助信息记录的质控措施

在进行野外调查时，要求对样地位置、调查日期、样地环境状况做翔实描述与记录。

3.3.3.4　数据质量评估

将所获取的数据与各项辅助信息数据以及历史数据信息进行比较，评价数据的正确性、一致性、完整性、可比性和连续性，经站长、数据管理员和观测负责人审核认定后上报。

3.3.4　数据

表 3-3 中为奈曼站 2005—2015 年 3 个长期观测样地年尺度草本层种类组成数据。

表 3-3　草本层种类组成

时间（年-月）	样地代码	样方数/个	样方规格/（m×m）	植物名称	每平方米株（丛）数/（株或丛）	叶层平均高度/cm	地上绿色部分总干重/（g/m²）
2005-08	NMDZH02ABC_01	10	1×1	白草	15.0	31.8	8.86
2005-08	NMDZH02ABC_01	10	1×1	花苜蓿	1.0	27.5	3.11
2005-08	NMDZH02ABC_01	10	1×1	糙隐子草	20.0	19.1	9.19
2005-08	NMDZH02ABC_01	10	1×1	大籽蒿	3.0	11.0	0.05
2005-08	NMDZH02ABC_01	10	1×1	地梢瓜	1.0	13.3	0.24
2005-08	NMDZH02ABC_01	10	1×1	狗尾草	7.0	15.8	0.85
2005-08	NMDZH02ABC_01	10	1×1	兴安胡枝子	7.0	12.8	11.01
2005-08	NMDZH02ABC_01	10	1×1	虎尾草	1.0	5.8	0.27
2005-08	NMDZH02ABC_01	10	1×1	黄花蒿	65.0	42.3	123.38
2005-08	NMDZH02ABC_01	10	1×1	鸡眼草	1.0	10.1	0.20
2005-08	NMDZH02ABC_01	10	1×1	芦苇	10.0	55.2	21.94
2005-08	NMDZH02ABC_01	10	1×1	毛马唐	0.1	12.5	0.05
2005-08	NMDZH02ABC_01	10	1×1	米口袋	0.2	13.0	0.12
2005-08	NMDZH02ABC_01	10	1×1	三芒草	13.0	20.3	1.33
2005-08	NMDZH02ABC_01	10	1×1	牻牛儿苗	1.0	11.0	0.51
2005-08	NMDZH02ABC_01	10	1×1	二裂委陵菜	0.4	3.8	0.05
2005-08	NMDZH02ABC_01	10	1×1	猪毛菜	1.0	9.8	0.42
2005-08	NMDFZ02ABC_01	10	1×1	白草	0.2	15.3	0.08
2005-08	NMDFZ02ABC_01	10	1×1	花苜蓿	1.0	21.2	34.50
2005-08	NMDFZ02ABC_01	10	1×1	盐蒿	5.0	21.6	76.23
2005-08	NMDFZ02ABC_01	10	1×1	大果虫实	2.0	10.3	1.48
2005-08	NMDFZ02ABC_01	10	1×1	地锦	207.0	2.9	6.26
2005-08	NMDFZ02ABC_01	10	1×1	地梢瓜	1.0	5.6	0.73
2005-08	NMDFZ02ABC_01	10	1×1	狗尾草	21.0	16.3	1.58
2005-08	NMDFZ02ABC_01	10	1×1	光梗蒺藜草	0.4	10.9	0.12

（续）

时间 （年-月）	样地代码	样方数/ 个	样方规格/ （m×m）	植物名称	每平方米株（丛） 数/（株或丛）	叶层平均高度/ cm	地上绿色部分 总干重/（g/m²）
2005-08	NMDFZ02ABC_01	10	1×1	兴安胡枝子	0.2	5.5	0.29
2005-08	NMDFZ02ABC_01	10	1×1	画眉草	3.0	8.1	1.64
2005-08	NMDFZ02ABC_01	10	1×1	灰绿藜	0.1	11.0	0.05
2005-08	NMDFZ02ABC_01	10	1×1	苦荬菜	2.0	6.3	1.34
2005-08	NMDFZ02ABC_01	10	1×1	地肤	16.0	5.5	0.37
2005-08	NMDFZ02ABC_01	10	1×1	毛马唐	28.0	12.3	2.67
2005-08	NMDFZ02ABC_01	10	1×1	三芒草	1.0	18.0	0.06
2005-08	NMDFZ02ABC_01	10	1×1	砂蓝刺头	1.0	2.5	0.15
2005-08	NMDFZ02ABC_01	10	1×1	雾冰藜	4.0	7.6	1.71
2005-08	NMDFZ02ABC_01	10	1×1	小叶锦鸡儿	0.2	5.0	0.41
2005-08	NMDFZ02ABC_01	10	1×1	猪毛菜	1.0	3.6	0.32
2005-08	NMDFZ03ABC_01	10	1×1	盐蒿	2.0	9.6	3.16
2005-08	NMDFZ03ABC_01	10	1×1	大果虫实	4.0	5.1	2.95
2005-08	NMDFZ03ABC_01	10	1×1	地梢瓜	0.2	5.3	0.07
2005-08	NMDFZ03ABC_01	10	1×1	狗尾草	32.0	9.3	5.15
2005-08	NMDFZ03ABC_01	10	1×1	光梗蒺藜草	2.0	20.5	3.62
2005-08	NMDFZ03ABC_01	10	1×1	苦苣菜	2.0	7.1	0.31
2005-08	NMDFZ03ABC_01	10	1×1	毛马唐	1.0	8.2	0.10
2005-08	NMDFZ03ABC_01	10	1×1	欧亚旋覆花	2.0	19.9	6.01
2005-08	NMDFZ03ABC_01	10	1×1	沙蓬	30.0	25.6	19.09
2005-08	NMDFZ03ABC_01	10	1×1	雾冰藜	0.1	13.0	0.05
2006-08	NMDZH02ABC_01	10	1×1	白草	11.0	32.0	12.83
2006-08	NMDZH02ABC_01	10	1×1	糙隐子草	11.0	23.5	18.53
2006-08	NMDZH02ABC_01	10	1×1	兴安胡枝子	8.0	16.3	17.09
2006-08	NMDZH02ABC_01	10	1×1	地锦	1.0	6.1	0.36
2006-08	NMDZH02ABC_01	10	1×1	地梢瓜	1.0	10.7	0.55
2006-08	NMDZH02ABC_01	10	1×1	二裂委陵菜	8.0	10.6	2.97
2006-08	NMDZH02ABC_01	10	1×1	狗尾草	4.0	40.0	15.01
2006-08	NMDZH02ABC_01	10	1×1	九顶草	2.0	28.0	2.54
2006-08	NMDZH02ABC_01	10	1×1	虎尾草	1.0	28.5	1.75
2006-08	NMDZH02ABC_01	10	1×1	画眉草	1.0	16.3	0.38
2006-08	NMDZH02ABC_01	10	1×1	黄花蒿	13.0	28.5	13.13
2006-08	NMDZH02ABC_01	10	1×1	藜藜	3.0	11.5	4.15

（续）

时间 （年-月）	样地代码	样方数/ 个	样方规格/ （m×m）	植物名称	每平方米株（丛） 数/（株或丛）	叶层平均高度/ cm	地上绿色部分 总干重/（g/m²）
2006-08	NMDZH02ABC_01	10	1×1	尖头叶藜	0.1	36.0	0.65
2006-08	NMDZH02ABC_01	10	1×1	赖草	1.0	36.5	1.16
2006-08	NMDZH02ABC_01	10	1×1	芦苇	4.0	58.3	9.66
2006-08	NMDZH02ABC_01	10	1×1	牻牛儿苗	0.1	5.0	0.15
2006-08	NMDZH02ABC_01	10	1×1	乳浆大戟	0.3	32.0	0.46
2006-08	NMDZH02ABC_01	10	1×1	三芒草	1.0	41.3	3.66
2006-08	NMDZH02ABC_01	10	1×1	野糜子	0.1	10.0	0.24
2006-08	NMDZH02ABC_01	10	1×1	斜茎黄芪	0.1	21.0	0.15
2006-08	NMDZH02ABC_01	10	1×1	猪毛菜	2.0	26.4	4.86
2006-08	NMDFZ02ABC_01	10	1×1	花苜蓿	0.4	22.5	1.30
2006-08	NMDFZ02ABC_01	10	1×1	盐蒿	9.0	28.2	44.95
2006-08	NMDFZ02ABC_01	10	1×1	兴安胡枝子	1.0	13.0	1.85
2006-08	NMDFZ02ABC_01	10	1×1	地锦	27.0	3.8	4.19
2006-08	NMDFZ02ABC_01	10	1×1	地梢瓜	1.0	6.8	0.56
2006-08	NMDFZ02ABC_01	10	1×1	狗尾草	8.0	18.4	2.79
2006-08	NMDFZ02ABC_01	10	1×1	画眉草	2.0	15.4	0.64
2006-08	NMDFZ02ABC_01	10	1×1	苦苣菜	1.0	8.0	0.60
2006-08	NMDFZ02ABC_01	10	1×1	毛马唐	13.0	12.1	3.46
2006-08	NMDFZ02ABC_01	10	1×1	三芒草	0.1	26.0	0.11
2006-08	NMDFZ02ABC_01	10	1×1	砂蓝刺头	1.0	23.3	0.69
2006-08	NMDFZ02ABC_01	10	1×1	雾冰藜	4.0	16.1	2.42
2006-08	NMDFZ02ABC_01	10	1×1	中华苦荬菜	7.0	15.0	3.74
2006-08	NMDFZ02ABC_01	10	1×1	小叶锦鸡儿	1.0	38.0	12.17
2006-08	NMDFZ02ABC_01	10	1×1	长穗虫实	3.0	8.4	1.08
2006-08	NMDFZ02ABC_01	10	1×1	猪毛菜	1.0	10.9	0.55
2006-08	NMDFZ03ABC_01	10	1×1	盐蒿	2.0	9.7	3.17
2006-08	NMDFZ03ABC_01	10	1×1	地梢瓜	0.1	12.0	0.06
2006-08	NMDFZ03ABC_01	10	1×1	狗尾草	3.0	11.0	1.36
2006-08	NMDFZ03ABC_01	10	1×1	光梗藜藜草	0.2	11.5	0.11
2006-08	NMDFZ03ABC_01	10	1×1	苦苣菜	3.0	9.0	1.40
2006-08	NMDFZ03ABC_01	10	1×1	蓼子朴	5.0	15.3	1.95
2006-08	NMDFZ03ABC_01	10	1×1	沙蓬	4.0	19.9	2.35
2006-08	NMDFZ03ABC_01	10	1×1	长穗虫实	0.1	3.5	0.08

（续）

时间 （年-月）	样地代码	样方数/ 个	样方规格/ （m×m）	植物名称	每平方米株（丛） 数/（株或丛）	叶层平均高度/ cm	地上绿色部分 总干重/（g/m²）
2006 - 08	NMDFZ03ABC _ 01	10	1×1	猪毛菜	0.1	3.0	0.05
2007 - 08	NMDZH02ABC _ 01	10	1×1	白草	7.0	70.0	9.45
2007 - 08	NMDZH02ABC _ 01	10	1×1	糙隐子草	2.0	24.0	3.29
2007 - 08	NMDZH02ABC _ 01	10	1×1	兴安胡枝子	2.0	10.0	6.29
2007 - 08	NMDZH02ABC _ 01	10	1×1	地肤	1.0	9.5	0.27
2007 - 08	NMDZH02ABC _ 01	10	1×1	地锦草	0.4	8.0	0.12
2007 - 08	NMDZH02ABC _ 01	10	1×1	地梢瓜	1.0	16.0	0.52
2007 - 08	NMDZH02ABC _ 01	10	1×1	二裂委陵菜	5.0	22.0	5.71
2007 - 08	NMDZH02ABC _ 01	10	1×1	狗尾草	2.0	19.4	0.87
2007 - 08	NMDZH02ABC _ 01	10	1×1	九顶草	0.1	14.0	0.05
2007 - 08	NMDZH02ABC _ 01	10	1×1	光梗蒺藜草	0.1	25.0	0.84
2007 - 08	NMDZH02ABC _ 01	10	1×1	虎尾草	6.0	24.2	2.15
2007 - 08	NMDZH02ABC _ 01	10	1×1	华北驼绒藜	0.1	15.0	0.12
2007 - 08	NMDZH02ABC _ 01	10	1×1	画眉草	3.0	20.3	0.47
2007 - 08	NMDZH02ABC _ 01	10	1×1	黄花蒿	36.0	56.4	36.00
2007 - 08	NMDZH02ABC _ 01	10	1×1	蒺藜	2.0	3.5	0.44
2007 - 08	NMDZH02ABC _ 01	10	1×1	尖头叶藜	39.0	45.2	41.39
2007 - 08	NMDZH02ABC _ 01	10	1×1	芦苇	10.0	78.3	13.00
2007 - 08	NMDZH02ABC _ 01	10	1×1	牻牛儿苗	14.0	9.9	8.83
2007 - 08	NMDZH02ABC _ 01	10	1×1	三芒草	1.0	24.7	0.25
2007 - 08	NMDZH02ABC _ 01	10	1×1	砂蓝刺头	0.1	6.0	0.05
2007 - 08	NMDZH02ABC _ 01	10	1×1	雾冰藜	2.0	28.3	1.04
2007 - 08	NMDZH02ABC _ 01	10	1×1	长穗虫实	8.0	35.3	15.44
2007 - 08	NMDZH02ABC _ 01	10	1×1	猪毛菜	0.3	3.0	0.05
2007 - 08	NMDFZ02ABC _ 01	10	1×1	花苜蓿	1.0	23.0	6.42
2007 - 08	NMDFZ02ABC _ 01	10	1×1	盐蒿	4.0	34.9	63.56
2007 - 08	NMDFZ02ABC _ 01	10	1×1	兴安胡枝子	0.2	15.0	2.03
2007 - 08	NMDFZ02ABC _ 01	10	1×1	大果虫实	1.0	12.7	1.21
2007 - 08	NMDFZ02ABC _ 01	10	1×1	地肤	0.2	7.0	0.09
2007 - 08	NMDFZ02ABC _ 01	10	1×1	地锦草	13.0	3.4	1.42
2007 - 08	NMDFZ02ABC _ 01	10	1×1	地梢瓜	2.0	9.8	1.39
2007 - 08	NMDFZ02ABC _ 01	10	1×1	杠柳	0.1	46.0	0.63
2007 - 08	NMDFZ02ABC _ 01	10	1×1	狗尾草	9.0	19.5	1.52

（续）

时间 （年-月）	样地代码	样方数/ 个	样方规格/ （m×m）	植物名称	每平方米株（丛） 数/（株或丛）	叶层平均高度/ cm	地上绿色部分 总干重/（g/m²）
2007 - 08	NMDFZ02ABC _ 01	10	1×1	九顶草	0.3	10.0	0.08
2007 - 08	NMDFZ02ABC _ 01	10	1×1	光梗蒺藜草	0.2	12.5	0.13
2007 - 08	NMDFZ02ABC _ 01	10	1×1	画眉草	24.0	18.3	7.27
2007 - 08	NMDFZ02ABC _ 01	10	1×1	苦苣菜	1.0	14.0	0.91
2007 - 08	NMDFZ02ABC _ 01	10	1×1	列当	0.1	20.0	0.11
2007 - 08	NMDFZ02ABC _ 01	10	1×1	三芒草	0.4	30.5	0.10
2007 - 08	NMDFZ02ABC _ 01	10	1×1	砂蓝刺头	4.0	6.1	1.00
2007 - 08	NMDFZ02ABC _ 01	10	1×1	中华苦荬菜	2.0	11.8	3.21
2007 - 08	NMDFZ02ABC _ 01	10	1×1	雾冰藜	2.0	18.5	1.82
2007 - 08	NMDFZ02ABC _ 01	10	1×1	小叶锦鸡儿	0.1	10.0	0.23
2007 - 08	NMDFZ02ABC _ 01	10	1×1	止血马唐	10.0	12.6	2.11
2007 - 08	NMDFZ02ABC _ 01	10	1×1	猪毛菜	0.2	11.5	0.20
2007 - 08	NMDFZ03ABC _ 01	10	1×1	盐蒿	1.0	25.3	1.93
2007 - 08	NMDFZ03ABC _ 01	10	1×1	大果虫实	1.0	8.5	0.47
2007 - 08	NMDFZ03ABC _ 01	10	1×1	狗尾草	4.0	17.3	0.90
2007 - 08	NMDFZ03ABC _ 01	10	1×1	光梗蒺藜草	0.2	24.0	0.05
2007 - 08	NMDFZ03ABC _ 01	10	1×1	苦苣菜	0.4	8.5	0.70
2007 - 08	NMDFZ03ABC _ 01	10	1×1	蓼子朴	9.0	23.6	5.27
2007 - 08	NMDFZ03ABC _ 01	10	1×1	沙蓬	1.0	16.6	1.34
2008 - 08	NMDZH02ABC _ 01	10	1×1	白草	9.0	28.5	9.68
2008 - 08	NMDZH02ABC _ 01	10	1×1	糙隐子草	2.0	14.8	4.61
2008 - 08	NMDZH02ABC _ 01	10	1×1	兴安胡枝子	2.0	19.0	5.35
2008 - 08	NMDZH02ABC _ 01	10	1×1	二裂委陵菜	0.3	17.0	0.25
2008 - 08	NMDZH02ABC _ 01	10	1×1	狗尾草	1.0	18.0	0.06
2008 - 08	NMDZH02ABC _ 01	10	1×1	黄花蒿	23.0	55.1	19.33
2008 - 08	NMDZH02ABC _ 01	10	1×1	尖头叶藜	18.0	34.3	2.19
2008 - 08	NMDZH02ABC _ 01	10	1×1	芦苇	9.0	40.2	8.64
2008 - 08	NMDZH02ABC _ 01	10	1×1	牻牛儿苗	13.0	25.4	20.74
2008 - 08	NMDZH02ABC _ 01	10	1×1	狭叶米口袋	0.1	10.0	0.01
2008 - 08	NMDZH02ABC _ 01	10	1×1	长穗虫实	28.0	14.8	2.05
2008 - 08	NMDFZ02ABC _ 01	10	1×1	白草	0.2	38.0	0.38
2008 - 08	NMDFZ02ABC _ 01	10	1×1	花苜蓿	1.0	33.7	24.58
2008 - 08	NMDFZ02ABC _ 01	10	1×1	盐蒿	2.0	26.7	22.79

（续）

时间 （年-月）	样地代码	样方数/ 个	样方规格/ （m×m）	植物名称	每平方米株（丛） 数/（株或丛）	叶层平均高度/ cm	地上绿色部分 总干重/（g/m²）
2008 – 08	NMDFZ02ABC＿01	10	1×1	兴安胡枝子	1.0	28.0	5.70
2008 – 08	NMDFZ02ABC＿01	10	1×1	大果虫实	1.0	11.5	0.06
2008 – 08	NMDFZ02ABC＿01	10	1×1	地锦草	4.0	12.0	0.39
2008 – 08	NMDFZ02ABC＿01	10	1×1	地梢瓜	4.0	14.5	1.57
2008 – 08	NMDFZ02ABC＿01	10	1×1	狗尾草	19.0	17.6	1.16
2008 – 08	NMDFZ02ABC＿01	10	1×1	画眉草	1.0	6.0	0.05
2008 – 08	NMDFZ02ABC＿01	10	1×1	砂蓝刺头	8.0	35.1	4.67
2008 – 08	NMDFZ02ABC＿01	10	1×1	雾冰藜	16.0	16.7	2.50
2008 – 08	NMDFZ02ABC＿01	10	1×1	猪毛菜	4.0	8.0	0.15
2008 – 08	NMDFZ03ABC＿01	10	1×1	盐蒿	1.0	20.6	2.95
2008 – 08	NMDFZ03ABC＿01	10	1×1	大果虫实	0.1	9.0	0.02
2008 – 08	NMDFZ03ABC＿01	10	1×1	狗尾草	2.0	13.2	0.25
2008 – 08	NMDFZ03ABC＿01	10	1×1	光梗蒺藜草	0.2	15.0	0.05
2008 – 08	NMDFZ03ABC＿01	10	1×1	苦苣菜	1.0	7.8	0.16
2008 – 08	NMDFZ03ABC＿01	10	1×1	蓼子朴	12.0	18.8	10.03
2008 – 08	NMDFZ03ABC＿01	10	1×1	沙蓬	1.0	8.3	1.02
2008 – 08	NMDFZ03ABC＿01	10	1×1	雾冰藜	0.1	17.0	0.04
2009 – 08	NMDZH02ABC＿01	10	1×1	白草	2.0	31.0	2.46
2009 – 08	NMDZH02ABC＿01	10	1×1	糙隐子草	1.0	13.7	2.63
2009 – 08	NMDZH02ABC＿01	10	1×1	兴安胡枝子	3.0	14.6	10.75
2009 – 08	NMDZH02ABC＿01	10	1×1	地梢瓜	0.3	10.0	0.10
2009 – 08	NMDZH02ABC＿01	10	1×1	二裂委陵菜	1.0	9.0	0.53
2009 – 08	NMDZH02ABC＿01	10	1×1	虎尾草	4.0	47.4	8.38
2009 – 08	NMDZH02ABC＿01	10	1×1	黄花蒿	21.0	59.5	55.11
2009 – 08	NMDZH02ABC＿01	10	1×1	蒺藜	1.0	7.5	0.05
2009 – 08	NMDZH02ABC＿01	10	1×1	尖头叶藜	18.0	44.8	14.34
2009 – 08	NMDZH02ABC＿01	10	1×1	芦苇	6.0	54.6	8.38
2009 – 08	NMDZH02ABC＿01	10	1×1	牻牛儿苗	5.0	16.7	2.85
2009 – 08	NMDZH02ABC＿01	10	1×1	猪毛菜	1.0	15.0	0.49
2009 – 08	NMDFZ02ABC＿01	10	1×1	薄翅猪毛菜	2.0	8.5	0.56
2009 – 08	NMDFZ02ABC＿01	10	1×1	花苜蓿	1.0	20.5	18.86
2009 – 08	NMDFZ02ABC＿01	10	1×1	盐蒿	2.0	21.4	30.70
2009 – 08	NMDFZ02ABC＿01	10	1×1	兴安胡枝子	1.0	30.5	3.56

（续）

时间 （年-月）	样地代码	样方数/ 个	样方规格/ （m×m）	植物名称	每平方米株（丛） 数/（株或丛）	叶层平均高度/ cm	地上绿色部分 总干重/（g/m²）
2009 - 08	NMDFZ02ABC _ 01	10	1×1	大果虫实	2.0	14.8	0.39
2009 - 08	NMDFZ02ABC _ 01	10	1×1	地锦草	3.0	4.7	0.20
2009 - 08	NMDFZ02ABC _ 01	10	1×1	地梢瓜	4.0	10.3	2.00
2009 - 08	NMDFZ02ABC _ 01	10	1×1	狗尾草	7.0	26.3	1.58
2009 - 08	NMDFZ02ABC _ 01	10	1×1	画眉草	2.0	9.0	0.15
2009 - 08	NMDFZ02ABC _ 01	10	1×1	尖头叶藜	1.0	11.0	0.05
2009 - 08	NMDFZ02ABC _ 01	10	1×1	中华苦荬菜	0.1	15.0	0.05
2009 - 08	NMDFZ02ABC _ 01	10	1×1	雾冰藜	62.0	15.9	11.65
2009 - 08	NMDFZ02ABC _ 01	10	1×1	小叶锦鸡儿	0.1	11.0	0.05
2009 - 08	NMDFZ02ABC _ 01	10	1×1	止血马唐	2.0	14.8	0.64
2009 - 08	NMDFZ02ABC _ 01	10	1×1	猪毛菜	0.1	16.0	0.05
2009 - 08	NMDFZ03ABC _ 01	10	1×1	盐蒿	11.0	12.5	3.46
2009 - 08	NMDFZ03ABC _ 01	10	1×1	大果虫实	3.0	5.1	0.94
2009 - 08	NMDFZ03ABC _ 01	10	1×1	地梢瓜	0.1	7.0	0.05
2009 - 08	NMDFZ03ABC _ 01	10	1×1	狗尾草	7.0	13.1	0.83
2009 - 08	NMDFZ03ABC _ 01	10	1×1	光梗蒺藜草	0.2	9.0	0.07
2009 - 08	NMDFZ03ABC _ 01	10	1×1	苦苣菜	4.0	7.1	0.89
2009 - 08	NMDFZ03ABC _ 01	10	1×1	蓼子朴	16.0	17.6	6.81
2009 - 08	NMDFZ03ABC _ 01	10	1×1	中华苦荬菜	0.1	8.0	0.05
2009 - 08	NMDFZ03ABC _ 01	10	1×1	菟丝子	0.1	6.0	0.05
2010 - 08	NMDZH02ABC _ 01	10	1×1	白草	71.0	58.4	43.14
2010 - 08	NMDZH02ABC _ 01	10	1×1	薄翅猪毛菜	1.0	22.7	0.39
2010 - 08	NMDZH02ABC _ 01	10	1×1	糙隐子草	2.0	16.0	4.43
2010 - 08	NMDZH02ABC _ 01	10	1×1	兴安胡枝子	1.0	17.8	2.48
2010 - 08	NMDZH02ABC _ 01	10	1×1	地肤	0.1	8.0	0.00
2010 - 08	NMDZH02ABC _ 01	10	1×1	地锦草	1.0	9.3	1.13
2010 - 08	NMDZH02ABC _ 01	10	1×1	地梢瓜	1.0	12.0	0.07
2010 - 08	NMDZH02ABC _ 01	10	1×1	二裂委陵菜	13.0	11.0	1.88
2010 - 08	NMDZH02ABC _ 01	10	1×1	狗尾草	41.0	64.4	68.09
2010 - 08	NMDZH02ABC _ 01	10	1×1	九顶草	21.0	123.0	5.07
2010 - 08	NMDZH02ABC _ 01	10	1×1	虎尾草	0.3	52.0	0.44
2010 - 08	NMDZH02ABC _ 01	10	1×1	画眉草	1.0	29.3	1.43
2010 - 08	NMDZH02ABC _ 01	10	1×1	藜	50.0	25.9	29.25

（续）

时间 （年-月）	样地代码	样方数/ 个	样方规格/ （m×m）	植物名称	每平方米株（丛） 数/（株或丛）	叶层平均高度/ cm	地上绿色部分 总干重/（g/m²）
2010 - 08	NMDZH02ABC _ 01	10	1×1	稷	0.1	67.0	0.16
2010 - 08	NMDZH02ABC _ 01	10	1×1	尖头叶藜	62.0	62.1	20.63
2010 - 08	NMDZH02ABC _ 01	10	1×1	芦苇	6.0	66.6	13.24
2010 - 08	NMDZH02ABC _ 01	10	1×1	牻牛儿苗	0.4	7.5	0.07
2010 - 08	NMDZH02ABC _ 01	10	1×1	少花米口袋	0.2	7.0	0.01
2010 - 08	NMDZH02ABC _ 01	10	1×1	田旋花	0.2	10.0	0.01
2010 - 08	NMDFZ02ABC _ 01	10	1×1	白草	3.0	54.0	1.50
2010 - 08	NMDFZ02ABC _ 01	10	1×1	薄翅猪毛菜	2.0	15.4	1.85
2010 - 08	NMDFZ02ABC _ 01	10	1×1	花苜蓿	1.0	37.5	4.39
2010 - 08	NMDFZ02ABC _ 01	10	1×1	兴安胡枝子	2.0	28.0	6.88
2010 - 08	NMDFZ02ABC _ 01	10	1×1	大果虫实	4.0	25.3	8.74
2010 - 08	NMDFZ02ABC _ 01	10	1×1	地锦草	24.0	7.4	1.89
2010 - 08	NMDFZ02ABC _ 01	10	1×1	地梢瓜	2.0	8.8	0.41
2010 - 08	NMDFZ02ABC _ 01	10	1×1	狗尾草	18.0	45.1	20.54
2010 - 08	NMDFZ02ABC _ 01	10	1×1	九顶草	1.0	27.0	0.19
2010 - 08	NMDFZ02ABC _ 01	10	1×1	画眉草	10.0	16.7	2.89
2010 - 08	NMDFZ02ABC _ 01	10	1×1	尖头叶藜	2.0	40.8	2.94
2010 - 08	NMDFZ02ABC _ 01	10	1×1	三芒草	1.0	47.0	0.38
2010 - 08	NMDFZ02ABC _ 01	10	1×1	砂蓝刺头	6.0	4.6	2.10
2010 - 08	NMDFZ02ABC _ 01	10	1×1	多色小苦荬	0.2	11.5	0.02
2010 - 08	NMDFZ02ABC _ 01	10	1×1	雾冰藜	27.0	34.1	12.05
2010 - 08	NMDFZ02ABC _ 01	10	1×1	盐蒿	2.0	32.1	12.21
2010 - 08	NMDFZ02ABC _ 01	10	1×1	止血马唐	18.0	19.4	5.49
2010 - 08	NMDFZ03ABC _ 01	10	1×1	薄翅猪毛菜	0.4	3.0	0.15
2010 - 08	NMDFZ03ABC _ 01	10	1×1	大果虫实	2.0	6.2	0.91
2010 - 08	NMDFZ03ABC _ 01	10	1×1	地梢瓜	0.1	4.0	0.01
2010 - 08	NMDFZ03ABC _ 01	10	1×1	狗尾草	3.0	16.0	1.04
2010 - 08	NMDFZ03ABC _ 01	10	1×1	光梗蒺藜草	0.4	14.8	0.10
2010 - 08	NMDFZ03ABC _ 01	10	1×1	苦苣菜	4.0	7.1	1.51
2010 - 08	NMDFZ03ABC _ 01	10	1×1	蓼子朴	20.0	16.6	6.91
2010 - 08	NMDFZ03ABC _ 01	10	1×1	沙蓬	1.0	6.3	0.06
2010 - 08	NMDFZ03ABC _ 01	10	1×1	多色小苦荬	0.1	5.0	0.00
2010 - 08	NMDFZ03ABC _ 01	10	1×1	盐蒿	4.0	12.4	1.92

（续）

时间 （年-月）	样地代码	样方数/ 个	样方规格/ （m×m）	植物名称	每平方米株（丛） 数/（株或丛）	叶层平均高度/ cm	地上绿色部分 总干重/（g/m²）
2010 - 08	NMDFZ03ABC _ 01	10	1×1	止血马唐	0.1	5.0	0.01
2011 - 08	NMDZH02ABC _ 01	10	1×1	白草	12.0	29.3	13.76
2011 - 08	NMDZH02ABC _ 01	10	1×1	薄翅猪毛菜	1.0	22.8	0.22
2011 - 08	NMDZH02ABC _ 01	10	1×1	糙隐子草	1.0	13.7	0.44
2011 - 08	NMDZH02ABC _ 01	10	1×1	兴安胡枝子	1.0	20.1	1.37
2011 - 08	NMDZH02ABC _ 01	10	1×1	地梢瓜	0.3	17.5	0.03
2011 - 08	NMDZH02ABC _ 01	10	1×1	二裂委陵菜	10.0	15.0	5.68
2011 - 08	NMDZH02ABC _ 01	10	1×1	狗尾草	28.0	26.1	2.87
2011 - 08	NMDZH02ABC _ 01	10	1×1	九顶草	0.1	14.0	0.01
2011 - 08	NMDZH02ABC _ 01	10	1×1	黄花蒿	280.0	74.3	202.69
2011 - 08	NMDZH02ABC _ 01	10	1×1	尖头叶藜	48.0	26.1	3.37
2011 - 08	NMDZH02ABC _ 01	10	1×1	芦苇	4.0	65.9	15.48
2011 - 08	NMDZH02ABC _ 01	10	1×1	牻牛儿苗	1.0	30.7	0.39
2011 - 08	NMDZH02ABC _ 01	10	1×1	田旋花	0.1	18.0	0.01
2011 - 08	NMDFZ02ABC _ 01	10	1×1	薄翅猪毛菜	7.0	6.3	0.85
2011 - 08	NMDFZ02ABC _ 01	10	1×1	花苜蓿	1.0	26.3	2.23
2011 - 08	NMDFZ02ABC _ 01	10	1×1	兴安胡枝子	1.0	8.3	1.85
2011 - 08	NMDFZ02ABC _ 01	10	1×1	大果虫实	15.0	18.4	6.54
2011 - 08	NMDFZ02ABC _ 01	10	1×1	地锦草	43.0	3.5	0.69
2011 - 08	NMDFZ02ABC _ 01	10	1×1	地梢瓜	4.0	12.3	1.53
2011 - 08	NMDFZ02ABC _ 01	10	1×1	狗尾草	69.0	23.5	6.68
2011 - 08	NMDFZ02ABC _ 01	10	1×1	光梗蒺藜草	0.1	11.0	0.01
2011 - 08	NMDFZ02ABC _ 01	10	1×1	画眉草	7.0	9.1	0.12
2011 - 08	NMDFZ02ABC _ 01	10	1×1	黄花蒿	0.3	20.0	0.13
2011 - 08	NMDFZ02ABC _ 01	10	1×1	尖头叶藜	16.0	26.0	1.87
2011 - 08	NMDFZ02ABC _ 01	10	1×1	三芒草	4.0	26.7	0.36
2011 - 08	NMDFZ02ABC _ 01	10	1×1	砂蓝刺头	1.0	35.9	1.60
2011 - 08	NMDFZ02ABC _ 01	10	1×1	多色小苦荬	1.0	12.0	0.13
2011 - 08	NMDFZ02ABC _ 01	10	1×1	雾冰藜	152.0	13.2	16.89
2011 - 08	NMDFZ02ABC _ 01	10	1×1	盐蒿	3.0	34.0	17.81
2011 - 08	NMDFZ02ABC _ 01	10	1×1	止血马唐	35.0	15.1	2.26
2011 - 08	NMDFZ03ABC _ 01	10	1×1	薄翅猪毛菜	0.1	3.0	0.00
2011 - 08	NMDFZ03ABC _ 01	10	1×1	大果虫实	7.0	5.6	1.35

（续）

时间 （年-月）	样地代码	样方数/ 个	样方规格/ （m×m）	植物名称	每平方米株（丛） 数/（株或丛）	叶层平均高度/ cm	地上绿色部分 总干重/（g/m²）
2011 - 08	NMDFZ03ABC _ 01	10	1×1	地梢瓜	2.0	4.6	0.13
2011 - 08	NMDFZ03ABC _ 01	10	1×1	狗尾草	5.0	8.7	0.68
2011 - 08	NMDFZ03ABC _ 01	10	1×1	光梗蒺藜草	0.5	10.1	0.03
2011 - 08	NMDFZ03ABC _ 01	10	1×1	苦苣菜	3.0	7.8	0.69
2011 - 08	NMDFZ03ABC _ 01	10	1×1	蓼子朴	23.0	19.6	5.74
2011 - 08	NMDFZ03ABC _ 01	10	1×1	多色小苦荬	3.0	4.5	0.34
2011 - 08	NMDFZ03ABC _ 01	10	1×1	盐蒿	4.0	13.8	3.30
2012 - 08	NMDZH02ABC _ 01	10	1×1	白草	2.0	19.0	0.52
2012 - 08	NMDZH02ABC _ 01	10	1×1	薄翅猪毛菜	1.0	19.0	0.60
2012 - 08	NMDZH02ABC _ 01	10	1×1	糙隐子草	1.0	12.0	0.74
2012 - 08	NMDZH02ABC _ 01	10	1×1	兴安胡枝子	0.3	19.0	0.28
2012 - 08	NMDZH02ABC _ 01	10	1×1	地锦草	1.0	5.5	0.22
2012 - 08	NMDZH02ABC _ 01	10	1×1	地梢瓜	0.3	12.0	0.05
2012 - 08	NMDZH02ABC _ 01	10	1×1	二裂委陵菜	3.0	9.2	1.09
2012 - 08	NMDZH02ABC _ 01	10	1×1	锋芒草	6.0	26.2	7.25
2012 - 08	NMDZH02ABC _ 01	10	1×1	狗尾草	22.0	44.6	42.57
2012 - 08	NMDZH02ABC _ 01	10	1×1	黄花蒿	66.0	55.0	64.38
2012 - 08	NMDZH02ABC _ 01	10	1×1	蒺藜	0.3	20.0	0.33
2012 - 08	NMDZH02ABC _ 01	10	1×1	尖头叶藜	57.0	46.4	36.75
2012 - 08	NMDZH02ABC _ 01	10	1×1	芦苇	7.0	63.1	9.98
2012 - 08	NMDZH02ABC _ 01	10	1×1	牻牛儿苗	0.3	7.0	0.04
2012 - 08	NMDZH02ABC _ 01	10	1×1	三芒草	0.1	29.0	0.02
2012 - 08	NMDFZ02ABC _ 01	10	1×1	薄翅猪毛菜	4.0	7.5	3.01
2012 - 08	NMDFZ02ABC _ 01	10	1×1	花苜蓿	0.4	33.0	1.45
2012 - 08	NMDFZ02ABC _ 01	10	1×1	兴安胡枝子	1.0	28.7	1.80
2012 - 08	NMDFZ02ABC _ 01	10	1×1	大果虫实	31.0	16.0	17.32
2012 - 08	NMDFZ02ABC _ 01	10	1×1	地锦草	35.0	3.4	0.95
2012 - 08	NMDFZ02ABC _ 01	10	1×1	地梢瓜	2.0	12.0	0.91
2012 - 08	NMDFZ02ABC _ 01	10	1×1	锋芒草	0.2	9.5	0.27
2012 - 08	NMDFZ02ABC _ 01	10	1×1	狗尾草	20.0	39.9	9.47
2012 - 08	NMDFZ02ABC _ 01	10	1×1	光梗蒺藜草	0.4	15.2	0.14
2012 - 08	NMDFZ02ABC _ 01	10	1×1	画眉草	4.0	16.4	0.29
2012 - 08	NMDFZ02ABC _ 01	10	1×1	黄花蒿	1.0	15.0	0.06

（续）

时间 （年-月）	样地代码	样方数/ 个	样方规格/ （m×m）	植物名称	每平方米株（丛） 数/（株或丛）	叶层平均高度/ cm	地上绿色部分 总干重/（g/m²）
2012 - 08	NMDFZ02ABC _ 01	10	1×1	尖头叶藜	49.0	22.4	7.89
2012 - 08	NMDFZ02ABC _ 01	10	1×1	三芒草	13.0	27.4	1.86
2012 - 08	NMDFZ02ABC _ 01	10	1×1	砂蓝刺头	0.2	2.5	0.01
2012 - 08	NMDFZ02ABC _ 01	10	1×1	多色小苦荬	0.4	9.8	0.09
2012 - 08	NMDFZ02ABC _ 01	10	1×1	雾冰藜	145.0	18.3	19.48
2012 - 08	NMDFZ02ABC _ 01	10	1×1	盐蒿	2.0	24.9	23.55
2012 - 08	NMDFZ02ABC _ 01	10	1×1	止血马唐	22.0	14.6	2.46
2012 - 08	NMDFZ03ABC _ 01	10	1×1	大果虫实	8.0	4.8	0.81
2012 - 08	NMDFZ03ABC _ 01	10	1×1	地梢瓜	2.0	3.8	0.09
2012 - 08	NMDFZ03ABC _ 01	10	1×1	狗尾草	6.0	7.6	0.39
2012 - 08	NMDFZ03ABC _ 01	10	1×1	光梗蒺藜草	0.3	5.7	0.02
2012 - 08	NMDFZ03ABC _ 01	10	1×1	苦苣菜	4.0	5.9	0.62
2012 - 08	NMDFZ03ABC _ 01	10	1×1	蓼子朴	12.0	12.2	1.54
2012 - 08	NMDFZ03ABC _ 01	10	1×1	沙蓬	0.1	5.0	0.00
2012 - 08	NMDFZ03ABC _ 01	10	1×1	多色小苦荬	0.1	3.0	0.01
2012 - 08	NMDFZ03ABC _ 01	10	1×1	雾冰藜	0.2	8.0	0.02
2012 - 08	NMDFZ03ABC _ 01	10	1×1	盐蒿	1.0	13.1	1.74
2012 - 08	NMDFZ03ABC _ 01	10	1×1	止血马唐	0.1	6.3	0.03
2013 - 08	NMDZH02ABC _ 01	10	1×1	白草	1.0	19.0	0.22
2013 - 08	NMDZH02ABC _ 01	10	1×1	薄翅猪毛菜	0.2	21.3	0.11
2013 - 08	NMDZH02ABC _ 01	10	1×1	糙隐子草	4.0	15.3	2.15
2013 - 08	NMDZH02ABC _ 01	10	1×1	地锦	1.0	7.0	0.01
2013 - 08	NMDZH02ABC _ 01	10	1×1	地梢瓜	0.2	11.0	0.02
2013 - 08	NMDZH02ABC _ 01	10	1×1	二裂委陵菜	5.0	9.0	3.17
2013 - 08	NMDZH02ABC _ 01	10	1×1	狗尾草	0.3	8.5	0.01
2013 - 08	NMDZH02ABC _ 01	10	1×1	花苜蓿	0.1	7.0	0.01
2013 - 08	NMDZH02ABC _ 01	10	1×1	尖头叶藜	73.0	24.1	3.33
2013 - 08	NMDZH02ABC _ 01	10	1×1	赖草	1.0	38.0	0.23
2013 - 08	NMDZH02ABC _ 01	10	1×1	芦苇	7.0	44.2	18.49
2013 - 08	NMDZH02ABC _ 01	10	1×1	牻牛儿苗	1.0	24.0	1.04
2013 - 08	NMDZH02ABC _ 01	10	1×1	狭叶米口袋	0.1	11.0	0.01
2013 - 08	NMDZH02ABC _ 01	10	1×1	兴安胡枝子	1.0	16.3	6.77
2013 - 08	NMDZH02ABC _ 01	10	1×1	黄花蒿	342.0	56.2	123.10

（续）

时间 （年-月）	样地代码	样方数/ 个	样方规格/ （m×m）	植物名称	每平方米株（丛） 数/（株或丛）	叶层平均高度/ cm	地上绿色部分 总干重/（g/m²）
2013 - 08	NMDFZ02ABC _ 01	10	1×1	白草	5.0	47.0	0.65
2013 - 08	NMDFZ02ABC _ 01	10	1×1	薄翅猪毛菜	14.0	7.4	1.31
2013 - 08	NMDFZ02ABC _ 01	10	1×1	大果虫实	81.0	15.7	17.33
2013 - 08	NMDFZ02ABC _ 01	10	1×1	地锦	71.0	4.9	3.08
2013 - 08	NMDFZ02ABC _ 01	10	1×1	地梢瓜	3.0	10.1	1.20
2013 - 08	NMDFZ02ABC _ 01	10	1×1	狗尾草	74.0	22.2	6.28
2013 - 08	NMDFZ02ABC _ 01	10	1×1	光梗蒺藜草	0.1	9.0	0.01
2013 - 08	NMDFZ02ABC _ 01	10	1×1	花苜蓿	1.0	39.3	14.76
2013 - 08	NMDFZ02ABC _ 01	10	1×1	画眉草	19.0	16.9	0.54
2013 - 08	NMDFZ02ABC _ 01	10	1×1	尖头叶藜	34.0	12.0	1.34
2013 - 08	NMDFZ02ABC _ 01	10	1×1	冷蒿	1.0	40.0	8.83
2013 - 08	NMDFZ02ABC _ 01	10	1×1	三芒草	2.0	19.6	0.05
2013 - 08	NMDFZ02ABC _ 01	10	1×1	砂蓝刺头	13.0	30.6	12.60
2013 - 08	NMDFZ02ABC _ 01	10	1×1	多色小苦荬	0.2	9.5	0.03
2013 - 08	NMDFZ02ABC _ 01	10	1×1	雾冰藜	35.0	10.1	1.90
2013 - 08	NMDFZ02ABC _ 01	10	1×1	兴安胡枝子	2.0	21.6	4.29
2013 - 08	NMDFZ02ABC _ 01	10	1×1	盐蒿	2.0	27.5	26.97
2013 - 08	NMDFZ02ABC _ 01	10	1×1	止血马唐	66.0	19.2	5.60
2013 - 08	NMDFZ02ABC _ 01	10	1×1	黄花蒿	57.0	35.5	9.13
2013 - 08	NMDFZ03ABC _ 01	10	1×1	大果虫实	23.0	7.4	5.20
2013 - 08	NMDFZ03ABC _ 01	10	1×1	地梢瓜	1.0	4.7	0.12
2013 - 08	NMDFZ03ABC _ 01	10	1×1	狗尾草	34.0	15.7	4.15
2013 - 08	NMDFZ03ABC _ 01	10	1×1	光梗蒺藜草	1.0	12.4	0.29
2013 - 08	NMDFZ03ABC _ 01	10	1×1	苦苣菜	2.0	7.9	0.80
2013 - 08	NMDFZ03ABC _ 01	10	1×1	蓼子朴	4.0	16.2	1.47
2013 - 08	NMDFZ03ABC _ 01	10	1×1	沙蓬	0.1	4.5	0.00
2013 - 08	NMDFZ03ABC _ 01	10	1×1	多色小苦荬	3.0	7.3	0.71
2013 - 08	NMDFZ03ABC _ 01	10	1×1	盐蒿	0.3	21.3	1.08
2013 - 08	NMDFZ03ABC _ 01	10	1×1	止血马唐	0.4	11.0	0.07
2014 - 08	NMDZH02ABC _ 01	10	1×1	白草	1.0	49.5	4.24
2014 - 08	NMDZH02ABC _ 01	10	1×1	薄翅猪毛菜	2.0	31.2	7.48
2014 - 08	NMDZH02ABC _ 01	10	1×1	糙隐子草	1.0	17.5	3.02

（续）

时间 （年-月）	样地代码	样方数/ 个	样方规格/ （m×m）	植物名称	每平方米株（丛） 数/（株或丛）	叶层平均高度/ cm	地上绿色部分 总干重/（g/m²）
2014 - 08	NMDZH02ABC _ 01	10	1×1	草地风毛菊	0.2	9.5	0.07
2014 - 08	NMDZH02ABC _ 01	10	1×1	地梢瓜	0.1	17.0	0.14
2014 - 08	NMDZH02ABC _ 01	10	1×1	二裂委陵菜	6.0	10.7	1.82
2014 - 08	NMDZH02ABC _ 01	10	1×1	锋芒草	5.0	19.5	2.27
2014 - 08	NMDZH02ABC _ 01	10	1×1	狗尾草	49.0	51.2	42.13
2014 - 08	NMDZH02ABC _ 01	10	1×1	蒺藜	1.0	3.5	0.04
2014 - 08	NMDZH02ABC _ 01	10	1×1	尖头叶藜	11.0	38.0	5.65
2014 - 08	NMDZH02ABC _ 01	10	1×1	芦苇	7.0	68.6	22.30
2014 - 08	NMDZH02ABC _ 01	10	1×1	牻牛儿苗	7.0	17.0	6.75
2014 - 08	NMDZH02ABC _ 01	10	1×1	田旋花	0.2	9.5	0.01
2014 - 08	NMDZH02ABC _ 01	10	1×1	兴安胡枝子	1.0	13.0	4.83
2014 - 08	NMDZH02ABC _ 01	10	1×1	黄花蒿	86.0	39.8	36.82
2014 - 08	NMDFZ02ABC _ 01	10	1×1	薄翅猪毛菜	6.0	12.8	1.06
2014 - 08	NMDFZ02ABC _ 01	10	1×1	大果虫实	14.0	10.9	2.81
2014 - 08	NMDFZ02ABC _ 01	10	1×1	地锦	5.0	4.3	0.34
2014 - 08	NMDFZ02ABC _ 01	10	1×1	地梢瓜	1.0	11.0	0.94
2014 - 08	NMDFZ02ABC _ 01	10	1×1	杠柳	0.2	48.5	1.23
2014 - 08	NMDFZ02ABC _ 01	10	1×1	狗尾草	22.0	21.0	4.89
2014 - 08	NMDFZ02ABC _ 01	10	1×1	光梗蒺藜草	0.1	23.0	0.00
2014 - 08	NMDFZ02ABC _ 01	10	1×1	花苜蓿	1.0	34.0	14.93
2014 - 08	NMDFZ02ABC _ 01	10	1×1	画眉草	0.4	17.3	0.05
2014 - 08	NMDFZ02ABC _ 01	10	1×1	冷蒿	1.0	54.5	5.52
2014 - 08	NMDFZ02ABC _ 01	10	1×1	三芒草	0.2	27.0	0.01
2014 - 08	NMDFZ02ABC _ 01	10	1×1	砂蓝刺头	0.1	14.0	0.06
2014 - 08	NMDFZ02ABC _ 01	10	1×1	多色小苦荬	0.2	14.3	0.08
2014 - 08	NMDFZ02ABC _ 01	10	1×1	菟丝子	0.1	5.0	0.00
2014 - 08	NMDFZ02ABC _ 01	10	1×1	雾冰藜	2.0	13.9	0.82
2014 - 08	NMDFZ02ABC _ 01	10	1×1	兴安胡枝子	1.0	23.5	1.87
2014 - 08	NMDFZ02ABC _ 01	10	1×1	盐蒿	1.0	22.7	12.40
2014 - 08	NMDFZ02ABC _ 01	10	1×1	止血马唐	34.0	10.7	4.91
2014 - 08	NMDFZ02ABC _ 01	10	1×1	黄花蒿	2.0	21.3	0.70
2014 - 08	NMDFZ03ABC _ 01	10	1×1	大果虫实	63.0	4.3	3.01

（续）

时间 （年-月）	样地代码	样方数/ 个	样方规格/ （m×m）	植物名称	每平方米株（丛） 数/（株或丛）	叶层平均高度/ cm	地上绿色部分 总干重/（g/m²）
2014－08	NMDFZ03ABC_01	10	1×1	地梢瓜	1.0	4.2	0.03
2014－08	NMDFZ03ABC_01	10	1×1	狗尾草	14.0	7.6	0.81
2014－08	NMDFZ03ABC_01	10	1×1	光梗蒺藜草	2.0	5.4	0.11
2014－08	NMDFZ03ABC_01	10	1×1	苦苣菜	2.0	3.9	0.02
2014－08	NMDFZ03ABC_01	10	1×1	蓼子朴	2.0	7.2	0.36
2014－08	NMDFZ03ABC_01	10	1×1	多色小苦荬	3.0	6.0	0.14
2014－08	NMDFZ03ABC_01	10	1×1	盐蒿	0.3	8.7	0.62
2014－08	NMDFZ03ABC_01	10	1×1	止血马唐	2.0	4.8	0.15
2015－08	NMDZH02ABC_01	10	1×1	薄翅猪毛菜	79.0	32.7	36.70
2015－08	NMDZH02ABC_01	10	1×1	糙隐子草	2.0	18.0	9.87
2015－08	NMDZH02ABC_01	10	1×1	地梢瓜	1.0	11.8	1.30
2015－08	NMDZH02ABC_01	10	1×1	二裂委陵菜	18.0	8.8	3.09
2015－08	NMDZH02ABC_01	10	1×1	狗尾草	6.0	41.6	7.92
2015－08	NMDZH02ABC_01	10	1×1	尖头叶藜	102.0	36.2	40.06
2015－08	NMDZH02ABC_01	10	1×1	芦苇	8.0	47.9	14.07
2015－08	NMDZH02ABC_01	10	1×1	兴安胡枝子	1.0	31.7	2.42
2015－08	NMDZH02ABC_01	10	1×1	黄花蒿	12.0	39.2	16.80
2015－08	NMDFZ02ABC_01	10	1×1	薄翅猪毛菜	36.0	22.4	39.51
2015－08	NMDFZ02ABC_01	10	1×1	大果虫实	13.0	21.3	7.53
2015－08	NMDFZ02ABC_01	10	1×1	地梢瓜	4.0	15.3	1.62
2015－08	NMDFZ02ABC_01	10	1×1	杠柳	1.0	54.0	0.68
2015－08	NMDFZ02ABC_01	10	1×1	狗尾草	2.0	15.7	0.34
2015－08	NMDFZ02ABC_01	10	1×1	花苜蓿	1.0	38.8	6.22
2015－08	NMDFZ02ABC_01	10	1×1	尖头叶藜	3.0	38.6	3.93
2015－08	NMDFZ02ABC_01	10	1×1	砂蓝刺头	1.0	37.3	1.79
2015－08	NMDFZ02ABC_01	10	1×1	雾冰藜	54.0	28.1	28.63
2015－08	NMDFZ02ABC_01	10	1×1	兴安胡枝子	1.0	25.0	0.37
2015－08	NMDFZ02ABC_01	10	1×1	盐蒿	0.4	22.5	10.31
2015－08	NMDFZ03AB0_01	10	1×1	鳍蓟	0.4	5.5	1.43
2015－08	NMDFZ03AB0_01	10	1×1	大果虫实	1.0	4.4	0.26
2015－08	NMDFZ03AB0_01	10	1×1	地梢瓜	1.0	4.4	0.10
2015－08	NMDFZ03AB0_01	10	1×1	狗尾草	7.0	6.1	3.07

（续）

时间 （年-月）	样地代码	样方数/ 个	样方规格/ （m×m）	植物名称	每平方米株（丛） 数/（株或丛）	叶层平均高度/ cm	地上绿色部分 总干重/（g/m²）
2015-08	NMDFZ03AB0_01	10	1×1	光梗蒺藜草	8.0	6.8	3.46
2015-08	NMDFZ03AB0_01	10	1×1	苦苣菜	1.0	3.7	0.09
2015-08	NMDFZ03AB0_01	10	1×1	蓼子朴	2.0	15.7	2.81
2015-08	NMDFZ03AB0_01	10	1×1	狭叶苦荬菜	1.0	5.5	0.06
2015-08	NMDFZ03AB0_01	10	1×1	盐蒿	2.0	10.0	2.75

3.4　种子产量数据集

3.4.1　概述

本数据集包括奈曼站 2005 年、2010 年、2015 年 3 个长期观测样地的年尺度观测数据（主要灌木和草本植物在种子成熟期的种子产量）。计量单位为 kg/hm²。小数位数为 2 位。观测点信息如下：沙地综合观测场生物土壤长期采样地（NMDZH02ABC_01，120°42′15″—120°42′17″E，42°55′35″—42°55′46″N），固定沙丘辅助观测场生物土壤采样地（NMDFZ02ABC_01，120°42′16″—120°42′39″E，42°55′36″—42°55′37″N），流动沙丘辅助观测场生物土壤采样地（NMDFZ03ABC_01，120°42′16″—120°42′17″E，42°55′33″—42°55′35″N）。

3.4.2　数据采集和处理方法

收集 3 个样地主要灌木和草本植物成熟期的种子。观测频率为 5 年 1 次。在质控数据的基础上，以年为基础单元，计算同一样地多个样方的平均值，生成样地尺度上的数据，并注明样方数和标准差。

3.4.3　数据质量控制和评估

（1）数据获取过程的质量控制
对于野外调查数据，严格翔实地记录调查时间、核查并记录样地名称代码、核实物种名称。
（2）规范原始数据记录的质控措施
原始数据是各种数据问题的溯源依据，要求做到：数据真实、记录规范、书写清晰、数据及辅助信息完整等。使用专用、规范印制的数据记录表和记录本，根据本站调查任务制定年度工作调查记录本，按照调查内容和时间顺序依次排列，装订成本。使用铅笔规范整齐填写，原始数据不准删除或涂改，如记录或观测有误，需轻画横线标记原数据，并将审核后的正确数据记录在原数据旁或备注栏。
（3）数据辅助信息记录的质控措施
在进行野外调查时，要求对样地位置、调查日期、样地环境状况做翔实描述与记录。
（4）数据质量评估
将获取的数据与各项辅助信息数据以及历史数据进行比较，评价数据的正确性、一致性、完整性、可比性和连续性，经站长、数据管理员和观测负责人审核认定后上报。

3.4.4　数据

表 3-4 中为奈曼站 2005 年、2010 年、2015 年 3 个长期观测样地年尺度种子产量数据。

表 3-4　种子产量

时间 （年-月）	样地代码	样方数/个	样方规格/ （m×m）	植物种名	种子产量/ （kg/hm²）	标准差/ （kg/hm²）
2005 - 08	NMDFZ02ABC _ 01	3	5×5	盐蒿	98.13	21.13
2005 - 07	NMDFZ02ABC _ 01	7	5×5	小叶锦鸡儿	50.92	16.22
2005 - 09	NMDFZ03ABC _ 01	6	1×1	沙蓬	20.06	2.90
2010 - 08	NMDFZ03ABC _ 01	10	1×1	沙蓬	133.97	130.67
2010 - 08	NMDFZ02ABC _ 01	8	5×5	盐蒿	54.80	18.39
2010 - 08	NMDFZ02ABC _ 01	6	5×5	小叶锦鸡儿	105.00	92.98
2010 - 08	NMDZH02ABC _ 01	9	1×1	狗尾草	406.41	264.60
2015 - 08	NMDZH02ABC _ 01	2	1×1	锋芒草	4.20	0.71
2015 - 08	NMDZH02ABC _ 01	4	1×1	尖头叶藜	339.28	179.24
2015 - 08	NMDFZ02ABC _ 01	2	1×1	尖头叶藜	65.15	18.31
2015 - 08	NMDFZ03ABC _ 01	3	1×1	狗尾草	1.63	0.65
2015 - 08	NMDFZ03ABC _ 01	2	1×1	光梗蒺藜草	3.85	1.06

3.5　土壤有效种子库数据集

3.5.1　概述

本数据集包括奈曼站 2005 年、2010 年、2015 年 3 个长期观测样地的年尺度观测数据（单位面积内全部存活的种子数量）。计量单位为颗/m²。小数位数为 0 位。观测点信息如下：沙地综合观测场生物土壤长期采样地（NMDZH02ABC _ 01，120°42′15″—120°42′17″E，42°55′35″—42°55′46″N），固定沙丘辅助观测场生物土壤采样地（NMDFZ02ABC _ 01，120°42′16″—120°42′39″E，42°55′36″—42°55′37″N），流动沙丘辅助观测场生物土壤采样地（NMDFZ03ABC _ 01，120°42′16″—120°42′17″E，42°55′33″—42°55′35″N）。

3.5.2　数据采集和处理方法

2005 年 11 月、2010 年 5 月和 2015 年 4 月对 3 个观测样地单位面积内全部存活的种子数量进行调查。观测频率为 5 年 1 次。在质控数据的基础上，以年和物种为基础单元，计算不同时期、不同物种的有效种子量。

3.5.3　数据质量控制和评估

3.5.3.1　数据获取过程的质量控制

对于调查数据，严格翔实地记录调查时间、核查并记录样地名称代码、核实物种名称。

3.5.3.2　规范原始数据记录的质控措施

原始数据是各种数据问题的溯源依据，要求做到：数据真实、记录规范、书写清晰、数据及辅助信息完整等。使用专用、规范印制的数据记录表和记录本，根据本站调查任务制定年度工作调查记录本，按照调查内容和时间顺序依次排列，装订成本。使用铅笔规范整齐填写，原始数据不准删除或涂改，如记录或观测有误，需轻画横线标记原数据，并将审核后的正确的数据记录在原数据旁或备注栏。

3.5.3.3 数据辅助信息记录的质控措施

在进行调查时，要求对样地位置、调查日期、样地环境状况做翔实描述与记录。

3.5.3.4 数据质量评估

将获取的数据与各项辅助信息数据以及历史数据进行比较，评价数据的正确性、一致性、完整性、可比性和连续性，经站长、数据管理员和观测负责人审核认定后上报。

3.5.4　数据

表 3-5 中为奈曼站 2005 年、2010 年、2015 年 3 个长期观测样地年尺度土壤有效种子库数据。

表 3-5　土壤有效种子库

时间 （年-月）	样地代码	样方规格/（m×m）	植物种名	有效种子数量/（颗/m²）
2005 - 11	NMDZH02ABC _ 01	0.2×0.2	花苜蓿	212
2005 - 11	NMDZH02ABC _ 01	0.2×0.2	糙隐子草	93
2005 - 11	NMDZH02ABC _ 01	0.2×0.2	大果虫实	364
2005 - 11	NMDZH02ABC _ 01	0.2×0.2	地锦	812
2005 - 11	NMDZH02ABC _ 01	0.2×0.2	狗尾草	731
2005 - 11	NMDZH02ABC _ 01	0.2×0.2	兴安胡枝子	166
2005 - 11	NMDZH02ABC _ 01	0.2×0.2	虎尾草	19
2005 - 11	NMDZH02ABC _ 01	0.2×0.2	黄花蒿	50
2005 - 11	NMDZH02ABC _ 01	0.2×0.2	毛马唐	19
2005 - 11	NMDZH02ABC _ 01	0.2×0.2	三芒草	52
2005 - 11	NMDZH02ABC _ 01	0.2×0.2	雾冰藜	25
2005 - 11	NMDZH02ABC _ 01	0.2×0.2	薄翅猪毛菜	1 553
2005 - 11	NMDFZ02ABC _ 01	0.2×0.2	盐蒿	67
2005 - 11	NMDFZ02ABC _ 01	0.2×0.2	大果虫实	316
2005 - 11	NMDFZ02ABC _ 01	0.2×0.2	地锦	466
2005 - 11	NMDFZ02ABC _ 01	0.2×0.2	狗尾草	542
2005 - 11	NMDFZ02ABC _ 01	0.2×0.2	画眉草	296
2005 - 11	NMDFZ02ABC _ 01	0.2×0.2	苦荬菜	19
2005 - 11	NMDFZ02ABC _ 01	0.2×0.2	毛马唐	257
2005 - 11	NMDFZ02ABC _ 01	0.2×0.2	三芒草	261
2005 - 11	NMDFZ02ABC _ 01	0.2×0.2	雾冰藜	235
2005 - 11	NMDFZ02ABC _ 01	0.2×0.2	薄翅猪毛菜	437
2005 - 11	NMDFZ03ABC _ 01	0.2×0.2	大果虫实	202
2005 - 11	NMDFZ03ABC _ 01	0.2×0.2	狗尾草	123
2005 - 11	NMDFZ03ABC _ 01	0.2×0.2	毛马唐	337
2005 - 11	NMDFZ03ABC _ 01	0.2×0.2	沙蓬	121
2010 - 05	NMDZH02ABC _ 01	0.2×0.2	薄翅猪毛菜	125
2010 - 05	NMDZH02ABC _ 01	0.2×0.2	兴安胡枝子	42
2010 - 05	NMDZH02ABC _ 01	0.2×0.2	地锦草	50

（续）

时间 （年-月）	样地代码	样方规格/（m×m）	植物种名	有效种子数量/（颗/m²）
2010 - 05	NMDZH02ABC _ 01	0.2×0.2	狗尾草	1 268
2010 - 05	NMDZH02ABC _ 01	0.2×0.2	虎尾草	413
2010 - 05	NMDZH02ABC _ 01	0.2×0.2	画眉草	150
2010 - 05	NMDZH02ABC _ 01	0.2×0.2	黄花蒿	1 868
2010 - 05	NMDZH02ABC _ 01	0.2×0.2	蒺藜	25
2010 - 05	NMDZH02ABC _ 01	0.2×0.2	尖头叶藜	492
2010 - 05	NMDZH02ABC _ 01	0.2×0.2	牻牛儿苗	63
2010 - 05	NMDFZ02ABC _ 01	0.2×0.2	薄翅猪毛菜	342
2010 - 05	NMDFZ02ABC _ 01	0.2×0.2	花苜蓿	38
2010 - 05	NMDFZ02ABC _ 01	0.2×0.2	兴安胡枝子	25
2010 - 05	NMDFZ02ABC _ 01	0.2×0.2	地锦草	140
2010 - 05	NMDFZ02ABC _ 01	0.2×0.2	二裂委陵菜	50
2010 - 05	NMDFZ02ABC _ 01	0.2×0.2	狗尾草	544
2010 - 05	NMDFZ02ABC _ 01	0.2×0.2	九顶草	75
2010 - 05	NMDFZ02ABC _ 01	0.2×0.2	虎尾草	479
2010 - 05	NMDFZ02ABC _ 01	0.2×0.2	画眉草	233
2010 - 05	NMDFZ02ABC _ 01	0.2×0.2	尖头叶藜	738
2010 - 05	NMDFZ02ABC _ 01	0.2×0.2	雾冰藜	270
2010 - 05	NMDFZ02ABC _ 01	0.2×0.2	盐蒿	504
2010 - 05	NMDFZ03ABC _ 01	0.2×0.2	薄翅猪毛菜	103
2010 - 05	NMDFZ03ABC _ 01	0.2×0.2	大果虫实	47
2010 - 05	NMDFZ03ABC _ 01	0.2×0.2	狗尾草	392
2010 - 05	NMDFZ03ABC _ 01	0.2×0.2	画眉草	150
2010 - 05	NMDFZ03ABC _ 01	0.2×0.2	沙蓬	229
2010 - 05	NMDFZ03ABC _ 01	0.2×0.2	盐蒿	56
2015 - 04	NMDZH02ABC _ 01	0.2×0.2	薄翅猪毛菜	25
2015 - 04	NMDZH02ABC _ 01	0.2×0.2	糙隐子草	108
2015 - 04	NMDZH02ABC _ 01	0.2×0.2	锋芒草	125
2015 - 04	NMDZH02ABC _ 01	0.2×0.2	狗尾草	156
2015 - 04	NMDZH02ABC _ 01	0.2×0.2	画眉草	50
2015 - 04	NMDZH02ABC _ 01	0.2×0.2	蒺藜	150
2015 - 04	NMDZH02ABC _ 01	0.2×0.2	兴安胡枝子	25

(续)

时间 (年-月)	样地代码	样方规格/（m×m）	植物种名	有效种子数量/（颗/m²）
2015 - 04	NMDZH02ABC_01	0.2×0.2	黄花蒿	571
2015 - 04	NMDFZ02ABC_01	0.2×0.2	薄翅猪毛菜	50
2015 - 04	NMDFZ02ABC_01	0.2×0.2	大果虫实	58
2015 - 04	NMDFZ02ABC_01	0.2×0.2	地锦	75
2015 - 04	NMDFZ02ABC_01	0.2×0.2	狗尾草	139
2015 - 04	NMDFZ02ABC_01	0.2×0.2	三芒草	108
2015 - 04	NMDFZ02ABC_01	0.2×0.2	小叶锦鸡儿	25
2015 - 04	NMDFZ02ABC_01	0.2×0.2	黄花蒿	100
2015 - 04	NMDFZ03ABC_01	0.2×0.2	大果虫实	50
2015 - 04	NMDFZ03ABC_01	0.2×0.2	狗尾草	75
2015 - 04	NMDFZ03ABC_01	0.2×0.2	光梗蒺藜草	75
2015 - 04	NMDFZ03ABC_01	0.2×0.2	中华苦卖菜	38

3.6　物候数据集

3.6.1　概述

本数据集包括奈曼站 2005—2015 年 3 个长期观测样地的年尺度观测数据（物候）。计量方式为月-日。小数位数为 0 位。观测点信息如下：沙地综合观测场生物土壤长期采样地（NMDZH02ABC_01，120°42′15″—120°42′17″E，42°55′35″—42°55′46″N）、固定沙丘辅助观测场生物土壤采样地（NMDFZ02ABC_01，120°42′16″—120°42′39″E，42°55′36″—42°55′37″N）、流动沙丘辅助观测场生物土壤采样地（NMDFZ03ABC_01，120°42′16″—120°42′17″E，42°55′33″—42°55′35″N）。

3.6.2　数据采集和处理方法

于每年生长季对 3 个样地灌草层的优势物种、短命植物和草本优势物种物候进行调查。在质控数据的基础上，以年为基本单元，选取优势物种的关键物候期。

3.6.3　数据质量控制和评估

3.6.3.1　数据获取过程的质量控制

对于调查数据，严格翔实地记录调查时间、核查并记录样地名称代码、核实物种名称。

3.6.3.2　规范原始数据记录的质控措施

原始数据是各种数据问题的溯源依据，要求做到：数据真实、记录规范、书写清晰、数据及辅助信息完整等。使用专用、规范印制的数据记录表和记录本，根据本站调查任务制定年度工作调查记录本，按照调查内容和时间顺序依次排列，装订成本。使用铅笔规范整齐填写，原始数据不准删除或涂改，如记录或观测有误，需轻画横线标记原数据，并将审核后的正确数据记录在原数据旁或备注栏。

3.6.3.3　数据辅助信息记录的质控措施

在进行调查时，要求对样地位置、调查日期、样地环境状况做翔实描述与记录。

3.6.3.4　数据质量评估

将获取的数据与各项辅助信息数据以及历史数据进行比较，评价数据的正确性、一致性、完整性、可比性和连续性，经站长、数据管理员和观测负责人审核认定后上报。

3.6.4 数据

表 3-6 至表 3-8 中为奈曼站 2005—2015 年 3 个长期观测样地年尺度物候数据。

表 3-6 灌木物候

年份	样地代码	植物名称	出芽期（月-日）	展叶期（月-日）	首花期（月-日）	盛花期（月-日）	果实或种子成熟期（月-日）	叶秋季变色期（月-日）	落叶期（月-日）
2005	NMDFZ02ABC_01	小叶锦鸡儿	04-23	05-03	05-15	05-20	06-05	08-27	09-15
2005	NMDFZ02ABC_01	盐蒿	04-20	05-08	06-03	06-18	07-10	09-03	09-20
2006	NMDFZ02ABC_01	小叶锦鸡儿	04-20	05-01	05-18	05-27	06-26	08-28	09-16
2006	NMDFZ02ABC_01	盐蒿	04-18	05-04	06-01	06-24	07-18	09-08	09-22
2007	NMDFZ02ABC_01	小叶锦鸡儿	04-18	05-02	05-18	05-27	06-26	08-15	09-01
2007	NMDFZ02ABC_01	盐蒿	04-15	04-30	06-01	06-20	07-18	08-28	09-15
2008	NMDFZ02ABC_01	小叶锦鸡儿	04-20	05-01	05-12	05-23	06-25	08-28	09-05
2008	NMDFZ02ABC_01	盐蒿	04-15	04-29	06-05	06-26	07-17	09-08	09-25
2009	NMDFZ02ABC_01	小叶锦鸡儿	04-25	04-27	05-05	05-15	06-20	09-10	09-30
2009	NMDFZ02ABC_01	盐蒿	04-27	05-05	06-13	06-27	07-18	09-15	09-30
2010	NMDFZ02ABC_01	小叶锦鸡儿	05-04	05-10	05-22	05-27	06-27	09-27	10-12
2010	NMDFZ02ABC_01	盐蒿	05-02	05-08	07-05	07-08	08-10	09-18	10-03
2011	NMDFZ02ABC_01	小叶锦鸡儿	04-26	04-30	05-19	05-26	06-18	09-25	10-15
2011	NMDFZ02ABC_01	盐蒿	04-20	04-28	06-29	07-06	08-16	09-22	10-08
2012	NMDFZ02ABC_01	小叶锦鸡儿	04-24	05-01	05-05	05-12	06-12	09-30	10-20
2012	NMDFZ02ABC_01	盐蒿	04-28	05-03	07-01	07-09	08-15	09-26	10-15
2013	NMDFZ02ABC_01	小叶锦鸡儿	05-02	05-08	05-15	05-20	06-27	09-30	10-18
2013	NMDFZ02ABC_01	盐蒿	04-24	05-05	07-04	07-12	08-28	09-30	10-15
2014	NMDFZ02ABC_01	小叶锦鸡儿	04-14	04-18	04-25	05-12	06-02	09-25	10-15
2014	NMDFZ02ABC_01	盐蒿	04-22	04-24	06-28	07-10	08-22	09-28	10-18
2015	NMDFZ02ABC_01	小叶锦鸡儿	04-20	04-24	05-02	05-10	06-12	10-03	10-15
2015	NMDFZ02ABC_01	盐蒿	04-16	04-20	06-26	07-09	08-24	09-26	10-20

表 3-7 草本植物物候

年份	样地代码	植物名称	萌动期（返青期）（月-日）	开花期（月-日）	果实或种子成熟期（月-日）	种子散布期（月-日）	黄枯期（月-日）
2005	NMDZH02ABC_01	黄花蒿	05-15	07-05	07-29	08-27	09-08
2005	NMDZH02ABC_01	狗尾草	06-03	07-16	08-05	08-21	08-29
2005	NMDZH02ABC_01	虎尾草	06-05	07-18	08-06	08-25	09-01
2005	NMDZH02ABC_01	猪毛菜	06-05	07-16	08-10	08-26	09-05
2005	NMDZH02ABC_01	糙隐子草	05-25	07-15	08-05	08-23	09-02
2005	NMDZH02ABC_01	牻牛儿苗	05-23	06-28	07-24	08-18	09-05
2005	NMDZH02ABC_01	三芒草	06-03	07-04	07-25	08-10	08-26
2005	NMDFZ02ABC_01	苦荬菜	05-27	06-20	07-13	08-05	08-28

（续）

年份	样地代码	植物名称	萌动期（返青期）（月-日）	开花期（月-日）	果实或种子成熟期（月-日）	种子散布期（月-日）	黄枯期（月-日）
2005	NMDFZ02ABC_01	花苜蓿	05-25	07-15	08-08	08-30	09-15
2005	NMDFZ03AB0_01	沙蓬	05-16	07-14	08-11	09-14	09-20
2006	NMDZH02ABC_01	狗尾草	05-10	07-05	07-31	08-28	09-24
2006	NMDZH02ABC_01	二裂委陵菜	05-03	06-27	07-26	08-25	09-16
2006	NMDZH02ABC_01	虎尾草	05-05	07-06	08-02	09-01	09-13
2006	NMDZH02ABC_01	猪毛菜	05-05	07-08	08-10	08-29	09-20
2006	NMDZH02ABC_01	糙隐子草	04-28	07-01	08-01	09-01	09-21
2006	NMDZH02ABC_01	牻牛儿苗	06-28	08-01	08-25	09-01	09-18
2006	NMDZH02ABC_01	三芒草	05-10	06-14	07-14	08-15	09-21
2006	NMDZH02ABC_01	黄花蒿	05-05	06-25	07-30	08-28	09-25
2006	NMDFZ02ABC_01	苦荬菜	04-28	05-26	06-20	07-26	09-18
2006	NMDFZ02ABC_01	花苜蓿	05-05	07-03	07-28	08-28	09-15
2006	NMDFZ03ABC_01	沙蓬	05-02	07-05	08-03	09-12	09-25
2007	NMDZH02ABC_01	狗尾草	05-05	07-02	08-10	08-29	09-25
2007	NMDZH02ABC_01	二裂委陵菜	04-40	06-25	08-02	08-26	09-17
2007	NMDZH02ABC_01	糙隐子草	04-22	07-05	08-04	09-03	09-24
2007	NMDZH02ABC_01	牻牛儿苗	06-08	07-25	08-20	09-05	09-18
2007	NMDZH02ABC_01	尖头叶藜	04-30	07-01	08-28	09-15	09-27
2007	NMDZH02ABC_01	黄花蒿	05-02	06-25	08-02	08-29	09-25
2007	NMDFZ02ABC_01	中华苦荬菜	04-22	05-25	06-20	07-25	09-17
2007	NMDFZ02ABC_01	雾冰藜	05-05	07-05	08-20	08-29	09-15
2007	NMDFZ03ABC_01	沙蓬	05-06	07-05	08-05	09-14	09-27
2008	NMDZH02ABC_01	狗尾草	04-30	07-01	08-10	08-25	09-20
2008	NMDZH02ABC_01	二裂委陵菜	04-27	06-20	08-05	08-27	09-18
2008	NMDZH02ABC_01	糙隐子草	04-25	07-20	08-10	09-08	09-24
2008	NMDZH02ABC_01	牻牛儿苗	04-25	07-15	08-25	09-12	09-25
2008	NMDZH02ABC_01	猪毛菜	04-28	07-10	08-28	09-15	09-28
2008	NMDZH02ABC_01	尖头叶藜	04-20	07-05	08-05	09-03	09-25
2008	NMDZH02ABC_01	黄花蒿	04-20	07-15	08-20	09-04	09-30
2008	NMDFZ02ABC_01	中华苦荬菜	04-25	05-28	08-05	09-10	09-20
2008	NMDFZ02ABC_01	花苜蓿	05-05	07-05	09-10	09-18	09-25
2008	NMDFZ02ABC_01	砂蓝刺头	04-29	07-27	08-18	09-10	09-29

（续）

年份	样地代码	植物名称	萌动期（返青期）（月-日）	开花期（月-日）	果实或种子成熟期（月-日）	种子散布期（月-日）	黄枯期（月-日）
2008	NMDFZ03ABC_01	沙蓬	05 - 10	07 - 03	09 - 05	09 - 25	10 - 10
2009	NMDZH02ABC_01	狗尾草	05 - 12	06 - 24	08 - 18	08 - 25	09 - 05
2009	NMDZH02ABC_01	糙隐子草	04 - 30	07 - 24	08 - 15	09 - 05	09 - 25
2009	NMDZH02ABC_01	二裂委陵菜	04 - 30	05 - 22	06 - 25	08 - 18	09 - 20
2009	NMDZH02ABC_01	黄花蒿	04 - 27	07 - 27	08 - 22	09 - 05	09 - 20
2009	NMDZH02ABC_01	地梢瓜	05 - 02	05 - 29	06 - 26	07 - 28	08 - 26
2009	NMDFZ02ABC_01	中华苦荬菜	04 - 27	05 - 12	06 - 25	08 - 01	08 - 25
2009	NMDFZ02ABC_01	花苜蓿	04 - 30	06 - 26	08 - 25	09 - 10	09 - 28
2009	NMDFZ02ABC_01	砂蓝刺头	04 - 30	07 - 28	08 - 20	09 - 05	09 - 25
2009	NMDFZ03ABC_01	沙蓬	05 - 27	08 - 20	09 - 10	09 - 30	10 - 08
2009	NMDFZ03ABC_01	蓼子朴	04 - 30	06 - 03	07 - 10	09 - 03	09 - 25
2010	NMDZH02ABC_01	尖头叶藜	05 - 04	07 - 27	08 - 30	09 - 28	09 - 19
2010	NMDZH02ABC_01	糙隐子草	05 - 03	08 - 05	08 - 13	08 - 20	08 - 30
2010	NMDZH02ABC_01	黄花蒿	05 - 23	08 - 15	08 - 25	08 - 31	09 - 25
2010	NMDZH02ABC_01	狗尾草	05 - 20	07 - 15	08 - 10	08 - 31	08 - 20
2010	NMDZH02ABC_01	虎尾草	05 - 20	07 - 15	08 - 13	08 - 25	08 - 20
2010	NMDZH02ABC_01	九顶草	05 - 15	07 - 15	08 - 05	08 - 20	08 - 10
2010	NMDFZ02ABC_01	花苜蓿	05 - 15	07 - 27	08 - 18	08 - 31	09 - 25
2010	NMDFZ02ABC_01	地梢瓜	05 - 15	06 - 20	06 - 25	09 - 20	09 - 10
2010	NMDFZ02ABC_01	狗尾草	05 - 07	07 - 12	08 - 15	09 - 02	08 - 25
2010	NMDFZ02ABC_01	雾冰藜	05 - 07	08 - 26	09 - 20	09 - 25	09 - 15
2010	NMDFZ02ABC_01	多色小苦荬	05 - 15	06 - 15	06 - 28	07 - 05	08 - 10
2010	NMDFZ03ABC_01	沙蓬	05 - 18	08 - 25	09 - 02	09 - 20	09 - 15
2010	NMDFZ03ABC_01	蓼子朴	05 - 07	06 - 20	07 - 10	07 - 18	09 - 20
2011	NMDZH02ABC_01	尖头叶藜	05 - 10	07 - 25	08 - 22	09 - 25	09 - 10
2011	NMDZH02ABC_01	糙隐子草	05 - 10	08 - 10	08 - 20	08 - 24	09 - 02
2011	NMDZH02ABC_01	黄花蒿	04 - 20	08 - 12	08 - 27	08 - 31	09 - 20
2011	NMDZH02ABC_01	狗尾草	05 - 13	07 - 18	08 - 12	08 - 28	08 - 25
2011	NMDZH02ABC_01	二裂委陵菜	04 - 20	05 - 26	08 - 05	08 - 20	09 - 10
2011	NMDFZ02ABC_01	花苜蓿	04 - 25	07 - 31	08 - 22	09 - 10	09 - 20
2011	NMDFZ02ABC_01	狗尾草	05 - 10	07 - 15	08 - 15	08 - 31	08 - 22
2011	NMDFZ02ABC_01	雾冰藜	05 - 15	08 - 20	09 - 10	09 - 25	09 - 15

（续）

年份	样地代码	植物名称	萌动期（返青期）（月-日）	开花期（月-日）	果实或种子成熟期（月-日）	种子散布期（月-日）	黄枯期（月-日）
2011	NMDFZ02ABC_01	砂蓝刺头	04 - 20	07 - 25	09 - 10	09 - 25	08 - 18
2011	NMDFZ02ABC_01	多色小苦荬	05 - 12	06 - 08	06 - 25	07 - 15	08 - 26
2011	NMDFZ03ABC_01	沙蓬	05 - 28	08 - 20	09 - 05	09 - 25	09 - 10
2011	NMDFZ03ABC_01	蓼子朴	05 - 02	06 - 12	07 - 08	07 - 15	09 - 15
2012	NMDZH02ABC_01	尖头叶藜	05 - 01	06 - 30	08 - 15	09 - 30	08 - 30
2012	NMDZH02ABC_01	糙隐子草	04 - 28	08 - 14	08 - 25	09 - 25	09 - 01
2012	NMDZH02ABC_01	黄花蒿	04 - 28	08 - 02	08 - 15	09 - 30	09 - 15
2012	NMDZH02ABC_01	狗尾草	05 - 20	07 - 20	08 - 10	09 - 15	08 - 30
2012	NMDZH02ABC_01	锋芒草	05 - 20	06 - 30	08 - 05	08 - 15	08 - 30
2012	NMDZH02ABC_01	蒺藜	05 - 20	06 - 30	07 - 05	09 - 15	09 - 20
2012	NMDFZ02ABC_01	花苜蓿	04 - 28	07 - 31	08 - 14	09 - 15	09 - 25
2012	NMDFZ02ABC_01	止血马唐	06 - 10	08 - 15	09 - 02	09 - 15	08 - 28
2012	NMDFZ02ABC_01	雾冰藜	05 - 05	08 - 20	09 - 01	09 - 15	09 - 20
2012	NMDFZ02ABC_01	薄翅猪毛菜	05 - 05	07 - 08	08 - 15	09 - 10	08 - 25
2012	NMDFZ02ABC_01	地梢瓜	05 - 10	05 - 31	07 - 20	09 - 30	09 - 16
2012	NMDFZ02ABC_01	大果虫实	05 - 05	07 - 08	08 - 15	09 - 03	08 - 25
2012	NMDFZ03ABC_01	蓼子朴	05 - 02	06 - 02	07 - 05	07 - 14	08 - 28
2012	NMDFZ03ABC_01	光梗蒺藜草	06 - 10	08 - 05	08 - 15	09 - 15	09 - 10
2012	NMDFZ03ABC_01	大果虫实	05 - 06	07 - 08	08 - 20	09 - 05	09 - 05
2013	NMDZH02ABC_01	黄花蒿	04 - 20	07 - 19	09 - 20	10 - 03	09 - 13
2013	NMDZH02ABC_01	尖头叶藜	05 - 02	07 - 15	08 - 25	09 - 25	09 - 10
2013	NMDZH02ABC_01	糙隐子草	05 - 15	08 - 18	08 - 30	09 - 15	09 - 05
2013	NMDZH02ABC_01	狗尾草	07 - 04	07 - 25	08 - 15	09 - 13	09 - 05
2013	NMDFZ02ABC_01	砂蓝刺头	04 - 15	07 - 27	09 - 08	09 - 20	09 - 05
2013	NMDFZ02ABC_01	黄花蒿	04 - 18	07 - 27	09 - 25	10 - 05	09 - 10
2013	NMDFZ02ABC_01	大果虫实	05 - 03	07 - 15	08 - 24	09 - 20	09 - 10
2013	NMDFZ02ABC_01	雾冰藜	05 - 03	09 - 02	09 - 10	09 - 25	09 - 15
2013	NMDFZ02ABC_01	花苜蓿	05 - 03	08 - 20	09 - 08	09 - 15	09 - 25
2013	NMDFZ02ABC_01	狗尾草	07 - 01	07 - 25	08 - 15	09 - 15	09 - 05
2013	NMDFZ03ABC_01	大果虫实	05 - 03	07 - 19	08 - 28	09 - 18	09 - 13
2013	NMDFZ03ABC_01	多色小苦荬	04 - 30	05 - 23	06 - 20	07 - 10	08 - 28
2014	NMDZH02ABC_01	黄花蒿	04 - 27	07 - 26	09 - 04	09 - 25	09 - 15

（续）

年份	样地代码	植物名称	萌动期（返青期）（月-日）	开花期（月-日）	果实或种子成熟期（月-日）	种子散布期（月-日）	黄枯期（月-日）
2014	NMDZH02ABC_01	尖头叶藜	04-29	07-16	08-28	09-25	09-15
2014	NMDZH02ABC_01	糙隐子草	04-25	07-28	08-25	09-15	09-05
2014	NMDZH02ABC_01	狗尾草	05-05	07-23	08-20	09-12	09-03
2014	NMDZH02ABC_01	芦苇	04-30	08-18	08-28	09-15	09-20
2014	NMDZH02ABC_01	白草	04-28	08-15	08-26	09-15	09-01
2014	NMDFZ02ABC_01	尖头叶藜	04-28	07-30	09-02	09-28	09-15
2014	NMDFZ02ABC_01	花苜蓿	04-23	08-05	08-26	09-15	09-20
2014	NMDFZ02ABC_01	地梢瓜	05-03	06-05	07-24	09-18	09-25
2014	NMDFZ02ABC_01	多色小苦荬	04-23	05-18	06-05	07-23	09-15
2014	NMDFZ02ABC_01	大果虫实	04-27	08-30	09-05	09-10	09-08
2014	NMDFZ02ABC_01	雾冰藜	04-30	09-01	09-05	09-20	09-18
2014	NMDFZ02ABC_01	狗尾草	04-29	07-25	08-25	09-15	09-05
2014	NMDFZ03ABC_01	大果虫实	04-25	08-27	09-02	09-15	09-10
2014	NMDFZ03ABC_01	光梗蒺藜草	05-25	08-08	08-28	09-12	09-20
2015	NMDZH02ABC_01	黄花蒿	04-29	08-05	09-08	09-26	09-12
2015	NMDZH02ABC_01	尖头叶藜	04-29	07-18	08-25	09-15	09-01
2015	NMDZH02ABC_01	糙隐子草	04-29	08-02	08-15	09-17	09-01
2015	NMDZH02ABC_01	狗尾草	05-03	07-21	08-18	09-10	09-01
2015	NMDFZ02ABC_01	尖头叶藜	04-30	07-28	08-29	09-22	09-05
2015	NMDFZ02ABC_01	花苜蓿	04-28	08-01	08-20	09-12	09-06
2015	NMDFZ02ABC_01	砂蓝刺头	04-15	07-01	08-05	08-25	08-15
2015	NMDFZ02ABC_01	雾冰藜	04-18	08-22	08-30	09-20	09-08
2015	NMDFZ02ABC_01	薄翅猪毛菜	04-20	07-21	08-18	09-10	08-30
2015	NMDFZ03ABC_01	多色小苦荬	04-26	05-15	06-05	07-20	09-10
2015	NMDFZ03ABC_01	光梗蒺藜草	05-30	08-16	08-31	09-15	09-10
2015	NMDFZ03ABC_01	狗尾草	05-02	07-25	08-22	09-15	09-01
2015	NMDFZ03ABC_01	大果虫实	05-01	08-17	09-05	09-18	09-05

表3-8 荒漠短命植物生活周期

年份	样地代码	植物种名	出苗期（月-日）	枯死期（月-日）
2005	NMDZH02ABC_01	画眉草	06-22	08-10
2005	NMDZH02ABC_01	画眉草	06-25	08-12

（续）

年份	样地代码	植物种名	出苗期（月-日）	枯死期（月-日）
2005	NMDZH02ABC _ 01	画眉草	07 – 08	08 – 15
2005	NMDZH02ABC _ 01	画眉草	06 – 16	08 – 08
2005	NMDZH02ABC _ 01	画眉草	06 – 18	08 – 08
2005	NMDFZ02ABC _ 01	画眉草	06 – 26	08 – 22
2005	NMDFZ02ABC _ 01	画眉草	07 – 10	08 – 25
2005	NMDFZ02ABC _ 01	画眉草	07 – 12	08 – 24
2006	NMDZH02ABC _ 01	画眉草	07 – 04	09 – 15
2006	NMDZH02ABC _ 01	画眉草	07 – 15	09 – 17
2006	NMDZH02ABC _ 01	画眉草	07 – 26	09 – 20
2006	NMDFZ02ABC _ 01	画眉草	07 – 10	09 – 12
2006	NMDFZ02ABC _ 01	画眉草	06 – 20	09 – 10
2006	NMDFZ02ABC _ 01	画眉草	07 – 08	08 – 28
2006	NMDFZ02ABC _ 01	画眉草	07 – 13	09 – 01
2006	NMDFZ02ABC _ 01	画眉草	07 – 08	09 – 10
2007	NMDZH02ABC _ 01	画眉草	07 – 11	09 – 14
2007	NMDZH02ABC _ 01	画眉草	07 – 16	09 – 17
2007	NMDZH02ABC _ 01	画眉草	07 – 20	09 – 18
2007	NMDFZ02ABC _ 01	画眉草	07 – 24	09 – 15
2007	NMDFZ02ABC _ 01	画眉草	07 – 20	09 – 20
2007	NMDFZ02ABC _ 01	画眉草	07 – 08	09 – 22
2007	NMDFZ02ABC _ 01	画眉草	07 – 13	09 – 11
2007	NMDFZ02ABC _ 01	画眉草	07 – 08	09 – 20
2007	NMDFZ02ABC _ 01	画眉草	07 – 03	09 – 13
2008	NMDZH02ABC _ 01	画眉草	07 – 10	08 – 30
2008	NMDZH02ABC _ 01	画眉草	07 – 15	09 – 18
2008	NMDZH02ABC _ 01	画眉草	07 – 26	09 – 20
2008	NMDFZ02ABC _ 01	画眉草	08 – 10	09 – 20
2008	NMDFZ02ABC _ 01	画眉草	07 – 25	08 – 28
2008	NMDFZ02ABC _ 01	画眉草	08 – 15	09 – 29
2008	NMDFZ02ABC _ 01	画眉草	08 – 14	08 – 29

（续）

年份	样地代码	植物种名	出苗期（月-日）	枯死期（月-日）
2009	NMDZH02ABC＿01	画眉草	06 - 23	08 - 15
2009	NMDZH02ABC＿01	画眉草	06 - 20	08 - 18
2009	NMDFZ02ABC＿01	画眉草	06 - 18	08 - 15
2009	NMDFZ02ABC＿01	画眉草	06 - 13	08 - 10
2009	NMDFZ02ABC＿01	画眉草	06 - 25	08 - 28
2009	NMDFZ02ABC＿01	画眉草	06 - 21	08 - 18
2009	NMDFZ02ABC＿01	画眉草	06 - 18	08 - 30
2009	NMDFZ02ABC＿01	画眉草	06 - 22	08 - 16
2010	NMDZH02ABC＿01	画眉草	06 - 10	08 - 15
2010	NMDZH02ABC＿01	画眉草	06 - 13	08 - 25
2010	NMDFZ02ABC＿01	画眉草	06 - 15	08 - 29
2010	NMDFZ02ABC＿01	画眉草	06 - 18	08 - 20
2010	NMDFZ02ABC＿01	画眉草	06 - 15	08 - 18
2010	NMDFZ02ABC＿01	画眉草	06 - 22	08 - 20
2010	NMDFZ02ABC＿01	画眉草	07 - 02	08 - 16
2010	NMDFZ02ABC＿01	画眉草	06 - 20	08 - 20
2011	NMDZH02ABC＿01	画眉草	06 - 18	08 - 18
2011	NMDFZ02ABC＿01	画眉草	06 - 12	08 - 15
2011	NMDFZ02ABC＿01	画眉草	06 - 13	08 - 17
2011	NMDFZ02ABC＿01	画眉草	06 - 15	08 - 15
2012	NMDZH02ABC＿01	画眉草	07 - 12	08 - 15
2012	NMDFZ02ABC＿01	画眉草	07 - 20	08 - 14
2012	NMDFZ02ABC＿01	画眉草	07 - 28	08 - 26
2012	NMDFZ02ABC＿01	画眉草	06 - 22	09 - 15
2012	NMDFZ02ABC＿01	画眉草	06 - 26	09 - 10
2012	NMDFZ02ABC＿01	画眉草	07 - 22	08 - 18
2012	NMDFZ02ABC＿01	画眉草	08 - 01	08 - 30
2012	NMDFZ02ABC＿01	画眉草	07 - 25	08 - 25
2013	NMDFZ02ABC＿01	画眉草	07 - 06	08 - 15
2013	NMDFZ02ABC＿01	画眉草	07 - 05	08 - 18

（续）

年份	样地代码	植物种名	出苗期（月-日）	枯死期（月-日）
2013	NMDFZ02ABC _ 01	画眉草	07 - 05	08 - 20
2013	NMDFZ02ABC _ 01	画眉草	07 - 06	08 - 18
2013	NMDFZ02ABC _ 01	画眉草	07 - 15	08 - 22
2013	NMDFZ02ABC _ 01	画眉草	07 - 12	08 - 24
2013	NMDFZ02ABC _ 01	画眉草	07 - 14	08 - 20
2014	NMDFZ02ABC _ 01	画眉草	07 - 04	08 - 28
2014	NMDFZ02ABC _ 01	画眉草	07 - 03	08 - 24
2015	NMDFZ02ABC _ 01	画眉草	07 - 03	08 - 25
2015	NMDFZ02ABC _ 01	画眉草	07 - 08	08 - 20

3.7　荒漠生态系统元素含量与能值

3.7.1　概述

本数据集包括奈曼站 2005 年、2010 年、2015 年 3 个长期观测样地的年尺度观测数据。计量单位：全碳、全氮、全磷、全钾、全钙、全镁为 g/kg；干重热值为 MJ/kg；灰分用百分数表示。小数位数：全碳、全氮、全磷、全钾、全钙、全镁、干重热值、灰分为 2。观测点信息如下：沙地综合观测场生物土壤长期采样地（NMDZH02ABC _ 01，120°42′15″—120°42′17″E，42°55′35″—42°55′46″N），固定沙丘辅助观测场生物土壤采样地（NMDFZ02ABC _ 01，120°42′16″—120°42′39″E，42°55′36″—42°55′37″N），流动沙丘辅助观测场生物土壤采样地（NMDFZ03ABC _ 01，120°42′16″—120°42′17″E，42°55′33″—42°55′35″N）。

3.7.2　数据采集和处理方法

全碳采用重铬酸钾-硫酸氧化法测定；全氮采用凯氏定氮法测定；全磷采用酸消解钼蓝比色法测定；全钾采用酸消解火焰光度法测定；全硫、全钙、全镁采用酸消解原子吸收分光光度法测定；干重热值和灰分采用 2800 绝热式热量计燃烧法测定。具体测定方法参见《陆地生态系统生物观测规范》。在质控数据的基础上，计算多个统计结果的平均值，并注明重复数和标准差。无重复测量的结果按实际结果记录。

3.7.3　数据质量控制和评估

（1）测定时插入国家标准样品进行质控。
（2）分析时进行 3 次平行样品测定。
（3）对每个观测数据是否超出相同类型的历史数据阈值进行核实。

3.7.4　数据

表 3-9、表 3-10 中为奈曼站 2005 年、2010 年、2015 年 3 个长期观测样地年尺度荒漠生态系统元素含量与能值数据。

表 3 - 9 元素含量

年份	样地代码	植物种名	采样部位	有机碳			全氮			全磷			全钾		
				平均值/(g/kg)	标准差/(g/kg)	重复数	平均值/(g/kg)	标准差/(g/kg)	重复数	平均值/(g/kg)	标准差/(g/kg)	重复数	平均值/(g/kg)	标准差/(g/kg)	重复数
2005	NMDZH02ABC_01	黄花蒿	绿叶	432.48		1	19.84		1	3.42		1	22.77		1
2005	NMDZH02ABC_01	黄花蒿	绿枝	427.37		1	6.77		1	1.82		1	12.94		1
2005	NMDZH02ABC_01	黄花蒿	根	384.18		1	6.22		1	1.27		1	11.56		1
2005	NMDZH02ABC_01	芦苇	绿叶	419.99		1	4.48		1	1.73		1	11.88		1
2005	NMDZH02ABC_01	芦苇	绿枝	442.23		1	6.19		1	1.36		1	7.56		1
2005	NMDZH02ABC_01	芦苇	根	386.24		1	17.68		1	0.83		1	4.83		1
2005	NMDFZ02ABC_01	盐蒿	绿叶	443.97		1	14.24		1	2.79		1	18.49		1
2005	NMDFZ02ABC_01	盐蒿	绿枝	458.80		1	4.11		1	0.78		1	11.36		1
2005	NMDFZ02ABC_01	盐蒿	立枯叶	427.16		1	7.34		1	0.58		1	7.45		1
2005	NMDFZ02ABC_01	盐蒿	枯枝	455.95		1	9.42		1	2.19		1	8.47		1
2005	NMDFZ02ABC_01	盐蒿	根	402.86		1	4.43		1	1.04		1	11.38		1
2005	NMDFZ02ABC_01	小叶锦鸡儿	绿叶	456.01		1	31.22		1	2.21		1	14.86		1
2005	NMDFZ02ABC_01	小叶锦鸡儿	绿枝	463.72		1	12.83		1	0.84		1	2.32		1
2005	NMDFZ02ABC_01	小叶锦鸡儿	立枯叶	378.14		1	15.66		1	0.79		1	2.35		1
2005	NMDFZ02ABC_01	小叶锦鸡儿	枯枝	446.21		1	20.69		1	1.57		1	10.95		1
2005	NMDFZ02ABC_01	小叶锦鸡儿	根	436.62		1	16.13		1	0.72		1	2.96		1
2005	NMDFZ03ABC_01	沙蓬	绿叶	404.01		1	7.01		1	1.71		1	19.91		1
2005	NMDFZ03ABC_01	沙蓬	绿枝	447.80		1	10.26		1	1.40		1	14.83		1
2005	NMDFZ03ABC_01	沙蓬	立枯叶	405.13		1	7.57		1	0.79		1	5.12		1
2005	NMDFZ03ABC_01	沙蓬	枯枝	428.77		1	9.68		1	0.67		1	1.59		1
2005	NMDFZ03ABC_01	沙蓬	根	435.47		1	18.08		1	1.38		1	13.28		1

（续）

年份	样地代码	植物种名	采样部位	有机碳			全氮			全磷			全钾		
				平均值/(g/kg)	重复数	标准差/(g/kg)	平均值/(g/kg)	重复数	标准差/(g/kg)	平均值/(g/kg)	重复数	标准差/(g/kg)	平均值/(g/kg)	重复数	标准差/(g/kg)
2005	NMDZH02ABC_01	黄花蒿	立枯叶	421.16	1		13.46	1		1.61	1		6.06	1	
2005	NMDZH02ABC_01	黄花蒿	枯枝	438.11	1		8.43	1		0.84	1		5.72	1	
2005	NMDZH02ABC_01	芦苇	立枯叶	385.37	1		8.75	1		0.95	1		2.82	1	
2005	NMDZH02ABC_01	芦苇	枯枝	431.42	1		6.30	1		0.88	1		5.66	1	
2010	NMDFZ02ABC_01	小叶锦鸡儿	绿叶	46.71	2	0.70	2.97	3	0.59	0.24	3	0.03	1.29	3	0.09
2010	NMDFZ02ABC_01	小叶锦鸡儿	绿枝	47.73	3	0.34	2.24	3	0.16	0.14	3	0.02	0.34	3	0.04
2010	NMDFZ02ABC_01	小叶锦鸡儿	根	46.71	3	0.59	2.49	3	0.28	0.16	3	0.02	0.46	3	0.10
2010	NMDFZ02ABC_01	盐蒿	绿叶	46.86	3	2.02	3.33	3	0.15	0.30	3	0.05	2.49	3	0.58
2010	NMDFZ02ABC_01	盐蒿	绿枝	48.63	3	0.21	1.14	3	0.07	0.13	3	0.01	1.58	3	0.18
2010	NMDFZ02ABC_01	盐蒿	根	49.34	1		1.50	1		0.14	1		0.75	1	
2010	NMDFZ03AB0_01	沙蓬	绿叶	43.11	2	2.27	2.66	2	0.13	0.20	2	0.06	2.62	2	0.25
2010	NMDFZ03AB0_01	沙蓬	枯枝	42.93	2	0.27	1.17	2	0.78	0.14	2	0.02	1.48	2	0.33
2010	NMDFZ03AB0_01	沙蓬	绿枝	43.41	3	0.59	1.07	3	0.23	0.20	3	0.03	2.08	3	0.12
2010	NMDFZ03AB0_01	沙蓬	种子	42.27	1		1.65	1		0.31	1		2.79	1	
2010	NMDFZ03AB0_01	沙蓬	根	43.65	1		0.45	1		0.16	1		1.69	1	
2010	NMDZH02ABC_01	狗尾草	绿叶	43.47	3	0.28	1.71	3	0.02	0.17	3	0.01	2.94	3	0.18
2010	NMDZH02ABC_01	狗尾草	立枯叶	41.97	3	1.15	1.30	3	0.09	0.09	3	0.01	1.48	3	0.58
2010	NMDZH02ABC_01	狗尾草	绿枝	44.95	3	0.25	0.99	3	0.11	0.16	3	0.07	2.36	3	0.52
2010	NMDZH02ABC_01	狗尾草	枯枝	45.38	1		0.41	1		0.08	1		1.21	1	
2010	NMDZH02ABC_01	狗尾草	种子	44.23	3	0.98	1.49	3	0.39	0.34	3	0.01	1.01	3	0.04
2010	NMDZH02ABC_01	狗尾草	根	42.99	2	0.33	0.61	2	0.00	0.12	2	0.01	1.44	2	0.06

（续）

年份	样地代码	植物种名	采样部位	有机碳			全氮			全磷			全钾		
				平均值/(g/kg)	重复数	标准差/(g/kg)	平均值/(g/kg)	重复数	标准差/(g/kg)	平均值/(g/kg)	重复数	标准差/(g/kg)	平均值/(g/kg)	重复数	标准差/(g/kg)
2015	NMDZH02ABC_01	头头叶藜	枝	440.63	2	5.03	7.68	2	0.66	0.44	2	0.05	12.30	2	3.53
2015	NMDZH02ABC_01	头头叶藜	叶	407.13	2	40.14	10.94	2	7.33	0.72	2	0.33	38.57	2	32.91
2015	NMDZH02ABC_01	头头叶藜	花	394.80	2	18.82	15.46	2	2.14	1.15	2	0.25	48.04	2	6.54
2015	NMDZH02ABC_01	头头叶藜	根	406.16	1		13.57	1		1.97	1		41.96	1	
2015	NMDZH02ABC_01	糙隐子草	枝	426.38	1		10.98	1		1.31	1		6.30	1	
2015	NMDZH02ABC_01	糙隐子草	叶	402.37	1		16.69	1		1.66	1		8.49	1	
2015	NMDZH02ABC_01	糙隐子草	根	385.22	1		9.36	1		0.43	1		10.37	1	
2015	NMDFZ02ABC_01	雾冰藜	根	413.56	2	31.74	8.17	2	0.24	1.24	2	0.12	16.11	2	0.73
2015	NMDFZ02ABC_01	雾冰藜	枝	466.02	2	6.83	16.64	2	0.15	1.19	2	0.05	14.12	2	4.28
2015	NMDFZ02ABC_01	雾冰藜	叶	436.18	2	67.38	10.41	2	2.18	1.41	2	0.44	32.57	2	0.31
2015	NMDFZ02ABC_01	薄翅猪毛菜	枝	409.94	1		5.66	1		0.60	1		20.02	1	
2015	NMDFZ02ABC_01	薄翅猪毛菜	花	411.35	1		8.84	1		1.28	1		25.45	1	
2015	NMDFZ02ABC_01	小叶锦鸡儿	根	451.42	2	4.09	15.44	2	1.19	0.79	2	0.06	2.94	2	0.38
2015	NMDFZ02ABC_01	小叶锦鸡儿	枝	475.67	2	14.13	14.78	2	2.75	0.61	2	0.08	3.28	2	1.32
2015	NMDFZ02ABC_01	小叶锦鸡儿	叶	445.96	2	3.30	27.00	2	5.11	1.38	2	0.09	9.11	2	0.92
2015	NMDFZ02ABC_01	盐蒿	根	459.18	2	5.87	8.14	2	1.44	1.03	2	0.39	7.24	2	0.45
2015	NMDFZ02ABC_01	盐蒿	枝	468.30	2	2.03	6.67	2	0.31	0.79	2	0.39	7.83	2	1.52
2015	NMDFZ02ABC_01	盐蒿	叶	465.51	2	19.04	21.31	2	3.38	2.72	2	1.18	19.96	2	3.63
2015	NMDFZ02ABC_01	盐蒿	花	485.12	2	6.08	13.06	2	0.06	2.72	2	0.67	21.25	2	3.34
2015	NMDFZ03ABC_01	光梗蒺藜草	枝	414.60	1		10.70	1		4.02	1		31.27	1	
2015	NMDFZ03ABC_01	光梗蒺藜草	叶	394.32	1		17.12	1		5.60	1		34.84	1	

（续）

年份	样地代码	植物种名	采样部位	有机碳			全氮			全磷			全钾		
				平均值/(g/kg)	重复数	标准差/(g/kg)	平均值/(g/kg)	重复数	标准差/(g/kg)	平均值/(g/kg)	重复数	标准差/(g/kg)	平均值/(g/kg)	重复数	标准差/(g/kg)
2015	NMDFZ03ABC_01	光梗蒺藜草	根	321.95	1		7.25	1		1.40	1		12.63	1	
2015	NMDFZ03ABC_01	狗尾草	枝	379.89	1		18.53	1		2.90	1		29.17	1	
2015	NMDFZ03ABC_01	狗尾草	叶	397.54	1		27.97	1		4.11	1		41.50	1	
2015	NMDFZ03ABC_01	狗尾草	根	380.65	1		15.24	1		2.11	1		20.67	1	
2015	NMDZH02ABC_01	凋落物	枝	428.23	2	8.16	8.34	2	1.03	1.31	2	0.02	17.29	2	0.11
2015	NMDZH02ABC_01	凋落物	叶	407.35	2	8.75	13.68	2	2.72	1.62	2	0.02	15.61	2	2.42
2015	NMDZH02ABC_01	凋落物	花	406.51	2	12.89	14.95	2	2.12	2.24	2	0.34	34.74	2	2.85
2015	NMDZH02ABC_01	凋落物	杂	220.97	2	12.29	9.51	2	0.98	0.93	2	0.08	10.47	2	0.48
2015	NMDFZ02ABC_01	凋落物	枝	423.41	2	10.94	9.53	2	2.26	1.23	2	0.34	14.90	2	0.51
2015	NMDFZ02ABC_01	凋落物	叶	378.73	2	3.33	12.07	2	1.74	1.48	2	0.01	13.71	2	1.86
2015	NMDFZ02ABC_01	凋落物	花	340.89	2	27.53	9.97	2	0.41	1.69	2	0.28	27.24	2	1.31
2015	NMDFZ02ABC_01	凋落物	杂	243.55	2	79.99	8.95	2	1.06	0.94	2	0.23	10.94	2	3.89
2015	NMDFZ03ABC_01	凋落物	花	427.30	1		12.40	1		2.06	1		10.50	1	
2015	NMDFZ03ABC_01	凋落物	枝	434.26	2	14.15	8.73	2	0.48	1.51	2	0.24	14.09	2	0.94
2015	NMDFZ03ABC_01	凋落物	叶	378.94	2	13.05	15.38	2	2.37	2.91	2	0.43	17.97	2	1.45

表3-10　元素含量、能值与灰分

年份	样地代码	植物种名	采样部位	全钙 平均值/(g/kg)	重复数	标准差/(g/kg)	全镁 平均值/(g/kg)	重复数	标准差/(g/kg)	干重热值 平均值/(MJ/kg)	重复数	标准差/(MJ/kg)	灰分 平均值/%	重复数	标准差/%
2005	NMDZH02ABC_01	黄花蒿	绿叶	3.33	1		2.23	1		18.21	1		9.10	1	
2005	NMDZH02ABC_01	黄花蒿	绿枝	1.70	1		1.12	1		17.01	1		5.40	1	
2005	NMDZH02ABC_01	黄花蒿	根	1.22	1		1.18	1		15.45	1		13.60	1	
2005	NMDZH02ABC_01	芦苇	绿叶	1.57	1		2.23	1		19.26	1		4.60	1	
2005	NMDZH02ABC_01	芦苇	绿枝	0.86	1		1.21	1		17.79	1		2.60	1	
2005	NMDZH02ABC_01	芦苇	根	1.10	1		1.93	1		16.89	1		10.30	1	
2005	NMDFZ02ABC_01	盐蒿	绿叶	3.10	1		1.96	1		20.36	1		10.00	1	
2005	NMDFZ02ABC_01	盐蒿	绿枝	1.35	1		0.51	1		18.08	1		1.40	1	
2005	NMDFZ02ABC_01	盐蒿	立枯叶	1.32	1		0.81	1		19.47	1		3.40	1	
2005	NMDFZ02ABC_01	盐蒿	枯枝	3.26	1		1.68	1		19.73	1		11.00	1	
2005	NMDFZ02ABC_01	盐蒿	根	1.33	1		1.01	1		18.07	1		4.60	1	
2005	NMDFZ02ABC_01	小叶锦鸡儿	绿叶	3.12	1		4.30	1		20.03	1		7.60	1	
2005	NMDFZ02ABC_01	小叶锦鸡儿	绿枝	1.52	1		0.53	1		21.21	1		2.00	1	
2005	NMDFZ02ABC_01	小叶锦鸡儿	立枯叶	1.72	1		0.70	1		18.72	1		4.40	1	
2005	NMDFZ02ABC_01	小叶锦鸡儿	枯枝	3.24	1		4.49	1		19.64	1		8.30	1	
2005	NMDFZ02ABC_01	小叶锦鸡儿	根	1.99	1		1.21	1		19.91	1		8.10	1	
2005	NMDFZ03ABC_01	沙蓬	绿叶	2.59	1		3.57	1		15.77	1		10.30	1	
2005	NMDFZ03ABC_01	沙蓬	绿枝	1.37	1		0.98	1		18.58	1		8.60	1	
2005	NMDFZ03ABC_01	沙蓬	立枯叶	5.18	1		3.55	1		18.57	1		8.50	1	
2005	NMDFZ03ABC_01	沙蓬	枯枝	1.10	1		0.60	1		17.16	1		6.20	1	
2005	NMDFZ03ABC_01	沙蓬	根	1.13	1		1.89	1		18.89	1		7.40	1	

（续）

年份	样地代码	植物种名	采样部位	全钙 平均值/(g/kg)	全钙 重复数	全钙 标准差/(g/kg)	全镁 平均值/(g/kg)	全镁 重复数	全镁 标准差/(g/kg)	干重热值 平均值/(MJ/kg)	干重热值 重复数	干重热值 标准差/(MJ/kg)	灰分 平均值/%	灰分 重复数	灰分 标准差/%
2005	NMDZH02ABC_01	黄花蒿	立枯叶	4.35	1		2.49	1		17.81	1		9.70	1	
2005	NMDZH02ABC_01	黄花蒿	枯枝	1.55	1		0.77	1		20.08	1		2.80	1	
2005	NMDZH02ABC_01	芦苇	立枯叶	0.22	1		0.55	1		16.33	1		11.20	1	
2005	NMDZH02ABC_01	芦苇	枯枝	1.61	1		1.66	1		16.88	1		4.70	1	
2010	NMDFZ02ABC_01	小叶锦鸡儿	绿叶	1.29	3	0.09	0.57	3	0.02	20.43	3	0.04	1.81	3	0.00
2010	NMDFZ02ABC_01	小叶锦鸡儿	绿枝	0.58	3	0.15	0.23	3	0.05	20.13	3	0.33	1.91	3	0.00
2010	NMDFZ02ABC_01	小叶锦鸡儿	根	0.36	3	0.08	0.19	3	0.10	19.49	3	0.24	1.92	3	0.00
2010	NMDFZ02ABC_01	盐蒿	绿叶	0.76	3	0.53	0.47	3	0.13	20.01	3	1.20	1.76	3	0.07
2010	NMDFZ02ABC_01	盐蒿	绿枝	0.11	3	0.06	0.21	3	0.14	20.12	3	0.13	1.91	3	0.01
2010	NMDFZ02ABC_01	盐蒿	根	0.23	1		0.21	1		19.74	1		1.88	1	
2010	NMDFZ03ABC_01	沙蓬	绿叶	2.15	2	0.86	0.79	2	0.36	17.22	2	0.79	1.74	2	0.09
2010	NMDFZ03ABC_01	沙蓬	枯枝	1.80	2	2.41	0.42	2	0.23	17.97	2	1.59	1.91	2	0.00
2010	NMDFZ03ABC_01	沙蓬	绿枝	0.46	3	0.14	0.32	3	0.08	18.48	3	0.31	1.87	3	0.02
2010	NMDFZ03ABC_01	沙蓬	种子	0.38	1		0.40	1		17.93	1		1.84	1	
2010	NMDFZ03ABC_01	沙蓬	根	0.182	1		0.41	1		18.72	1		1.89	1	
2010	NMDZH02ABC_01	狗尾草	绿叶	0.24	3	0.04	0.65	3	0.09	17.70	3	0.09	1.81	3	0.01
2010	NMDZH02ABC_01	狗尾草	立枯叶	0.55	3	0.12	0.85	3	0.24	15.07	3	1.93	1.77	3	0.03
2010	NMDZH02ABC_01	狗尾草	绿枝	0.02	3	0.01	0.30	3	0.09	17.29	3	0.18	1.89	3	0.03
2010	NMDZH02ABC_01	狗尾草	枯枝	0.06	1		0.39	1		17.66	1		1.92	1	
2010	NMDZH02ABC_01	狗尾草	种子	0.03	3	0.01	0.35	3	0.05	18.04	3	0.24	1.88	3	0.01
2010	NMDZH02ABC_01	狗尾草	根	0.03	2	0.00	0.20	2	0.02	17.67	2	0.10	1.78	2	0.02

（续）

年份	样地代码	植物种名	采样部位	全钙			全镁			干重热值			灰分		
				平均值/(g/kg)	重复数	标准差/(g/kg)	平均值/(g/kg)	重复数	标准差/(g/kg)	平均值/(MJ/kg)	重复数	标准差/(MJ/kg)	平均值/%	重复数	标准差/%
2015	NMDZH02ABC_01	头头叶藜	枝	8.87	2	4.39	1.07	2	0.03	16.93	2	0.45	6.48	2	0.57
2015	NMDZH02ABC_01	头头叶藜	叶	20.52	2	13.49	4.66	2	5.27	15.65	2	2.06	20.56	2	0.94
2015	NMDZH02ABC_01	头头叶藜	花	20.60	2	10.31	5.60	2	2.52	13.20	2	0.71	14.13	2	0.28
2015	NMDZH02ABC_01	头头叶藜	根	12.56	1		3.50	1		14.59	1		6.72	1	
2015	NMDZH02ABC_01	糙隐子草	枝	3.48	1		1.03	1		16.64	1		8.99	1	
2015	NMDZH02ABC_01	糙隐子草	叶	3.33	1		0.81	1		17.96	1		4.69	1	
2015	NMDZH02ABC_01	糙隐子草	根	7.48	1		1.51	1		15.64	1		6.05	1	
2015	NMDFZ02ABC_01	雾冰藜	根	4.48	2	0.93	2.99	2	0.14	17.59	2	0.77	7.92	2	0.51
2015	NMDFZ02ABC_01	雾冰藜	枝	7.57	2	0.71	1.17	2	0.40	16.48	2	0.99	11.42	2	6.79
2015	NMDFZ02ABC_01	雾冰藜	叶	18.65	2	3.50	5.73	2	0.82	15.00	2	0.17	14.16	2	5.69
2015	NMDFZ02ABC_01	薄翅猪毛菜	枝	17.84	1		2.39	1		14.94	1		10.51	1	
2015	NMDFZ02ABC_01	薄翅猪毛菜	花	19.75	1		3.83	1		16.18	1		12.65	1	
2015	NMDFZ02ABC_01	小叶锦鸡儿	根	8.36	2	1.88	0.35	2	0.14	17.34	2	0.62	4.68	2	0.51
2015	NMDFZ02ABC_01	小叶锦鸡儿	枝	11.15	2	0.32	0.62	2	0.15	21.11	2	0.64	4.81	2	0.11
2015	NMDFZ02ABC_01	小叶锦鸡儿	叶	30.92	2	4.31	2.72	2	0.24	17.03	2	1.31	11.47	2	0.56
2015	NMDFZ02ABC_01	盐蒿	根	7.02	2	1.41	0.89	2	0.12	18.02	2	0.10	7.90	2	3.15
2015	NMDFZ02ABC_01	盐蒿	枝	5.10	2	0.86	0.63	2	0.02	18.58	2	0.85	4.63	2	0.67
2015	NMDFZ02ABC_01	盐蒿	叶	16.06	2	1.89	2.13	2	0.19	18.99	2	0.95	10.02	2	1.91
2015	NMDFZ02ABC_01	盐蒿	花	8.91	2	0.62	1.33	2	0.30	18.91	2	0.91	7.39	2	0.39
2015	NMDFZ03ABC_01	光梗蒺藜草	枝	4.10	1		3.58	1		15.83	1		11.32	1	
2015	NMDFZ03ABC_01	光梗蒺藜草	叶	5.54	1		4.35	1		15.12	1		15.21	1	

（续）

年份	样地代码	植物种名	采样部位	全钙			全镁			干重热值			灰分		
				平均值/(g/kg)	重复数	标准差/(g/kg)	平均值/(g/kg)	重复数	标准差/(g/kg)	平均值/(MJ/kg)	重复数	标准差/(MJ/kg)	平均值/%	重复数	标准差/%
2015	NMDFZ03ABC_01	光硬萋萋草	根	3.89	1		1.64	1		12.98	1		29.50	1	
2015	NMDFZ03ABC_01	狗尾草	枝	6.09	1		2.94	1		15.43	1		14.52	1	
2015	NMDFZ03ABC_01	狗尾草	叶	5.61	1		3.59	1		18.75	1		14.46	1	
2015	NMDFZ03ABC_01	狗尾草	根	4.82	1		2.15	1		16.94	1		15.68	1	
2015	NMDZH02ABC_01	凋落物	枝	10.25	2	2.95	1.53	2	0.20	16.79	2	1.18	5.31	2	1.35
2015	NMDZH02ABC_01	凋落物	叶	9.03	2	1.55	2.29	2	0.59	15.29	2	0.15	8.97	2	1.72
2015	NMDZH02ABC_01	凋落物	花	16.31	2	4.92	3.93	2	1.28	14.08	2	0.90	11.61	2	1.07
2015	NMDZH02ABC_01	凋落物	杂	14.90	2	0.97	3.37	2	0.30	10.33	2	0.02	14.58	2	3.38
2015	NMDFZ02ABC_01	凋落物	枝	14.06	2	1.06	1.65	2	0.04	17.54	2	1.22	8.98	2	2.11
2015	NMDFZ02ABC_01	凋落物	叶	17.37	2	4.44	2.66	2	0.13	16.29	2	0.90	22.84	2	1.12
2015	NMDFZ02ABC_01	凋落物	花	20.18	2	0.79	3.58	2	0.20	14.84	2	1.49	16.05	2	2.12
2015	NMDFZ02ABC_01	凋落物	杂	16.32	2	1.45	2.68	2	0.26	15.81	2	4.27	22.29	2	18.00
2015	NMDFZ03ABC_01	凋落物	花	2.17	1		1.33	1		16.15	1		13.20	1	
2015	NMDFZ03ABC_01	凋落物	枝	10.44	2	1.41	1.38	2	0.48	16.24	2	2.57	16.86	2	17.56
2015	NMDFZ03ABC_01	凋落物	叶	13.75	2	11.14	2.42	2	0.45	15.42	2	1.57	8.86	2	2.02

3.8　植物名录

3.8.1　概述

本数据集包括奈曼站 2005—2015 年 3 个长期观测样地的灌木层、草本层植物物种名录。观测点信息如下：沙地综合观测场生物土壤长期采样地（NMDZH02ABC_01，120°42′15″—120°42′17″E，42°55′35″—42°55′46″N），固定沙丘辅助观测场生物土壤采样地（NMDFZ02ABC_01，120°42′16″—120°42′39″E，42°55′36″—42°55′37″N），流动沙丘辅助观测场生物土壤采样地（NMDFZ03ABC_01，120°42′16″—120°42′17″E，42°55′33″—42°55′35″N）。

3.8.2　数据采集和处理方法

在质控数据的基础上，分别对植物进行汇总，参照《中国植物志》，形成台站主要植物完整名录。

3.8.3　数据质量控制和评估

对历年数据进行整理与规范化，统一、规范样地名称，规范动植物名称与拉丁名，同一样地同一物种统一名称。将所获取的数据与各项辅助信息数据以及历史数据信息进行比较，评价数据的正确性、一致性、完整性、可比性和连续性，经站长、数据管理员和观测负责人审核认定后上报。

3.8.4　数据

表 3-11 中为奈曼站 2005—2015 年 3 个长期观测样地的植物名录。

表 3-11　植物名录

层片	植物名称	拉丁名
灌木层	盐蒿	*Artemisia halodendron* Turcz. ex Bess.
灌木层	小叶锦鸡儿	*Caragana microphylla* Lam.
草本层	沙蓬	*Agriophyllum squarrosum*（L.）Moq.
草本层	三芒草	*Aristida adscensionis* L.
草本层	冷蒿	*Artemisia frigida* Willd.
草本层	黄花蒿	*Artemisia annua* L.
草本层	大籽蒿	*Artemisia sieversiana* Ehrhart ex Willd.
草本层	斜茎黄芪	*Astragalus laxmannii*
草本层	雾冰藜	*Bassia dasyphylla*（Fisch. et Mey.）O. Kuntze
草本层	光梗蒺藜草	*Cenchrus caliculatus* Cav.
草本层	华北驼绒藜	*Krascheninniko-via arborescens*（Losina-Losinskaja.）Czerepanov
草本层	尖头叶藜	*Chenopodium acuminatum* Willd.
草本层	灰绿藜	*Chenopodium glaucum* L.
草本层	虎尾草	*Chloris virgata* Sw.
草本层	糙隐子草	*Cleistogenes squarrosa*（Trin.）Keng
草本层	田旋花	*Convolvulus arvensis* L.
草本层	长穗虫实	*Corispermum elongatum* Bunge
草本层	大果虫实	*Corispermum macrocarpum* Bunge ex Maximowicz

（续）

层片	植物名称	拉丁名
草本层	菟丝子	*Cuscuta chinensis* Lam.
草本层	地梢瓜	*Cynanchum theisiodes*（Freyn）K. Schum.
草本层	毛马唐	*Digitaria cilliaris* var. *chrysoblephara*（Figari & De Notaris）R. R. Stewart
草本层	止血马唐	*Digitaria ischaemum*（Schreb.）Schreb.
草本层	砂蓝刺头	*Echinops gmelini* Turcz.
草本层	九顶草	*Enneapogon desvauxii*
草本层	画眉草	*Eragrostis pilosa*（L.）Beauv.
草本层	牻牛儿苗	*Erodium stephanianum* Willd.
草本层	乳浆大戟	*Euphorbia esula* L.
草本层	地锦草	*Euphorbia humifusa* Willd
草本层	少花米口袋	*Gueldenstaedtia verna*（Georgi）Boriss.
草本层	欧亚旋覆花	*Inula britanica* L.
草本层	蓼子朴	*Inula salsoloides*（Turcz.）Ostenf.
草本层	多色小苦荬	*Ixeris chinensis* subsp. *versicolor*（Fisch. ex Link）Kitam.
草本层	中华苦荬菜	*Ixeris chinensis*（Thunb.）Nakai
草本层	苦荬菜	*Ixetis polycephala* Cass.
草本层	地肤	*Kochia scoparia*（L.）Schrad.
草本层	鸡眼草	*Kummerowia striata*（Thumb.）Schindl.
草本层	兴安胡枝子	*Lespedeza davurica*（Laxm.）Schindl.
草本层	赖草	*Leymus secalinus*（Georgi）Tzvel.
草本层	花苜蓿	*Medicago ruthenica*（L.）Trautv.
草本层	鳍蓟	*Olgaea leucophylla*（Turcz.）Iljin.
草本层	列当	*Orobanche coerulescens* Steph.
草本层	稷	*Panicum miliaceum* L.
草本层	野糜子	*Panicum ruderale*
草本层	白草	*Pennisetum flaccidum* Grisebach
草本层	杠柳	*Periploca sepium* Bunge
草本层	芦苇	*Phragmites australis*
草本层	二裂委陵菜	*Potentilla bifurca* L.
草本层	薄翅猪毛菜	*Salsola pellucida* Litv.
草本层	草地风毛菊	*Saussurea amara*（L.）DC.
草本层	狗尾草	*Setaria viridis*（L.）Beauv.
草本层	锋芒草	*Tragus mongolorum* Ohwi
草本层	蒺藜	*Tribulus terrestris* L.

3.9　农田复种指数数据集

3.9.1　概述

本数据集包括奈曼站 1998—2015 年 3 个长期观测样地的年尺度观测数据（农田类型、复种指数、轮作体系、当年作物）。数据用百分数表示。小数位数为 0 位。观测点信息如下：沙地综合观测场生物土壤长期采样地（NMDZH02ABC_01），农田辅助观测场生物土壤采样地（NMDFZ01ABC_01），旱作农田调查点生物土壤采样地（NMDZQ01ABC_01）。

3.9.2 数据采集和处理方法

每年于收获季节详细记录农田类型、作物复种指数、轮作体系、当年作物。在质控数据的基础上，以年为基础单元，统计各样地的复种指数。复种指数的计算公式为：复种指数（％）＝全年农作物收获面积/耕地总面积×100％。

3.9.3 数据质量控制和评估

3.9.3.1 数据获取过程的质量控制

对于野外调查数据，严格翔实地记录调查时间、核查并记录样地名称代码，真实记录每季作物种类及品种。

3.9.3.2 规范原始数据记录的质控措施

原始数据是各种数据问题的查询依据，要求做到：数据真实、记录规范、书写清晰、数据及辅助信息完整等。使用专用、规范印制的数据记录表和记录本，根据本站调查任务制定年度工作调查记录本，按照调查内容和时间顺序依次排列，装订成本。使用铅笔规范整齐填写，原始数据不准删除或涂改，如记录或观测有误，需轻画横线标记原数据，并将审核后的正确数据记录在原数据旁或备注栏。

3.9.3.3 数据辅助信息记录的质控措施

在进行调查时，要求对样地位置、调查日期、样地环境状况做翔实描述与记录，同时记录相关的样地管理措施、病虫害、灾害等信息。

3.9.3.4 数据质量评估

将获取的数据与各项辅助信息数据以及历史数据进行比较，评价数据的正确性、一致性、完整性、可比性和连续性，经站长、数据管理员和观测负责人审核认定后上报。

3.9.4 数据

表3-12中为奈曼站1998—2015年3个长期观测样地年尺度农田复种指数数据。

表 3-12 农田复种指数

年份	样地代码	农田类型	复种指数/％	轮作体系	当年作物
1998	NMDZH02ABC_01	水浇地	100	玉米—小麦—荞麦（秋菜）—玉米—玉米	玉米、小麦、荞麦
1998	NMDZH02ABC_01	水浇地	100	玉米—小麦—荞麦（秋菜）—玉米—玉米	小麦、荞麦
1999	NMDZH02ABC_01	水浇地	100	玉米—小麦—荞麦（秋菜）—玉米—玉米	玉米、小麦、荞麦
1999	NMDZH02ABC_01	水浇地	100	玉米—小麦—荞麦（秋菜）—玉米—玉米	玉米
2000	NMDZH02ABC_01	水浇地	100	玉米—小麦—荞麦（秋菜）—玉米—玉米	玉米
2000	NMDZH02ABC_01	水浇地	100	玉米—小麦—荞麦（秋菜）—玉米—玉米	玉米、小麦、白菜
2001	NMDZH02ABC_01	水浇地	100	玉米—小麦—荞麦（秋菜）—玉米—玉米	玉米、绿豆
2001	NMDZH02ABC_01	水浇地	100	玉米—小麦—荞麦（秋菜）—玉米—玉米	大豆、小麦、萝卜
2002	NMDZH02ABC_01	水浇地	100	玉米—小麦—荞麦（秋菜）—玉米—玉米	辣椒
2002	NMDZH02ABC_01	水浇地	100	玉米—小麦—荞麦（秋菜）—玉米—玉米	玉米、大豆
2003	NMDZH02ABC_01	水浇地	100	玉米—小麦—白菜（荞麦）	小麦
2003	NMDZH02ABC_01	水浇地	100	玉米—小麦—白菜（荞麦）	玉米

（续）

年份	样地代码	农田类型	复种指数/%	轮作体系	当年作物
2003	NMDZH02ABC_01	水浇地	100	玉米—小麦—白菜（荞麦）	小麦、白菜
2004	NMDZH02ABC_01	水浇地	200	玉米—小麦—白菜（荞麦）	小麦、荞麦
2005	NMDZQ01ABC_01	旱地	100	弃耕—豆类（谷类）—弃耕	大豆
2005	NMDFZ01ABC_01	水浇地	100	玉米—玉米	玉米
2005	NMDZH02ABC_01	水浇地	100	玉米—玉米—小麦—荞麦（秋菜）—玉米—玉米	玉米
2006	NMDZQ01ABC_01	旱地	100	弃耕—豆类（谷类）—弃耕	荞麦
2006	NMDFZ01ABC_01	水浇地	100	玉米—玉米	玉米
2006	NMDZH02ABC_01	水浇地	200	玉米—小麦—白菜（荞麦）	小麦、白菜
2007	NMDZH02ABC_01	水浇地	100	玉米—小麦—白菜（荞麦）	玉米
2007	NMDFZ01ABC_01	水浇地	100	玉米—玉米	玉米
2007	NMDZQ01ABC_01	旱地	0	弃耕—豆类（谷类）—弃耕	休耕
2008	NMDZH02ABC_01	水浇地	100	玉米—小麦—白菜（荞麦）	玉米
2008	NMDFZ01ABC_01	水浇地	100	玉米—玉米	玉米
2008	NMDZQ01ABC_01	旱地	0	弃耕—豆类（谷类）—弃耕	休耕
2009	NMDZH02ABC_01	水浇地	100	玉米—小麦—白菜（荞麦）	玉米
2009	NMDFZ01ABC_01	水浇地	100	玉米—玉米	玉米
2009	NMDZQ01ABC_01	旱地	0		休耕
2010	NMDZH02ABC_01	水浇地	100	玉米—小麦—白菜（荞麦）	玉米
2010	NMDFZ01ABC_01	水浇地	100	玉米—玉米	玉米
2010	NMDZQ01ABC_01	旱地	100	杂豆（荞麦）—不定年休耕	荞麦
2011	NMDZH02ABC_01	水浇地	100	玉米—小麦—白菜（荞麦）	玉米
2011	NMDFZ01ABC_01	水浇地	100	玉米—玉米	玉米
2011	NMDZQ01ABC_01	旱地	0		休耕
2012	NMDZH02ABC_01	水浇地	100	玉米—玉米	玉米
2012	NMDFZ01ABC_01	水浇地	100	玉米—玉米	玉米
2012	NMDZQ01ABC_01	旱地	0		休耕
2013	NMDZH02ABC_01	水浇地	100	玉米—玉米	夏玉米
2013	NMDFZ01ABC_01	水浇地	100	玉米—玉米	夏玉米
2013	NMDZQ01ABC_01	旱地	20	休耕—豇豆	豇豆
2014	NMDZH02ABC_01	水浇地	100	玉米—玉米	夏玉米
2014	NMDFZ01ABC_01	水浇地	100	玉米—玉米	夏玉米
2014	NMDZQ01ABC_01	旱地	20	休耕—豇豆	豇豆
2015	NMDZH02ABC_01	水浇地	100	玉米—玉米	夏玉米
2015	NMDFZ01ABC_01	水浇地	100	玉米—玉米	夏玉米
2015	NMDZQ01ABC_01	旱地	20	休耕—豇豆	豇豆

3.10　农田灌溉制度数据集

3.10.1　概述

本数据集包括奈曼站 2004—2015 年 2 个长期观测样地的年尺度观测数据（灌溉时间、灌溉水源、灌溉方式、灌溉量）。灌溉时间用年-月-日表示，灌溉量单位为 mm，保留 1 位小数。观测点信息如下：农田综合观测场生物土壤采样地（NMDZH01ABC＿01），农田辅助观测场生物土壤采样地（NMDFZ01ABC＿01）。

3.10.2　数据采集和处理方法

于作物生长季对 2 个样地的灌溉日期、灌溉水源、灌溉方式、灌溉量及作物物候时期进行记录。在质控数据的基础上，以年为基础单元，统计各样地的灌溉制度。

3.10.3　数据质量控制和评估

3.10.3.1　数据获取过程的质量控制

对于野外调查数据，严格翔实地记录调查时间、核查并记录样地名称代码，真实记录每季作物种类及品种。

3.10.3.2　规范原始数据记录的质控措施

原始数据是各种数据问题的查询依据，要求做到：数据真实、记录规范、书写清晰、数据及辅助信息完整等。使用专用、规范印制的数据记录表和记录本，根据本站调查任务制定年度工作调查记录本，按照调查内容和时间顺序依次排列，装订成本。使用铅笔规范整齐填写，原始数据不准删除或涂改，如记录或观测有误，需轻画横线标记原数据，并将审核后的正确数据记录在原数据旁或备注栏。

3.10.3.3　数据辅助信息记录的质控措施

在进行调查时，要求对样地位置、调查日期、样地环境状况做翔实描述与记录。

3.10.3.4　数据质量评估

将获取的数据与各项辅助信息数据以及历史数据进行比较，评价数据的正确性、一致性、完整性、可比性和连续性，经站长、数据管理员和观测负责人审核认定后上报。

3.10.4　数据

表 3-13 中为奈曼站 2004—2015 年 2 个长期观测样地年尺度农田灌溉制度数据。

表 3-13　农田灌溉制度

样地代码	作物名称	灌溉时间 （年-月-日）	作物物候时期	灌溉水源	灌溉方式	灌溉量/mm
NMDZH01ABC＿01	小麦	2004-03-21	播种前	地下水	畦灌	30.0
NMDZH01ABC＿01	小麦	2004-04-18	苗期	地下水	畦灌	60.0
NMDZH01ABC＿01	小麦	2004-05-25	拔节期	地下水	畦灌	60.0
NMDZH01ABC＿01	小麦	2004-06-20	成熟期	地下水	畦灌	60.0
NMDZH01ABC＿01	玉米	2005-04-25	播种前	井水	畦灌	85.0
NMDZH01ABC＿01	玉米	2005-05-24	播种前	井水	畦灌	37.0
NMDZH01ABC＿01	玉米	2005-07-18	拔节期	井水	畦灌	40.0
NMDZH01ABC＿01	玉米	2005-08-28	灌浆期	井水	畦灌	40.0

（续）

样地代码	作物名称	灌溉时间 （年-月-日）	作物物候时期	灌溉水源	灌溉方式	灌溉量/mm
NMDFZ01ABC_01	玉米	2005 - 04 - 23	播种前	井水	畦灌	90.0
NMDFZ01ABC_01	玉米	2005 - 05 - 27	播种前	井水	畦灌	39.0
NMDFZ01ABC_01	玉米	2005 - 07 - 16	拔节期	井水	畦灌	43.0
NMDFZ01ABC_01	玉米	2005 - 08 - 25	灌浆期	井水	畦灌	40.0
NMDZH01ABC_01	小麦	2006 - 04 - 05	播种前期	井水	畦灌	82.0
NMDZH01ABC_01	小麦	2006 - 06 - 05	拔节期	井水	畦灌	60.0
NMDZH01ABC_01	小麦	2006 - 06 - 15	出穗期	井水	畦灌	60.0
NMDZH01ABC_01	小麦	2006 - 06 - 25	成熟期	井水	畦灌	60.0
NMDFZ01ABC_01	玉米	2006 - 05 - 15	播种前	井水	畦灌	90.0
NMDFZ01ABC_01	玉米	2006 - 07 - 02	苗期	井水	畦灌	50.0
NMDFZ01ABC_01	玉米	2006 - 07 - 17	拔节期	井水	畦灌	46.0
NMDFZ01ABC_01	玉米	2006 - 08 - 02	灌浆期	井水	畦灌	40.0
NMDZH01ABC_01	玉米	2007 - 04 - 30	播种前	井水	畦灌	60.0
NMDZH01ABC_01	玉米	2007 - 05 - 06	苗期	井水	畦灌	55.0
NMDZH01ABC_01	玉米	2007 - 06 - 13	苗期	井水	畦灌	52.5
NMDZH01ABC_01	玉米	2007 - 07 - 03	拔节期	井水	畦灌	52.5
NMDZH01ABC_01	玉米	2007 - 08 - 21	灌浆期	井水	畦灌	55.0
NMDZH01ABC_01	玉米	2007 - 09 - 03	成熟期	井水	畦灌	60.0
NMDZH01ABC_01	玉米	2007 - 05 - 03	播种前	井水	畦灌	75.0
NMDFZ01ABC_01	玉米	2007 - 05 - 26	苗期	井水	畦灌	60.0
NMDFZ01ABC_01	玉米	2007 - 06 - 18	苗期	井水	畦灌	60.0
NMDFZ01ABC_01	玉米	2007 - 07 - 04	拔节期	井水	畦灌	52.5
NMDFZ01ABC_01	玉米	2007 - 07 - 28	灌浆期	井水	畦灌	50.0
NMDFZ01ABC_01	玉米	2007 - 08 - 22	成熟期	井水	畦灌	60.0
NMDZH01ABC_01	玉米	2007 - 04 - 30	播种前	井水	畦灌	45.0
NMDZH01ABC_01	玉米	2007 - 05 - 06	苗期	井水	畦灌	45.0
NMDZH01ABC_01	玉米	2007 - 06 - 13	拔节期	井水	畦灌	45.0
NMDZH01ABC_01	玉米	2007 - 07 - 03	灌浆期	井水	畦灌	45.0
NMDZH01ABC_01	玉米	2007 - 08 - 21	成熟期	井水	畦灌	45.0
NMDZH01ABC_01	玉米	2007 - 09 - 03	播种前	井水	畦灌	60.0
NMDFZ01ABC_01	玉米	2007 - 05 - 03	苗期	井水	畦灌	60.0
NMDFZ01ABC_01	玉米	2007 - 05 - 26	拔节期	井水	畦灌	60.0

（续）

样地代码	作物名称	灌溉时间 （年-月-日）	作物物候时期	灌溉水源	灌溉方式	灌溉量/mm
NMDFZ01ABC_01	玉米	2007-06-18	灌浆期	井水	畦灌	60.0
NMDFZ01ABC_01	玉米	2007-07-04	成熟期	井水	畦灌	60.0
NMDZH01ABC_01	玉米	2007-07-28	播种前	井水	畦灌	45.0
NMDZH01ABC_01	玉米	2007-08-22	苗期	井水	畦灌	45.0
NMDZH01ABC_01	玉米	2007-04-30	拔节期	井水	畦灌	45.0
NMDZH01ABC_01	玉米	2007-05-06	拔节期	井水	畦灌	45.0
NMDZH01ABC_01	玉米	2007-06-13	灌浆期	井水	畦灌	45.0
NMDFZ01ABC_01	玉米	2007-07-03	播种前	井水	畦灌	60.0
NMDFZ01ABC_01	玉米	2007-08-21	苗期	井水	畦灌	60.0
NMDFZ01ABC_01	玉米	2007-09-03	拔节期	井水	畦灌	60.0
NMDFZ01ABC_01	玉米	2007-05-03	拔节期	井水	畦灌	60.0
NMDFZ01ABC_01	玉米	2007-05-26	灌浆期	井水	畦灌	60.0
NMDFZ01ABC_01	玉米	2007-06-18	灌浆期	井水	畦灌	60.0
NMDFZ01ABC_01	玉米	2007-07-04	成熟期	井水	畦灌	60.0
NMDZH01ABC_01	玉米	2007-07-28	苗期	井水	畦灌	50.0
NMDZH01ABC_01	玉米	2007-08-22	拔节期	井水	畦灌	52.5
NMDZH01ABC_01	玉米	2007-04-30	灌浆期	井水	畦灌	52.5
NMDZH01ABC_01	玉米	2007-05-06	灌浆期	井水	畦灌	40.0
NMDZH01ABC_01	玉米	2007-06-13	成熟期	井水	畦灌	50.0
NMDFZ01ABC_01	玉米	2007-07-03	苗期	井水	畦灌	45.0
NMDFZ01ABC_01	玉米	2007-08-21	拔节期	井水	畦灌	45.0
NMDFZ01ABC_01	玉米	2007-09-03	灌浆期	井水	畦灌	47.5
NMDFZ01ABC_01	玉米	2007-05-03	灌浆期	井水	畦灌	45.0
NMDFZ01ABC_01	玉米	2007-05-26	成熟期	井水	畦灌	47.5
NMDZH01ABC_01	玉米	2011-05-03	播种前	井水	畦灌	75.0
NMDZH01ABC_01	玉米	2011-07-01	拔节期	井水	畦灌	70.0
NMDZH01ABC_01	玉米	2011-08-01	拔节期	井水	畦灌	70.0
NMDZH01ABC_01	玉米	2011-08-24	灌浆期	井水	畦灌	70.0
NMDZH01ABC_01	玉米	2011-09-08	成熟期	井水	畦灌	70.0
NMDFZ01ABC_01	玉米	2011-05-03	播种前	井水	畦灌	75.0
NMDFZ01ABC_01	玉米	2011-07-01	拔节期	井水	畦灌	70.0
NMDFZ01ABC_01	玉米	2011-08-01	拔节期	井水	畦灌	70.0

（续）

样地代码	作物名称	灌溉时间 （年-月-日）	作物物候时期	灌溉水源	灌溉方式	灌溉量/mm
NMDFZ01ABC _ 01	玉米	2011 - 08 - 24	灌浆期	井水	畦灌	70.0
NMDFZ01ABC _ 01	玉米	2011 - 09 - 08	成熟期	井水	畦灌	70.0
NMDZH01ABC _ 01	玉米	2012 - 05 - 10	播种前	井水	畦灌	55.0
NMDZH01ABC _ 01	玉米	2012 - 06 - 30	拔节期	井水	畦灌	40.0
NMDZH01ABC _ 01	玉米	2012 - 07 - 22	拔节期	井水	畦灌	35.0
NMDZH01ABC _ 01	玉米	2012 - 08 - 06	灌浆期	井水	畦灌	35.0
NMDZH01ABC _ 01	玉米	2012 - 09 - 08	成熟期	井水	畦灌	30.0
NMDFZ01ABC _ 01	玉米	2012 - 05 - 10	播种前	井水	畦灌	50.0
NMDFZ01ABC _ 01	玉米	2012 - 06 - 30	拔节期	井水	畦灌	35.0
NMDFZ01ABC _ 01	玉米	2012 - 07 - 22	拔节期	井水	畦灌	35.0
NMDFZ01ABC _ 01	玉米	2012 - 08 - 06	灌浆期	井水	畦灌	35.0
NMDFZ01ABC _ 01	玉米	2012 - 09 - 08	成熟期	井水	畦灌	30.0
NMDZH01ABC _ 01	夏玉米	2013 - 05 - 05	播种前	井水	畦灌	70.0
NMDZH01ABC _ 01	夏玉米	2013 - 06 - 24	拔节期	井水	畦灌	75.0
NMDZH01ABC _ 01	夏玉米	2013 - 07 - 12	拔节期	井水	畦灌	30.0
NMDZH01ABC _ 01	夏玉米	2013 - 08 - 18	乳熟期	井水	畦灌	30.0
NMDZH01ABC _ 01	夏玉米	2013 - 09 - 02	成熟期	井水	畦灌	40.0
NMDFZ01ABC _ 01	夏玉米	2013 - 05 - 11	播种前	井水	畦灌	60.0
NMDFZ01ABC _ 01	夏玉米	2013 - 06 - 16	拔节期	井水	畦灌	60.0
NMDFZ01ABC _ 01	夏玉米	2013 - 07 - 12	拔节期	井水	畦灌	60.0
NMDFZ01ABC _ 01	夏玉米	2013 - 08 - 03	吐丝期	井水	畦灌	60.0
NMDFZ01ABC _ 01	夏玉米	2013 - 08 - 19	乳熟期	井水	畦灌	60.0
NMDFZ01ABC _ 01	夏玉米	2013 - 09 - 03	成熟期	井水	畦灌	60.0
NMDZH01ABC _ 01	夏玉米	2014 - 04 - 28	播种后	井水	畦灌	75.0
NMDZH01ABC _ 01	夏玉米	2014 - 07 - 08	拔节期	井水	畦灌	75.0
NMDZH01ABC _ 01	夏玉米	2014 - 07 - 30	吐丝期	井水	畦灌	75.0
NMDZH01ABC _ 01	夏玉米	2014 - 08 - 12	乳熟期	井水	畦灌	75.0
NMDZH01ABC _ 01	夏玉米	2014 - 08 - 25	蜡熟期	井水	畦灌	75.0
NMDZH01ABC _ 01	夏玉米	2014 - 09 - 10	成熟期	井水	畦灌	75.0
NMDFZ01ABC _ 01	夏玉米	2014 - 04 - 29	播种后	井水	畦灌	60.0
NMDFZ01ABC _ 01	夏玉米	2014 - 06 - 28	五叶期	井水	畦灌	60.0
NMDFZ01ABC _ 01	夏玉米	2014 - 07 - 09	拔节期	井水	畦灌	60.0

（续）

样地代码	作物名称	灌溉时间（年-月-日）	作物物候时期	灌溉水源	灌溉方式	灌溉量/mm
NMDFZ01ABC_01	夏玉米	2014 - 07 - 28	吐丝期	井水	畦灌	60.0
NMDFZ01ABC_01	夏玉米	2014 - 08 - 13	乳熟期	井水	畦灌	60.0
NMDFZ01ABC_01	夏玉米	2014 - 08 - 24	蜡熟期	井水	畦灌	60.0
NMDFZ01ABC_01	夏玉米	2014 - 09 - 08	成熟期	井水	畦灌	60.0
NMDZH01ABC_01	夏玉米	2015 - 04 - 30	播种后	井水	畦灌	60.0
NMDZH01ABC_01	夏玉米	2015 - 05 - 20	拔节期	井水	畦灌	60.0
NMDZH01ABC_01	夏玉米	2015 - 07 - 17	拔节期	井水	畦灌	60.0
NMDZH01ABC_01	夏玉米	2015 - 07 - 30	吐丝期	井水	畦灌	60.0
NMDZH01ABC_01	夏玉米	2015 - 08 - 12	乳熟期	井水	畦灌	60.0
NMDZH01ABC_01	夏玉米	2015 - 08 - 22	蜡熟期	井水	畦灌	60.0
NMDZH01ABC_01	夏玉米	2015 - 09 - 07	成熟期	井水	畦灌	60.0
NMDFZ01ABC_01	夏玉米	2015 - 05 - 01	播种后	井水	畦灌	60.0
NMDFZ01ABC_01	夏玉米	2015 - 06 - 25	五叶期	井水	畦灌	60.0
NMDFZ01ABC_01	夏玉米	2015 - 07 - 11	拔节期	井水	畦灌	60.0
NMDFZ01ABC_01	夏玉米	2015 - 07 - 23	抽雄期	井水	畦灌	60.0
NMDFZ01ABC_01	夏玉米	2015 - 08 - 05	吐丝期	井水	畦灌	60.0
NMDFZ01ABC_01	夏玉米	2015 - 08 - 18	乳熟期	井水	畦灌	60.0
NMDFZ01ABC_01	夏玉米	2015 - 08 - 29	蜡熟期	井水	畦灌	60.0
NMDFZ01ABC_01	夏玉米	2015 - 09 - 12	成熟期	井水	畦灌	60.0

3.11 作物耕层生物量数据集

3.11.1 概述

本数据集包括奈曼站 2005—2010 年、2012—2015 年 3 个长期观测样地的年尺度观测数据（耕作层作物根生物量、约占总根干重比例）。计量单位：耕作层深度为 cm；根干重为 g/m^2；约占总根干重比例用百分数表示。小数位数：耕作层深度为 0 位；约占总根干重比例为 1 位；根干重为 2 位。观测点信息如下：沙地综合观测场生物土壤长期采样地（NMDZH02ABC_01），农田辅助观测场生物土壤采样地（NMDFZ01ABC_01），旱作农田辅助观测场生物土壤采样地（NMDZQ01ABC_01）。

3.11.2 数据采集和处理方法

于玉米五叶期、拔节期、抽穗期、成熟期，小麦分蘖期、拔节期、抽穗期、成熟期，豇豆苗期、开花期、成熟期对 3 个样地耕作层作物根生物量、约占总根干重比例进行调查统计。在质控数据的基础上，以年和不同作物为基础单元，统计各作物的耕作层生物量。

3.11.3 数据质量控制和评估

3.11.3.1 数据获取过程的质量控制

对于野外调查数据，严格翔实地记录调查时间、核查并记录样地名称代码，真实记录每季作物种类及品种。

3.11.3.2　规范原始数据记录的质控措施

原始数据是各种数据问题的溯源依据，要求做到：数据真实、记录规范、书写清晰、数据及辅助信息完整等。使用专用、规范印制的数据记录表和记录本，根据本站调查任务制定年度工作调查记录本，按照调查内容和时间顺序依次排列，装订成本。使用铅笔规范整齐填写，原始数据不准删除或涂改，如记录或观测有误，需轻画横线标记原数据，并将审核后的正确数据记录在原数据旁或备注栏。

3.11.3.3　数据辅助信息记录的质控措施

在进行调查时，要求对样地位置、调查日期、样地环境状况做翔实描述与记录。

3.11.3.4　数据质量评估

将获取的数据与各项辅助信息数据以及历史数据信息进行比较，评价数据的正确性、一致性、完整性、可比性和连续性，经站长、数据管理员和观测负责人审核认定后上报。

3.11.4　数据

表 3-14 中为奈曼站 2005—2010 年、2012—2015 年 3 个长期观测样地年尺度耕作层作物根生物量数据。

表 3-14　耕作层作物根生物量

时间 （年-月）	样地代码	作物名称	作物品种	作物物候期	耕作层深度/ cm	根干重/ （g/m²）	约占总根干重 比例/%
2005-06	NMDZH02ABC_01	夏玉米	郑单958	五叶期	20	31.85	99.3
2005-06	NMDZH02ABC_01	夏玉米	郑单958	五叶期	20	34.72	98.1
2005-06	NMDZH02ABC_01	夏玉米	郑单958	五叶期	20	30.08	95.8
2005-06	NMDZH02ABC_01	夏玉米	郑单958	五叶期	20	29.19	95.0
2005-06	NMDZH02ABC_01	夏玉米	郑单958	五叶期	20	35.83	99.4
2005-06	NMDZH02ABC_01	夏玉米	郑单958	五叶期	20	31.63	98.6
2005-07	NMDZH02ABC_01	夏玉米	郑单958	拔节期	20	424.19	94.0
2005-07	NMDZH02ABC_01	夏玉米	郑单958	拔节期	20	389.46	88.7
2005-07	NMDZH02ABC_01	夏玉米	郑单958	拔节期	20	257.43	89.7
2005-07	NMDZH02ABC_01	夏玉米	郑单958	拔节期	20	389.02	91.0
2005-07	NMDZH02ABC_01	夏玉米	郑单958	拔节期	20	346.12	93.7
2005-07	NMDZH02ABC_01	夏玉米	郑单958	拔节期	20	335.94	88.3
2005-07	NMDZH02ABC_01	夏玉米	郑单958	抽穗期	20	477.49	89.6
2005-07	NMDZH02ABC_01	夏玉米	郑单958	抽穗期	20	492.97	88.6
2005-07	NMDZH02ABC_01	夏玉米	郑单958	抽穗期	20	407.38	87.4
2005-07	NMDZH02ABC_01	夏玉米	郑单958	抽穗期	20	549.81	90.9
2005-07	NMDZH02ABC_01	夏玉米	郑单958	抽穗期	20	439.89	86.3
2005-07	NMDZH02ABC_01	夏玉米	郑单958	抽穗期	20	388.14	88.1
2005-09	NMDZH02ABC_01	夏玉米	郑单958	成熟期	20	646.67	92.3
2005-09	NMDZH02ABC_01	夏玉米	郑单958	成熟期	20	777.82	88.9
2005-09	NMDZH02ABC_01	夏玉米	郑单958	成熟期	20	568.15	86.8
2005-09	NMDZH02ABC_01	夏玉米	郑单958	成熟期	20	458.47	92.1

（续）

时间 （年-月）	样地代码	作物名称	作物品种	作物物候期	耕作层深度/ cm	根干重/ （g/m²）	约占总根干重 比例/%
2005 - 09	NMDZH02ABC _ 01	夏玉米	郑单 958	成熟期	20	847.71	88.9
2005 - 09	NMDZH02ABC _ 01	夏玉米	郑单 958	成熟期	20	868.18	88.6
2005 - 05	NMDFZ01ABC _ 01	夏玉米	北京德农	五叶期	20	25.83	98.5
2005 - 05	NMDFZ01ABC _ 01	夏玉米	北京德农	五叶期	20	33.17	96.8
2005 - 05	NMDFZ01ABC _ 01	夏玉米	北京德农	五叶期	20	32.29	98.6
2005 - 05	NMDFZ01ABC _ 01	夏玉米	北京德农	五叶期	20	26.54	95.2
2005 - 05	NMDFZ01ABC _ 01	夏玉米	北京德农	五叶期	20	31.63	98.6
2005 - 05	NMDFZ01ABC _ 01	夏玉米	北京德农	五叶期	20	35.83	98.2
2005 - 07	NMDFZ01ABC _ 01	夏玉米	北京德农	拔节期	20	346.59	95.2
2005 - 07	NMDFZ01ABC _ 01	夏玉米	北京德农	拔节期	20	367.35	92.0
2005 - 07	NMDFZ01ABC _ 01	夏玉米	北京德农	拔节期	20	325.73	93.7
2005 - 07	NMDFZ01ABC _ 01	夏玉米	北京德农	拔节期	20	357.62	94.0
2005 - 07	NMDFZ01ABC _ 01	夏玉米	北京德农	拔节期	20	335.94	91.0
2005 - 07	NMDFZ01ABC _ 01	夏玉米	北京德农	拔节期	20	346.12	91.0
2005 - 07	NMDFZ01ABC _ 01	夏玉米	北京德农	抽穗期	20	463.55	89.7
2005 - 07	NMDFZ01ABC _ 01	夏玉米	北京德农	抽穗期	20	387.03	84.9
2005 - 07	NMDFZ01ABC _ 01	夏玉米	北京德农	抽穗期	20	477.93	90.3
2005 - 07	NMDFZ01ABC _ 01	夏玉米	北京德农	抽穗期	20	500.49	90.8
2005 - 07	NMDFZ01ABC _ 01	夏玉米	北京德农	抽穗期	20	388.14	88.1
2005 - 07	NMDFZ01ABC _ 01	夏玉米	北京德农	抽穗期	20	439.89	86.3
2005 - 09	NMDFZ01ABC _ 01	夏玉米	北京德农	成熟期	20	695.11	87.7
2005 - 09	NMDFZ01ABC _ 01	夏玉米	北京德农	成熟期	20	704.84	88.0
2005 - 09	NMDFZ01ABC _ 01	夏玉米	北京德农	成熟期	20	638.05	91.7
2005 - 09	NMDFZ01ABC _ 01	夏玉米	北京德农	成熟期	20	503.80	90.4
2005 - 09	NMDFZ01ABC _ 01	夏玉米	北京德农	成熟期	20	686.48	88.6
2005 - 09	NMDFZ01ABC _ 01	夏玉米	北京德农	成熟期	20	847.71	88.6
2006 - 05	NMDZH02ABC _ 01	小麦	铁春 1 号	分蘖期	20	33.84	82.0
2006 - 05	NMDZH02ABC _ 01	小麦	铁春 1 号	分蘖期	20	34.22	83.0
2006 - 05	NMDZH02ABC _ 01	小麦	铁春 1 号	分蘖期	20	38.46	84.0
2006 - 05	NMDZH02ABC _ 01	小麦	铁春 1 号	分蘖期	20	40.13	85.0
2006 - 05	NMDZH02ABC _ 01	小麦	铁春 1 号	分蘖期	20	46.42	87.0
2006 - 05	NMDZH02ABC _ 01	小麦	铁春 1 号	分蘖期	20	42.76	85.0

（续）

时间 （年-月）	样地代码	作物名称	作物品种	作物物候期	耕作层深度/ cm	根干重/ （g/m²）	约占总根干重 比例/%
2006 - 06	NMDZH02ABC_01	小麦	铁春1号	拔节期	20	56.63	65.0
2006 - 06	NMDZH02ABC_01	小麦	铁春1号	拔节期	20	53.08	63.0
2006 - 06	NMDZH02ABC_01	小麦	铁春1号	拔节期	20	53.82	63.0
2006 - 06	NMDZH02ABC_01	小麦	铁春1号	拔节期	20	65.68	63.0
2006 - 06	NMDZH02ABC_01	小麦	铁春1号	抽穗期	20	74.12	72.0
2006 - 06	NMDZH02ABC_01	小麦	铁春1号	抽穗期	20	72.98	69.0
2006 - 06	NMDZH02ABC_01	小麦	铁春1号	抽穗期	20	75.11	67.0
2006 - 06	NMDZH02ABC_01	小麦	铁春1号	抽穗期	20	76.40	71.0
2006 - 06	NMDZH02ABC_01	小麦	铁春1号	抽穗期	20	74.66	68.0
2006 - 06	NMDZH02ABC_01	小麦	铁春1号	抽穗期	20	86.14	74.0
2006 - 06	NMDZH02ABC_01	小麦	铁春1号	成熟期	20	77.29	68.0
2006 - 06	NMDZH02ABC_01	小麦	铁春1号	成熟期	20	81.61	72.0
2006 - 06	NMDZH02ABC_01	小麦	铁春1号	成熟期	20	74.97	73.0
2006 - 06	NMDZH02ABC_01	小麦	铁春1号	成熟期	20	81.00	69.0
2006 - 06	NMDZH02ABC_01	小麦	铁春1号	成熟期	20	73.75	69.0
2006 - 06	NMDZH02ABC_01	小麦	铁春1号	成熟期	20	81.01	72.0
2006 - 06	NMDFZ01ABC_01	夏玉米	郑单958	五叶期	20	31.85	100.0
2006 - 06	NMDFZ01ABC_01	夏玉米	郑单958	五叶期	20	34.49	100.0
2006 - 06	NMDFZ01ABC_01	夏玉米	郑单958	五叶期	20	22.56	94.0
2006 - 06	NMDFZ01ABC_01	夏玉米	郑单958	五叶期	20	38.48	100.0
2006 - 06	NMDFZ01ABC_01	夏玉米	郑单958	五叶期	20	30.52	100.0
2006 - 06	NMDFZ01ABC_01	夏玉米	郑单958	五叶期	20	35.13	100.0
2006 - 07	NMDFZ01ABC_01	夏玉米	郑单958	拔节期	20	586.52	98.0
2006 - 07	NMDFZ01ABC_01	夏玉米	郑单958	拔节期	20	339.03	96.0
2006 - 07	NMDFZ01ABC_01	夏玉米	郑单958	拔节期	20	506.90	97.0
2006 - 07	NMDFZ01ABC_01	夏玉米	郑单958	拔节期	20	595.14	97.0
2006 - 07	NMDFZ01ABC_01	夏玉米	郑单958	拔节期	20	503.57	98.0
2006 - 07	NMDFZ01ABC_01	夏玉米	郑单958	拔节期	20	403.88	97.0
2006 - 08	NMDFZ01ABC_01	夏玉米	郑单958	抽穗期	20	533.44	95.0
2006 - 08	NMDFZ01ABC_01	夏玉米	郑单958	抽穗期	20	521.50	96.0
2006 - 08	NMDFZ01ABC_01	夏玉米	郑单958	抽穗期	20	631.64	96.0
2006 - 08	NMDFZ01ABC_01	夏玉米	郑单958	抽穗期	20	837.99	98.0

（续）

时间 （年-月）	样地代码	作物名称	作物品种	作物物候期	耕作层深度/ cm	根干重/ （g/m²）	约占总根干重 比例/%
2006 - 08	NMDFZ01ABC_01	夏玉米	郑单958	抽穗期	20	625.00	96.0
2006 - 08	NMDFZ01ABC_01	夏玉米	郑单958	抽穗期	20	709.25	97.0
2006 - 08	NMDFZ01ABC_01	夏玉米	郑单958	吐丝期	20	632.30	98.0
2006 - 08	NMDFZ01ABC_01	夏玉米	郑单958	吐丝期	20	723.19	89.0
2006 - 08	NMDFZ01ABC_01	夏玉米	郑单958	吐丝期	20	577.90	89.0
2006 - 08	NMDFZ01ABC_01	夏玉米	郑单958	吐丝期	20	417.33	83.0
2006 - 08	NMDFZ01ABC_01	夏玉米	郑单958	吐丝期	20	594.13	91.0
2006 - 09	NMDFZ01ABC_01	夏玉米	郑单958	吐丝期	20	582.58	90.0
2006 - 09	NMDFZ01ABC_01	夏玉米	郑单958	成熟期	20	582.53	90.0
2006 - 09	NMDFZ01ABC_01	夏玉米	郑单958	成熟期	20	538.07	84.0
2006 - 09	NMDFZ01ABC_01	夏玉米	郑单958	成熟期	20	741.10	92.0
2006 - 09	NMDFZ01ABC_01	夏玉米	郑单958	成熟期	20	548.03	90.0
2006 - 09	NMDFZ01ABC_01	夏玉米	郑单958	成熟期	20	701.29	90.0
2006 - 09	NMDFZ01ABC_01	夏玉米	郑单958	成熟期	20	638.93	90.0
2006 - 10	NMDFZ01ABC_01	夏玉米	郑单958	收获期	20	747.74	91.0
2006 - 10	NMDFZ01ABC_01	夏玉米	郑单958	收获期	20	742.43	93.0
2006 - 10	NMDFZ01ABC_01	夏玉米	郑单958	收获期	20	694.66	89.0
2006 - 10	NMDFZ01ABC_01	夏玉米	郑单958	收获期	20	626.98	90.0
2006 - 10	NMDFZ01ABC_01	夏玉米	郑单958	收获期	20	843.94	91.0
2006 - 10	NMDFZ01ABC_01	夏玉米	郑单958	收获期	20	918.92	93.0
2007 - 06	NMDZH02ABC_01	夏玉米	郑单958	五叶期	20	45.78	100.0
2007 - 06	NMDZH02ABC_01	夏玉米	郑单958	五叶期	20	38.48	100.0
2007 - 06	NMDZH02ABC_01	夏玉米	郑单958	五叶期	20	33.51	100.0
2007 - 06	NMDZH02ABC_01	夏玉米	郑单958	五叶期	20	42.46	100.0
2007 - 06	NMDZH02ABC_01	夏玉米	郑单958	五叶期	20	36.16	100.0
2007 - 06	NMDZH02ABC_01	夏玉米	郑单958	五叶期	20	49.10	100.0
2007 - 06	NMDFZ01ABC_01	夏玉米	郑单金娃娃	五叶期	20	38.48	100.0
2007 - 06	NMDFZ01ABC_01	夏玉米	郑单金娃娃	五叶期	20	41.80	100.0
2007 - 06	NMDFZ01ABC_01	夏玉米	郑单金娃娃	五叶期	20	52.42	100.0
2007 - 06	NMDFZ01ABC_01	夏玉米	郑单金娃娃	五叶期	20	50.09	100.0
2007 - 06	NMDFZ01ABC_01	夏玉米	郑单金娃娃	五叶期	20	43.79	100.0
2007 - 06	NMDFZ01ABC_01	夏玉米	郑单金娃娃	五叶期	20	41.47	100.0

（续）

时间 （年-月）	样地代码	作物名称	作物品种	作物物候期	耕作层深度/ cm	根干重/ （g/m²）	约占总根干重 比例/%
2007 - 07	NMDZH02ABC _ 01	夏玉米	郑单 958	拔节期	20	676.75	94.3
2007 - 07	NMDZH02ABC _ 01	夏玉米	郑单 958	拔节期	20	651.21	96.7
2007 - 07	NMDZH02ABC _ 01	夏玉米	郑单 958	拔节期	20	503.91	94.6
2007 - 07	NMDZH02ABC _ 01	夏玉米	郑单 958	拔节期	20	556.99	94.3
2007 - 07	NMDZH02ABC _ 01	夏玉米	郑单 958	拔节期	20	629.31	96.8
2007 - 07	NMDFZ01ABC _ 01	夏玉米	郑单金娃娃	拔节期	20	647.23	94.4
2007 - 07	NMDFZ01ABC _ 01	夏玉米	郑单金娃娃	拔节期	20	791.20	97.4
2007 - 07	NMDFZ01ABC _ 01	夏玉米	郑单金娃娃	拔节期	20	704.62	97.7
2007 - 07	NMDFZ01ABC _ 01	夏玉米	郑单金娃娃	拔节期	20	778.26	97.7
2007 - 07	NMDFZ01ABC _ 01	夏玉米	郑单金娃娃	拔节期	20	778.60	97.3
2007 - 07	NMDFZ01ABC _ 01	夏玉米	郑单金娃娃	拔节期	20	600.45	97.5
2007 - 07	NMDZH02ABC _ 01	夏玉米	郑单 958	拔节期	20	1 112.33	96.5
2007 - 07	NMDZH02ABC _ 01	夏玉米	郑单 958	拔节期	20	931.20	95.8
2007 - 07	NMDZH02ABC _ 01	夏玉米	郑单 958	拔节期	20	1 183.32	96.0
2007 - 07	NMDZH02ABC _ 01	夏玉米	郑单 958	拔节期	20	1 051.29	95.6
2007 - 07	NMDZH02ABC _ 01	夏玉米	郑单 958	拔节期	20	1 253.32	96.2
2007 - 07	NMDZH02ABC _ 01	夏玉米	郑单 958	拔节期	20	851.58	96.3
2007 - 07	NMDFZ01ABC _ 01	夏玉米	郑单金娃娃	拔节期	20	750.40	92.1
2007 - 07	NMDFZ01ABC _ 01	夏玉米	郑单金娃娃	拔节期	20	1 490.51	94.8
2007 - 07	NMDFZ01ABC _ 01	夏玉米	郑单金娃娃	拔节期	20	896.03	95.1
2007 - 07	NMDFZ01ABC _ 01	夏玉米	郑单金娃娃	拔节期	20	968.35	94.2
2007 - 07	NMDFZ01ABC _ 01	夏玉米	郑单金娃娃	拔节期	20	1 254.98	94.5
2007 - 07	NMDFZ01ABC _ 01	夏玉米	郑单金娃娃	拔节期	20	971.34	93.8
2007 - 08	NMDZH02ABC _ 01	夏玉米	郑单 958	吐丝期	20	1 018.44	91.4
2007 - 08	NMDZH02ABC _ 01	夏玉米	郑单 958	吐丝期	20	1 020.77	92.9
2007 - 08	NMDZH02ABC _ 01	夏玉米	郑单 958	吐丝期	20	786.23	91.5
2007 - 08	NMDZH02ABC _ 01	夏玉米	郑单 958	吐丝期	20	866.84	91.5
2007 - 08	NMDZH02ABC _ 01	夏玉米	郑单 958	吐丝期	20	860.87	92.3
2007 - 08	NMDZH02ABC _ 01	夏玉米	郑单 958	吐丝期	20	1 130.24	92.2
2007 - 08	NMDFZ01ABC _ 01	夏玉米	郑单金娃娃	吐丝期	20	1 513.07	95.3
2007 - 08	NMDFZ01ABC _ 01	夏玉米	郑单金娃娃	吐丝期	20	1 040.34	93.6
2007 - 08	NMDFZ01ABC _ 01	夏玉米	郑单金娃娃	吐丝期	20	973.99	92.0

（续）

时间 （年-月）	样地代码	作物名称	作物品种	作物物候期	耕作层深度/ cm	根干重/ （g/m²）	约占总根干重 比例/%
2007 – 08	NMDFZ01ABC _ 01	夏玉米	郑单金娃娃	吐丝期	20	1 080.15	92.9
2007 – 08	NMDFZ01ABC _ 01	夏玉米	郑单金娃娃	吐丝期	20	1 090.43	93.3
2007 – 08	NMDFZ01ABC _ 01	夏玉米	郑单金娃娃	吐丝期	20	1 340.57	94.8
2007 – 09	NMDZH02ABC _ 01	夏玉米	郑单 958	成熟期	20	1 312.70	91.9
2007 – 09	NMDZH02ABC _ 01	夏玉米	郑单 958	成熟期	20	1 252.65	93.2
2007 – 09	NMDZH02ABC _ 01	夏玉米	郑单 958	成熟期	20	1 039.34	90.7
2007 – 09	NMDZH02ABC _ 01	夏玉米	郑单 958	成熟期	20	1 092.09	91.5
2007 – 09	NMDZH02ABC _ 01	夏玉米	郑单 958	成熟期	20	1 049.30	91.3
2007 – 09	NMDZH02ABC _ 01	夏玉米	郑单 958	成熟期	20	1 528.00	93.5
2007 – 09	NMDFZ01ABC _ 01	夏玉米	郑单金娃娃	成熟期	20	1 081.14	94.7
2007 – 09	NMDFZ01ABC _ 01	夏玉米	郑单金娃娃	成熟期	20	1 315.02	94.0
2007 – 09	NMDFZ01ABC _ 01	夏玉米	郑单金娃娃	成熟期	20	1 321.32	95.1
2007 – 09	NMDFZ01ABC _ 01	夏玉米	郑单金娃娃	成熟期	20	1 287.82	95.7
2007 – 09	NMDFZ01ABC _ 01	夏玉米	郑单金娃娃	成熟期	20	1 440.42	94.8
2007 – 09	NMDFZ01ABC _ 01	夏玉米	郑单金娃娃	成熟期	20	956.08	93.2
2008 – 06	NMDZH02ABC _ 01	夏玉米	郑单 958	五叶期	20	10.90	100.0
2008 – 06	NMDZH02ABC _ 01	夏玉米	郑单 958	五叶期	20	10.00	100.0
2008 – 06	NMDZH02ABC _ 01	夏玉米	郑单 958	五叶期	20	9.00	100.0
2008 – 06	NMDZH02ABC _ 01	夏玉米	郑单 958	五叶期	20	8.00	100.0
2008 – 06	NMDZH02ABC _ 01	夏玉米	郑单 958	五叶期	20	9.00	100.0
2008 – 06	NMDZH02ABC _ 01	夏玉米	郑单 958	五叶期	20	10.00	100.0
2008 – 06	NMDFZ01ABC _ 01	夏玉米	津北 288	五叶期	20	5.00	100.0
2008 – 06	NMDFZ01ABC _ 01	夏玉米	津北 288	五叶期	20	4.00	100.0
2008 – 06	NMDFZ01ABC _ 01	夏玉米	津北 288	五叶期	20	5.00	100.0
2008 – 06	NMDFZ01ABC _ 01	夏玉米	津北 288	五叶期	20	3.00	100.0
2008 – 06	NMDFZ01ABC _ 01	夏玉米	津北 288	五叶期	20	3.00	100.0
2008 – 06	NMDFZ01ABC _ 01	夏玉米	津北 288	五叶期	20	4.00	100.0
2008 – 07	NMDZH02ABC _ 01	夏玉米	郑单 958	拔节期	20	328.40	100.0
2008 – 07	NMDZH02ABC _ 01	夏玉米	郑单 958	拔节期	20	541.40	100.0
2008 – 07	NMDZH02ABC _ 01	夏玉米	郑单 958	拔节期	20	609.10	100.0
2008 – 07	NMDZH02ABC _ 01	夏玉米	郑单 958	拔节期	20	462.80	100.0
2008 – 07	NMDZH02ABC _ 01	夏玉米	郑单 958	拔节期	20	529.50	100.0

（续）

时间（年-月）	样地代码	作物名称	作物品种	作物物候期	耕作层深度/cm	根干重/（g/m²）	约占总根干重比例/%
2008 - 07	NMDZH02ABC＿01	夏玉米	郑单958	拔节期	20	636.90	100.0
2008 - 07	NMDFZ01ABC＿01	夏玉米	津北288	拔节期	20	467.80	100.0
2008 - 07	NMDFZ01ABC＿01	夏玉米	津北288	拔节期	20	555.70	100.0
2008 - 07	NMDFZ01ABC＿01	夏玉米	津北288	拔节期	20	614.10	100.0
2008 - 07	NMDFZ01ABC＿01	夏玉米	津北288	拔节期	20	367.20	100.0
2008 - 07	NMDFZ01ABC＿01	夏玉米	津北288	拔节期	20	511.50	100.0
2008 - 07	NMDFZ01ABC＿01	夏玉米	津北288	拔节期	20	495.60	100.0
2008 - 08	NMDZH02ABC＿01	夏玉米	郑单958	拔节期	20	763.30	87.9
2008 - 08	NMDZH02ABC＿01	夏玉米	郑单958	拔节期	20	497.60	86.7
2008 - 08	NMDZH02ABC＿01	夏玉米	郑单958	拔节期	20	657.80	93.5
2008 - 08	NMDZH02ABC＿01	夏玉米	郑单958	拔节期	20	607.10	94.6
2008 - 08	NMDZH02ABC＿01	夏玉米	郑单958	拔节期	20	393.10	87.8
2008 - 08	NMDZH02ABC＿01	夏玉米	郑单958	拔节期	20	474.70	84.7
2008 - 08	NMDFZ01ABC＿01	夏玉米	津北288	拔节期	20	673.80	87.9
2008 - 08	NMDFZ01ABC＿01	夏玉米	津北288	拔节期	20	694.70	92.3
2008 - 08	NMDFZ01ABC＿01	夏玉米	津北288	拔节期	20	526.50	94.6
2008 - 08	NMDFZ01ABC＿01	夏玉米	津北288	拔节期	20	716.60	92.2
2008 - 08	NMDFZ01ABC＿01	夏玉米	津北288	拔节期	20	636.90	95.2
2008 - 08	NMDFZ01ABC＿01	夏玉米	津北288	拔节期	20	541.40	89.0
2008 - 08	NMDZH02ABC＿01	夏玉米	郑单958	吐丝期	20	828.00	95.3
2008 - 08	NMDZH02ABC＿01	夏玉米	郑单958	吐丝期	20	766.30	89.0
2008 - 08	NMDZH02ABC＿01	夏玉米	郑单958	吐丝期	20	668.80	87.4
2008 - 08	NMDZH02ABC＿01	夏玉米	郑单958	吐丝期	20	702.60	92.7
2008 - 08	NMDZH02ABC＿01	夏玉米	郑单958	吐丝期	20	907.60	93.8
2008 - 08	NMDZH02ABC＿01	夏玉米	郑单958	吐丝期	20	714.60	93.1
2008 - 08	NMDFZ01ABC＿01	夏玉米	津北288	吐丝期	20	995.20	91.2
2008 - 08	NMDFZ01ABC＿01	夏玉米	津北288	吐丝期	20	621.00	90.6
2008 - 08	NMDFZ01ABC＿01	夏玉米	津北288	吐丝期	20	764.30	90.5
2008 - 08	NMDFZ01ABC＿01	夏玉米	津北288	吐丝期	20	802.10	93.4
2008 - 08	NMDFZ01ABC＿01	夏玉米	津北288	吐丝期	20	886.70	92.8
2008 - 08	NMDFZ01ABC＿01	夏玉米	津北288	吐丝期	20	635.90	89.0
2009 - 06	NMDZH02ABC＿01	夏玉米	秋乐958	五叶期	20	55.41	100.0

（续）

时间 （年-月）	样地代码	作物名称	作物品种	作物物候期	耕作层深度/ cm	根干重/ （g/m²）	约占总根干重 比例/%
2009 - 06	NMDZH02ABC _ 01	夏玉米	秋乐 958	五叶期	20	42.68	100.0
2009 - 06	NMDZH02ABC _ 01	夏玉米	秋乐 958	五叶期	20	31.21	100.0
2009 - 06	NMDZH02ABC _ 01	夏玉米	秋乐 958	五叶期	20	69.43	100.0
2009 - 06	NMDZH02ABC _ 01	夏玉米	秋乐 958	五叶期	20	63.69	100.0
2009 - 06	NMDZH02ABC _ 01	夏玉米	秋乐 958	五叶期	20	40.76	100.0
2009 - 06	NMDFZ01ABC _ 01	夏玉米	郑单 958	五叶期	20	54.78	100.0
2009 - 06	NMDFZ01ABC _ 01	夏玉米	郑单 958	五叶期	20	51.59	100.0
2009 - 06	NMDFZ01ABC _ 01	夏玉米	郑单 958	五叶期	20	26.75	100.0
2009 - 06	NMDFZ01ABC _ 01	夏玉米	郑单 958	五叶期	20	45.86	100.0
2009 - 06	NMDFZ01ABC _ 01	夏玉米	郑单 958	五叶期	20	34.39	100.0
2009 - 06	NMDFZ01ABC _ 01	夏玉米	郑单 958	五叶期	20	57.32	100.0
2009 - 07	NMDZH02ABC _ 01	夏玉米	秋乐 958	拔节期	20	275.80	95.4
2009 - 07	NMDZH02ABC _ 01	夏玉米	秋乐 958	拔节期	20	315.29	95.4
2009 - 07	NMDZH02ABC _ 01	夏玉米	秋乐 958	拔节期	20	329.94	93.2
2009 - 07	NMDZH02ABC _ 01	夏玉米	秋乐 958	拔节期	20	260.51	90.0
2009 - 07	NMDZH02ABC _ 01	夏玉米	秋乐 958	拔节期	20	235.03	92.1
2009 - 07	NMDZH02ABC _ 01	夏玉米	秋乐 958	拔节期	20	277.71	92.7
2009 - 07	NMDFZ01ABC _ 01	夏玉米	郑单 958	拔节期	20	336.31	94.9
2009 - 07	NMDFZ01ABC _ 01	夏玉米	郑单 958	拔节期	20	245.86	89.6
2009 - 07	NMDFZ01ABC _ 01	夏玉米	郑单 958	拔节期	20	330.57	89.4
2009 - 07	NMDFZ01ABC _ 01	夏玉米	郑单 958	拔节期	20	295.54	92.7
2009 - 07	NMDFZ01ABC _ 01	夏玉米	郑单 958	拔节期	20	221.66	89.9
2009 - 07	NMDFZ01ABC _ 01	夏玉米	郑单 958	拔节期	20	293.63	93.3
2009 - 08	NMDZH02ABC _ 01	夏玉米	秋乐 958	吐丝期	20	880.25	91.2
2009 - 08	NMDZH02ABC _ 01	夏玉米	秋乐 958	吐丝期	20	691.08	90.9
2009 - 08	NMDZH02ABC _ 01	夏玉米	秋乐 958	吐丝期	20	753.50	96.4
2009 - 08	NMDZH02ABC _ 01	夏玉米	秋乐 958	吐丝期	20	564.33	93.5
2009 - 08	NMDZH02ABC _ 01	夏玉米	秋乐 958	吐丝期	20	487.26	88.9
2009 - 08	NMDZH02ABC _ 01	夏玉米	秋乐 958	吐丝期	20	293.63	93.5
2009 - 08	NMDFZ01ABC _ 01	夏玉米	郑单 958	吐丝期	20	530.57	91.5
2009 - 08	NMDFZ01ABC _ 01	夏玉米	郑单 958	吐丝期	20	492.99	92.5
2009 - 08	NMDFZ01ABC _ 01	夏玉米	郑单 958	吐丝期	20	874.52	87.4

（续）

时间 （年-月）	样地代码	作物名称	作物品种	作物物候期	耕作层深度/ cm	根干重/ （g/m²）	约占总根干重 比例/%
2009 - 08	NMDFZ01ABC_01	夏玉米	郑单 958	吐丝期	20	619.75	94.7
2009 - 08	NMDFZ01ABC_01	夏玉米	郑单 958	吐丝期	20	692.36	93.3
2009 - 08	NMDFZ01ABC_01	夏玉米	郑单 958	吐丝期	20	680.25	92.5
2009 - 09	NMDZH02ABC_01	夏玉米	秋乐 958	成熟期	20	658.84	56.3
2009 - 09	NMDZH02ABC_01	夏玉米	秋乐 958	成熟期	20	526.14	77.9
2009 - 09	NMDZH02ABC_01	夏玉米	秋乐 958	成熟期	20	792.20	55.8
2009 - 09	NMDZH02ABC_01	夏玉米	秋乐 958	成熟期	20	530.79	73.1
2009 - 09	NMDZH02ABC_01	夏玉米	秋乐 958	成熟期	20	478.37	72.0
2009 - 09	NMDZH02ABC_01	夏玉米	秋乐 958	成熟期	20	521.50	69.6
2009 - 09	NMDFZ01ABC_01	夏玉米	郑单 958	成熟期	20	1 120.62	82.2
2009 - 09	NMDFZ01ABC_01	夏玉米	郑单 958	成熟期	20	743.10	53.1
2009 - 09	NMDFZ01ABC_01	夏玉米	郑单 958	成熟期	20	884.42	77.0
2009 - 09	NMDFZ01ABC_01	夏玉米	郑单 958	成熟期	20	944.80	78.2
2009 - 09	NMDFZ01ABC_01	夏玉米	郑单 958	成熟期	20	1 018.44	47.8
2009 - 09	NMDFZ01ABC_01	夏玉米	郑单 958	成熟期	20	1 263.27	75.7
2010 - 06	NMDZH02ABC_01	夏玉米	锦单 9 号	五叶期	20	6.36	100.0
2010 - 06	NMDZH02ABC_01	夏玉米	锦单 9 号	五叶期	20	7.96	100.0
2010 - 06	NMDZH02ABC_01	夏玉米	锦单 9 号	五叶期	20	14.19	100.0
2010 - 06	NMDZH02ABC_01	夏玉米	锦单 9 号	五叶期	20	7.78	100.0
2010 - 06	NMDZH02ABC_01	夏玉米	锦单 9 号	五叶期	20	9.10	100.0
2010 - 06	NMDZH02ABC_01	夏玉米	锦单 9 号	五叶期	20	3.84	100.0
2010 - 06	NMDFZ01ABC_01	夏玉米	秋乐 958	五叶期	20	3.30	100.0
2010 - 06	NMDFZ01ABC_01	夏玉米	秋乐 958	五叶期	20	5.54	100.0
2010 - 06	NMDFZ01ABC_01	夏玉米	秋乐 958	五叶期	20	6.59	100.0
2010 - 06	NMDFZ01ABC_01	夏玉米	秋乐 958	五叶期	20	3.76	100.0
2010 - 06	NMDFZ01ABC_01	夏玉米	秋乐 958	五叶期	20	5.51	100.0
2010 - 06	NMDFZ01ABC_01	夏玉米	秋乐 958	五叶期	20	5.44	100.0
2010 - 07	NMDZH02ABC_01	夏玉米	锦单 9 号	拔节期	20	112.39	73.3
2010 - 07	NMDZH02ABC_01	夏玉米	锦单 9 号	拔节期	20	117.97	76.3
2010 - 07	NMDZH02ABC_01	夏玉米	锦单 9 号	拔节期	20	91.86	82.0
2010 - 07	NMDZH02ABC_01	夏玉米	锦单 9 号	拔节期	20	148.43	62.4
2010 - 07	NMDZH02ABC_01	夏玉米	锦单 9 号	拔节期	20	111.79	62.8

（续）

时间 （年-月）	样地代码	作物名称	作物品种	作物物候期	耕作层深度/ cm	根干重/ （g/m²）	约占总根干重 比例/%
2010 - 07	NMDZH02ABC_01	夏玉米	锦单9号	拔节期	20	99.96	84.5
2010 - 07	NMDFZ01ABC_01	夏玉米	秋乐958	拔节期	20	102.14	72.5
2010 - 07	NMDFZ01ABC_01	夏玉米	秋乐958	拔节期	20	123.77	87.0
2010 - 07	NMDFZ01ABC_01	夏玉米	秋乐958	拔节期	20	108.34	85.4
2010 - 07	NMDFZ01ABC_01	夏玉米	秋乐958	拔节期	20	114.67	73.5
2010 - 07	NMDFZ01ABC_01	夏玉米	秋乐958	拔节期	20	174.98	88.2
2010 - 07	NMDFZ01ABC_01	夏玉米	秋乐958	拔节期	20	143.97	82.9
2010 - 08	NMDZH02ABC_01	夏玉米	锦单9号	吐丝期	20	128.37	57.3
2010 - 08	NMDZH02ABC_01	夏玉米	锦单9号	吐丝期	20	80.00	74.4
2010 - 08	NMDZH02ABC_01	夏玉米	锦单9号	吐丝期	20	67.54	62.4
2010 - 08	NMDZH02ABC_01	夏玉米	锦单9号	吐丝期	20	56.28	52.0
2010 - 08	NMDZH02ABC_01	夏玉米	锦单9号	吐丝期	20	52.69	40.9
2010 - 08	NMDZH02ABC_01	夏玉米	锦单9号	吐丝期	20	69.45	62.8
2010 - 08	NMDFZ01ABC_01	夏玉米	秋乐958	吐丝期	20	81.64	66.3
2010 - 08	NMDFZ01ABC_01	夏玉米	秋乐958	吐丝期	20	94.94	50.6
2010 - 08	NMDFZ01ABC_01	夏玉米	秋乐958	吐丝期	20	113.43	64.1
2010 - 08	NMDFZ01ABC_01	夏玉米	秋乐958	吐丝期	20	103.76	67.6
2010 - 08	NMDFZ01ABC_01	夏玉米	秋乐958	吐丝期	20	57.88	53.7
2010 - 08	NMDFZ01ABC_01	夏玉米	秋乐958	吐丝期	20	111.53	67.7
2010 - 09	NMDZH02ABC_01	夏玉米	锦单9号	成熟期	20	96.14	55.4
2010 - 09	NMDZH02ABC_01	夏玉米	锦单9号	成熟期	20	49.00	40.6
2010 - 09	NMDZH02ABC_01	夏玉米	锦单9号	成熟期	20	44.34	47.5
2010 - 09	NMDZH02ABC_01	夏玉米	锦单9号	成熟期	20	57.43	52.0
2010 - 09	NMDZH02ABC_01	夏玉米	锦单9号	成熟期	20	84.55	48.8
2010 - 09	NMDZH02ABC_01	夏玉米	锦单9号	成熟期	20	66.45	32.2
2010 - 09	NMDFZ01ABC_01	夏玉米	秋乐958	成熟期	20	48.73	31.2
2010 - 09	NMDFZ01ABC_01	夏玉米	秋乐958	成熟期	20	85.14	56.7
2010 - 09	NMDFZ01ABC_01	夏玉米	秋乐958	成熟期	20	48.55	43.9
2010 - 09	NMDFZ01ABC_01	夏玉米	秋乐958	成熟期	20	54.05	44.4
2010 - 09	NMDFZ01ABC_01	夏玉米	秋乐958	成熟期	20	109.31	65.4
2010 - 09	NMDFZ01ABC_01	夏玉米	秋乐958	成熟期	20	72.40	30.8
2012 - 06	NMDZH02ABC_01	夏玉米	郑单958	五叶期	20	4.40	100.0

（续）

时间 （年-月）	样地代码	作物名称	作物品种	作物物候期	耕作层深度/ cm	根干重/ （g/m²）	约占总根干重 比例/%
2012-06	NMDZH02ABC_01	夏玉米	郑单958	五叶期	20	2.00	100.0
2012-06	NMDZH02ABC_01	夏玉米	郑单958	五叶期	20	3.72	100.0
2012-06	NMDZH02ABC_01	夏玉米	郑单958	五叶期	20	3.00	100.0
2012-06	NMDZH02ABC_01	夏玉米	郑单958	五叶期	20	2.16	100.0
2012-06	NMDZH02ABC_01	夏玉米	郑单958	五叶期	20	3.30	100.0
2012-06	NMDFZ01ABC_01	夏玉米	郑单958	五叶期	20	1.62	100.0
2012-06	NMDFZ01ABC_01	夏玉米	郑单958	五叶期	20	1.60	100.0
2012-06	NMDFZ01ABC_01	夏玉米	郑单958	五叶期	20	3.19	100.0
2012-06	NMDFZ01ABC_01	夏玉米	郑单958	五叶期	20	1.80	100.0
2012-06	NMDFZ01ABC_01	夏玉米	郑单958	五叶期	20	2.80	100.0
2012-06	NMDFZ01ABC_01	夏玉米	郑单958	五叶期	20	3.30	100.0
2012-07	NMDZH02ABC_01	夏玉米	郑单958	拔节期	20	78.99	90.4
2012-07	NMDZH02ABC_01	夏玉米	郑单958	拔节期	20	69.75	75.1
2012-07	NMDZH02ABC_01	夏玉米	郑单958	拔节期	20	54.09	69.9
2012-07	NMDZH02ABC_01	夏玉米	郑单958	拔节期	20	89.09	74.8
2012-07	NMDZH02ABC_01	夏玉米	郑单958	拔节期	20	77.40	74.4
2012-07	NMDZH02ABC_01	夏玉米	郑单958	拔节期	20	62.00	60.3
2012-07	NMDFZ01ABC_01	夏玉米	郑单958	拔节期	20	83.03	92.3
2012-07	NMDFZ01ABC_01	夏玉米	郑单958	拔节期	20	87.93	79.3
2012-07	NMDFZ01ABC_01	夏玉米	郑单958	拔节期	20	56.80	73.8
2012-07	NMDFZ01ABC_01	夏玉米	郑单958	拔节期	20	95.12	75.9
2012-07	NMDFZ01ABC_01	夏玉米	郑单958	拔节期	20	90.29	74.9
2012-07	NMDFZ01ABC_01	夏玉米	郑单958	拔节期	20	104.09	69.6
2012-08	NMDZH02ABC_01	夏玉米	郑单958	吐丝期	20	104.81	55.6
2012-08	NMDZH02ABC_01	夏玉米	郑单958	吐丝期	20	102.98	64.6
2012-08	NMDZH02ABC_01	夏玉米	郑单958	吐丝期	20	89.51	51.6
2012-08	NMDZH02ABC_01	夏玉米	郑单958	吐丝期	20	87.28	56.8
2012-08	NMDZH02ABC_01	夏玉米	郑单958	吐丝期	20	103.41	56.1
2012-08	NMDZH02ABC_01	夏玉米	郑单958	吐丝期	20	77.76	53.6
2012-08	NMDFZ01ABC_01	夏玉米	郑单958	吐丝期	20	143.09	57.5
2012-08	NMDFZ01ABC_01	夏玉米	郑单958	吐丝期	20	134.27	60.4
2012-08	NMDFZ01ABC_01	夏玉米	郑单958	吐丝期	20	81.34	61.3

（续）

时间 （年-月）	样地代码	作物名称	作物品种	作物物候期	耕作层深度/ cm	根干重/ (g/m²)	约占总根干重 比例/%
2012 - 08	NMDFZ01ABC _ 01	夏玉米	郑单 958	吐丝期	20	125.89	61.6
2012 - 08	NMDFZ01ABC _ 01	夏玉米	郑单 958	吐丝期	20	64.59	43.1
2012 - 08	NMDFZ01ABC _ 01	夏玉米	郑单 958	吐丝期	20	115.50	60.1
2012 - 09	NMDZH02ABC _ 01	夏玉米	郑单 958	成熟期	20	60.15	56.0
2012 - 09	NMDZH02ABC _ 01	夏玉米	郑单 958	成熟期	20	111.04	65.8
2012 - 09	NMDZH02ABC _ 01	夏玉米	郑单 958	成熟期	20	85.19	47.7
2012 - 09	NMDZH02ABC _ 01	夏玉米	郑单 958	成熟期	20	79.41	49.7
2012 - 09	NMDZH02ABC _ 01	夏玉米	郑单 958	成熟期	20	69.15	51.6
2012 - 09	NMDZH02ABC _ 01	夏玉米	郑单 958	成熟期	20	103.01	47.9
2012 - 09	NMDFZ01ABC _ 01	夏玉米	郑单 958	成熟期	20	60.99	47.4
2012 - 09	NMDFZ01ABC _ 01	夏玉米	郑单 958	成熟期	20	90.51	53.4
2012 - 09	NMDFZ01ABC _ 01	夏玉米	郑单 958	成熟期	20	61.62	53.1
2012 - 09	NMDFZ01ABC _ 01	夏玉米	郑单 958	成熟期	20	102.28	53.6
2012 - 09	NMDFZ01ABC _ 01	夏玉米	郑单 958	成熟期	20	90.59	45.3
2012 - 09	NMDFZ01ABC _ 01	夏玉米	郑单 958	成熟期	20	144.69	77.3
2013 - 06	NMDZH02ABC _ 01	夏玉米	郑单 958	五叶期	20	14.83	100.0
2013 - 06	NMDZH02ABC _ 01	夏玉米	郑单 958	五叶期	20	5.60	100.0
2013 - 06	NMDZH02ABC _ 01	夏玉米	郑单 958	五叶期	20	11.92	100.0
2013 - 06	NMDZH02ABC _ 01	夏玉米	郑单 958	五叶期	20	5.63	100.0
2013 - 06	NMDZH02ABC _ 01	夏玉米	郑单 958	五叶期	20	6.23	100.0
2013 - 06	NMDZH02ABC _ 01	夏玉米	郑单 958	五叶期	20	11.02	100.0
2013 - 06	NMDFZ01ABC _ 01	夏玉米	郑单 958	五叶期	20	2.73	100.0
2013 - 06	NMDFZ01ABC _ 01	夏玉米	郑单 958	五叶期	20	6.23	100.0
2013 - 06	NMDFZ01ABC _ 01	夏玉米	郑单 958	五叶期	20	2.97	100.0
2013 - 06	NMDFZ01ABC _ 01	夏玉米	郑单 958	五叶期	20	3.08	100.0
2013 - 06	NMDFZ01ABC _ 01	夏玉米	郑单 958	五叶期	20	9.93	100.0
2013 - 06	NMDFZ01ABC _ 01	夏玉米	郑单 958	五叶期	20	5.58	100.0
2013 - 07	NMDZH02ABC _ 01	夏玉米	郑单 958	拔节期	20	52.96	92.9
2013 - 07	NMDZH02ABC _ 01	夏玉米	郑单 958	拔节期	20	38.19	75.5
2013 - 07	NMDZH02ABC _ 01	夏玉米	郑单 958	拔节期	20	66.75	86.8
2013 - 07	NMDZH02ABC _ 01	夏玉米	郑单 958	拔节期	20	32.58	61.7
2013 - 07	NMDZH02ABC _ 01	夏玉米	郑单 958	拔节期	20	73.41	74.7

（续）

时间 （年-月）	样地代码	作物名称	作物品种	作物物候期	耕作层深度/ cm	根干重/ （g/m²）	约占总根干重 比例/%
2013 - 07	NMDZH02ABC_01	夏玉米	郑单 958	拔节期	20	66.13	61.6
2013 - 07	NMDFZ01ABC_01	夏玉米	郑单 958	拔节期	20	53.30	80.2
2013 - 07	NMDFZ01ABC_01	夏玉米	郑单 958	拔节期	20	47.23	74.9
2013 - 07	NMDFZ01ABC_01	夏玉米	郑单 958	拔节期	20	103.87	85.0
2013 - 07	NMDFZ01ABC_01	夏玉米	郑单 958	拔节期	20	50.92	54.3
2013 - 07	NMDFZ01ABC_01	夏玉米	郑单 958	拔节期	20	49.23	67.2
2013 - 07	NMDFZ01ABC_01	夏玉米	郑单 958	拔节期	20	71.50	81.6
2013 - 07	NMDZQ01ABC_01	豇豆	花豇豆	苗期	20	6.25	100.0
2013 - 07	NMDZQ01ABC_01	豇豆	花豇豆	苗期	20	2.25	100.0
2013 - 07	NMDZQ01ABC_01	豇豆	花豇豆	苗期	20	2.16	100.0
2013 - 07	NMDZQ01ABC_01	豇豆	花豇豆	苗期	20	3.84	100.0
2013 - 07	NMDZQ01ABC_01	豇豆	花豇豆	苗期	20	1.80	100.0
2013 - 07	NMDZQ01ABC_01	豇豆	花豇豆	苗期	20	1.20	100.0
2013 - 08	NMDZH02ABC_01	夏玉米	郑单 958	吐丝期	20	70.66	69.6
2013 - 08	NMDZH02ABC_01	夏玉米	郑单 958	吐丝期	20	133.38	60.6
2013 - 08	NMDZH02ABC_01	夏玉米	郑单 958	吐丝期	20	127.98	64.2
2013 - 08	NMDZH02ABC_01	夏玉米	郑单 958	吐丝期	20	84.57	48.2
2013 - 08	NMDZH02ABC_01	夏玉米	郑单 958	吐丝期	20	86.18	69.4
2013 - 08	NMDZH02ABC_01	夏玉米	郑单 958	吐丝期	20	124.32	71.5
2013 - 08	NMDFZ01ABC_01	夏玉米	郑单 958	吐丝期	20	131.00	77.1
2013 - 08	NMDFZ01ABC_01	夏玉米	郑单 958	吐丝期	20	98.91	61.8
2013 - 08	NMDFZ01ABC_01	夏玉米	郑单 958	吐丝期	20	64.83	67.6
2013 - 08	NMDFZ01ABC_01	夏玉米	郑单 958	吐丝期	20	82.26	73.0
2013 - 08	NMDFZ01ABC_01	夏玉米	郑单 958	吐丝期	20	102.91	68.8
2013 - 08	NMDFZ01ABC_01	夏玉米	郑单 958	吐丝期	20	137.42	67.7
2013 - 08	NMDZQ01ABC_01	豇豆	花豇豆	开花期	20	19.84	77.0
2013 - 08	NMDZQ01ABC_01	豇豆	花豇豆	开花期	20	25.46	71.7
2013 - 08	NMDZQ01ABC_01	豇豆	花豇豆	开花期	20	7.02	83.0
2013 - 08	NMDZQ01ABC_01	豇豆	花豇豆	开花期	20	19.37	79.7
2013 - 08	NMDZQ01ABC_01	豇豆	花豇豆	开花期	20	15.21	76.1
2013 - 08	NMDZQ01ABC_01	豇豆	花豇豆	开花期	20	13.92	86.6
2013 - 09	NMDZH02ABC_01	夏玉米	郑单 958	成熟期	20	119.32	56.0

（续）

时间 （年-月）	样地代码	作物名称	作物品种	作物物候期	耕作层深度/ cm	根干重/ （g/m²）	约占总根干重 比例/%
2013 - 09	NMDZH02ABC_01	夏玉米	郑单 958	成熟期	20	124.22	65.8
2013 - 09	NMDZH02ABC_01	夏玉米	郑单 958	成熟期	20	53.41	47.7
2013 - 09	NMDZH02ABC_01	夏玉米	郑单 958	成熟期	20	84.93	49.7
2013 - 09	NMDZH02ABC_01	夏玉米	郑单 958	成熟期	20	88.47	51.6
2013 - 09	NMDZH02ABC_01	夏玉米	郑单 958	成熟期	20	106.02	47.9
2013 - 09	NMDFZ01ABC_01	夏玉米	郑单 958	成熟期	20	80.94	47.4
2013 - 09	NMDFZ01ABC_01	夏玉米	郑单 958	成熟期	20	94.26	53.4
2013 - 09	NMDFZ01ABC_01	夏玉米	郑单 958	成熟期	20	108.84	53.1
2013 - 09	NMDFZ01ABC_01	夏玉米	郑单 958	成熟期	20	100.32	53.6
2013 - 09	NMDFZ01ABC_01	夏玉米	郑单 958	成熟期	20	100.57	45.3
2013 - 09	NMDFZ01ABC_01	夏玉米	郑单 958	成熟期	20	92.92	77.3
2013 - 09	NMDZQ01ABC_01	豇豆	花豇豆	成熟期	20	43.38	75.4
2013 - 09	NMDZQ01ABC_01	豇豆	花豇豆	成熟期	20	41.67	58.8
2013 - 09	NMDZQ01ABC_01	豇豆	花豇豆	成熟期	20	47.10	76.7
2013 - 09	NMDZQ01ABC_01	豇豆	花豇豆	成熟期	20	23.76	89.6
2013 - 09	NMDZQ01ABC_01	豇豆	花豇豆	成熟期	20	23.60	90.8
2013 - 09	NMDZQ01ABC_01	豇豆	花豇豆	成熟期	20	25.44	84.5
2014 - 06	NMDZH02ABC_01	夏玉米	郑单 958	五叶期	20	0.99	100.0
2014 - 06	NMDZH02ABC_01	夏玉米	郑单 958	五叶期	20	0.80	100.0
2014 - 06	NMDZH02ABC_01	夏玉米	郑单 958	五叶期	20	0.60	100.0
2014 - 06	NMDZH02ABC_01	夏玉米	郑单 958	五叶期	20	1.43	100.0
2014 - 06	NMDZH02ABC_01	夏玉米	郑单 958	五叶期	20	0.66	100.0
2014 - 06	NMDZH02ABC_01	夏玉米	郑单 958	五叶期	20	1.20	100.0
2014 - 06	NMDFZ01ABC_01	夏玉米	302	五叶期	20	1.35	100.0
2014 - 06	NMDFZ01ABC_01	夏玉米	302	五叶期	20	0.70	100.0
2014 - 06	NMDFZ01ABC_01	夏玉米	302	五叶期	20	0.96	100.0
2014 - 06	NMDFZ01ABC_01	夏玉米	302	五叶期	20	1.35	100.0
2014 - 06	NMDFZ01ABC_01	夏玉米	302	五叶期	20	1.04	100.0
2014 - 06	NMDFZ01ABC_01	夏玉米	302	五叶期	20	0.90	100.0
2014 - 06	NMDZQ01ABC_01	豇豆	花豇豆	苗期	20	3.15	100.0
2014 - 06	NMDZQ01ABC_01	豇豆	花豇豆	苗期	20	1.30	100.0
2014 - 06	NMDZQ01ABC_01	豇豆	花豇豆	苗期	20	2.80	100.0

（续）

时间 （年-月）	样地代码	作物名称	作物品种	作物物候期	耕作层深度/ cm	根干重/ （g/m²）	约占总根干重 比例/%
2014 - 06	NMDZQ01ABC _ 01	豇豆	花豇豆	苗期	20	3.74	100.0
2014 - 06	NMDZQ01ABC _ 01	豇豆	花豇豆	苗期	20	1.44	100.0
2014 - 06	NMDZQ01ABC _ 01	豇豆	花豇豆	苗期	20	1.50	100.0
2014 - 06	NMDZH02ABC _ 01	夏玉米	郑单 958	拔节期	20	26.52	89.0
2014 - 06	NMDZH02ABC _ 01	夏玉米	郑单 958	拔节期	20	30.38	97.1
2014 - 06	NMDZH02ABC _ 01	夏玉米	郑单 958	拔节期	20	36.12	95.2
2014 - 06	NMDZH02ABC _ 01	夏玉米	郑单 958	拔节期	20	30.77	91.7
2014 - 06	NMDZH02ABC _ 01	夏玉米	郑单 958	拔节期	20	31.94	96.0
2014 - 06	NMDZH02ABC _ 01	夏玉米	郑单 958	拔节期	20	18.45	97.1
2014 - 06	NMDFZ01ABC _ 01	夏玉米	302	拔节期	20	70.99	94.1
2014 - 06	NMDFZ01ABC _ 01	夏玉米	302	拔节期	20	64.04	94.3
2014 - 06	NMDFZ01ABC _ 01	夏玉米	302	拔节期	20	35.16	86.6
2014 - 06	NMDFZ01ABC _ 01	夏玉米	302	拔节期	20	52.63	87.3
2014 - 06	NMDFZ01ABC _ 01	夏玉米	302	拔节期	20	62.66	95.0
2014 - 06	NMDFZ01ABC _ 01	夏玉米	302	拔节期	20	72.34	93.2
2014 - 06	NMDZQ01ABC _ 01	豇豆	花豇豆	分蘖期	20	2.24	100.0
2014 - 06	NMDZQ01ABC _ 01	豇豆	花豇豆	分蘖期	20	4.44	100.0
2014 - 06	NMDZQ01ABC _ 01	豇豆	花豇豆	分蘖期	20	2.80	100.0
2014 - 06	NMDZQ01ABC _ 01	豇豆	花豇豆	分蘖期	20	3.28	100.0
2014 - 06	NMDZQ01ABC _ 01	豇豆	花豇豆	分蘖期	20	7.28	100.0
2014 - 06	NMDZQ01ABC _ 01	豇豆	花豇豆	分蘖期	20	1.70	100.0
2014 - 07	NMDZH02ABC _ 01	夏玉米	郑单 958	吐丝期	20	33.02	65.6
2014 - 07	NMDZH02ABC _ 01	夏玉米	郑单 958	吐丝期	20	88.98	72.0
2014 - 07	NMDZH02ABC _ 01	夏玉米	郑单 958	吐丝期	20	49.06	56.5
2014 - 07	NMDZH02ABC _ 01	夏玉米	郑单 958	吐丝期	20	38.13	61.0
2014 - 07	NMDZH02ABC _ 01	夏玉米	郑单 958	吐丝期	20	32.26	44.4
2014 - 07	NMDZH02ABC _ 01	夏玉米	郑单 958	吐丝期	20	32.87	48.7
2014 - 07	NMDFZ01ABC _ 01	夏玉米	302	吐丝期	20	73.29	65.7
2014 - 07	NMDFZ01ABC _ 01	夏玉米	302	吐丝期	20	100.19	66.4
2014 - 07	NMDFZ01ABC _ 01	夏玉米	302	吐丝期	20	104.85	58.6
2014 - 07	NMDFZ01ABC _ 01	夏玉米	302	吐丝期	20	70.69	69.4
2014 - 07	NMDFZ01ABC _ 01	夏玉米	302	吐丝期	20	91.68	56.4

（续）

时间 （年-月）	样地代码	作物名称	作物品种	作物物候期	耕作层深度/ cm	根干重/ （g/m²）	约占总根干重 比例/%
2014－07	NMDFZ01ABC_01	夏玉米	302	吐丝期	20	120.72	67.3
2014－07	NMDZQ01ABC_01	豇豆	花豇豆	开花期	20	9.52	86.1
2014－07	NMDZQ01ABC_01	豇豆	花豇豆	开花期	20	7.76	75.2
2014－07	NMDZQ01ABC_01	豇豆	花豇豆	开花期	20	6.48	87.1
2014－07	NMDZQ01ABC_01	豇豆	花豇豆	开花期	20	23.38	89.3
2014－07	NMDZQ01ABC_01	豇豆	花豇豆	开花期	20	6.21	93.2
2014－07	NMDZQ01ABC_01	豇豆	花豇豆	开花期	20	5.50	94.3
2014－09	NMDZH02ABC_01	夏玉米	郑单958	成熟期	20	49.62	57.8
2014－09	NMDZH02ABC_01	夏玉米	郑单958	成熟期	20	47.52	49.8
2014－09	NMDZH02ABC_01	夏玉米	郑单958	成熟期	20	159.09	66.5
2014－09	NMDZH02ABC_01	夏玉米	郑单958	成熟期	20	54.37	43.0
2014－09	NMDZH02ABC_01	夏玉米	郑单958	成熟期	20	76.59	66.0
2014－09	NMDZH02ABC_01	夏玉米	郑单958	成熟期	20	74.39	76.9
2014－09	NMDFZ01ABC_01	夏玉米	302	成熟期	20	126.26	53.8
2014－09	NMDFZ01ABC_01	夏玉米	302	成熟期	20	77.62	79.6
2014－09	NMDFZ01ABC_01	夏玉米	302	成熟期	20	133.24	72.2
2014－09	NMDFZ01ABC_01	夏玉米	302	成熟期	20	105.37	64.7
2014－09	NMDFZ01ABC_01	夏玉米	302	成熟期	20	77.15	72.5
2014－09	NMDFZ01ABC_01	夏玉米	302	成熟期	20	76.91	64.4
2014－09	NMDZQ01ABC_01	豇豆	花豇豆	成熟期	20	11.00	77.5
2014－09	NMDZQ01ABC_01	豇豆	花豇豆	成熟期	20	6.20	76.1
2014－09	NMDZQ01ABC_01	豇豆	花豇豆	成熟期	20	12.24	73.9
2014－09	NMDZQ01ABC_01	豇豆	花豇豆	成熟期	20	27.72	78.0
2014－09	NMDZQ01ABC_01	豇豆	花豇豆	成熟期	20	10.00	86.2
2014－09	NMDZQ01ABC_01	豇豆	花豇豆	成熟期	20	9.00	80.2
2015－06	NMDZH02ABC_01	夏玉米	内单302	五叶期	20	4.81	100.0
2015－06	NMDZH02ABC_01	夏玉米	内单302	五叶期	20	6.15	100.0
2015－06	NMDZH02ABC_01	夏玉米	内单302	五叶期	20	4.62	100.0
2015－06	NMDZH02ABC_01	夏玉米	内单302	五叶期	20	3.92	100.0
2015－06	NMDZH02ABC_01	夏玉米	内单302	五叶期	20	4.92	100.0
2015－06	NMDZH02ABC_01	夏玉米	内单302	五叶期	20	4.29	100.0
2015－06	NMDFZ01ABC_01	夏玉米	欣晟18	五叶期	20	5.88	100.0

（续）

时间 （年-月）	样地代码	作物名称	作物品种	作物物候期	耕作层深度/ cm	根干重/ （g/m²）	约占总根干重 比例/%
2015 - 06	NMDFZ01ABC _ 01	夏玉米	欣晟 18	五叶期	20	5.98	100.0
2015 - 06	NMDFZ01ABC _ 01	夏玉米	欣晟 18	五叶期	20	7.35	100.0
2015 - 06	NMDFZ01ABC _ 01	夏玉米	欣晟 18	五叶期	20	3.96	100.0
2015 - 06	NMDFZ01ABC _ 01	夏玉米	欣晟 18	五叶期	20	4.44	100.0
2015 - 06	NMDFZ01ABC _ 01	夏玉米	欣晟 18	五叶期	20	5.04	100.0
2015 - 07	NMDZH02ABC _ 01	夏玉米	内单 302	拔节期	20	60.70	82.9
2015 - 07	NMDZH02ABC _ 01	夏玉米	内单 302	拔节期	20	92.32	93.1
2015 - 07	NMDZH02ABC _ 01	夏玉米	内单 302	拔节期	20	51.44	90.3
2015 - 07	NMDZH02ABC _ 01	夏玉米	内单 302	拔节期	20	45.42	89.9
2015 - 07	NMDZH02ABC _ 01	夏玉米	内单 302	拔节期	20	55.14	85.1
2015 - 07	NMDZH02ABC _ 01	夏玉米	内单 302	拔节期	20	45.74	91.1
2015 - 07	NMDFZ01ABC _ 01	夏玉米	欣晟 18	拔节期	20	89.02	83.4
2015 - 07	NMDFZ01ABC _ 01	夏玉米	欣晟 18	拔节期	20	40.04	84.3
2015 - 07	NMDFZ01ABC _ 01	夏玉米	欣晟 18	拔节期	20	74.38	93.6
2015 - 07	NMDFZ01ABC _ 01	夏玉米	欣晟 18	拔节期	20	62.47	75.9
2015 - 07	NMDFZ01ABC _ 01	夏玉米	欣晟 18	拔节期	20	61.87	92.1
2015 - 07	NMDFZ01ABC _ 01	夏玉米	欣晟 18	拔节期	20	65.03	91.5
2015 - 07	NMDZQ01ABC _ 01	豇豆	花豇豆	苗期	20	2.34	100.0
2015 - 07	NMDZQ01ABC _ 01	豇豆	花豇豆	苗期	20	1.76	100.0
2015 - 07	NMDZQ01ABC _ 01	豇豆	花豇豆	苗期	20	2.70	100.0
2015 - 07	NMDZQ01ABC _ 01	豇豆	花豇豆	苗期	20	2.89	100.0
2015 - 07	NMDZQ01ABC _ 01	豇豆	花豇豆	苗期	20	2.40	100.0
2015 - 07	NMDZQ01ABC _ 01	豇豆	花豇豆	苗期	20	1.92	100.0
2015 - 07	NMDZH02ABC _ 01	夏玉米	内单 302	吐丝期	20	46.96	48.3
2015 - 07	NMDZH02ABC _ 01	夏玉米	内单 302	吐丝期	20	62.88	64.7
2015 - 07	NMDZH02ABC _ 01	夏玉米	内单 302	吐丝期	20	99.84	62.5
2015 - 07	NMDZH02ABC _ 01	夏玉米	内单 302	吐丝期	20	73.68	75.6
2015 - 07	NMDZH02ABC _ 01	夏玉米	内单 302	吐丝期	20	116.98	72.3
2015 - 07	NMDZH02ABC _ 01	夏玉米	内单 302	吐丝期	20	71.68	79.1
2015 - 07	NMDFZ01ABC _ 01	夏玉米	欣晟 18	吐丝期	20	98.00	81.1
2015 - 07	NMDFZ01ABC _ 01	夏玉米	欣晟 18	吐丝期	20	82.37	80.4
2015 - 07	NMDFZ01ABC _ 01	夏玉米	欣晟 18	吐丝期	20	80.98	85.3

（续）

时间（年-月）	样地代码	作物名称	作物品种	作物物候期	耕作层深度/cm	根干重/(g/m²)	约占总根干重比例/%
2015 - 07	NMDFZ01ABC _ 01	夏玉米	欣晟 18	吐丝期	20	101.45	82.2
2015 - 07	NMDFZ01ABC _ 01	夏玉米	欣晟 18	吐丝期	20	87.45	63.5
2015 - 07	NMDFZ01ABC _ 01	夏玉米	欣晟 18	吐丝期	20	136.65	85.5
2015 - 07	NMDZQ01ABC _ 01	豇豆	花豇豆	开花期	20	4.50	100.0
2015 - 07	NMDZQ01ABC _ 01	豇豆	花豇豆	开花期	20	4.03	100.0
2015 - 07	NMDZQ01ABC _ 01	豇豆	花豇豆	开花期	20	5.25	100.0
2015 - 07	NMDZQ01ABC _ 01	豇豆	花豇豆	开花期	20	3.92	100.0
2015 - 07	NMDZQ01ABC _ 01	豇豆	花豇豆	开花期	20	3.68	100.0
2015 - 07	NMDZQ01ABC _ 01	豇豆	花豇豆	开花期	20	3.15	100.0
2015 - 09	NMDZH02ABC _ 01	夏玉米	内单 302	成熟期	20	78.89	78.8
2015 - 09	NMDZH02ABC _ 01	夏玉米	内单 302	成熟期	20	76.06	81.8
2015 - 09	NMDZH02ABC _ 01	夏玉米	内单 302	成熟期	20	109.56	74.2
2015 - 09	NMDZH02ABC _ 01	夏玉米	内单 302	成熟期	20	80.89	71.3
2015 - 09	NMDZH02ABC _ 01	夏玉米	内单 302	成熟期	20	68.93	70.6
2015 - 09	NMDZH02ABC _ 01	夏玉米	内单 302	成熟期	20	63.73	75.5
2015 - 09	NMDFZ01ABC _ 01	夏玉米	欣晟 18	成熟期	20	141.15	81.2
2015 - 09	NMDFZ01ABC _ 01	夏玉米	欣晟 18	成熟期	20	96.98	81.6
2015 - 09	NMDFZ01ABC _ 01	夏玉米	欣晟 18	成熟期	20	181.43	73.6
2015 - 09	NMDFZ01ABC _ 01	夏玉米	欣晟 18	成熟期	20	128.38	67.1
2015 - 09	NMDFZ01ABC _ 01	夏玉米	欣晟 18	成熟期	20	169.78	74.6
2015 - 09	NMDFZ01ABC _ 01	夏玉米	欣晟 18	成熟期	20	174.79	57.8
2015 - 09	NMDZQ01ABC _ 01	豇豆	花豇豆	成熟期	20	12.60	91.3
2015 - 09	NMDZQ01ABC _ 01	豇豆	花豇豆	成熟期	20	26.60	99.0
2015 - 09	NMDZQ01ABC _ 01	豇豆	花豇豆	成熟期	20	19.35	79.6
2015 - 09	NMDZQ01ABC _ 01	豇豆	花豇豆	成熟期	20	28.95	90.6
2015 - 09	NMDZQ01ABC _ 01	豇豆	花豇豆	成熟期	20	10.14	100.0
2015 - 09	NMDZQ01ABC _ 01	豇豆	花豇豆	成熟期	20	21.90	98.6

3.12 主要作物（玉米）收获期植株性状数据集

3.12.1 概述

本数据集包括奈曼站 2005—2015 年 2 个长期观测样地的年尺度观测数据（主要作物收获期植株性状）。计量单位：调查株数为株；株高为 cm；千粒重为 g；地上部总干重、籽粒干重为 g/株。小数位数：调查株数、株高、结穗高度、穗行数、行粒数为 0 位；茎粗、空秆率、果穗长度、果穗结实长度、穗粗为 1 位；百粒重、地上部总干重、籽粒干重为 2 位。观测点信息如下：农田综合观测场生物土壤采样地（NMDZH01ABC_01），农田辅助观测场生物土壤采样地（NMDFZ01ABC_01）。

3.12.2 数据采集和处理方法

于玉米成熟期对 2 个样地玉米株高、结穗高度、穗行数、行粒数、茎粗、空秆率、果穗长度、果穗结实长度、穗粗、百粒重、地上部总干重、籽粒干重进行调查统计。在质控数据的基础上，以年和不同作物为基础单元，统计各作物收获期的性状，并注明调查的株数。

3.12.3 数据质量控制和评估

3.12.3.1 数据获取过程的质量控制

严格翔实地记录取样时间、核查并记录样地名称代码，真实记录作物种类及品种。

3.12.3.2 规范原始数据记录的质控措施

原始数据是各种数据问题的溯源依据，要求做到：数据真实、记录规范、书写清晰、数据及辅助信息完整等。使用专用、规范印制的数据记录表和记录本，根据本站调查任务制定年度工作调查记录本，按照调查内容和时间顺序依次排列，装订成本。使用铅笔规范整齐填写，原始数据不准删除或涂改，如记录或观测有误，需轻画横线标记原数据，并将审核后的正确数据记录在原数据旁或备注栏。

3.12.3.3 数据辅助信息记录的质控措施

在进行取样时，要求对样地位置、调查日期、样地环境状况做翔实描述与记录。

3.12.3.4 数据质量评估

将获取的数据与各项辅助信息数据以及历史数据信息进行比较，评价数据的正确性、一致性、完整性、可比性和连续性，对多年的数据进行比对，对超出历史数据阈值的观测数据进行校验，删除异常值，经站长、数据管理员和观测负责人审核认定后上报。

3.12.4 数据

表 3 - 15 和表 3 - 16 中为奈曼站 2005—2015 年 2 个长期观测样地年尺度主要作物（玉米）收获期植株性状数据。

表 3 - 15 主要作物（玉米）收获期植株性状（1）

时间（年-月）	样地代码	作物品种	作物生育时期	调查株数/株	株高/cm	结穗高度/cm	茎粗/cm	空秆率/%	果穗长度/cm	果穗结实长度/cm
2005 - 09	NMDZH01ABC_01	郑单 958	成熟期	6	252	112	2.1	0.0	20.3	
2005 - 09	NMDZH01ABC_01	郑单 958	成熟期	6	252	113	2.0	0.0	18.7	
2005 - 09	NMDZH01ABC_01	郑单 958	成熟期	6	273	115	2.3	0.0	21.7	
2005 - 09	NMDZH01ABC_01	郑单 958	成熟期	6	255	110	2.3	0.0	18.8	
2005 - 09	NMDZH01ABC_01	郑单 958	成熟期	6	261	117	2.3	0.0	21.0	
2005 - 09	NMDZH01ABC_01	郑单 958	成熟期	6	265	114	2.1	0.0	20.7	
2005 - 09	NMDFZ01ABC_01	北京德农	成熟期	6	273	113	2.0	0.0	19.0	
2005 - 09	NMDFZ01ABC_01	北京德农	成熟期	6	265	117	1.9	0.0	19.3	
2005 - 09	NMDFZ01ABC_01	北京德农	成熟期	6	246	101	1.9	0.0	18.7	

（续）

时间 （年-月）	样地代码	作物品种	作物生育 时期	调查 株数/株	株高/ cm	结穗高度/ cm	茎粗/ cm	空秆率/ %	果穗长度/ cm	果穗结实 长度/cm
2005 - 09	NMDFZ01ABC _ 01	北京德农	成熟期	6	264	110	2.1	0.0	18.8	
2005 - 09	NMDFZ01ABC _ 01	北京德农	成熟期	6	258	110	2.1	0.0	19.3	
2005 - 09	NMDFZ01ABC _ 01	北京德农	成熟期	6	262	111	2.0	0.0	18.7	
2006 - 10	NMDFZ01ABC _ 01	郑单 958	成熟期	6	260	117	2.3	0.0	19.0	18.0
2006 - 10	NMDFZ01ABC _ 01	郑单 958	成熟期	6	258	131	2.0	0.0	21.0	19.0
2006 - 10	NMDFZ01ABC _ 01	郑单 958	成熟期	6	260	127	2.3	0.0	20.3	18.0
2006 - 10	NMDFZ01ABC _ 01	郑单 958	成熟期	6	266	126	2.0	0.0	20.0	19.0
2006 - 10	NMDFZ01ABC _ 01	郑单 958	成熟期	6	227	121	2.1	0.0	21.0	19.0
2006 - 10	NMDFZ01ABC _ 01	郑单 958	成熟期	6	287	140	2.0	0.0	22.0	19.0
2007 - 09	NMDZH01ABC _ 01	郑单 958	成熟期	6	265	113	2.4	0.0	21.5	20.5
2007 - 09	NMDZH01ABC _ 01	郑单 958	成熟期	6	253	116	2.4	0.0	23.0	21.0
2007 - 09	NMDZH01ABC _ 01	郑单 958	成熟期	6	264	111	2.6	0.0	19.3	18.0
2007 - 09	NMDZH01ABC _ 01	郑单 958	成熟期	6	253	99	3.1	0.0	20.5	18.5
2007 - 09	NMDZH01ABC _ 01	郑单 958	成熟期	6	277	115	2.6	0.0	21.0	20.3
2007 - 09	NMDZH01ABC _ 01	郑单 958	成熟期	6	266	135	2.7	0.0	19.5	18.5
2007 - 09	NMDFZ01ABC _ 01	郑单金娃娃	成熟期	6	263	123	2.3	0.0	20.5	19.0
2007 - 09	NMDFZ01ABC _ 01	郑单金娃娃	成熟期	6	249	120	1.8	0.0	20.0	16.7
2007 - 09	NMDFZ01ABC _ 01	郑单金娃娃	成熟期	6	288	130	2.1	0.0	19.8	16.0
2007 - 09	NMDFZ01ABC _ 01	郑单金娃娃	成熟期	6	268	119	2.1	0.0	21.2	19.0
2007 - 09	NMDFZ01ABC _ 01	郑单金娃娃	成熟期	6	284	115	2.4	0.0	21.2	18.3
2007 - 09	NMDFZ01ABC _ 01	郑单金娃娃	成熟期	6	278	110	2.7	0.0	21.0	19.5
2008 - 09	NMDZH01ABC _ 01	郑单 958	成熟期	6	262	113	1.9	0.0	20.0	
2008 - 09	NMDZH01ABC _ 01	郑单 958	成熟期	6	270	120	2.2	0.0	18.8	
2008 - 09	NMDZH01ABC _ 01	郑单 958	成熟期	6	274	119	2.3	0.0	17.5	
2008 - 09	NMDZH01ABC _ 01	郑单 958	成熟期	6	277	116	2.3	0.0	19.4	
2008 - 09	NMDZH01ABC _ 01	郑单 958	成熟期	6	271	130	1.9	0.0	16.5	
2008 - 09	NMDZH01ABC _ 01	郑单 958	成熟期	6	272	139	1.8	0.0	20.5	
2008 - 09	NMDFZ01ABC _ 01	津北 288	成熟期	6	247	117	2.0	0.0	20.0	
2008 - 09	NMDFZ01ABC _ 01	津北 288	成熟期	6	256	113	1.7	0.0	18.0	
2008 - 09	NMDFZ01ABC _ 01	津北 288	成熟期	6	263	130	1.7	0.0	18.8	
2008 - 09	NMDFZ01ABC _ 01	津北 288	成熟期	6	253	112	1.7	0.0	18.5	
2008 - 09	NMDFZ01ABC _ 01	津北 288	成熟期	6	254	128	1.8	0.0	19.8	
2008 - 09	NMDFZ01ABC _ 01	津北 288	成熟期	6	260	122	1.8	0.0	21.0	
2009 - 09	NMDZH01ABC _ 01	秋乐 958	成熟期	6	262	100	1.9	0.0	20.0	15.5

（续）

时间 （年-月）	样地代码	作物品种	作物生育 时期	调查 株数/株	株高/ cm	结穗高度/ cm	茎粗/ cm	空秆率/ %	果穗长度/ cm	果穗结实 长度/cm
2009-09	NMDZH01ABC_01	秋乐958	成熟期	6	270	119	1.9	0.0	17.0	12.0
2009-09	NMDZH01ABC_01	秋乐958	成熟期	6	274	136	2.0	0.0	19.0	17.3
2009-09	NMDZH01ABC_01	秋乐958	成熟期	6	277	99	2.7	0.0	20.3	14.5
2009-09	NMDZH01ABC_01	秋乐958	成熟期	6	271	95	2.1	0.0	19.5	18.5
2009-09	NMDZH01ABC_01	秋乐958	成熟期	6	272	101	1.6	0.0	19.6	17.0
2009-09	NMDFZ01ABC_01	郑单958	成熟期	6	247	96	2.3	0.0	17.5	16.5
2009-09	NMDFZ01ABC_01	郑单958	成熟期	6	256	119	1.7	0.0	18.5	14.5
2009-09	NMDFZ01ABC_01	郑单958	成熟期	6	263	113	1.2	0.0	16.5	12.3
2009-09	NMDFZ01ABC_01	郑单958	成熟期	6	253	110	1.6	0.0	18.0	18.2
2009-09	NMDFZ01ABC_01	郑单958	成熟期	6	254	118	1.3	0.0	19.0	17.2
2009-09	NMDFZ01ABC_01	郑单958	成熟期	6	260	122	2.1	0.0	20.2	20.0
2010-09	NMDZH01ABC_01	锦单9号	成熟期	6	268	116	1.9	0.0	21.0	17.5
2010-09	NMDZH01ABC_01	锦单9号	成熟期	6	258	123	1.9	0.0	15.0	12.0
2010-09	NMDZH01ABC_01	锦单9号	成熟期	6	256	147	1.8	0.0	15.0	13.2
2010-09	NMDZH01ABC_01	锦单9号	成熟期	6	264	105	1.7	0.0	9.0	7.6
2010-09	NMDZH01ABC_01	锦单9号	成熟期	6	189	106	1.9	0.0	18.0	15.4
2010-09	NMDZH01ABC_01	锦单9号	成熟期	6	246	108	1.6	0.0	18.0	14.6
2010-09	NMDFZ01ABC_01	秋乐958	成熟期	6	253	112	2.2	0.0	19.0	16.8
2010-09	NMDFZ01ABC_01	秋乐958	成熟期	6	245	125	2.1	0.0	19.0	17.0
2010-09	NMDFZ01ABC_01	秋乐958	成熟期	6	261	127	1.7	0.0	19.0	15.8
2010-09	NMDFZ01ABC_01	秋乐958	成熟期	6	250	100	1.9	0.0	17.0	14.6
2010-09	NMDFZ01ABC_01	秋乐958	成熟期	6	260	106	2.1	0.0	19.0	15.4
2010-09	NMDFZ01ABC_01	秋乐958	成熟期	6	259	127	2.1	0.0	19.0	16.2
2011-09	NMDZH01ABC_01	郑单958	成熟期	6	251	107	2.2	0.0	18.0	14.5
2011-09	NMDZH01ABC_01	郑单958	成熟期	6	244	93	1.9	0.0	17.0	14.0
2011-09	NMDZH01ABC_01	郑单958	成熟期	6	224	96	1.7	0.0	16.5	13.4
2011-09	NMDZH01ABC_01	郑单958	成熟期	6	212	86	1.8	0.0	17.5	13.0
2011-09	NMDZH01ABC_01	郑单958	成熟期	6	238	107	1.7	0.0	16.6	14.0
2011-09	NMDZH01ABC_01	郑单958	成熟期	6	230	79	1.8	0.0	17.0	13.0
2011-09	NMDFZ01ABC_01	郑单958	成熟期	6	216	91	2.2	0.0	21.0	18.0
2011-09	NMDFZ01ABC_01	郑单958	成熟期	6	214	87	1.7	0.0	17.5	13.5
2011-09	NMDFZ01ABC_01	郑单958	成熟期	6	231	81	2.0	0.0	19.5	17.5
2011-09	NMDFZ01ABC_01	郑单958	成熟期	6	201	61	2.0	0.0	19.0	13.0
2011-09	NMDFZ01ABC_01	郑单958	成熟期	6	206	87	2.2	0.0	19.0	14.5

（续）

时间 （年-月）	样地代码	作物品种	作物生育 时期	调查 株数/株	株高/ cm	结穗高度/ cm	茎粗/ cm	空秆率/ %	果穗长度/ cm	果穗结实 长度/cm
2011 - 09	NMDFZ01ABC_01	郑单958	成熟期	6	245	89	2.0	0.0	18.5	16.0
2012 - 09	NMDZH01ABC_01	郑单958	收获期	6	162	121	2.2	0.0	18.5	17.0
2012 - 09	NMDZH01ABC_01	郑单958	收获期	6	260	130	2.6	0.0	20.2	18.6
2012 - 09	NMDZH01ABC_01	郑单958	收获期	6	220	100	1.9	0.0	18.0	17.7
2012 - 09	NMDZH01ABC_01	郑单958	收获期	6	220	97	1.7	0.0	18.5	16.5
2012 - 09	NMDZH01ABC_01	郑单958	收获期	6	212	90	1.9	0.0	18.6	16.3
2012 - 09	NMDZH01ABC_01	郑单958	收获期	6	213	80	2.0	0.0	18.5	17.5
2012 - 09	NMDFZ01ABC_01	郑单958	收获期	6	225	86	2.4	0.0	21.4	19.2
2012 - 09	NMDFZ01ABC_01	郑单958	收获期	6	235	100	2.4	0.0	19.7	19.4
2012 - 09	NMDFZ01ABC_01	郑单958	收获期	6	242	104	2.3	0.0	19.0	18.3
2012 - 09	NMDFZ01ABC_01	郑单958	收获期	6	253	110	2.0	0.0	26.3	19.5
2012 - 09	NMDFZ01ABC_01	郑单958	收获期	6	257	121	2.0	0.0	20.7	19.0
2012 - 09	NMDFZ01ABC_01	郑单958	收获期	6	208	90	2.1	0.0	17.7	15.5
2013 - 09	NMDZH01ABC_01	302	收获期	6	245	102	2.3	0.0	17.0	16.5
2013 - 09	NMDZH01ABC_01	302	收获期	6	270	130	2.4	0.0	19.3	18.0
2013 - 09	NMDZH01ABC_01	302	收获期	6	247	109	2.5	0.0	16.0	15.7
2013 - 09	NMDZH01ABC_01	302	收获期	6	228	100	2.1	0.0	17.5	15.0
2013 - 09	NMDZH01ABC_01	302	收获期	6	239	105	2.1	0.0	16.0	15.5
2013 - 09	NMDZH01ABC_01	302	收获期	6	260	101	2.7	0.0	19.2	18.0
2013 - 09	NMDFZ01ABC_01	郑单958	收获期	6	236	102	2.2	0.0	15.0	13.0
2013 - 09	NMDFZ01ABC_01	郑单958	收获期	6	241	114	2.3	0.0	16.0	17.5
2013 - 09	NMDFZ01ABC_01	郑单958	收获期	6	252	95	2.3	0.0	18.0	18.0
2013 - 09	NMDFZ01ABC_01	郑单958	收获期	6	229	105	2.3	0.0	15.5	15.0
2013 - 09	NMDFZ01ABC_01	郑单958	收获期	6	252	109	2.4	0.0	17.5	15.8
2013 - 09	NMDFZ01ABC_01	郑单958	收获期	6	219	86	2.5	0.0	18.2	16.0
2014 - 09	NMDZH01ABC_01	郑单958	收获期	6	225	96	2.1	0.0	24.0	23.0
2014 - 09	NMDZH01ABC_01	郑单958	收获期	6	242	100	2.0	0.0	24.0	18.5
2014 - 09	NMDZH01ABC_01	郑单958	收获期	6	233	114	2.3	0.0	25.0	23.0
2014 - 09	NMDZH01ABC_01	郑单958	收获期	6	233	100	2.1	0.0	25.0	22.0
2014 - 09	NMDZH01ABC_01	郑单958	收获期	6	232	80	2.2	0.0	23.0	21.0
2014 - 09	NMDZH01ABC_01	郑单958	收获期	6	225	95	1.8	0.0	25.0	25.0
2014 - 09	NMDFZ01ABC_01	302	收获期	6	245	115	2.2	0.0	19.5	18.0
2014 - 09	NMDFZ01ABC_01	302	收获期	6	239	120	2.2	0.0	22.0	20.0
2014 - 09	NMDFZ01ABC_01	302	收获期	6	267	126	2.3	0.0	23.0	23.0

（续）

时间 （年-月）	样地代码	作物品种	作物生育 时期	调查 株数/株	株高/ cm	结穗高度/ cm	茎粗/ cm	空秆率/ %	果穗长度/ cm	果穗结实 长度/cm
2014 - 09	NMDFZ01ABC_01	302	收获期	6	258	110	2.1	0.0	21.5	21.5
2014 - 09	NMDFZ01ABC_01	302	收获期	6	241	101	2.0	0.0	23.0	22.0
2014 - 09	NMDFZ01ABC_01	302	收获期	6	208	89	2.0	0.0	19.0	17.0
2015 - 09	NMDZH01ABC_01	内单302	收获期	6	225	169	2.3	0.0	22.0	22.0
2015 - 09	NMDZH01ABC_01	内单302	收获期	6	242	160	2.4	0.0	23.7	23.7
2015 - 09	NMDZH01ABC_01	内单302	收获期	6	233	137	2.2	0.0	23.5	21.5
2015 - 09	NMDZH01ABC_01	内单302	收获期	6	233	124	2.2	0.0	23.0	20.5
2015 - 09	NMDZH01ABC_01	内单302	收获期	6	232	149	2.3	0.0	21.8	20.3
2015 - 09	NMDZH01ABC_01	内单302	收获期	6	225	129	1.7	0.0	23.7	21.0
2015 - 09	NMDFZ01ABC_01	欣晟18	收获期	6	245	150	2.0	0.0	26.5	23.5
2015 - 09	NMDFZ01ABC_01	欣晟18	收获期	6	239	152	1.8	0.0	23.5	21.0
2015 - 09	NMDFZ01ABC_01	欣晟18	收获期	6	267	159	2.1	0.0	19.5	19.0
2015 - 09	NMDFZ01ABC_01	欣晟18	收获期	6	258	151	2.1	0.0	21.5	17.0
2015 - 09	NMDFZ01ABC_01	欣晟18	收获期	6	241	139	2.3	0.0	23.0	23.0
2015 - 09	NMDFZ01ABC_01	欣晟18	收获期	6	208	136	2.0	0.0	21.2	19.5

表 3-16　主要作物（玉米）收获期植株性状（2）

时间 （年-月）	样地代码	作物品种	作物生育 时期	调查株数/ 株	穗粗/ cm	穗行数/ 行	行粒数/ 行	百粒重/ g	地上部总干重/ （g/株）	籽粒干重/ （g/株）
2005 - 09	NMDZH01ABC_01	郑单958	成熟期	6	5.4	16	39	28.20	355.23	165.40
2005 - 09	NMDZH01ABC_01	郑单958	成熟期	6	5.5	15	38	28.00	332.67	151.60
2005 - 09	NMDZH01ABC_01	郑单958	成熟期	6	5.6	17	38	27.10	339.39	164.63
2005 - 09	NMDZH01ABC_01	郑单958	成熟期	6	5.6	16	36	27.60	320.42	151.81
2005 - 09	NMDZH01ABC_01	郑单958	成熟期	6	5.5	15	41	29.50	371.93	170.25
2005 - 09	NMDZH01ABC_01	郑单958	成熟期	6	5.4	15	42	30.00	367.76	173.41
2005 - 09	NMDFZ01ABC_01	北京德农	成熟期	6	5.7	15	33	27.10	345.84	133.57
2005 - 09	NMDFZ01ABC_01	北京德农	成熟期	6	5.4	15	37	28.30	365.06	136.83
2005 - 09	NMDFZ01ABC_01	北京德农	成熟期	6	5.2	17	29	25.10	334.65	117.37
2005 - 09	NMDFZ01ABC_01	北京德农	成熟期	6	5.8	16	34	27.10	314.20	131.14
2005 - 09	NMDFZ01ABC_01	北京德农	成熟期	6	5.3	15	31	26.70	359.43	127.37
2005 - 09	NMDFZ01ABC_01	北京德农	成熟期	6	5.4	15	32	26.10	356.37	121.94
2006 - 10	NMDFZ01ABC_01	郑单958	成熟期	6	6.1	14	29	28.30	324.35	152.24
2006 - 10	NMDFZ01ABC_01	郑单958	成熟期	6	5.8	16	33	27.70	378.84	175.43
2006 - 10	NMDFZ01ABC_01	郑单958	成熟期	6	5.5	15	36	25.60	427.24	184.60
2006 - 10	NMDFZ01ABC_01	郑单958	成熟期	6	6.0	15	32	26.80	326.99	150.11
2006 - 10	NMDFZ01ABC_01	郑单958	成熟期	6	5.5	16	32	26.00	418.43	179.54

（续）

时间 （年-月）	样地代码	作物品种	作物生育 时期	调查株数/ 株	穗粗/ cm	穗行数/ 行	行粒数/ 行	百粒重/ g	地上部总干重/ （g/株）	籽粒干重/ （g/株）
2006 - 10	NMDFZ01ABC_01	郑单958	成熟期	6	5.4	16	34	25.90	465.42	194.28
2007 - 09	NMDZH01ABC_01	郑单958	成熟期	6	5.5	14	43	34.70	384.30	204.80
2007 - 09	NMDZH01ABC_01	郑单958	成熟期	6	5.8	16	43	34.60	400.60	217.98
2007 - 09	NMDZH01ABC_01	郑单958	成熟期	6	5.9	18	40	33.10	448.10	237.30
2007 - 09	NMDZH01ABC_01	郑单958	成熟期	6	5.5	14	39	34.50	387.20	188.65
2007 - 09	NMDZH01ABC_01	郑单958	成熟期	6	5.6	14	41	37.50	378.70	248.00
2007 - 09	NMDZH01ABC_01	郑单958	成熟期	6	5.4	14	36	33.70	463.90	208.00
2007 - 09	NMDFZ01ABC_01	郑单金娃娃	成熟期	6	5.9	16	42	31.30	401.30	198.30
2007 - 09	NMDFZ01ABC_01	郑单金娃娃	成熟期	6	5.5	14	32	36.20	385.00	158.58
2007 - 09	NMDFZ01ABC_01	郑单金娃娃	成熟期	6	5.7	14	36	33.80	316.70	171.55
2007 - 09	NMDFZ01ABC_01	郑单金娃娃	成熟期	6	5.3	16	39	34.00	425.40	166.17
2007 - 09	NMDFZ01ABC_01	郑单金娃娃	成熟期	6	6.0	16	40	34.00	386.20	200.92
2007 - 09	NMDFZ01ABC_01	郑单金娃娃	成熟期	6	5.9	16	40	31.20	394.00	196.44
2008 - 09	NMDZH01ABC_01	郑单958	成熟期	6	5.3	15	33	29.77	270.94	166.11
2008 - 09	NMDZH01ABC_01	郑单958	成熟期	6	5.5	16	37	30.38	344.23	152.88
2008 - 09	NMDZH01ABC_01	郑单958	成熟期	6	5.6	14	34	32.50	366.47	176.75
2008 - 09	NMDZH01ABC_01	郑单958	成熟期	6	5.4	14	41	33.70	363.49	172.30
2008 - 09	NMDZH01ABC_01	郑单958	成熟期	6	5.4	14	32	31.80	299.55	161.34
2008 - 09	NMDZH01ABC_01	郑单958	成熟期	6	5.1	14	32	32.30	309.64	169.10
2008 - 09	NMDFZ01ABC_01	津北288	成熟期	6	5.2	14	38	28.94	322.30	170.78
2008 - 09	NMDFZ01ABC_01	津北288	成熟期	6	4.9	14	37	31.80	288.15	163.10
2008 - 09	NMDFZ01ABC_01	津北288	成熟期	6	5.4	16	33	34.37	273.37	155.57
2008 - 09	NMDFZ01ABC_01	津北288	成熟期	6	5.0	14	31	30.60	277.80	158.23
2008 - 09	NMDFZ01ABC_01	津北288	成熟期	6	5.3	16	38	31.20	247.79	140.31
2008 - 09	NMDFZ01ABC_01	津北288	成熟期	6	5.2	14	43	32.00	268.72	157.64
2009 - 09	NMDZH01ABC_01	秋乐958	成熟期	6	5.2	16	35	26.62	232.87	179.16
2009 - 09	NMDZH01ABC_01	秋乐958	成熟期	6	5.2	18	27	25.66	307.34	190.31
2009 - 09	NMDZH01ABC_01	秋乐958	成熟期	6	5.3	18	37	29.32	324.35	213.68
2009 - 09	NMDZH01ABC_01	秋乐958	成熟期	6	5.6	18	32	25.85	272.36	167.16
2009 - 09	NMDZH01ABC_01	秋乐958	成熟期	6	5.4	16	42	29.1	316.93	207.45
2009 - 09	NMDZH01ABC_01	秋乐958	成熟期	6	5.1	14	40	26.64	166.36	100.22
2009 - 09	NMDFZ01ABC_01	郑单958	成熟期	6	5.1	14	32	28.28	264.84	165.39

（续）

时间 （年-月）	样地代码	作物品种	作物生育 时期	调查株数/ 株	穗粗/ cm	穗行数/ 行	行粒数/ 行	百粒重/ g	地上部总干重/ （g/株）	籽粒干重/ （g/株）
2009 - 09	NMDFZ01ABC _ 01	郑单 958	成熟期	6	5.6	14	36	29.50	279.07	178.31
2009 - 09	NMDFZ01ABC _ 01	郑单 958	成熟期	6	5.3	14	34	26.80	241.8	145.89
2009 - 09	NMDFZ01ABC _ 01	郑单 958	成熟期	6	5.4	16	39	26.67	285.32	183.88
2009 - 09	NMDFZ01ABC _ 01	郑单 958	成熟期	6	5.1	17	26	29.68	218.97	140.96
2009 - 09	NMDFZ01ABC _ 01	郑单 958	成熟期	6	6.2	16	42	34.06	407.35	266.05
2010 - 09	NMDZH01ABC _ 01	锦单 9 号	成熟期	6	5.3	14	38	26.22	216.36	122.68
2010 - 09	NMDZH01ABC _ 01	锦单 9 号	成熟期	6	5.4	16	36	20.15	337.32	153.28
2010 - 09	NMDZH01ABC _ 01	锦单 9 号	成熟期	6	5.4	14	34	28.15	321.67	184.02
2010 - 09	NMDZH01ABC _ 01	锦单 9 号	成熟期	6	4.3	16	36	28.39	270.92	139.22
2010 - 09	NMDZH01ABC _ 01	锦单 9 号	成熟期	6	4.3	17	40	27.80	326.87	175.93
2010 - 09	NMDZH01ABC _ 01	锦单 9 号	成熟期	6	4.3	14	34	21.31	206.30	125.24
2010 - 09	NMDFZ01ABC _ 01	秋乐 958	成熟期	6	5.5	16	37	30.13	289.61	169.85
2010 - 09	NMDFZ01ABC _ 01	秋乐 958	成熟期	6	5.4	14	40	22.31	270.05	127.72
2010 - 09	NMDFZ01ABC _ 01	秋乐 958	成熟期	6	5.5	16	35	28.92	264.22	160.83
2010 - 09	NMDFZ01ABC _ 01	秋乐 958	成熟期	6	5.4	18	35	28.13	295.87	167.29
2010 - 09	NMDFZ01ABC _ 01	秋乐 958	成熟期	6	5.5	16	34	28.92	280.17	160.83
2010 - 09	NMDFZ01ABC _ 01	秋乐 958	成熟期	6	5.1	12	39	33.48	311.10	160.16
2011 - 09	NMDZH01ABC _ 01	郑单 958	成熟期	6	5.3	17	31	29.30	286.80	163.30
2011 - 09	NMDZH01ABC _ 01	郑单 958	成熟期	6	5.0	16	34	26.70	239.20	124.80
2011 - 09	NMDZH01ABC _ 01	郑单 958	成熟期	6	5.1	14	31	27.30	224.00	120.50
2011 - 09	NMDZH01ABC _ 01	郑单 958	成熟期	6	5.3	14	30	30.00	246.60	144.00
2011 - 09	NMDZH01ABC _ 01	郑单 958	成熟期	6	5.1	14	32	26.00	254.40	118.00
2011 - 09	NMDZH01ABC _ 01	郑单 958	成熟期	6	5.3	20	27	24.20	239.50	125.50
2011 - 09	NMDFZ01ABC _ 01	郑单 958	成熟期	6	5.4	16	40	24.90	339.80	170.50
2011 - 09	NMDFZ01ABC _ 01	郑单 958	成熟期	6	5.1	16	29	23.10	208.80	122.90
2011 - 09	NMDFZ01ABC _ 01	郑单 958	成熟期	6	5.1	14	37	24.60	262.80	136.80
2011 - 09	NMDFZ01ABC _ 01	郑单 958	成熟期	6	4.9	14	32	25.30	215.40	133.00
2011 - 09	NMDFZ01ABC _ 01	郑单 958	成熟期	6	5.5	18	31	20.60	274.40	113.30
2011 - 09	NMDFZ01ABC _ 01	郑单 958	成熟期	6	4.9	17	35	17.50	247.50	113.10
2012 - 09	NMDZH01ABC _ 01	郑单 958	收获期	6	5.3	16	38	24.12	287.37	159.92
2012 - 09	NMDZH01ABC _ 01	郑单 958	收获期	6	5.6	18	41	25.96	371.89	200.19
2012 - 09	NMDZH01ABC _ 01	郑单 958	收获期	6	5.3	14	40	26.71	294.91	165.85

（续）

时间 （年-月）	样地代码	作物品种	作物生育 时期	调查株数/ 株	穗粗/ cm	穗行数/ 行	行粒数/ 行	百粒重/ g	地上部总干重/ (g/株)	籽粒干重/ (g/株)
2012 - 09	NMDZH01ABC_01	郑单958	收获期	6	5.4	16	36	24.80	281.61	160.11
2012 - 09	NMDZH01ABC_01	郑单958	收获期	6	5.5	16	38	23.59	260.76	151.75
2012 - 09	NMDZH01ABC_01	郑单958	收获期	6	5.1	14	39	25.80	286.21	167.88
2012 - 09	NMDFZ01ABC_01	郑单958	收获期	6	5.6	16	42	27.19	362.49	205.05
2012 - 09	NMDFZ01ABC_01	郑单958	收获期	6	5.5	14	41	32.50	345.94	194.41
2012 - 09	NMDFZ01ABC_01	郑单958	收获期	6	5.5	16	34	27.97	264.09	153.17
2012 - 09	NMDFZ01ABC_01	郑单958	收获期	6	5.4	14	45	30.67	352.73	200.57
2012 - 09	NMDFZ01ABC_01	郑单958	收获期	6	5.5	16	39	27.15	355.10	197.50
2012 - 09	NMDFZ01ABC_01	郑单958	收获期	6	5.0	14	36	26.44	264.09	153.13
2013 - 09	NMDZH01ABC_01	302	收获期	6	5.0	14	35	29.28	286.13	144.80
2013 - 09	NMDZH01ABC_01	302	收获期	6	5.5	16	40	31.54	371.35	194.17
2013 - 09	NMDZH01ABC_01	302	收获期	6	5.1	16	39	26.94	284.20	156.43
2013 - 09	NMDZH01ABC_01	302	收获期	6	5.1	16	37	27.30	283.60	152.72
2013 - 09	NMDZH01ABC_01	302	收获期	6	5.0	16	37	27.67	273.93	148.63
2013 - 09	NMDZH01ABC_01	302	收获期	6	5.3	16	44	32.39	363.88	202.20
2013 - 09	NMDFZ01ABC_01	郑单958	收获期	6	4.9	14	33	29.00	285.28	123.89
2013 - 09	NMDFZ01ABC_01	郑单958	收获期	6	5.4	16	42	30.35	370.15	187.89
2013 - 09	NMDFZ01ABC_01	郑单958	收获期	6	5.4	16	43	27.48	359.17	181.04
2013 - 09	NMDFZ01ABC_01	郑单958	收获期	6	5.3	14	42	26.81	281.01	147.66
2013 - 09	NMDFZ01ABC_01	郑单958	收获期	6	5.3	14	43	31.17	339.95	166.53
2013 - 09	NMDFZ01ABC_01	郑单958	收获期	6	5.4	16	39	27.84	363.96	168.46
2014 - 09	NMDZH01ABC_01	郑单958	收获期	6		18	46	28.40	418.10	213.20
2014 - 09	NMDZH01ABC_01	郑单958	收获期	6		16	39	26.10	304.40	155.00
2014 - 09	NMDZH01ABC_01	郑单958	收获期	6		16	43	29.70	377.60	198.00
2014 - 09	NMDZH01ABC_01	郑单958	收获期	6		20	43	26.00	389.80	203.70
2014 - 09	NMDZH01ABC_01	郑单958	收获期	6		18	33	21.20	264.80	125.30
2014 - 09	NMDZH01ABC_01	郑单958	收获期	6		16	51	31.60	400.80	218.50
2014 - 09	NMDFZ01ABC_01	302	收获期	6		18	38	21.90	294.20	136.70
2014 - 09	NMDFZ01ABC_01	302	收获期	6		18	40	20.70	287.70	138.00
2014 - 09	NMDFZ01ABC_01	302	收获期	6		16	43	30.90	439.40	237.80

（续）

时间 (年-月)	样地代码	作物品种	作物生育 时期	调查株数/ 株	穗粗/ cm	穗行数/ 行	行粒数/ 行	百粒重/ g	地上部总干重/ (g/株)	籽粒干重/ (g/株)
2014 - 09	NMDFZ01ABC_01	302	收获期	6		16	42	32.70	410.70	236.90
2014 - 09	NMDFZ01ABC_01	302	收获期	6		14	44	33.00	401.00	223.50
2014 - 09	NMDFZ01ABC_01	302	收获期	6		14	36	28.30	306.60	174.30
2015 - 09	NMDZH01ABC_01	内单302	收获期	6	5.5	16	44	26.62	379.88	180.84
2015 - 09	NMDZH01ABC_01	内单302	收获期	6	5.3	16	41	30.14	401.72	193.29
2015 - 09	NMDZH01ABC_01	内单302	收获期	6	5.7	16	45	29.78	456.30	222.59
2015 - 09	NMDZH01ABC_01	内单302	收获期	6	5.1	14	42	31.36	375.46	191.08
2015 - 09	NMDZH01ABC_01	内单302	收获期	6	5.2	16	42	27.28	358.90	158.47
2015 - 09	NMDZH01ABC_01	内单302	收获期	6	5.1	14	38	31.07	336.63	182.59
2015 - 09	NMDFZ01ABC_01	欣晟18	收获期	6	5.0	14	45	30.36	459.21	214.21
2015 - 09	NMDFZ01ABC_01	欣晟18	收获期	6	5.6	16	42	28.68	365.41	172.20
2015 - 09	NMDFZ01ABC_01	欣晟18	收获期	6	5.9	18	36	28.84	468.02	207.12
2015 - 09	NMDFZ01ABC_01	欣晟18	收获期	6	5.4	16	33	32.04	435.63	236.96
2015 - 09	NMDFZ01ABC_01	欣晟18	收获期	6	5.7	16	44	34.78	453.23	217.47
2015 - 09	NMDFZ01ABC_01	欣晟18	收获期	6	5.1	14	41	30.01	309.77	168.43

3.13　作物收获期测产数据集

3.13.1　概述

本数据集包括奈曼站2004—2015年3个长期观测样地的年尺度观测数据（作物收获期群体高度、地上部总干重、产量、密度、穗数）。计量单位：样方面积为 m²；群体高度为 cm；地上部总干重、产量为 g/m²；密度为株/m² 或穴/m²；每平方米穗数为穗。小数位数：样方面积、群体株高、密度、穗数为0位；地上部总干重、产量为2位。观测点信息如下：农田综合观测场生物土壤采样地（NMDZH01ABC_01），农田辅助观测场生物土壤采样地（NMDFZ01ABC_01）、旱作农田辅助观测场生物土壤采样地（NMDZQ01ABC_01）。

3.13.2　数据采集和处理方法

于玉米成熟期对3个样地作物收获期群体高度、地上部总干重、产量、密度、穗数进行调查统计。在质控数据的基础上，以年和不同作物为基础单元，统计各作物收获期的产量，并注明样方大小。

3.13.3　数据质量控制和评估

3.13.3.1　数据获取过程的质量控制

严格翔实地记录调查时间、核查并记录样地名称代码，真实记录作物种类及品种。

3.13.3.2　规范原始数据记录的质控措施

原始数据是各种数据问题的溯源依据，要求做到：数据真实、记录规范、书写清晰、数据及辅助信息完整等。使用专用、规范印制的数据记录表和记录本，根据本站调查任务制定年度工作调查记录本，按照调查内容和时间顺序依次排列，装订成本。使用铅笔规范整齐填写，原始数据不准删除或涂改，如记录或观测有误，需轻画横线标记原数据，并将审核后的正确数据记录在原数据旁或备注栏。

3.13.3.3　数据辅助信息的记录质控措施

在进行取样时，要求对样地位置、调查日期、样地环境状况做翔实描述与记录。

3.13.3.4　数据质量评估

将获取的数据与各项辅助信息数据以及历史数据进行比较，评价数据的正确性、一致性、完整性、可比性和连续性，经站长、数据管理员和观测负责人审核认定后上报。

3.13.4　数据

表 3-17 为奈曼站 2004—2015 年 3 个长期观测样地年尺度作物收获期测产数据。

表 3-17　作物收获期测产

时间 （年-月）	样地代码	作物名称	作物品种	样方规格/ （m×m）	群体株高/ cm	密度/（株/m² 或穴/m²）	每平方米 穗数/穗	地上部总 干重/（g/m²）	产量/ （g/m²）
2004-07	NMDZH01ABC_01	小麦	铁春1号	1×1	76	454	454	997.00	453.00
2004-07	NMDZH01ABC_01	小麦	铁春1号	1×1	72	462	462	1 085.00	466.00
2004-07	NMDZH01ABC_01	小麦	铁春1号	1×1	80	477	477	986.00	443.00
2005-09	NMDZQ01ABC_01	大豆	吉29	1×1	52	18		150.19	69.26
2005-09	NMDZQ01ABC_01	大豆	吉29	1×1	51	15		137.28	58.85
2005-09	NMDZQ01ABC_01	大豆	吉29	1×1	51	19		146.37	61.94
2005-09	NMDZQ01ABC_01	大豆	吉29	1×1	51	17		220.60	92.79
2005-09	NMDZQ01ABC_01	大豆	吉29	1×1	52	15		130.30	60.09
2005-09	NMDZQ01ABC_01	大豆	吉29	1×1	52	13		138.90	62.50
2005-09	NMDZH01ABC_01	夏玉米	郑单958	1×1	252	8	8	2 841.87	1 323.17
2005-09	NMDZH01ABC_01	夏玉米	郑单958	1×1	252	8	8	2 661.39	1 212.83
2005-09	NMDZH01ABC_01	夏玉米	郑单958	1×1	273	8	8	2 715.12	1 317.01
2005-09	NMDZH01ABC_01	夏玉米	郑单958	1×1	255	9	9	2 883.80	1 366.25
2005-09	NMDZH01ABC_01	夏玉米	郑单958	1×1	261	8	8	2 975.47	1 361.97
2005-09	NMDZH01ABC_01	夏玉米	郑单958	1×1	265	8	8	2 942.08	1 387.25
2005-09	NMDFZ01ABC_01	夏玉米	北京德农	1×1	273	8	8	2 766.75	1 068.56
2005-09	NMDFZ01ABC_01	夏玉米	北京德农	1×1	265	8	8	2 920.48	1 094.64
2005-09	NMDFZ01ABC_01	夏玉米	北京德农	1×1	246	8	8	2 677.23	938.96
2005-09	NMDFZ01ABC_01	夏玉米	北京德农	1×1	264	9	9	2 827.77	1 180.25
2005-09	NMDFZ01ABC_01	夏玉米	北京德农	1×1	258	8	8	2 875.41	1 018.93
2005-09	NMDFZ01ABC_01	夏玉米	北京德农	1×1	262	8	8	2 850.96	975.55
2006-07	NMDZH01ABC_01	小麦	铁春1号	1×1	63	330	330	799.60	451.80
2006-07	NMDZH01ABC_01	小麦	铁春1号	1×1	73	390	390	611.20	359.70

（续）

时间 （年-月）	样地代码	作物名称	作物品种	样方规格/ （m×m）	群体株高/ cm	密度/（株/m² 或穴/m²）	每平方米 穗数/穗	地上部总 干重/（g/m²）	产量/ （g/m²）
2006 - 07	NMDZH01ABC_01	小麦	铁春1号	1×1	80	360	360	541.80	295.10
2006 - 07	NMDZH01ABC_01	小麦	铁春1号	1×1	69	510	510	733.90	403.20
2006 - 07	NMDZH01ABC_01	小麦	铁春1号	1×1	84	440	440	670.50	372.40
2006 - 07	NMDZH01ABC_01	小麦	铁春1号	1×1	76	370	370	628.70	348.80
2006 - 10	NMDFZ01ABC_01	夏玉米	郑单958	1×1	272	8	9	3 594.80	1 217.90
2006 - 10	NMDFZ01ABC_01	夏玉米	郑单958	1×1	273	9	9	3 409.56	1 578.90
2006 - 10	NMDFZ01ABC_01	夏玉米	郑单958	1×1	273	9	9	3 417.92	1 476.80
2006 - 10	NMDFZ01ABC_01	夏玉米	郑单958	1×1	287	8	8	2 942.91	1 351.00
2006 - 10	NMDFZ01ABC_01	夏玉米	郑单958	1×1	277	9	10	3 765.87	1 615.90
2006 - 10	NMDFZ01ABC_01	夏玉米	郑单958	1×1	289	9	9	3 723.36	1 554.20
2007 - 09	NMDZH01ABC_01	夏玉米	郑单958	1×1	284	9	10	4 109.83	2 086.00
2007 - 09	NMDZH01ABC_01	夏玉米	郑单958	1×1	278	9	9	3 602.80	2 480.00
2007 - 09	NMDZH01ABC_01	夏玉米	郑单958	1×1	279	9	9	4 010.43	1 848.00
2007 - 09	NMDZH01ABC_01	夏玉米	郑单958	1×1	297	10	10	4 058.03	1 980.00
2007 - 09	NMDZH01ABC_01	夏玉米	郑单958	1×1	283	10	10	3 712.00	1 754.00
2007 - 09	NMDZH01ABC_01	夏玉米	郑单958	1×1	269	11	11	3 981.93	2 015.00
2007 - 09	NMDFZ01ABC_01	夏玉米	郑单金娃娃	1×1	277	9	9	3 565.60	2 139.00
2007 - 09	NMDFZ01ABC_01	夏玉米	郑单金娃娃	1×1	266	10	10	3 761.10	1 974.00
2007 - 09	NMDFZ01ABC_01	夏玉米	郑单金娃娃	1×1	270	10	10	4 220.60	1 949.00
2007 - 09	NMDFZ01ABC_01	夏玉米	郑单金娃娃	1×1	249	11	11	4 087.70	1 964.00
2007 - 09	NMDFZ01ABC_01	夏玉米	郑单金娃娃	1×1	269	9	10	4 300.10	1 661.00
2007 - 09	NMDFZ01ABC_01	夏玉米	郑单金娃娃	1×1	271	10	10	3 283.77	1 715.00
2008 - 09	NMDZH01ABC_01	夏玉米	郑单958	1×1	281	11	15	3 251.28	1 827.21
2008 - 09	NMDZH01ABC_01	夏玉米	郑单958	1×1	270	10	16	3 442.30	1 528.80
2008 - 09	NMDZH01ABC_01	夏玉米	郑单958	1×1	280	11	14	3 664.70	1 944.25
2008 - 09	NMDZH01ABC_01	夏玉米	郑单958	1×1	274	10	14	3 118.31	1 723.00
2008 - 09	NMDZH01ABC_01	夏玉米	郑单958	1×1	277	12	16	3 594.60	1 936.08
2008 - 09	NMDZH01ABC_01	夏玉米	郑单958	1×1	271	11	14	3 406.04	1 860.10
2008 - 09	NMDFZ01ABC_01	夏玉米	津北288	1×1	262	10	14	3 223.00	1 707.80
2008 - 09	NMDFZ01ABC_01	夏玉米	津北288	1×1	256	12	16	3 457.80	1 957.20

（续）

时间 （年-月）	样地代码	作物名称	作物品种	样方规格/ （m×m）	群体株高/ cm	密度/（株/m² 或穴/m²）	每平方米 穗数/穗	地上部总 干重/（g/m²）	产量/ （g/m²）
2008 - 09	NMDFZ01ABC_01	夏玉米	津北 288	1×1	263	11	14	3 007.07	1 711.27
2008 - 09	NMDFZ01ABC_01	夏玉米	津北 288	1×1	253	10	16	3 333.60	1 582.30
2008 - 09	NMDFZ01ABC_01	夏玉米	津北 288	1×1	254	11	14	3 469.06	1 543.41
2008 - 09	NMDFZ01ABC_01	夏玉米	津北 288	1×1	260	12	14	3 385.40	1 891.68
2009 - 09	NMDZH01ABC_01	夏玉米	秋乐 958	1×1	245	9	12	2 095.83	1 612.44
2009 - 09	NMDZH01ABC_01	夏玉米	秋乐 958	1×1	242	8	10	2 458.72	1 522.48
2009 - 09	NMDZH01ABC_01	夏玉米	秋乐 958	1×1	272	9	12	2 919.15	1 923.12
2009 - 09	NMDZH01ABC_01	夏玉米	秋乐 958	1×1	243	8	9	2 178.88	1 337.28
2009 - 09	NMDZH01ABC_01	夏玉米	秋乐 958	1×1	230	9	10	2 852.37	1 867.05
2009 - 09	NMDZH01ABC_01	夏玉米	秋乐 958	1×1	236	9	9	1 497.24	1 901.98
2009 - 09	NMDFZ01ABC_01	夏玉米	郑单 958	1×1	240	9	11	2 383.56	1 488.51
2009 - 09	NMDFZ01ABC_01	夏玉米	郑单 958	1×1	243	8	9	2 232.56	1 426.48
2009 - 09	NMDFZ01ABC_01	夏玉米	郑单 958	1×1	248	8	9	1 934.40	1 167.12
2009 - 09	NMDFZ01ABC_01	夏玉米	郑单 958	1×1	250	9	10	2 567.88	1 654.92
2009 - 09	NMDFZ01ABC_01	夏玉米	郑单 958	1×1	240	9	9	1 970.73	1 268.64
2009 - 09	NMDFZ01ABC_01	夏玉米	郑单 958	1×1	257	9	10	3 666.15	2 394.45
2010 - 09	NMDZH01ABC_01	夏玉米	锦单 9	1×1	268	8	11	1 730.88	981.44
2010 - 09	NMDZH01ABC_01	夏玉米	锦单 9	1×1	258	6	9	2 023.92	919.68
2010 - 09	NMDZH01ABC_01	夏玉米	锦单 9	1×1	256	7	11	2 251.69	1 288.14
2010 - 09	NMDZH01ABC_01	夏玉米	锦单 9	1×1	264	7	10	1 896.44	974.54
2010 - 09	NMDZH01ABC_01	夏玉米	锦单 9	1×1	189	6	10	1 961.22	1 055.58
2010 - 09	NMDZH01ABC_01	夏玉米	锦单 9	1×1	246	7	12	1 444.10	876.68
2010 - 09	NMDFZ01ABC_01	夏玉米	秋乐 958	1×1	253	7	12	2 027.27	1 179.32
2010 - 09	NMDFZ01ABC_01	夏玉米	秋乐 958	1×1	245	8	10	2 160.40	1 461.74
2010 - 09	NMDFZ01ABC_01	夏玉米	秋乐 958	1×1	261	7	11	1 849.54	1 157.56
2010 - 09	NMDFZ01ABC_01	夏玉米	秋乐 958	1×1	250	6	10	1 775.22	960.26
2010 - 09	NMDFZ01ABC_01	夏玉米	秋乐 958	1×1	260	8	12	2 241.36	1 196.71
2010 - 09	NMDFZ01ABC_01	夏玉米	秋乐 958	1×1	259	7	11	2 177.70	1 023.33
2011 - 09	NMDZH01ABC_01	夏玉米	郑单 958	1×1	251	9	11	2 581.11	1 469.34
2011 - 09	NMDZH01ABC_01	夏玉米	郑单 958	1×1	244	7	9	1 674.40	873.74

（续）

时间 （年-月）	样地代码	作物名称	作物品种	样方规格/ （m×m）	群体株高/ cm	密度/（株/m² 或穴/m²）	每平方米 穗数/穗	地上部总 干重/（g/m²）	产量/ （g/m²）
2011 - 09	NMDZH01ABC_01	夏玉米	郑单958	1×1	224	10	11	2 240.30	1 205.20
2011 - 09	NMDZH01ABC_01	夏玉米	郑单958	1×1	212	7	8	1 764.63	1 007.79
2011 - 09	NMDZH01ABC_01	夏玉米	郑单958	1×1	238	8	10	1 846.64	943.68
2011 - 09	NMDZH01ABC_01	夏玉米	郑单958	1×1	230	8	11	1 740.64	1 003.92
2011 - 09	NMDFZ01ABC_01	夏玉米	郑单958	1×1	216	7	8	2 378.67	1 193.50
2011 - 09	NMDFZ01ABC_01	夏玉米	郑单958	1×1	214	8	10	1 670.08	982.96
2011 - 09	NMDFZ01ABC_01	夏玉米	郑单958	1×1	231	9	12	2 322.99	1 231.47
2011 - 09	NMDFZ01ABC_01	夏玉米	郑单958	1×1	201	8	10	1 674.96	1 063.84
2011 - 09	NMDFZ01ABC_01	夏玉米	郑单958	1×1	206	10	13	2 297.80	1 133.40
2011 - 09	NMDFZ01ABC_01	夏玉米	郑单958	1×1	245	8	10	1 951.68	905.04
2012 - 09	NMDZH01ABC_01	夏玉米	郑单958	1×1	268	9	9	2 586.33	1 439.28
2012 - 09	NMDZH01ABC_01	夏玉米	郑单958	1×1	265	10	10	3 718.90	2 001.90
2012 - 09	NMDZH01ABC_01	夏玉米	郑单958	1×1	220	9	9	2 654.19	1 492.65
2012 - 09	NMDZH01ABC_01	夏玉米	郑单958	1×1	221	8	8	2 252.88	1 280.88
2012 - 09	NMDZH01ABC_01	夏玉米	郑单958	1×1	227	9	9	2 346.84	1 365.75
2012 - 09	NMDZH01ABC_01	夏玉米	郑单958	1×1	212	10	10	2 862.10	1 678.80
2012 - 09	NMDFZ01ABC_01	夏玉米	郑单958	1×1	212	9	10	3 262.41	2 050.50
2012 - 09	NMDFZ01ABC_01	夏玉米	郑单958	1×1	214	10	10	3 459.40	1 944.10
2012 - 09	NMDFZ01ABC_01	夏玉米	郑单958	1×1	209	8	8	2 112.72	1 225.36
2012 - 09	NMDFZ01ABC_01	夏玉米	郑单958	1×1	207	9	9	3 174.57	1 805.13
2012 - 09	NMDFZ01ABC_01	夏玉米	郑单958	1×1	214	10	10	3 551.00	1 975.00
2012 - 09	NMDFZ01ABC_01	夏玉米	郑单958	1×1	217	9	9	2 376.81	1 378.17
2013 - 09	NMDZH01ABC_01	夏玉米	302	1×1	245	12	12	3 433.56	1 737.60
2013 - 09	NMDZH01ABC_01	夏玉米	302	1×1	270	12	12	4 456.20	2 330.04
2013 - 09	NMDZH01ABC_01	夏玉米	302	1×1	247	12	12	3 410.40	1 877.16
2013 - 09	NMDZH01ABC_01	夏玉米	302	1×1	228	12	12	3 403.20	1 832.64
2013 - 09	NMDZH01ABC_01	夏玉米	302	1×1	239	12	12	3 287.16	1 783.56
2013 - 09	NMDZH01ABC_01	夏玉米	302	1×1	260	11	11	4 002.68	2 224.20
2013 - 09	NMDFZ01ABC_01	夏玉米	郑单958	1×1	236	10	10	2 852.80	1 238.90
2013 - 09	NMDFZ01ABC_01	夏玉米	郑单958	1×1	241	9	9	3 331.35	1 691.01

（续）

时间 （年-月）	样地代码	作物名称	作物品种	样方规格/ （m×m）	群体株高/ cm	密度/（株/m² 或穴/m²）	每平方米 穗数/穗	地上部总 干重/（g/m²）	产量/ （g/m²）
2013 - 09	NMDFZ01ABC_01	夏玉米	郑单958	1×1	252	9	9	3 232.53	1 629.36
2013 - 09	NMDFZ01ABC_01	夏玉米	郑单958	1×1	229	10	10	2 810.10	1 476.60
2013 - 09	NMDFZ01ABC_01	夏玉米	郑单958	1×1	252	9	9	3 059.55	1 498.77
2013 - 09	NMDFZ01ABC_01	夏玉米	郑单958	1×1	255	8	8	2 911.68	1 347.68
2013 - 09	NMDZQ01ABC_01	豇豆	花豇豆	1×1	47	9		404.46	107.10
2013 - 09	NMDZQ01ABC_01	豇豆	花豇豆	1×1	40	9		560.07	197.19
2013 - 09	NMDZQ01ABC_01	豇豆	花豇豆	1×1	33	10		537.60	188.60
2013 - 09	NMDZQ01ABC_01	豇豆	花豇豆	1×1	39	11		182.93	56.10
2013 - 09	NMDZQ01ABC_01	豇豆	花豇豆	1×1	21	10		160.70	53.20
2013 - 09	NMDZQ01ABC_01	豇豆	花豇豆	1×1	33	12		224.52	82.56
2014 - 09	NMDZH01ABC_01	夏玉米	郑单958	1×1	225	6	8	2 508.84	1 279.02
2014 - 09	NMDZH01ABC_01	夏玉米	郑单958	1×1	242	8	9	2 435.52	1 240.24
2014 - 09	NMDZH01ABC_01	夏玉米	郑单958	1×1	233	10	11	3 775.70	1 980.20
2014 - 09	NMDZH01ABC_01	夏玉米	郑单958	1×1	233	7	8	2 728.39	1 425.97
2014 - 09	NMDZH01ABC_01	夏玉米	郑单958	1×1	232	12	12	3 177.00	1 503.12
2014 - 09	NMDZH01ABC_01	夏玉米	郑单958	1×1	225	7	8	2 805.39	1 529.78
2014 - 09	NMDFZ01ABC_01	夏玉米	302	1×1	245	12	13	3 529.80	1 640.16
2014 - 09	NMDFZ01ABC_01	夏玉米	302	1×1	239	10	11	2 876.70	1 380.30
2014 - 09	NMDFZ01ABC_01	夏玉米	302	1×1	267	14	15	4 833.62	2 615.36
2014 - 09	NMDFZ01ABC_01	夏玉米	302	1×1	258	12	12	4 928.04	2 842.68
2014 - 09	NMDFZ01ABC_01	夏玉米	302	1×1	241	12	13	4 812.00	2 681.40
2014 - 09	NMDFZ01ABC_01	夏玉米	302	1×1	208	14	15	4 292.82	2 439.92
2014 - 09	NMDZQ01ABC_01	豇豆	花豇豆	1×1	24	10		167.50	92.10
2014 - 09	NMDZQ01ABC_01	豇豆	花豇豆	1×1	38	5		87.85	51.60
2014 - 09	NMDZQ01ABC_01	豇豆	花豇豆	1×1	35	8		100.40	44.88
2014 - 09	NMDZQ01ABC_01	豇豆	花豇豆	1×1	30	12		160.68	33.24
2014 - 09	NMDZQ01ABC_01	豇豆	花豇豆	1×1	31	10		100.50	40.70
2014 - 09	NMDZQ01ABC_01	豇豆	花豇豆	1×1	28	6		44.28	22.32
2015 - 09	NMDZH01ABC_01	夏玉米	内单302	1×1	225	10	11	3 798.80	1 808.40
2015 - 09	NMDZH01ABC_01	夏玉米	内单302	1×1	242	9	12	3 615.48	1 739.61

（续）

时间 （年-月）	样地代码	作物名称	作物品种	样方规格/ （m×m）	群体株高/ cm	密度/（株/m² 或穴/m²）	每平方米 穗数/穗	地上部总 干重/（g/m²）	产量/ （g/m²）
2015 - 09	NMDZH01ABC＿01	夏玉米	内单302	1×1	233	10	10	4 563.00	2 225.90
2015 - 09	NMDZH01ABC＿01	夏玉米	内单302	1×1	233	8	9	3 003.68	1 528.64
2015 - 09	NMDZH01ABC＿01	夏玉米	内单302	1×1	232	10	10	3 589.00	1 584.70
2015 - 09	NMDZH01ABC＿01	夏玉米	内单302	1×1	225	9	10	3 029.67	1 643.31
2015 - 09	NMDFZ01ABC＿01	夏玉米	欣晟18	1×1	245	9	11	4 132.89	1 927.89
2015 - 09	NMDFZ01ABC＿01	夏玉米	欣晟18	1×1	239	10	13	3 654.10	1 722.00
2015 - 09	NMDFZ01ABC＿01	夏玉米	欣晟18	1×1	267	11	14	5 148.22	2 278.32
2015 - 09	NMDFZ01ABC＿01	夏玉米	欣晟18	1×1	258	10	13	4 356.30	2 369.60
2015 - 09	NMDFZ01ABC＿01	夏玉米	欣晟18	1×1	241	9	11	4 079.07	1 957.23
2015 - 09	NMDFZ01ABC＿01	夏玉米	欣晟18	1×1	208	10	12	3 097.70	1 684.30
2015 - 09	NMDZQ01ABC＿01	豇豆	花豇豆	1×1	27	15		69.45	11.70
2015 - 09	NMDZQ01ABC＿01	豇豆	花豇豆	1×1	32	14		224.84	64.96
2015 - 09	NMDZQ01ABC＿01	豇豆	花豇豆	1×1	38	15		274.05	93.45
2015 - 09	NMDZQ01ABC＿01	豇豆	花豇豆	1×1	33	15		238.05	64.20
2015 - 09	NMDZQ01ABC＿01	豇豆	花豇豆	1×1	27	13		52.13	7.02
2015 - 09	NMDZQ01ABC＿01	豇豆	花豇豆	1×1	28	15		128.25	0.00
2016 - 09	NMDZH01ABC＿01	夏玉米	京科968	1×1	284	9	10	3 795.21	1 980.99
2016 - 09	NMDZH01ABC＿01	夏玉米	京科968	1×1	286	12	12	4 789.08	2 561.64
2016 - 09	NMDZH01ABC＿01	夏玉米	京科968	1×1	273	11	11	4 090.46	1 978.24
2016 - 09	NMDZH01ABC＿01	夏玉米	京科968	1×1	293	11	10	5 663.35	2 649.24
2016 - 09	NMDZH01ABC＿01	夏玉米	京科968	1×1	272	10	10	4 739.10	2 139.90
2016 - 09	NMDZH01ABC＿01	夏玉米	京科968	1×1	277	11	11	5 490.21	2 358.84
2016 - 09	NMDFZ01ABC＿01	夏玉米	京科968	1×1	278	11	11	4 961.99	2 404.60
2016 - 09	NMDFZ01ABC＿01	夏玉米	京科968	1×1	281	10	10	4 437.00	2 152.90
2016 - 09	NMDFZ01ABC＿01	夏玉米	京科968	1×1	283	11	11	4 978.27	2 582.58
2016 - 09	NMDFZ01ABC＿01	夏玉米	京科968	1×1	278	12	12	4 592.76	2 431.80
2016 - 09	NMDFZ01ABC＿01	夏玉米	京科968	1×1	306	9	10	4 323.69	2 032.20
2016 - 09	NMDFZ01ABC＿01	夏玉米	京科968	1×1	294	10	11	4 170.80	2 207.50

3.14 玉米生育期动态观测数据集

3.14.1 概述

本数据集包括奈曼站 2005—2015 年 2 个长期观测样地的年尺度观测数据（玉米生育动态）。用月-日表示。小数位数为 0 位。观测点信息如下：农田综合观测场生物土壤采样地（NMDZH01ABC _ 01）、农田辅助观测场生物土壤采样地（NMDFZ01ABC _ 01）。

3.14.2 数据采集和处理方法

对 2 个样地作物主要生育期动态进行记录。

3.14.3 数据质量控制和评估

3.14.3.1 数据获取过程的质量控制

对于野外调查数据，严格翔实地记录调查时间、核查并记录样地名称代码，真实记录每季作物种类及品种。

3.14.3.2 规范原始数据记录的质控措施

原始数据是各种数据问题的溯源依据，要求做到：数据真实、记录规范、书写清晰、数据及辅助信息完整等。使用专用、规范印制的数据记录表，根据本站调查任务制定年度工作调查记录本，按照调查内容和时间顺序排列，装订成本。使用铅笔规范整齐填写，原始数据不准删除或涂改，如记录或观测有误，需轻画横线标记原数据，并将审核后的正确数据记录在原数据旁或备注栏。

3.14.3.3 数据辅助信息记录的质控措施

在进行调查时，要求对样地位置、调查日期、样地环境状况做翔实描述与记录。

3.14.3.4 数据质量评估

将获取的数据与各项辅助信息数据以及历史数据进行比较，评价数据的正确性、一致性、完整性、可比性和连续性，经站长、数据管理员和观测负责人审核认定后上报。

3.14.4 数据

表 3-18 中为 2005—2015 年 2 个长期监测样地的年尺度玉米生育期动态观测数据。

表 3-18 玉米生育期动态观测

年份	样地代码	作物品种	播种期（月-日）	出苗期（月-日）	五叶期（月-日）	拔节期（月-日）	抽雄期（月-日）	吐丝期（月-日）	成熟期（月-日）	收获期（月-日）
2005	NMDFZ01ABC _ 01	北京德农	04-26	05-13	05-28	06-27	07-22	07-30	09-17	09-22
2005	NMDZH01ABC _ 01	郑单 958	04-30	05-15	05-30	06-27	07-20	07-27	09-15	09-20
2006	NMDFZ01ABC _ 01	郑单 958	05-17	05-28	06-05	07-15	08-01	08-07	09-21	10-07
2007	NMDZH01ABC _ 01	郑单 958	05-03	05-23	06-08	07-16	08-05	08-10	09-20	10-08
2007	NMDFZ01ABC _ 01	郑单金娃娃	05-07	05-28	06-09	07-14	08-06	08-11	09-21	10-07
2008	NMDZH01ABC _ 01	郑单 958	05-05	05-22	06-12	07-07	08-05	08-19	09-20	10-14
2008	NMDFZ01ABC _ 01	津北 288	05-08	05-24	06-14	07-08	08-06	08-20	09-28	09-28
2009	NMDZH01ABC _ 01	秋乐 958	05-06	05-16	06-11	07-14		08-14	09-20	09-28
2009	NMDFZ01ABC _ 01	郑单 958	05-05	05-15	06-12	07-15		08-15	09-21	09-28
2010	NMDZH01ABC _ 01	锦单 9 号	05-04	05-19	06-08	07-04	08-02	08-12	09-07	09-28

(续)

年份	样地代码	作物品种	播种期 (月-日)	出苗期 (月-日)	五叶期 (月-日)	拔节期 (月-日)	抽雄期 (月-日)	吐丝期 (月-日)	成熟期 (月-日)	收获期 (月-日)
2010	NMDFZ01ABC_01	秋乐 958	05-02	05-18	06-08	07-04	08-01	08-13	09-08	09-30
2011	NMDZH01ABC_01	郑单 958	05-01	05-20	06-09	07-04	07-10	08-22	09-15	09-30
2011	NMDFZ01ABC_01	郑单 958	05-01	05-20	06-09	07-04	07-10	08-22	09-15	09-30
2012	NMDZH01ABC_01	郑单 958	05-04	05-18	06-09	07-09	07-23	07-26	09-12	10-04
2012	NMDFZ01ABC_01	郑单 958	05-04	05-18	06-08	07-09	07-23	07-26	09-12	10-04
2013	NMDZH01ABC_01	302	05-04	05-16	06-07	07-05	07-25	08-01	09-12	10-05
2013	NMDFZ01ABC_01	郑单 958	05-07	05-17	06-09	07-06	07-26	08-02	09-12	10-05
2014	NMDZH01ABC_01	郑单 958	04-26	05-12	06-05	06-28	07-22	07-28	09-12	09-28
2014	NMDFZ01ABC_01	302	04-27	05-14	06-06	06-29	07-24	07-30	09-12	09-27
2015	NMDZH01ABC_01	内单 302	04-29	05-15	06-06	07-04	07-20	07-26	09-15	10-03
2015	NMDFZ01ABC_01	欣晟 18	04-28	05-15	06-06	07-04	07-19	07-25	09-14	10-08

3.15　农田生态系统元素含量与能值数据集

3.15.1　概述

本数据集包括奈曼站 2005 年、2010 年、2015 年 3 个长期观测样地的年尺度观测数据（主要作物茎、叶、籽粒、根系等部位的元素含量与能值）。计量单位：全碳、全氮、全磷、全钾、全钙、全镁、全铁为 g/kg；全锰、全铜、全锌为 mg/kg；干重热值为 MJ/kg。灰分用百分数表示。小数位数：全碳、全氮、全磷、全钾、全钙、全镁、全铁、全锰、全铜、全锌、干重热值、灰分为 2 位。观测点信息如下：农田综合观测场生物土壤采样地（NMDZH01ABC_01）、农田辅助观测场生物土壤采样地（NMDFZ01ABC_01）、旱作农田辅助观测场生物土壤采样地（NMDZQ01ABC_01）。

3.15.2　数据采集和处理方法

全碳采用重铬酸钾-硫酸氧化法测定；全氮采用凯氏定氮法测定；全磷采用酸消解钼蓝比色法测定；全钾采用酸消解火焰光度法测定；全硫、全钙、全镁、全锰、全铜、全锌采用酸消解原子吸收分光光度法测定；干重热值和灰分采用 2800 绝热式热量计燃烧法测定。具体测定方法参见《陆地生态系统生物观测规范》。在质控数据的基础上，计算多个统计结果的平均值，并注明重复数和标准差。无重复测量的结果按实际结果记录。

3.15.3　数据质量控制和评估

（1）测定时插入国家标准样品进行质控。
（2）分析时进行 3 次平行样品测定。
（3）对多年的数据进行比对，对超出历史数据阈值的观测数据进行校验，删除异常值。

3.15.4　数据

表 3-19 至表 3-22 中为奈曼站 2005 年、2010 年、2015 年 3 个长期观测采样地年尺度元素含量与能值数据。

表 3-19 元素含量 (1)

年份	样地代码	作物名称	作物品种	采样部位	有机碳 平均值/(g/kg)	重复数/个	标准差/(g/kg)	全氮 平均值/(g/kg)	重复数/个	标准差/(g/kg)	全磷 平均值/(g/kg)	重复数/个	标准差/(g/kg)
2005	NMDZH01ABC_01	夏玉米	郑单958	叶	397.20	3	3.52	17.25	3	1.16	1.42	3	0.16
2005	NMDZH01ABC_01	夏玉米	郑单958	茎	420.93	3	7.88	4.77	3	0.35	0.50	3	0.05
2005	NMDZH01ABC_01	夏玉米	郑单958	籽粒	428.52	3	2.50	12.16	3	0.55	1.57	3	0.92
2005	NMDFZ01ABC_01	夏玉米	北京德农	叶	411.81	3	8.92	15.09	3	0.82	1.26	3	0.07
2005	NMDFZ01ABC_01	夏玉米	北京德农	茎	417.15	3	4.22	4.75	3	0.64	0.51	3	0.02
2005	NMDFZ01ABC_01	夏玉米	北京德农	籽粒	422.02	3	3.54	11.96	3	0.69	2.09	3	0.20
2005	NMDZQ01ABC_01	大豆	吉29	籽粒	517.35	1		54.19	1		6.01	1	
2005	NMDZQ01ABC_01	大豆	吉29	茎	421.38	1		3.84	1		1.07	1	
2005	NMDZQ01ABC_01	大豆	吉29	叶	338.52	1		10.42	1		1.20	1	
2010	NMDZH01ABC_01	夏玉米	锦单9号	叶							1.94	3	0.38
2010	NMDZH01ABC_01	夏玉米	锦单9号	茎							1.11	3	0.19
2010	NMDZH01ABC_01	夏玉米	锦单9号	籽粒							3.41	3	0.34
2010	NMDZH01ABC_01	夏玉米	锦单9号	根							1.40	1	
2010	NMDFZ01ABC_01	夏玉米	秋乐958	叶							2.13	3	0.06
2010	NMDFZ01ABC_01	夏玉米	秋乐958	茎							1.07	3	0.09
2010	NMDFZ01ABC_01	夏玉米	秋乐958	籽粒							3.38	3	0.13
2010	NMDFZ01ABC_01	夏玉米	秋乐958	根							1.24	1	
2015	NMDZH01ABC_01	夏玉米	内单302	根	418.17	2	21.45	12.88	2	2.42	0.90	2	0.03
2015	NMDZH01ABC_01	夏玉米	内单302	茎	422.07	2	10.93	8.62	2	0.62	0.71	2	0.07
2015	NMDZH01ABC_01	夏玉米	内单302	叶	418.02	2	8.92	17.69	2	3.14	1.30	2	0.12

（续）

年份	样地代码	作物名称	作物品种	采样部位	有机碳			全氮			全磷		
					平均值/(g/kg)	重复数/个	标准差/(g/kg)	平均值/(g/kg)	重复数/个	标准差/(g/kg)	平均值/(g/kg)	重复数/个	标准差/(g/kg)
2015	NMDZH01ABC_01	夏玉米	内单302	籽粒	406.135	2	25.82	12.51	2	1.71	1.85	2	0.93
2015	NMDFZ01ABC_01	夏玉米	欣晟18	根	383.865	2	10.19	10.49	2	2.13	0.78	2	0.29
2015	NMDFZ01ABC_01	夏玉米	欣晟18	茎	423.96	2	11.20	6.55	2	1.16	0.51	2	0.07
2015	NMDFZ01ABC_01	夏玉米	欣晟18	叶	419.67	2	6.94	17.91	2	2.81	1.44	2	0.10
2015	NMDFZ01ABC_01	夏玉米	欣晟18	籽粒	421.31	2	10.01	13.35	2	1.13	2.13	2	0.14
2015	NMDZQ01ABC_01	豇豆	花豇豆	根	377.86	2	14.68	13.40	2	0.76	1.04	2	0.17
2015	NMDZQ01ABC_01	豇豆	花豇豆	茎	399.83	2	14.95	13.99	2	0.69	1.10	2	0.01
2015	NMDZQ01ABC_01	豇豆	花豇豆	叶	392.42	2	32.82	32.15	2	6.38	1.75	2	0.01
2015	NMDZQ01ABC_01	豇豆	花豇豆	籽粒	425.455	2	4.11	31.45	2	1.09	3.025	2	0.15

表 3 - 20　元素含量（2）

年份	样地代码	作物名称	作物品种	采样部位	全钾			全钙			全镁		
					平均值/(g/kg)	重复数/个	标准差/(g/kg)	平均值/(g/kg)	重复数/个	标准差/(g/kg)	平均值/(g/kg)	重复数/个	标准差/(g/kg)
2005	NMDZH01ABC_01	夏玉米	郑单958	叶	10.58	3	1.28	20.34	3	0.54	9.42	3	0.18
2005	NMDZH01ABC_01	夏玉米	郑单958	茎	12.62	3	2.27	6.27	3	0.46	2.01	3	0.24
2005	NMDZH01ABC_01	夏玉米	郑单958	籽粒	3.42	3	0.02	0.36	3	0.00	1.06	3	0.12
2005	NMDFZ01ABC_01	夏玉米	北京德农	叶	8.36	3	1.35	20.58	3	0.74	6.74	3	0.34
2005	NMDFZ01ABC_01	夏玉米	北京德农	茎	7.83	3	0.43	6.9	3	0.36	2.33	3	0.11
2005	NMDFZ01ABC_01	夏玉米	北京德农	籽粒	3.34	3	0.09	0.36	3	0.00	1.11	3	0.04
2005	NMDZQ01ABC_01	大豆	吉29	籽粒	18.40	1		2.62	1		2.84	1	
2005	NMDZQ01ABC_01	大豆	吉29	茎	4.51	1		16.10	1		7.11	1	

（续）

年份	样地代码	作物名称	作物品种	采样部位	全钾 平均值/(g/kg)	全钾 重复数/个	全钾 标准差/(g/kg)	全钙 平均值/(g/kg)	全钙 重复数/个	全钙 标准差/(g/kg)	全镁 平均值/(g/kg)	全镁 重复数/个	全镁 标准差/(g/kg)
2005	NMDZQ01ABC_01	大豆	吉29	叶	2.84	1		30.41	1		9.62	1	
2010	NMDZH01ABC_01	夏玉米	锦单9号	叶	10.52	3	3.93	6.00	3	1.64	13.00	3	4.14
2010	NMDZH01ABC_01	夏玉米	锦单9号	茎	6.85	3	1.25	0.73	3	0.17	5.86	3	0.64
2010	NMDZH01ABC_01	夏玉米	锦单9号	籽粒	5.16	3	0.56	0.10	3	0.05	1.67	3	0.61
2010	NMDZH01ABC_01	夏玉米	锦单9号	根	10.43	1		1.72	1		5.22	1	8.03
2010	NMDFZ01ABC_01	夏玉米	秋乐958	叶	7.26	3	3.85	5.15	3	0.76	14.52	3	4.58
2010	NMDFZ01ABC_01	夏玉米	秋乐958	茎	9.42	3	4.52	0.58	3	0.07	4.12	3	0.81
2010	NMDFZ01ABC_01	夏玉米	秋乐958	籽粒	5.05	3	0.20	0.10	3	0.04	1.58	3	0.18
2010	NMDFZ01ABC_01	夏玉米	秋乐958	根	15.25	1		0.82	1		3.71	1	
2015	NMDZH01ABC_01	夏玉米	内单302	根	5.57	2	0.17	4.85	2	0.57	1.67	2	0.03
2015	NMDZH01ABC_01	夏玉米	内单302	茎	8.95	2	4.02	5.51	2	2.03	3.75	2	1.22
2015	NMDZH01ABC_01	夏玉米	内单302	叶	8.17	2	4.10	15.19	2	1.21	8.21	2	2.57
2015	NMDZH01ABC_01	夏玉米	内单302	籽粒	3.27	2	1.16	0.17	2	0.01	0.86	2	0.45
2015	NMDFZ01ABC_01	夏玉米	欣晟18	根	5.2	2	0.82	5.67	2	2.16	2.29	2	0.62
2015	NMDFZ01ABC_01	夏玉米	欣晟18	茎	7.64	2	3.32	4.50	2	0.79	3.60	2	0.04
2015	NMDFZ01ABC_01	夏玉米	欣晟18	叶	7.50	2	0.42	14.48	2	1.92	8.28	2	1.73
2015	NMDFZ01ABC_01	夏玉米	欣晟18	籽粒	3.75	2	0.50	0.29	2	0.11	0.97	2	0.11
2015	NMDZQ01ABC_01	豇豆	花豇豆	根	4.48	2	0.28	6.48	2	1.65	3.00	2	0.58
2015	NMDZQ01ABC_01	豇豆	花豇豆	茎	3.75	2	0.25	11.67	2	2.71	6.58	2	0.63
2015	NMDZQ01ABC_01	豇豆	花豇豆	叶	5.2	2	0.20	38.23	2	0.38	7.59	2	1.87
2015	NMDZQ01ABC_01	豇豆	花豇豆	籽粒	8.82	2	0.68	4.47	2	2.16	2.13	2	0.30

表 3 - 21　元素含量（3）

年份	样地代码	作物名称	作物品种	采样部位	全铁			全锰			全铜		
					平均值/(g/kg)	重复数/个	标准差/(g/kg)	平均值/(mg/kg)	重复数/个	标准差/(mg/kg)	平均值/(mg/kg)	重复数/个	标准差/(mg/kg)
2005	NMDZH01ABC_01	夏玉米	郑单 958	叶	0.37	3	0.01	97.51	3	8.19	15.35	3	0.81
2005	NMDZH01ABC_01	夏玉米	郑单 958	茎	0.10	3	0.02	13.71	3	0.33	5.76	3	0.31
2005	NMDZH01ABC_01	夏玉米	郑单 958	籽粒	0.06	3	0.01	4.26	3	0.27	4.05	3	0.36
2005	NMDFZ01ABC_01	夏玉米	北京德农	叶	0.37	3	0.01	66.88	3	1.79	11.75	3	0.32
2005	NMDFZ01ABC_01	夏玉米	北京德农	茎	0.10	3	0.02	14.83	3	0.03	4.28	3	0.27
2005	NMDFZ01ABC_01	夏玉米	北京德农	籽粒	0.09	3	0.02	5.76	3	0.26	5.77	3	0.28
2005	NMDZQ01ABC_01	大豆	吉 29	籽粒	0.14	1		26.59	1		11.82	1	
2005	NMDZQ01ABC_01	大豆	吉 29	茎	0.12	1		11.00	1		2.96	1	
2005	NMDZQ01ABC_01	大豆	吉 29	叶	0.42	1		13.37	1		8.91	1	
2010	NMDZH01ABC_01	夏玉米	锦单 9 号	叶	0.64	3	0.07	122.54	3	23.15	29.54	3	35.83
2010	NMDZH01ABC_01	夏玉米	锦单 9 号	茎	0.42	3	0.08	38.64	3	2.34	3.43	3	0.30
2010	NMDZH01ABC_01	夏玉米	锦单 9 号	籽粒	0.53	3	0.12	16.84	3	1.36	2.52	3	0.37
2010	NMDZH01ABC_01	夏玉米	锦单 9 号	根	8.03	1		202.67	1		17.45	1	
2010	NMDFZ01ABC_01	夏玉米	秋乐 958	叶	0.61	3	0.09	86.48	3	14.61	7.40	3	0.76
2010	NMDFZ01ABC_01	夏玉米	秋乐 958	茎	0.32	3	0.05	26.70	3	4.34	2.99	3	0.90
2010	NMDFZ01ABC_01	夏玉米	秋乐 958	籽粒	0.45	3	0.11	13.31	3	1.32	2.27	3	0.16
2010	NMDFZ01ABC_01	夏玉米	秋乐 958	根	0.89	1		114.90	1		9.42	1	
2015	NMDZH01ABC_01	夏玉米	内单 302	根	2.52	2	0.28	1.67	2	0.03	41.76	2	3.04
2015	NMDZH01ABC_01	夏玉米	内单 302	茎	0.44	2	0.24	3.75	2	1.22	15.34	2	2.67
2015	NMDZH01ABC_01	夏玉米	内单 302	叶	0.46	2	0.04	8.21	2	2.57	21.48	2	6.38
2015	NMDZH01ABC_01	夏玉米	内单 302	籽粒	0.06	2	0.01	0.86	2	0.46	0.98	2	0.52
2015	NMDFZ01ABC_01	夏玉米	欣晟 18	根	2.51	2	0.44	2.29	2	0.63	28.14	2	6.99

（续）

年份	样地代码	作物名称	作物品种	采样部位	全铁			全锰			全铜		
					平均值/(g/kg)	重复数/个	标准差/(g/kg)	平均值/(mg/kg)	重复数/个	标准差/(mg/kg)	平均值/(mg/kg)	重复数/个	标准差/(mg/kg)
2015	NMDFZ01ABC_01	夏玉米	欣晨18	茎	0.29	2	0.15	3.60	2	0.04	8.10	2	1.00
2015	NMDFZ01ABC_01	夏玉米	欣晨18	叶	0.26	2	0.01	8.27	2	1.74	18.86	2	1.40
2015	NMDFZ01ABC_01	夏玉米	欣晨18	籽粒	0.11	2	0.06	0.97	2	0.11	3.70	2	0.66
2015	NMDZQ01ABC_01	豇豆	花豇豆	根	1.63	2	0.76	3.00	2	0.58	23.44	2	12.32
2015	NMDZQ01ABC_01	豇豆	花豇豆	茎	0.53	2	0.34	6.58	2	0.63	13.15	2	3.58
2015	NMDZQ01ABC_01	豇豆	花豇豆	叶	0.42	2	0.10	7.59	2	1.88	9.84	2	3.28
2015	NMDZQ01ABC_01	豇豆	花豇豆	籽粒	0.24	2	0.05	2.13	2	0.297	9.83	2	2.28

表3-22　元素含量、能值与灰分

年份	样地代码	作物名称	作物品种	采样部位	全锌			干重热值			灰分		
					平均值/(mg/kg)	重复数/个	标准差/(mg/kg)	平均值/(MJ/kg)	重复数/个	标准差/(MJ/kg)	平均值/%	重复数/个	标准差/%
2005	NMDZH01ABC_01	夏玉米	郑单958	叶	16.82	3	0.89	16.89	3	1.00	10.50	3	0.23
2005	NMDZH01ABC_01	夏玉米	郑单958	茎	7.38	3	0.08	17.31	3	1.287	3.16	3	0.49
2005	NMDZH01ABC_01	夏玉米	郑单958	籽粒	14.94	3	0.28	17.62	3	1.08	1.19	3	0.08
2005	NMDFZ01ABC_01	夏玉米	北京德农	叶	19.20	3	0.20	17.26	3	0.36	8.83	3	0.42
2005	NMDFZ01ABC_01	夏玉米	北京德农	茎	7.49	3	0.13	16.64	3	0.67	2.87	3	0.58
2005	NMDFZ01ABC_01	夏玉米	北京德农	籽粒	14.97	3	0.29	17.54	3	1.15	1.17	3	0.12
2005	NMDZQ01ABC_01	大豆	吉29	籽粒	38.41	1		19.06	1		4.5	1	
2005	NMDZQ01ABC_01	大豆	吉29	茎	7.41	1		17.43	1		3.4	1	
2005	NMDZQ01ABC_01	大豆	吉29	叶	31.19	1		15.24	1		21.9	1	
2010	NMDZH01ABC_01	夏玉米	锦单9号	叶	19.46	3	4.57	16.65	3	1.13	1.81	3	0.02

（续）

年份	样地代码	作物名称	作物品种	采样部位	全锌			干重热值			灰分		
					平均值/(mg/kg)	重复数/个	标准差/(mg/kg)	平均值/(MJ/kg)	重复数/个	标准差/(MJ/kg)	平均值/%	重复数/个	标准差/%
2010	NMDZH01ABC_01	夏玉米	锦单9号	茎	8.29	3	3.12	16.35	3	3.79	1.93	3	0.01
2010	NMDZH01ABC_01	夏玉米	锦单9号	籽粒	26.98	3	1.80	19.05	3	0.27	1.96	3	0.02
2010	NMDZH01ABC_01	夏玉米	锦单9号	根	37.70	1		14.82	1		1.52	1	
2010	NMDFZ01ABC_01	夏玉米	秋乐958	叶	18.60	3	2.55	17.68	3	0.22	1.80	3	0.02
2010	NMDFZ01ABC_01	夏玉米	秋乐958	茎	12.48	3	3.52	18.26	3	0.29	1.92	3	0.01
2010	NMDFZ01ABC_01	夏玉米	秋乐958	籽粒	27.47	3	9.63	18.62	3	0.14	1.97	3	0.01
2010	NMDFZ01ABC_01	夏玉米	秋乐958	根	31.97	1		15.69	1		1.63	1	
2015	NMDZH01ABC_01	夏玉米	内单302	根	29.66	2	5.73	16.60	2	0.62	13.69	2	2.39
2015	NMDZH01ABC_01	夏玉米	内单302	茎	10.02	2	3.56	17.74	2	1.71	5.87	2	1.51
2015	NMDZH01ABC_01	夏玉米	内单302	叶	12.02	2	0.40	16.06	2	0.42	9.90	2	0.47
2015	NMDZH01ABC_01	夏玉米	内单302	籽粒	10.85	2	4.45	16.43	2	1.27	1.60	2	0.74
2015	NMDFZ01ABC_01	夏玉米	欣晨18	根	25.25	2	5.34	18.24	2	0.81	12.28	2	8.13
2015	NMDFZ01ABC_01	夏玉米	欣晨18	茎	9.14	2	5.06	19.73	2	0.27	5.35	2	0.99
2015	NMDFZ01ABC_01	夏玉米	欣晨18	叶	18.19	2	10.06	15.41	2	1.033	9.75	2	0.16
2015	NMDFZ01ABC_01	夏玉米	欣晨18	籽粒	14.64	2	3.38	17.44	2	1.46	1.64	2	0.02
2015	NMDZQ01ABC_01	豇豆	花豇豆	根	23.33	2	7.62	19.64	2	0.06	12.58	2	3.98
2015	NMDZQ01ABC_01	豇豆	花豇豆	茎	26.95	2	12.47	20.50	2	1.92	7.35	2	1.21
2015	NMDZQ01ABC_01	豇豆	花豇豆	叶	18.61	2	4.24	16.19	2	0.57	15.18	2	0.06
2015	NMDZQ01ABC_01	豇豆	花豇豆	籽粒	30.65	2	5.30	16.61	2	0.86	10.39	2	9.05

第 4 章

□□□□□□□□□□□□□□□□□□□□□□□

长期联网土壤观测数据集

4.1 交换量数据集

4.1.1 概述

本数据集为奈曼站 3 个长期荒漠观测样地 2005 年、2010 年（0～10 cm 和＞10～20 cm）及 3 个农田样地 2005 年（0～10 cm、＞10～20 cm）、2010 年（0～20 cm）土壤的交换性钾、交换性钠、交换性铝、交换性酸总量和阳离子交换量数据。按照 CERN 长期观测规范，土壤交换量的观测频率为 5 年 1 次。6 个长期观测样地包括奈曼站流动沙丘辅助观测场（NMDFZ03）、奈曼站固定沙丘辅助观测场（NMDFZ02）、奈曼站沙地综合观测场（NMDZH02）、奈曼站农田辅助观测场（NMDFZ01）、奈曼站农田综合观测场（NMDZH01）及奈曼站旱作农田调查点样地（NMDZQ01）。

4.1.2 数据采集和处理方法

在作物生长的高峰期（8 月中旬），在各个采样点挖取长 1.5 m、宽 1 m、深 1.2 m 的土壤剖面，观察面向阳，将挖出的土壤按不同层次分开放置，用木制土铲铲除观察面表层与铁锹接触的土壤，自下向上采集各层土样，每层约 1.5 kg，装入棉质土袋，最后将挖出的土壤按层回填。将取回的土样置于干净的白纸上风干，挑除根系和石子，用四分法取适量研磨后，过 2 mm 尼龙筛，装入广口瓶备用。2005 年和 2010 年的土壤样品采用相同的室内分析方法进行测定。其中交换性钾采用乙酸铵-氢氧化铵交换-火焰光度法测定，交换性钠采用乙酸铵-氢氧化铵交换-火焰光度法测定，交换性铝采用氯化钾交换-中和滴定法测定，阳离子交换量采用乙酸铵-EDTA 快速法测定（提取液 pH 为 8.5）。

4.1.3 数据质量控制和评估

（1）测定时插入国家标准样品进行质控。

（2）分析时进行 3 次平行样品测定。

（3）利用校验软件检查每个观测数据是否超出相同土壤类型和采样深度的历史数据阈值、每个观测场观测项目均值是否超出该样地相同深度历史数据均值的 2 倍标准差、每个观测场观测项目标准差是否超出该样地相同深度历史数据的 2 倍标准差或者样地空间变异调查数据的 2 倍标准差等。对超出范围的数据进行核实或再次测定。

4.1.4 数据

表 4-1 至表 4-6 中为奈曼站 3 个长期荒漠观测样地和 3 个农田样地 2005 年、2010 年的土壤交换量数据。

表 4 - 1　奈曼站流动沙丘辅助观测场土壤交换量

年份	观测层次/cm	交换性钾 (K⁺) / (mmol/kg)		交换性钠 (Na⁺) / (mmol/kg)		交换性铝 (1/3Al³⁺) / (mmol/kg)		阳离子交换量 / (mmol/kg)		重复数
		平均值	标准差	平均值	标准差	平均值	标准差	平均值	标准差	
2005	0~10	0.09	0.01	0.07	0.02	—	—	19.28	1.39	6
2005	>10~20	0.08	0.01	0.07	0.01	—	—	18.93	3.38	6
2010	0~10	—	—	—	—	16.47	1.38	—	—	6
2010	>10~20	—	—	—	—	15.91	0.93	—	—	6

表 4 - 2　奈曼站固定沙丘辅助观测场土壤交换量

年份	观测层次/cm	交换性钾 (K⁺) / (mmol/kg)		交换性钠 (Na⁺) / (mmol/kg)		交换性铝 (1/3Al³⁺) / (mmol/kg)		阳离子交换量 / (mmol/kg)		重复数
		平均值	标准差	平均值	标准差	平均值	标准差	平均值	标准差	
2005	0~10	0.12	0.02	0.06	0.02	—	—	27.55	1.81	6
2005	>10~20	0.08	0.01	0.06	0.01	—	—	22.72	2.51	6
2010	0~10	—	—	—	—	17.32	1.23	—	—	6
2010	>10~20	—	—	—	—	16.66	2.18	—	—	6

表 4 - 3　奈曼站沙地综合观测场土壤交换量

年份	样地代码	观测层次/cm	交换性钾 (K⁺) / (mmol/kg)		交换性钠 (Na⁺) / (mmol/kg)		交换性铝 (1/3Al³⁺) / (mmol/kg)		阳离子交换量 / (mmol/kg)		重复数
			平均值	标准差	平均值	标准差	平均值	标准差	平均值	标准差	
2005	NMDZH02	0~10	0.3	0.06	0.07	0.01	—	—	54.63	8.6	6
2005	NMDZH02	>10~20	0.12	0.02	0.08	0.02	—	—	53.6	18.26	6
2010	NMDZH02	0~10	—	—	—	—	34.9	6.46	—	—	6
2010	NMDZH02	>10~20	—	—	—	—	30.34	7.72	—	—	6

表 4 - 4　奈曼站农田辅助观测场土壤交换量

年份	样地代码	观测层次/cm	交换性钾（K+）/（mmol/kg）		交换性钠（Na+）/（mmol/kg）		交换性酸/（mmol/kg）		阳离子交换量/（mmol/kg）		重复数
			平均值	标准差	平均值	标准差	平均值	标准差	平均值	标准差	
2005	NMDFZ01	0~10	0.22	0.07	0.13	0.02	—	—	84.78	9.47	6
2005	NMDFZ01	>10~20	0.16	0.02	0.14	0.02	—	—	75.77	8.27	6
2010	NMDFZ01	0~20	—	—	—	—	50.04	12.21	—	—	6

表 4 - 5　奈曼站农田综合观测场土壤交换量

年份	样地代码	观测层次/cm	交换性钾（K+）/（mmol/kg）		交换性钠（Na+）/（mmol/kg）		交换性酸/（mmol/kg）		阳离子交换量/（mmol/kg）		重复数
			平均值	标准差	平均值	标准差	平均值	标准差	平均值	标准差	
2005	NMDZH01	0~10	0.57	0.33	0.18	0.03	—	—	90.12	6.60	6
2005	NMDZH01	>10~20	0.18	0.03	0.22	0.03	—	—	82.17	7.19	6
2010	NMDZH01	0~20	—	—	—	—	101.25	39.29	—	—	6

表 4 - 6　奈曼站旱作农田调查点土壤交换量

年份	样地代码	观测层次/cm	交换性钾（K+）/（mmol/kg）		交换性钠（Na+）/（mmol/kg）		交换性酸/（mmol/kg）		阳离子交换量/（mmol/kg）		重复数
			平均值	标准差	平均值	标准差	平均值	标准差	平均值	标准差	
2005	NMDZQ01	0~10	0.18	0.02	0.09	0.01	—	—	58.77	4.76	6
2005	NMDZQ01	>10~20	0.13	0.01	0.1	0.02	—	—	71.37	21.45	6
2010	NMDZQ01	0~20	—	—	—	—	25.49	11.64	—	—	6

4.2　土壤养分数据集

4.2.1　概述

　　本数据集为奈曼站 3 个长期荒漠观测样地 2006—2015 年（0～10 cm 和＞10～20 cm）及 3 个农田样地 2006 年（0～10 cm 和＞10～20 cm）—2015 年（0～20 cm）土壤的有机质、全氮、速效氮（碱解氮）、有效磷、速效钾、缓效钾和 pH 的数据。按照 CERN 长期观测规范，土壤养分观测不定期。6 个长期观测样地包括奈曼站流动沙丘辅助观测场（NMDFZ03）、奈曼站固定沙丘辅助观测场（NMDFZ02）、奈曼站沙地综合观测场（NMDZH02）、奈曼站农田辅助观测场（NMDFZ01）、奈曼站农田综合观测场（NMDZH01）及奈曼站旱作农田调查点（NMDZQ01）。

4.2.2　数据采集和处理方法

　　按 CERN 要求设置的观测场中每个重复由 10～20 个按网格法、"之"字形、S 形或 W 形采样方式采集的样品混合而成。用直径 28 mm 的土钻进行取样，每层取混合土样约 1.5 kg，装入棉质土袋中。将取回的土样置于干净的白纸上风干，挑除根系和石子，用四分法取适量研磨后，过 2 mm 尼龙筛，装入广口瓶备用。各年度土壤样品采用相同的室内分析方法进行测定。其中有机质采用重铬酸钾氧化法测定，全氮采用凯式定氮法测定，速效氮（碱解氮）采用碱解扩散法测定，有效磷采用碳酸氢钠浸提-钼锑抗比色法测定，速效钾采用乙酸铵浸提-火焰光度法测定，缓效钾采用硝酸浸提-火焰光度法测定，pH 采用电位法（水土比为 2.5∶1）测定。

4.2.3　数据质量控制和评估

　　（1）测定时插入国家标准样品进行质控。
　　（2）分析时进行 3 次平行样品测定。
　　（3）利用校验软件检查每个观测数据是否超出相同土壤类型和采样深度的历史数据阈值、每个观测场观测项目均值是否超出该样地相同深度历史数据均值的 2 倍标准差、每个观测场观测项目标准差是否超出该样地相同深度历史数据的 2 倍标准差或者样地空间变异调查数据的 2 倍标准差等。对超出范围的数据进行核实或再次测定。

4.2.4　数据

　　表 4-7 至表 4-12 中为奈曼站 3 个长期荒漠观测样地及 3 个农田样地 2006—2015 年土壤养分数据。

表4-7　奈曼站流动沙丘辅助观测场土壤养分

年份	观测层次/cm	有机质/(g/kg)		全氮/(g/kg)		碱解氮/(mg/kg)		有效磷/(mg/kg)		速效钾/(mg/kg)		缓效钾/(mg/kg)		pH		重复数/个
		平均值	标准差	平均值	标准差	平均值	标准差	平均值	标准差	平均值	标准差	平均值	标准差	平均值	标准差	
2006	0~10	0.6	0.1	0.09	0.00	8.3	2.5	8.5	4.8	61.6	7.5	—	—	—	—	—
2006	>10~20	0.6	0.1	0.09	0.01	7.6	1.6	8.4	2.4	57.9	6.7	—	—	—	—	—
2007	0~10	0.4	0.2	0.12	0.01	6.9	1.2	8.3	1.8	94.3	14.0	—	—	—	—	—
2007	>10~20	0.5	0.1	0.11	0.00	6.8	2.1	7.0	2.7	93.4	17.4	—	—	—	—	—
2008	0~10	0.3	0.3	0.04	0.00	5.5	1.5	5.4	4.8	54.0	25.5	—	—	—	—	—
2008	>10~20	0.8	0.7	0.04	0.01	4.9	1.8	4.9	3.5	56.0	18.0	—	—	—	—	—
2009	0~10	0.5	0.1	0.03	0.01	5.3	1.9	3.7	0.3	55.9	6.5	—	—	—	—	—
2009	>10~20	0.3	0.0	0.03	0.01	4.7	1.3	4.5	1.4	52.7	10.2	—	—	—	—	—
2010	0~10	0.3	0.1	0.19	0.15	8.2	2.1	7.1	1.9	65.5	2.6	—	—	—	—	—
2010	>10~20	0.3	0.1	0.09	0.06	5.7	1.5	6.0	1.7	65.4	3.2	—	—	—	—	—
2011	0~10	0.9	0.2	0.06	0.00	4.3	0.7	2.3	0.6	60.5	1.1	—	—	—	—	—
2011	>10~20	0.5	0.1	0.04	0.00	2.4	0.9	2.1	0.5	59.5	4.5	—	—	—	—	—
2012	0~10	0.5	0.2	0.05	0.00	5.6	3.0	4.0	1.3	97.5	3.9	—	—	—	—	—
2012	>10~20	0.5	0.2	0.04	0.00	4.7	2.4	3.9	1.0	99.6	4.6	—	—	—	—	—
2013	0~10	0.5	0.0	0.05	0.01	4.2	1.6	6.3	0.9	44.0	5.5	—	—	—	—	—
2013	>10~20	0.5	0.2	0.04	0.00	4.2	1.6	5.8	1.2	42.0	4.5	—	—	—	—	—
2014	0~10	1.5	1.1	0.09	0.06	8.8	4.1	6.3	1.2	62.3	5.6	—	—	—	—	—
2014	>10~20	0.8	0.3	0.05	0.01	4.8	0.7	6.4	0.9	57.5	7.0	—	—	—	—	—
2015	0~10	0.4	0.1	0.08	0.01	9.6	2.5	7.8	1.9	88.2	7.2	183	8	7.67	0.11	6
2015	>10~20	1.1	0.6	0.08	0.03	10.6	2.0	8.3	2.1	90.2	11.9	189	12	7.81	0.11	6

表 4 - 8　奈曼站固定沙丘辅助观测场土壤养分

年份	观测层次 / cm	有机质 / (g/kg) 平均值	标准差	全氮 / (g/kg) 平均值	标准差	碱解氮 / (mg/kg) 平均值	标准差	有效磷 / (mg/kg) 平均值	标准差	速效钾 / (mg/kg) 平均值	标准差	缓效钾 / (mg/kg) 平均值	标准差	pH 平均值	标准差	重复数 / 个
2006	0~10	1.8	0.5	0.18	0.06	10.5	1.2	13.2	3.8	65.0	8.4	—	—	—	—	—
2006	>10~20	1.0	0.2	0.11	0.02	8.4	2.7	10.2	3.8	51.7	4.1	—	—	—	—	—
2007	0~10	1.7	0.4	0.19	0.02	9.0	2.4	11.0	1.4	111.7	9.8	—	—	—	—	—
2007	>10~20	1.0	0.1	0.15	0.01	5.8	1.4	6.3	1.1	95.0	10.5	—	—	—	—	—
2008	0~10	1.4	1.0	0.11	0.04	8.8	3.2	8.8	3.2	64.2	13.8	—	—	—	—	—
2008	>10~20	0.8	0.5	0.06	0.03	6.5	2.3	7.7	3.2	40.8	9.9	—	—	—	—	—
2009	0~10	1.1	0.5	0.07	0.02	6.8	3.3	3.8	1.0	63.9	9.0	—	—	—	—	—
2009	>10~20	1.2	0.4	0.07	0.02	5.9	3.7	3.9	1.4	65.3	13.8	—	—	—	—	—
2010	0~10	1.6	0.2	0.23	0.14	8.7	0.8	5.8	1.4	87.0	14.6	—	—	—	—	—
2010	>10~20	0.9	0.5	0.15	0.04	7.8	1.5	3.3	1.2	52.0	7.9	—	—	—	—	—
2011	0~10	2.0	0.2	0.14	0.02	9.4	1.0	2.2	0.7	87.1	10.0	—	—	—	—	—
2011	>10~20	1.0	0.2	0.09	0.05	6.0	2.4	1.3	1.0	63.7	5.4	—	—	—	—	—
2012	0~10	1.8	0.5	0.10	0.03	7.6	2.2	5.4	2.0	134.0	29.5	—	—	—	—	—
2012	>10~20	1.3	0.5	0.06	0.02	5.5	1.7	3.9	1.2	90.4	9.9	—	—	—	—	—
2013	0~10	1.7	0.7	0.10	0.02	8.9	1.4	8.0	1.5	70.0	21.0	—	—	—	—	—
2013	>10~20	1.0	0.3	0.07	0.01	5.0	1.3	4.6	0.9	38.3	9.8	—	—	—	—	—
2014	0~10	3.5	0.9	0.21	0.04	14.5	3.3	9.1	0.9	114.3	16.8	—	—	—	—	—
2014	>10~20	1.8	0.4	0.12	0.02	8.4	2.3	8.5	1.1	65.7	5.8	—	—	—	—	—
2015	0~10	4.7	3.3	0.20	0.04	23.9	4.6	9.4	1.5	126.0	26.9	257	44	7.97	0.26	6
2015	>10~20	1.7	0.6	0.13	0.02	19.2	7.0	9.7	1.3	99.8	8.9	207	17	8.17	0.30	6

表 4-9 奈曼站沙地综合观测场土壤养分

年份	观测层次/cm	有机质/(g/kg)		全氮/(g/kg)		碱解氮/(mg/kg)		有效磷/(mg/kg)		速效钾/(mg/kg)		缓效钾/(mg/kg)		pH		重复数/个
		平均值	标准差	平均值	标准差	平均值	标准差	平均值	标准差	平均值	标准差	平均值	标准差	平均值	标准差	
2006	0~10	5.6	1.4	0.47	0.11	17.8	5.2	11.7	7.6	127.6	24.3	—	—	—	—	—
2006	>10~20	3.7	1.3	0.32	0.10	12.5	3.8	6.9	4.2	83.3	38.3	—	—	—	—	—
2007	0~10	5.8	0.7	0.62	0.15	24.1	6.1	10.7	3.9	176.7	66.8	—	—	—	—	—
2007	>10~20	2.8	0.5	0.36	0.05	12.3	1.6	4.0	2.2	86.7	10.3	—	—	—	—	—
2008	0~10	5.0	1.0	0.29	0.04	23.0	2.2	8.7	5.1	138.9	30.0	—	—	—	—	—
2008	>10~20	2.7	1.0	0.24	0.10	15.9	3.1	6.1	3.0	62.4	13.2	—	—	—	—	—
2009	0~10	5.1	0.8	0.31	0.03	24.7	2.1	3.8	0.7	118.2	33.0	—	—	—	—	—
2009	>10~20	4.4	0.7	0.27	0.03	22.2	3.4	3.5	1.1	104.1	15.1	—	—	—	—	—
2010	0~10	8.0	1.7	0.49	0.23	27.1	3.2	6.9	2.1	173.2	24.1	—	—	—	—	—
2010	>10~20	3.4	1.2	0.19	0.06	15.0	1.8	2.1	0.8	88.6	12.0	—	—	—	—	—
2011	0~10	5.6	1.3	0.40	0.06	27.0	3.9	3.3	1.4	233.5	38.6	—	—	—	—	—
2011	>10~20	4.5	0.8	0.26	0.03	17.8	2.0	0.4	0.1	135.0	9.6	—	—	—	—	—
2012	0~10	5.8	1.2	0.34	0.07	20.0	3.3	3.8	2.0	181.3	61.0	—	—	—	—	—
2012	>10~20	6.6	2.6	0.36	0.13	21.5	6.8	4.6	4.8	184.9	86.8	—	—	—	—	—
2013	0~10	6.1	0.3	0.34	0.04	22.2	1.3	6.3	0.7	152.4	24.0	—	—	—	—	—
2013	>10~20	3.3	0.8	0.28	0.05	12.5	0.7	3.3	1.5	56.7	8.2	—	—	—	—	—
2014	0~10	8.7	2.5	0.57	0.14	34.8	9.1	8.5	1.1	186.8	74.5	—	—	—	—	—
2014	>10~20	4.4	1.0	0.33	0.05	19.9	2.4	8.4	1.5	84.7	19.6	—	—	—	—	—
2015	0~10	5.4	2.4	0.47	0.08	40.2	10.5	10.8	1.8	164.4	23.1	440	57	8.44	0.24	6
2015	>10~20	4.8	2.9	0.37	0.13	29.7	8.2	9.6	1.4	126.5	30.4	375	52	8.64	0.13	6

表 4-10　奈曼站农田辅助观测场土壤养分

年份	观测层次/cm	有机质/(g/kg) 平均值	有机质/(g/kg) 标准差	全氮/(g/kg) 平均值	全氮/(g/kg) 标准差	碱解氮/(mg/kg) 平均值	碱解氮/(mg/kg) 标准差	有效磷/(mg/kg) 平均值	有效磷/(mg/kg) 标准差	速效钾/(mg/kg) 平均值	速效钾/(mg/kg) 标准差	缓效钾/(mg/kg) 平均值	缓效钾/(mg/kg) 标准差	pH 平均值	pH 标准差	重复数/个
2011	0~20	7.7	0.6	0.47	0.02	31.1	1.5	25.2	14.5	128.7	11.0	—	—	8.44	0.08	6
2012	0~20	7.2	0.5	0.48	0.04	29.1	2.1	28.8	8.3	68.3	4.1	—	—	8.81	0.09	6
2013	0~20	6.8	0.7	0.61	0.04	49.2	1.5	10.3	1.2	75.5	12.4	484	85	8.64	0.08	6
2014	0~20	9.0	1.3	0.74	0.07	53.5	5.4	15.9	3.7	88.3	9.2	—	—	—	—	
2015	0~20	9.2	1.0	0.71	0.11	58.2	5.7	15.7	4.7	121.3	16.2	607	81	8.21	0.18	6

表 4-11　奈曼站农田综合观测场土壤养分

年份	观测层次/cm	有机质/(g/kg) 平均值	有机质/(g/kg) 标准差	全氮/(g/kg) 平均值	全氮/(g/kg) 标准差	碱解氮/(mg/kg) 平均值	碱解氮/(mg/kg) 标准差	有效磷/(mg/kg) 平均值	有效磷/(mg/kg) 标准差	速效钾/(mg/kg) 平均值	速效钾/(mg/kg) 标准差	缓效钾/(mg/kg) 平均值	缓效钾/(mg/kg) 标准差	pH 平均值	pH 标准差	重复数/个
2011	0~20	10.2	0.4	0.17	0.06	11.9	3.9	6.9	4.8	109.7	41.1	—	—	7.63	0.72	6
2012	0~20	8.8	1.1	0.17	0.06	12.6	3.0	13.0	6.8	73.3	34.4	—	—	8.02	0.48	6
2013	0~20	9.4	0.6	0.23	0.09	18.3	5.9	7.3	3.0	58.4	21.6	239	66	8.24	0.48	6
2014	0~20	11.2	1.1	0.21	0.04	17.3	6.3	9.9	2.7	65.8	8.0	—	—	—	—	
2015	0~20	10.9	1.7	0.60	0.17	49.1	5.8	15.4	4.6	130.8	18.7	472	20	8.31	0.32	6

表 4-12　奈曼站旱作农田调查点土壤养分

年份	观测层次/cm	有机质/(g/kg) 平均值	有机质/(g/kg) 标准差	全氮/(g/kg) 平均值	全氮/(g/kg) 标准差	碱解氮/(mg/kg) 平均值	碱解氮/(mg/kg) 标准差	有效磷/(mg/kg) 平均值	有效磷/(mg/kg) 标准差	速效钾/(mg/kg) 平均值	速效钾/(mg/kg) 标准差	缓效钾/(mg/kg) 平均值	缓效钾/(mg/kg) 标准差	pH 平均值	pH 标准差	重复数/个
2011	0~20	2.6	1.2	0.60	0.04	37.2	2.0	17.4	8.3	138.8	9.7	—	—	8.52	0.05	6
2012	0~20	3.8	2.4	0.58	0.03	32.4	1.7	20.6	6.2	85.0	5.5	—	—	8.74	0.09	6
2013	0~20	3.5	1.6	0.53	0.07	40.1	3.2	27.1	13.6	61.5	4.2	371	39	8.65	0.13	6
2014	0~20	3.1	1.1	0.62	0.08	45.9	13.4	18.2	3.1	83.2	8.9	—	—	—	—	
2015	0~20	3.9	1.7	0.33	0.13	25.1	6.8	12.5	1.6	108.0	25.2	318	145	7.88	0.86	6

4.3 土壤速效微量元素数据集

4.3.1 概述

本数据集为奈曼站3个长期荒漠观测样地2005年、2010年（0～0 cm和>10～20 cm）及3个农田样地2005年（0～10 cm、>10～20 cm）、2010年（0～20 cm）土壤的速效微量元素（有效硼、有效锌、有效锰、有效铁、有效铜、有效硫和有效钼）数据。按照CERN长期观测规范，土壤交换量的观测频率为5年1次。6个长期观测样地包括奈曼站流动沙丘辅助观测场（NMDFZ03）、奈曼站固定沙丘辅助观测场（NMDFZ02）、奈曼站沙地综合观测场（NMDZH02）、奈曼站农田辅助观测场（NMDFZ01）、奈曼站农田综合观测场（NMDZH01）及奈曼站旱作农田调查点（NMDZQ01）。

4.3.2 数据采集和处理方法

在作物生长的高峰期（8月中旬），在各个采样点挖取长1.5 m、宽1 m、深1.2 m的土壤剖面，观察面向阳，将挖出的土壤按不同层次分开放置，用木制土铲铲除观察面表层与铁锹接触的土壤，自下向上采集各层土样，每层约1.5 kg，装入棉质土袋中，最后将挖出的土壤按层回填。将取回的土样置于干净的白纸上风干，挑除根系和石子，用四分法取适量研磨后，过2 mm尼龙筛，装入广口瓶备用。2005年和2010年的土壤样品采用相同的室内分析方法进行测定。其中有效硼采用沸水-姜黄素比色法测定，有效锌采用DTPA浸提-原子吸收分光光度法或二硫腙比色法测定，有效锰采用乙酸铵-对苯二酚浸提-原子吸收分光光度法测定，有效铁采用DTPA浸提-原子吸收分光光度法测定，有效铜采用DTPA浸提-原子吸收分光光度法测定，有效硫采用氯化钙浸提-比浊法测定，有效钼采用草酸-草酸铵浸提-极谱法测定。

4.3.3 数据质量控制和评估

（1）测定时插入国家标准样品进行质控。

（2）分析时进行3次平行样品测定。

（3）利用校验软件检查每个观测数据是否超出相同土壤类型和采样深度的历史数据阈值、每个观测场观测项目均值是否超出该样地相同深度历史数据均值的2倍标准差、每个观测场观测项目标准差是否超出该样地相同深度历史数据的2倍标准差或者样地空间变异调查数据的2倍标准差等。对超出范围的数据进行核实或再次测定。

4.3.4 数据

表4-13至表4-18中为奈曼站3个长期荒漠观测样地及3个农田样地2005年、2010年土壤的速效微量元素数据。

表 4-13　奈曼站流动沙丘辅助观测场土壤速效微量元素

年份	观测层次/cm	有效硼/(mg/kg)		有效锌/(mg/kg)		有效锰/(mg/kg)		有效铁/(mg/kg)		有效铜/(mg/kg)		有效硫/(mg/kg)		有效钼/(mg/kg)		重复数/个
		平均值	标准差	平均值	标准差	平均值	标准差	平均值	标准差	平均值	标准差	平均值	标准差	平均值	标准差	
2005	0~10	1.425	0.291	0.20	0.01	14.45	1.34	3.0	0.4	0.23	0.04	3.47	0.82	0.074	0.012	6
2005	>10~20	1.338	0.160	0.19	0.02	14.94	1.37	2.7	0.1	0.25	0.06	3.29	0.83	0.078	0.012	6
2010	0~10	16.648	2.082	12.60	1.42	0.12	0.03	2.5	0.3	0.08	0.01	—	—	—	—	—
2010	>10~20	15.962	1.197	10.57	0.30	0.12	0.02	2.9	0.4	0.09	0.01	—	—	—	—	—

表 4-14　奈曼站固定沙丘辅助观测场土壤速效微量元素

年份	观测层次/cm	有效硼/(mg/kg)		有效锌/(mg/kg)		有效锰/(mg/kg)		有效铁/(mg/kg)		有效铜/(mg/kg)		有效硫/(mg/kg)		有效钼/(mg/kg)		重复数/个
		平均值	标准差	平均值	标准差	平均值	标准差	平均值	标准差	平均值	标准差	平均值	标准差	平均值	标准差	
2005	0~10	1.692	0.404	0.21	0.03	19.70	1.47	3.1	0.3	0.30	0.06	3.31	1.36	0.068	0.014	6
2005	>10~20	1.598	0.402	0.15	0.02	15.79	1.21	2.7	0.2	0.25	0.06	2.39	1.25	0.082	0.011	6
2010	0~10	23.393	3.870	12.76	1.61	0.30	0.06	2.9	0.2	0.15	0.01	—	—	—	—	—
2010	>10~20	18.872	3.067	11.56	0.47	0.14	0.02	2.3	0.2	0.10	0.02	—	—	—	—	—

表 4-15　奈曼站沙地综合观测场土壤速效微量元素

年份	观测层次/cm	有效硼/(mg/kg)		有效锌/(mg/kg)		有效锰/(mg/kg)		有效铁/(mg/kg)		有效铜/(mg/kg)		有效硫/(mg/kg)		有效钼/(mg/kg)		重复数/个
		平均值	标准差	平均值	标准差	平均值	标准差	平均值	标准差	平均值	标准差	平均值	标准差	平均值	标准差	
2005	0~10	2.273	0.351	0.37	0.06	48.27	7.85	3.1	0.3	0.41	0.06	3.73	0.75	0.084	0.017	6
2005	>10~20	2.627	1.059	0.17	0.04	57.28	23.06	3.7	1.4	0.40	0.14	3.54	0.79	0.080	0.020	6
2010	0~10	51.152	6.004	11.80	0.37	0.47	0.08	3.1	0.4	0.30	0.04	—	—	—	—	—
2010	>10~20	52.738	9.150	11.49	1.12	0.15	0.03	3.1	0.4	0.31	0.07	—	—	—	—	—

表 4 - 16　奈曼站农田辅助观测场土壤速效微量元素

年份	观测层次/cm	有效硼/(mg/kg) 平均值	标准差	有效锌/(mg/kg) 平均值	标准差	有效锰/(mg/kg) 平均值	标准差	有效铁/(mg/kg) 平均值	标准差	有效铜/(mg/kg) 平均值	标准差	有效硫/(mg/kg) 平均值	标准差	有效钼/(mg/kg) 平均值	标准差	重复数/个
2005	0~10	—	—	0.68	0.21	70.87	7.30	6.4	0.7	0.67	0.08	6.29	1.34	0.070	0.017	6
2005	>10~20	—	—	0.33	0.05	82.18	4.10	6.5	0.7	0.65	0.03	5.38	1.85	0.063	0.008	6
2010	0~20	—	—	0.45	0.08	89.06	9.30	7.7	0.6	0.73	0.15	13.54	0.54	—	—	—

表 4 - 17　奈曼站农田综合观测场土壤速效微量元素

年份	观测层次/cm	有效硼/(mg/kg) 平均值	标准差	有效锌/(mg/kg) 平均值	标准差	有效锰/(mg/kg) 平均值	标准差	有效铁/(mg/kg) 平均值	标准差	有效铜/(mg/kg) 平均值	标准差	有效硫/(mg/kg) 平均值	标准差	有效钼/(mg/kg) 平均值	标准差	重复数/个
2005	0~10	—	—	0.68	0.21	70.87	7.30	6.4	0.7	0.67	0.08	6.29	1.34	0.070	0.017	6
2005	>10~20	—	—	0.33	0.05	82.18	4.10	6.5	0.7	0.65	0.03	5.38	1.85	0.063	0.008	6
2010	0~20	—	—	0.45	0.08	89.06	9.30	7.7	0.6	0.73	0.15	13.54	0.54	—	—	—

表 4 - 18　奈曼站旱作农田调查点土壤速效微量元素

年份	观测层次/cm	有效硼/(mg/kg) 平均值	标准差	有效锌/(mg/kg) 平均值	标准差	有效锰/(mg/kg) 平均值	标准差	有效铁/(mg/kg) 平均值	标准差	有效铜/(mg/kg) 平均值	标准差	有效硫/(mg/kg) 平均值	标准差	有效钼/(mg/kg) 平均值	标准差	重复数/个
2005	0~10	—	—	0.55	0.09	74.40	3.49	4.2	0.4	0.57	0.05	4.63	0.65	0.068	0.011	6
2005	>10~20	—	—	0.40	0.09	70.70	7.45	4.4	0.8	0.53	0.09	5.00	2.10	0.068	0.008	6
2010	0~20	—	—	0.34	0.25	23.75	12.68	5.1	1.3	0.26	0.12	12.62	1.55	—	—	—

4.4　剖面土壤机械组成数据集

4.4.1　概述

本数据集为奈曼站 3 个长期荒漠观测样地 2005 年、2010 年及 3 个农田样地 2005 年、2010 年和 2015 年（0～10 cm、>10～20 cm、>20～40 cm、>40～60 cm 和>60～100 cm）剖面土壤机械组成数据。按照 CERN 长期观测规范，土壤交换量的观测频率为 5 年 1 次。6 个长期观测样地包括奈曼站流动沙丘辅助观测场（NMDFZ03）、奈曼站固定沙丘辅助观测场（NMDFZ02）、奈曼站沙地综合观测场（NMDZH02）、奈曼站农田辅助观测场（NMDFZ01）、奈曼站农田综合观测场（NMDZH01）及奈曼站旱作农田调查点（NMDZQ01）。

4.4.2　数据采集和处理方法

在生长季的高峰期（8 月中旬），在各个采样点挖取长 1.5 m、宽 1 m、深 1.2 m 的土壤剖面，观察面向阳，将挖出的土壤按不同层次分开放置，用木制土铲铲除观察面表层与铁锹接触的土壤，自下向上采集各层土样，每层约 1.5 kg，装入棉质土袋中，最后将挖出的土壤按层回填。将取回的土样置于干净的白纸上风干，挑除根系和石子，用四分法取适量研磨后，过 2 mm 尼龙筛，装入广口瓶备用。剖面土壤机械组成采用吸管法进行测定。

4.4.3　数据质量控制和评估

（1）分析时进行 3 次平行样品测定。

（2）利用校验软件检查每个观测数据是否超出相同土壤类型和采样深度的历史数据阈值、每个观测场观测项目均值是否超出该样地相同深度历史数据均值的 2 倍标准差、每个观测场观测项目标准差是否超出该样地相同深度历史数据的 2 倍标准差或者样地空间变异调查数据的 2 倍标准差等。对超出范围的数据进行核实或再次测定。

4.4.4　数据

表 4-19 至表 4-24 中是奈曼站 3 个长期荒漠观测样地 2005 年、2010 年及 3 个农田样地 2005 年、2010 年和 2015 年剖面土壤机械组成数据。

表 4-19　奈曼站流动沙丘辅助观测场剖面土壤机械组成

年份	观测层次/cm	2～0.05 mm	0.05～0.002 mm	<0.002 mm	重复数/个	土壤质地名称（按美国制三角坐标图）
2005	0～10	95.97	0.90	2.09	3	沙土
2005	>10～20	96.35	0.52	2.28	3	沙土
2005	>20～40	96.16	0.57	2.28	3	沙土
2005	>40～60	96.24	0.45	2.20	3	沙土
2005	>60～100	96.22	0.47	2.41	3	沙土
2010	0～10	94.19	3.39	1.95	3	沙土
2010	>10～20	95.00	2.11	1.83	3	沙土
2010	>20～40	95.84	1.74	1.53	3	沙土
2010	>40～60	95.96	2.26	1.15	3	沙土
2010	>60～100	97.45	0.55	1.13	3	沙土

表 4-20　奈曼站固定沙丘辅助观测场剖面土壤机械组成

年份	观测层次/cm	2～0.05 mm	0.05～0.002 mm	<0.002 mm	重复数/个	土壤质地名称（按美国制三角坐标图）
2005	0～10	91.44	5.67	2.14	3	沙土
2005	>10～20	94.47	2.73	2.41	3	沙土
2005	>20～40	95.57	1.39	2.40	3	沙土
2005	>40～60	95.77	0.98	2.25	3	沙土
2005	>60～100	95.64	0.93	2.41	3	沙土
2010	0～10	91.78	5.19	2.05	3	沙土
2010	>10～20	91.32	5.41	2.30	3	沙土
2010	>20～40	92.17	4.87	2.45	3	沙土
2010	>40～60	92.96	4.00	1.65	3	沙土
2010	>60～100	94.20	2.98	1.94	3	沙土

表 4-21　奈曼站沙地综合观测场土剖面土壤机械组成

年份	观测层次/cm	2～0.05 mm	0.05～0.002 mm	<0.002 mm	重复数/个	土壤质地名称（按美国制三角坐标图）
2005	0～10	83.39	12.86	2.83	3	沙土
2005	>10～20	80.42	15.94	2.97	3	沙土
2005	>20～40	87.16	9.13	3.11	3	沙土
2005	>40～60	81.62	15.05	2.76	3	沙土
2005	>60～100	76.54	20.08	2.88	3	沙土
2010	0～10	87.43	9.18	2.33	3	沙土
2010	>10～20	90.01	6.82	2.68	3	沙土
2010	>20～40	88.45	7.96	2.80	3	沙土
2010	>40～60	87.31	9.59	2.45	3	沙土
2010	>60～100	80.69	15.67	2.50	3	沙土

表 4-22　奈曼站农田辅助观测场剖面土壤机械组成

年份	观测层次/cm	2～0.05 mm	0.05～0.002 mm	<0.002 mm	重复数/个	土壤质地名称（按美国制三角坐标图）
2005	0～10	63.23	33.09	3.09	3	沙土
2005	>10～20	66.74	28.64	2.86	3	沙土
2005	>20～40	72.23	23.39	3.05	3	沙土

（续）

年份	观测层次/ cm	2~0.05 mm	0.05~0.002 mm	<0.002 mm	重复数/个	土壤质地名称 （按美国制三角坐标图）
2005	>40~60	75.09	21.00	2.80	3	沙土
2005	>60~100	73.75	22.86	2.41	3	沙土
2010	0~10	91.78	5.19	2.05	3	沙土
2010	>10~20	91.32	5.41	2.30	3	沙土
2010	>20~40	92.17	4.87	2.45	3	沙土
2010	>40~60	92.96	4.00	1.65	3	沙土
2010	>60~100	94.20	2.98	1.94	3	沙土
2015	0~10	53.53	46.40	0.07	3	沙土
2015	>10~20	59.93	40.07	0.00	3	沙土
2015	>20~40	66.03	33.90	0.07	3	沙土
2015	>40~60	68.20	31.80	0.00	3	沙土
2015	>60~100	66.17	33.80	0.03	3	沙土

表 4 - 23　奈曼站农田综合观测场剖面土壤机械组成

年份	观测层次/ cm	2~0.05 mm	0.05~0.002 mm	<0.002 mm	重复数/个	土壤质地名称 （按美国制三角坐标图）
2005	0~10	60.61	35.63	3.08	3	沙土
2005	>10~20	59.21	37.28	2.97	3	沙土
2005	>20~40	58.80	38.31	2.66	3	沙土
2005	>40~60	54.29	42.10	2.81	3	沙土
2005	>60~100	61.21	34.83	2.91	3	沙土
2010	0~10	94.19	3.39	1.95	3	沙土
2010	>10~20	95.00	2.11	1.83	3	沙土
2010	>20~40	95.84	1.74	1.53	3	沙土
2010	>40~60	95.96	2.26	1.15	3	沙土
2010	>60~100	97.45	0.55	1.13	3	沙土
2015	0~10	42.17	57.73	0.10	3	沙土
2015	>10~20	43.17	56.80	0.03	3	沙土
2015	>20~40	33.77	66.10	0.13	3	沙土
2015	>40~60	19.80	80.07	0.13	3	沙土
2015	>60~100	30.63	69.37	0.00	3	沙土

118

表 4-24　奈曼站旱作农田调查点剖面土壤机械组成

年份	观测层次/ cm	2~0.05 mm	0.05~0.002 mm	<0.002 mm	重复数/个	土壤质地名称 （按美国制三角坐标图）
2005	0~10	81.59	14.46	2.92	3	沙土
2005	>10~20	82.34	14.08	3.02	3	沙土
2005	>20~40	58.97	37.91	2.47	3	沙土
2005	>40~60	83.99	12.62	2.73	3	沙土
2005	>60~100	67.80	28.52	2.70	3	沙土
2010	0~10	87.43	9.18	2.33	3	沙土
2010	>10~20	90.01	6.82	2.68	3	沙土
2010	>20~40	88.45	7.96	2.80	3	沙土
2010	>40~60	87.31	9.59	2.45	3	沙土
2010	>60~100	80.69	15.67	2.50	3	沙土
2015	0~10	85.43	14.53	0.03	3	沙土
2015	>10~20	89.70	10.30	0.00	3	沙土
2015	>20~40	91.73	8.23	0.03	3	沙土
2015	>40~60	89.70	10.30	0.00	3	沙土
2015	>60~100	88.70	11.27	0.03	3	沙土

4.5　剖面土壤容重数据集

4.5.1　概述

　　本数据集为奈曼站 3 个长期荒漠观测样地 2005 年和 2010 年（0~10 cm 和 >10~20 cm）以及 3 个农田样地 2005 年、2010 年和 2015 年（0~10 cm、>10~20 cm、>20~40 cm、>40~60 cm 和 >60~100 cm）剖面土壤容重数据。按照 CERN 长期观测规范，剖面土壤容重的观测频率为 5 年 1 次。6 个长期观测样地包括奈曼站流动沙丘辅助观测场（NMDFZ03）、奈曼站固定沙丘辅助观测场（NMDFZ02）、奈曼站沙地综合观测场（NMDZH02）、奈曼站农田辅助观测场（NMDFZ01）、奈曼站农田综合观测场（NMDZH01）及奈曼站旱作农田调查点（NMDZQ01）。

4.5.2　数据采集和处理方法

　　在作物生长的高峰期（8 月中旬），在各个采样点挖取长 1.5 m、宽 1 m、深 1.2 m 的土壤剖面，观察面向阳，将挖出的土壤按不同层次分开放置，用木制土铲铲除观察面表层与铁锹接触的土壤，然后进行土壤容重的测定。土壤容重采用环刀法进行测定。

4.5.3　数据质量控制和评估

　　（1）分析时进行 3 次平行样品测定。
　　（2）利用校验软件检查每个观测数据是否超出相同土壤类型和采样深度的历史数据阈值、每个观测场观测项目均值是否超出该样地相同深度历史数据均值的 2 倍标准差、每个观测场观测项目标准差是否超出该样地相同深度历史数据的 2 倍标准差或者样地空间变异调查数据的 2 倍标准差等。对超出范围的数据进行核实或再次测定。

4.5.4　数据

表 4-25 至表 4-30 中为奈曼站 3 个长期荒漠观测样地 2005 年、2010 年和 3 个农田样地 2005 年、2010 年、2015 年剖面土壤容重数据。

表 4-25　奈曼站流动沙丘辅助观测场剖面土壤容重

年份	观测层次/cm	容重/（g/cm³）	标准差/（g/cm³）	重复数/个
2005	0～10	—	—	—
2005	>10～20	—	—	—
2010	0～10	—	—	—
2010	>10～20	—	—	—

表 4-26　奈曼站固定沙丘辅助观测场剖面土壤容重

年份	观测层次/cm	容重/（g/cm³）	标准差/（g/cm³）	重复数/个
2005	0～10	1.61	0.02	6
2005	>10～20	1.62	0.02	6
2010	0～10	1.60	0.01	6
2010	>10～20	1.60	0.03	6

表 4-27　奈曼站沙地综合观测场剖面土壤容重

年份	观测层次/cm	容重/（g/cm³）	标准差/（g/cm³）	重复数/个
2005	0～10	1.47	0.05	6
2005	>10～20	1.51	0.05	6
2010	0～10	1.45	0.08	6
2010	>10～20	1.42	0.03	6

表 4-28　奈曼站农田辅助观测场剖面土壤容重

年份	观测层次/cm	容重/（g/cm³）	标准差/（g/cm³）	重复数/个
2005	0～10	1.40	0.06	8
2005	>10～20	1.48	0.03	7
2005	>20～40	1.50	0.01	12
2005	>40～60	1.51	0.03	12
2005	>60～100	1.54	0.05	15
2010	0～20	1.43	0.02	6

（续）

年份	观测层次/cm	容重/（g/cm³）	标准差/（g/cm³）	重复数/个
2015	0～10	1.26	0.08	3
2015	＞10～20	1.48	0.01	3
2015	＞20～40	1.48	0.07	3
2015	＞40～60	1.45	0.08	3
2015	＞60～100	1.45	0.08	3

表4-29　奈曼站农田综合观测场剖面土壤容重

年份	观测层次/cm	容重/（g/cm³）	标准差/（g/cm³）	重复数/个
2005	0～10	1.45	0.06	3
2005	＞10～20	1.46	0.03	3
2005	＞20～40	1.40	0.09	3
2005	＞40～60	1.40	0.05	3
2005	＞60～100	1.47	0.02	3
2010	0～20	1.45	0.02	6
2015	0～10	1.27	0.09	3
2015	＞10～20	1.37	0.11	3
2015	＞20～40	1.19	0.10	3
2015	＞40～60	1.23	0.04	3
2015	＞60～100	1.28	0.06	3

表4-30　奈曼站旱作农田调查点剖面土壤容重

年份	观测层次/cm	容重/（g/cm³）	标准差/（g/cm³）	重复数/个
2005	0～10	1.54	0.03	3
2005	＞10～20	1.51	0.05	3
2005	＞20～40	1.41	0.04	3
2005	＞40～60	1.54	0.12	3
2005	＞60～100	1.49	0.05	3

（续）

年份	观测层次/cm	容重/（g/cm³）	标准差/（g/cm³）	重复数/个
2010	0～20	1.46	0.03	3
2015	0～10	1.46	0.07	3
2015	>10～20	1.50	0.06	3
2015	>20～40	1.51	0.05	3
2015	>40～60	1.51	0.06	3
2015	>60～100	1.48	0.05	3

4.6　剖面土壤重金属全量数据集

4.6.1　概述

本数据集为奈曼站 3 个长期荒漠观测样地以及 3 个农田样地 2005 年、2010 年（0～10 cm、>10～20 cm、>20～40 cm、>40～60 cm 和>60～100 cm）剖面土壤重金属（铅、铬、镍、镉、硒、砷、汞）全量数据。按照 CERN 长期观测规范，土壤交换量的观测频率为 5 年 1 次。6 个长期观测样地包括奈曼站流动沙丘辅助观测场（NMDFZ03）、奈曼站固定沙丘辅助观测场（NMDFZ02）、奈曼站沙地综合观测场（NMDZH02）、奈曼站农田辅助观测场（NMDFZ01）、奈曼站农田综合观测场（NMDZH01）及奈曼站旱作农田调查点（NMDZQ01）。

4.6.2　数据采集和处理方法

在作物生长的高峰期（8 月中旬），在各个采样点挖取长 1.5 m、宽 1.0 m、深 1.2 m 的土壤剖面，观察面向阳，将挖出的土壤按不同层次分开放置，用木制土铲铲除观察面表层与铁锹接触的土壤，自下向上采集各层土样，每层约 1.5 kg，装入棉质土袋，最后将挖出的土壤按层回填。将取回的土样置于干净的白纸上风干，挑除根系和石子，用四分法取适量研磨后，过 2 mm 尼龙筛，装入广口瓶备用。2005 年和 2010 年的土壤样品采用相同的室内分析方法进行测定。其中铅、铬、镍、镉采用盐酸-硝酸-氢氟酸-高氯酸消煮-ICP-AES 法测定，硒、砷和汞采用王水消解-原子荧光光谱法测定。

4.6.3　数据质量控制和评估

（1）测定时插入国家标准样品进行质控。

（2）分析时进行 3 次平行样品测定。

（3）利用校验软件检查每个观测数据是否超出相同土壤类型和采样深度的历史数据阈值、每个观测场观测项目均值是否超出该样地相同深度历史数据均值的 2 倍标准差、每个观测场观测项目标准差是否超出该样地相同深度历史数据的 2 倍标准差或者样地空间变异调查数据的 2 倍标准差等。对超出范围的数据进行核实或再次测定。

4.6.4　数据

表 4-31 至表 4-36 中为奈曼站 3 个长期荒漠观测样地及 3 个农田样地 2005 年、2010 年剖面土壤重金属全量数据。

表4-31　奈曼站流动沙丘辅助观测场剖面土壤重金属全量

年份	观测层次/cm	铅/(mg/kg)		铬/(mg/kg)		镍/(mg/kg)		镉/(mg/kg)		硒/(mg/kg)		砷/(mg/kg)		汞/(mg/kg)		重复数/个
		平均值	标准差	平均值	标准差	平均值	标准差	平均值	标准差	平均值	标准差	平均值	标准差	平均值	标准差	
2005	0~10	19.6	1.8	30.5	1.9	11.3	1.3	0.071	0.016	0.05	0.00	4.73	0.10	0.03	0.01	3
2005	>10~20	19.0	4.3	28.4	1.8	12.5	2.2	0.064	0.018	0.04	0.00	4.69	0.29	0.02	0.01	3
2005	>20~40	18.2	5.7	28.0	2.0	12.3	0.8	0.052	0.005	0.03	0.01	4.46	0.30	0.02	0.00	3
2005	>40~60	16.5	1.4	30.5	1.8	12.2	3.1	0.053	0.009	0.03	0.01	4.73	0.39	0.02	0.00	3
2005	>60~100	15.0	1.2	34.0	8.5	13.4	5.1	0.062	0.017	0.04	0.01	5.74	1.95	0.02	0.00	3

表4-32　奈曼站固定沙丘辅助观测场剖面土壤重金属全量

年份	观测层次/cm	铅/(mg/kg)		铬/(mg/kg)		镍/(mg/kg)		镉/(mg/kg)		硒/(mg/kg)		砷/(mg/kg)		汞/(mg/kg)		重复数/个
		平均值	标准差	平均值	标准差	平均值	标准差	平均值	标准差	平均值	标准差	平均值	标准差	平均值	标准差	
2005	0~10	12.2	0.3	9.2	2.6	2.9	0.7	0.039	0.009	0.02	0.01	1.92	1.03	0.01	0.00	3
2005	>10~20	14.1	1.9	11.2	3.8	3.2	1.1	0.036	0.005	0.02	0.01	2.11	0.91	0.01	0.00	3
2005	>20~40	13.4	2.5	8.1	1.4	3.0	0.2	0.031	0.004	0.02	0.01	2.07	0.96	0.01	0.01	3
2005	>40~60	11.4	1.1	10.0	3.6	2.4	1.4	0.031	0.004	0.01	0.00	2.03	0.96	0.01	0.00	3
2005	>60~100	12.1	0.9	7.6	3.8	2.9	0.5	0.035	0.004	0.01	0.01	2.02	1.06	0.01	0.01	3

表4-33　奈曼站沙地综合观测场剖面土壤重金属全量

年份	观测层次/cm	铅/(mg/kg)		铬/(mg/kg)		镍/(mg/kg)		镉/(mg/kg)		硒/(mg/kg)		砷/(mg/kg)		汞/(mg/kg)		重复数/个
		平均值	标准差	平均值	标准差	平均值	标准差	平均值	标准差	平均值	标准差	平均值	标准差	平均值	标准差	
2005	0~10	15.7	1.2	13.4	4.5	6.5	2.7	0.125	0.021	0.05	0.02	3.38	0.03	0.29	0.31	3
2005	>10~20	16.1	4.7	14.9	3.9	5.7	3.4	0.078	0.021	0.04	0.02	2.34	1.10	0.18	0.20	3

（续）

年份	观测层次/cm	铝/(mg/kg) 平均值	标准差	铬/(mg/kg) 平均值	标准差	镍/(mg/kg) 平均值	标准差	镉/(mg/kg) 平均值	标准差	硒/(mg/kg) 平均值	标准差	砷/(mg/kg) 平均值	标准差	汞/(mg/kg) 平均值	标准差	重复数/个
2005	>20~40	15.1	3.4	9.2	8.3	3.5	1.3	0.110	0.104	0.04	0.02	2.46	0.33	0.11	0.11	3
2005	>40~60	15.6	5.4	9.8	7.0	2.0	2.0	0.069	0.025	0.04	0.02	2.76	0.34	0.08	0.08	3
2005	>60~100	14.1	2.3	10.4	4.6	3.6	1.5	0.067	0.033	0.04	0.02	2.20	0.61	0.07	0.07	3

表 4 - 34　奈曼站农田辅助观测场剖面土壤重金属全量

年份	观测层次/cm	铝/(mg/kg) 平均值	标准差	铬/(mg/kg) 平均值	标准差	镍/(mg/kg) 平均值	标准差	镉/(mg/kg) 平均值	标准差	硒/(mg/kg) 平均值	标准差	砷/(mg/kg) 平均值	标准差	汞/(mg/kg) 平均值	标准差	重复数/个
2005	0~10	19.0	0.5	35.9	1.3	14.5	1.3	0.078	0.009	0.05	0.01	3.90	0.15	0.02	0.00	3
2005	>10~20	18.2	1.1	35.1	1.4	13.1	0.5	0.049	0.010	0.05	0.00	3.42	0.17	0.01	0.00	3
2005	>20~40	18.4	0.4	31.3	3.3	12.4	0.6	0.063	0.021	0.05	0.00	3.53	0.04	0.01	0.00	3
2005	>40~60	18.8	2.1	32.8	2.2	12.4	0.5	0.051	0.004	0.04	0.00	3.15	0.63	0.02	0.01	3
2005	>60~100	18.3	0.5	29.2	4.0	12.0	0.4	0.047	0.011	0.04	0.00	3.22	0.04	0.01	0.00	3
2010	0~10	18.8	1.2	43.2	1.9	14.8	0.6	0.075	0.031	0.05	0.01	4.77	0.03	0.08	0.04	3
2010	>10~20	19.4	0.6	43.0	0.9	15.1	1.1	0.046	0.017	0.05	0.01	4.52	0.22	0.03	0.01	3
2010	>20~40	17.2	1.1	38.2	1.4	12.9	0.7	0.033	0.013	0.04	0.01	4.19	0.19	0.02	0.00	3
2010	>40~60	18.0	1.0	40.3	2.5	12.5	0.8	0.034	0.027	0.03	0.01	3.91	0.46	0.02	0.00	3
2010	>60~100	17.9	0.8	40.8	2.2	13.5	1.4	0.050	0.019	0.03	0.01	4.07	0.57	0.02	0.01	3

表 4-35 奈曼站农田综合观测场剖面土壤重金属全量

年份	观测层次/cm	铅/(mg/kg) 平均值	标准差	铬/(mg/kg) 平均值	标准差	镍/(mg/kg) 平均值	标准差	镉/(mg/kg) 平均值	标准差	硒/(mg/kg) 平均值	标准差	砷/(mg/kg) 平均值	标准差	汞/(mg/kg) 平均值	标准差	重复数/个
2005	0~10	20.1	1.9	39.4	5.0	21.9	9.4	0.074	0.021	0.06	0.01	5.77	1.28	0.02	0.01	3
2005	>10~20	20.0	2.4	37.2	2.2	16.3	1.8	0.060	0.008	0.06	0.01	5.43	0.96	0.02	0.01	3
2005	>20~40	20.0	3.7	37.9	13.9	18.9	3.5	0.070	0.020	0.08	0.02	8.68	1.52	0.02	0.01	3
2005	>40~60	21.2	2.5	41.4	11.3	21.3	4.4	0.074	0.020	0.06	0.04	7.19	3.24	0.02	0.01	3
2005	>60~100	20.9	0.5	35.5	8.9	15.4	3.2	0.060	0.004	0.04	0.02	5.18	1.29	0.02	0.01	3
2010	0~10	18.6	0.7	47.1	0.3	16.4	0.7	0.076	0.021	0.06	0.00	5.44	0.36	0.06	0.03	3
2010	>10~20	17.8	0.2	44.7	2.4	16.0	1.2	0.058	0.022	0.05	0.00	5.39	0.44	0.02	0.01	3
2010	>20~40	17.9	1.9	47.1	4.2	17.3	3.1	0.052	0.016	0.06	0.01	5.63	0.87	0.02	0.00	3
2010	>40~60	19.3	0.4	61.6	1.2	24.4	0.2	0.066	0.025	0.07	0.01	7.78	0.33	0.02	0.00	3
2010	>60~100	17.6	0.3	45.5	4.6	17.3	3.1	0.036	0.021	0.04	0.02	5.49	1.10	0.02	0.00	3

表 4-36 奈曼站旱作农田调查点剖面土壤重金属全量

年份	观测层次/cm	铅/(mg/kg) 平均值	标准差	铬/(mg/kg) 平均值	标准差	镍/(mg/kg) 平均值	标准差	镉/(mg/kg) 平均值	标准差	硒/(mg/kg) 平均值	标准差	砷/(mg/kg) 平均值	标准差	汞/(mg/kg) 平均值	标准差	重复数/个
2005	0~10	17.5	0.4	36.6	0.7	12.3	0.7	0.065	0.019	0.05	0.00	3.39	0.20	0.01	0.00	3
2005	>10~20	17.3	0.7	34.4	0.7	12.4	0.4	0.044	0.006	0.05	0.00	3.37	0.63	0.01	0.00	3
2005	>20~40	17.1	0.7	33.9	5.7	13.4	0.9	0.045	0.006	0.04	0.01	3.87	0.32	0.01	0.00	3
2005	>40~60	16.0	1.1	34.5	3.3	10.9	1.7	0.048	0.013	0.02	0.01	2.91	0.47	0.01	0.00	3
2005	>60~100	17.2	0.7	33.8	4.4	12.3	1.8	0.042	0.006	0.03	0.01	3.35	0.68	0.01	0.00	3
2010	0~0	17.6	1.5	41.0	7.5	12.6	4.1	0.070	0.031	0.06	0.03	3.97	1.30	0.03	0.00	3
2010	>10~20	17.9	2.1	42.6	8.8	13.8	4.1	0.049	0.036	0.06	0.02	4.53	1.40	0.02	0.00	3
2010	>20~40	16.7	0.3	144.8	181.5	17.8	11.7	0.030	0.019	0.03	0.01	2.90	0.46	0.02	0.00	3
2010	>40~60	16.3	0.3	35.5	1.2	10.4	2.0	0.017	0.007	0.04	0.03	2.77	0.97	0.02	0.00	3
2010	>60~100	15.6	0.2	33.9	4.0	9.0	2.7	0.008	0.006	0.04	0.03	2.60	1.10	0.02	0.00	3

4.7　剖面土壤微量元素

4.7.1　概述

本数据集为奈曼站 3 个长期荒漠观测样地 2005 年以及 3 个农田样地 2005 年和 2010 年剖面土壤（0～10 cm、>10～20 cm、>20～40 cm、>40～60 cm 和>60～100 cm）微量元素（全钼、全锌、全锰、全铜、全铁和全硼）数据。按照 CERN 长期观测规范，土壤交换量的观测频率为 5 年 1 次。6 个长期观测样地包括奈曼站流动沙丘辅助观测场（NMDFZ03）、奈曼站固定沙丘辅助观测场（NMDFZ02）、奈曼站沙地综合观测场（NMDZH02）、奈曼站农田辅助观测场（NMDFZ01）、奈曼站农田综合观测场（NMDZH01）及奈曼站旱作农田调查点（NMDZQ01）。

4.7.2　数据采集和处理方法

在作物生长的高峰期（8 月中旬），在各个采样点挖取长 1.5 m、宽 1.0 m、深 1.2 m 的土壤剖面，观察面向阳，将挖出的土壤按不同层次分开放置，用木制土铲铲除观察面表层与铁锹接触的土壤，自下向上采集各层土样，每层约 1.5 kg，装入棉质土袋，最后将挖出的土壤按层回填。将取回的土样置于干净的白纸上风干，挑除根系和石子，用四分法取适量研磨后，过 2 mm 尼龙筛，装入广口瓶备用。土壤样品采用相同的室内分析方法进行测定。其中全钼、全锌、全锰、全铜、全铁采用氢氟酸-高氯酸-硝酸消煮-ICP-MS 法进行测定，全硼采用碳酸钠熔融-姜黄素比色法进行测定。

4.7.3　数据质量控制和评估

（1）测定时插入国家标准样品进行质控。

（2）分析时进行 3 次平行样品测定。

（3）利用校验软件检查每个观测数据是否超出相同土壤类型和采样深度的历史数据阈值、每个观测场观测项目均值是否超出该样地相同深度历史数据均值的 2 倍标准差、每个观测场观测项目标准差是否超出该样地相同深度历史数据的 2 倍标准差或者样地空间变异调查数据的 2 倍标准差等。对超出范围的数据进行核实或再次测定。

4.7.4　数据

表 4-37 至表 4-42 中为奈曼站 3 个长期荒漠观测样地 2005 年及 3 个农田样地 2005 年、2010 年剖面土壤微量元素数据。

表4-37　奈曼站流动沙丘辅助观测场剖面土壤微量元素

年份	观测层次/cm	全钼/(mg/kg) 平均值	标准差	全锌/(mg/kg) 平均值	标准差	全锰/(mg/kg) 平均值	标准差	全铜/(mg/kg) 平均值	标准差	全铁/(mg/kg) 平均值	标准差	全硼/(mg/kg) 平均值	标准差	重复数/个
2005	0~10	0.99	0.76	32.62	1.28	369.31	19.08	9.30	0.51	9 247.95	1 334.88	32.73	14.40	3
2005	>10~20	0.49	0.25	30.51	1.82	361.87	43.35	8.49	1.25	10 267.48	2 474.04	49.18	17.90	3
2005	>20~40	0.46	0.28	36.20	7.37	345.37	25.37	8.76	1.16	12 543.54	3 715.68	39.37	12.05	3
2005	>40~60	0.34	0.10	32.09	4.17	358.05	45.35	8.65	1.33	14 421.79	1 318.29	33.97	16.68	3
2005	>60~100	0.35	0.21	34.36	5.68	380.23	62.36	11.60	2.69	16 536.79	3 464.01	39.12	7.05	3

表4-38　奈曼站固定沙丘辅助观测场剖面土壤微量元素

年份	观测层次/cm	全钼/(mg/kg) 平均值	标准差	全锌/(mg/kg) 平均值	标准差	全锰/(mg/kg) 平均值	标准差	全铜/(mg/kg) 平均值	标准差	全铁/(mg/kg) 平均值	标准差	全硼/(mg/kg) 平均值	标准差	重复数/个
2005	0~10	0.20	0.01	20.94	6.56	263.82	203.72	5.18	0.74	3 831.32	846.81	7.57	2.29	3
2005	>10~20	0.23	0.06	17.26	1.69	288.38	109.13	4.55	1.03	4 239.57	1 346.53	9.63	1.58	3
2005	>20~40	0.26	0.11	14.22	0.68	195.32	45.59	4.32	1.27	4 281.16	1 190.24	6.00	0.56	3
2005	>40~60	0.25	0.11	13.61	1.18	228.61	87.88	3.71	0.95	4 155.16	1 063.87	8.47	1.14	3
2005	>60~100	0.24	0.05	16.02	1.89	219.97	158.33	4.96	1.62	5 266.97	3 369.97	4.97	0.55	3

表4-39　奈曼站沙地综合观测场剖面土壤微量元素

年份	观测层次/cm	全钼/(mg/kg) 平均值	标准差	全锌/(mg/kg) 平均值	标准差	全锰/(mg/kg) 平均值	标准差	全铜/(mg/kg) 平均值	标准差	全铁/(mg/kg) 平均值	标准差	全硼/(mg/kg) 平均值	标准差	重复数/个
2005	0~10	0.30	0.21	27.65	4.08	184.88	63.71	6.53	0.21	6 317.49	3 889.85	14.92	12.84	3
2005	>10~20	0.27	0.21	21.04	2.75	200.52	108.08	6.65	3.72	6 287.15	4 736.21	12.40	6.24	3
2005	>20~40	0.31	0.22	19.28	3.93	180.75	65.30	3.92	0.71	4 782.40	1 809.60	8.56	6.85	3
2005	>40~60	0.30	0.22	17.30	2.49	158.78	30.25	3.49	0.62	4 614.85	1 637.22	14.46	15.36	3
2005	>60~100	0.34	0.26	19.15	1.90	224.57	140.97	3.55	0.34	5 746.54	3 930.06	9.02	6.87	3

表 4 - 40　奈曼站农田辅助观测场观测土壤速效微量元素

年份	观测层次/cm	全钼/(mg/kg) 平均值	标准差	全锌/(mg/kg) 平均值	标准差	全锰/(mg/kg) 平均值	标准差	全铜/(mg/kg) 平均值	标准差	全铁/(mg/kg) 平均值	标准差	全硼/(mg/kg) 平均值	标准差	重复数/个
2005	0~10	0.35	0.15	38.29	2.29	374.82	25.83	14.65	1.34	14 300.88	906.72	26.00	4.36	3
2005	>10~20	0.47	0.09	33.99	1.63	332.35	16.41	13.15	0.64	12 801.79	1 891.83	22.33	4.51	3
2005	>20~40	0.61	0.24	34.97	0.07	333.08	6.42	12.84	1.94	9 958.27	1 261.93	23.00	2.83	3
2005	>40~60	0.44	0.02	34.96	2.15	340.27	3.03	12.34	0.48	11 350.28	201.91	20.00	4.24	3
2005	>60~100	0.48	0.01	35.55	3.97	353.02	59.00	13.51	1.94	11 635.82	807.63	24.00	0.00	3
2010	0~10	2.60	0.74	39.93	3.54	406.87	19.30	11.44	0.59	17 021.53	1 352.18	31.97	4.99	3
2010	>10~20	2.58	0.61	40.86	2.61	399.13	15.63	10.97	0.60	16 910.75	710.90	29.73	1.15	3
2010	>20~40	2.56	0.68	33.53	1.86	361.02	16.30	9.80	0.41	15 483.98	1 061.03	27.83	4.07	3
2010	>40~60	2.54	0.67	32.16	2.68	386.11	11.30	9.92	1.26	15 463.28	1 181.84	29.00	2.36	3
2010	>60~100	2.60	0.70	34.83	3.38	419.23	13.34	10.22	0.62	16 582.62	814.87	28.87	0.90	3

表 4 - 41　奈曼站农田综合观测场剖面土壤微量元素

年份	观测层次/cm	全钼/(mg/kg) 平均值	标准差	全锌/(mg/kg) 平均值	标准差	全锰/(mg/kg) 平均值	标准差	全铜/(mg/kg) 平均值	标准差	全铁/(mg/kg) 平均值	标准差	全硼/(mg/kg) 平均值	标准差	重复数/个
2005	0~10	0.42	0.11	43.20	5.69	447.73	10.27	12.74	1.12	19 839.78	1 367.94	38.31	7.53	3
2005	>10~20	0.53	0.09	42.92	7.53	432.59	46.62	12.41	1.62	19 703.38	2 720.68	37.45	5.14	3
2005	>20~40	0.63	0.12	47.08	11.23	488.73	87.46	17.22	5.12	23 233.01	4 431.68	32.76	9.60	3
2005	>40~60	0.71	0.19	43.88	9.07	443.00	55.79	14.81	2.73	21 437.22	4 030.15	38.23	15.91	3
2005	>60~100	0.44	0.01	49.55	20.15	474.67	202.98	14.91	9.24	22 695.98	11 078.22	34.65	13.64	3
2010	0~10	3.41	0.10	40.62	0.82	455.27	3.86	12.90	0.92	19 085.78	632.97	32.87	4.40	3
2010	>10~20	3.37	0.11	39.63	0.93	429.24	17.82	12.06	0.95	18 369.33	1 841.83	33.60	1.91	3
2010	>20~40	3.38	0.12	42.30	9.26	448.00	50.76	13.13	2.08	19 253.30	2 973.51	33.50	2.65	3
2010	>40~60	3.75	0.19	52.24	1.88	552.77	19.30	17.91	0.20	25 289.27	1 371.04	38.87	1.26	3
2 010	>60~100	3.53	0.33	39.68	9.19	407.90	46.44	12.35	2.17	18 247.05	2 085.48	31.87	1.26	3

表 4-42 奈曼站旱作农田调查点剖面土壤微量元素

年份	观测层次/cm	全钼/（mg/kg）		全锌/（mg/kg）		全锰/（mg/kg）		全铜/（mg/kg）		全铁/（mg/kg）		全硼/（mg/kg）		重复数/个
		平均值	标准差	平均值	标准差	平均值	标准差	平均值	标准差	平均值	标准差	平均值	标准差	
2005	0~10	0.43	0.03	41.09	14.93	603.43	436.46	13.82	6.24	11 115.97	2 000.04	19.00	1.00	3
2005	>10~20	0.70	0.08	42.36	15.63	423.20	91.96	14.51	2.40	13 842.26	3 766.13	19.33	2.52	3
2005	>20~40	0.46	0.07	33.22	1.77	360.23	12.60	11.07	1.11	14 895.76	1 587.16	24.67	2.08	3
2005	>40~60	0.48	0.15	29.39	2.23	360.37	49.30	10.07	0.82	11 229.16	4 305.48	22.23	6.52	3
2005	>60~100	0.45	0.08	32.19	2.11	385.02	88.48	10.71	0.49	15 013.26	2 151.28	18.27	8.20	3
2010	0~10	2.17	0.15	36.58	10.61	363.80	26.94	10.07	3.12	15 080.72	3 098.77	30.57	2.60	3
2010	>10~20	2.22	0.10	39.32	5.48	419.11	93.84	11.20	3.08	16 971.70	4 053.28	35.23	0.35	3
2010	>20~40	2.30	0.23	30.25	1.78	344.01	47.25	8.69	0.77	13 732.92	723.95	25.73	4.65	3
2010	>40~60	2.11	0.06	36.35	11.53	367.68	32.67	8.35	1.38	14 208.63	2 091.66	31.83	3.13	3
2010	>60~100	2.01	0.07	27.58	4.28	324.19	39.16	7.34	2.20	11 798.62	2 183.67	26.77	5.08	3

4.8　剖面土壤矿质全量

4.8.1　概述

本数据集为奈曼站 3 个长期荒漠观测样地以及 3 个农田样地 2005 年剖面土壤（0～10 cm、>10～20 cm、>20～40 cm、>40～60 cm 和>60～100 cm）矿质全量（SiO_2、Fe_2O_3、MnO、TiO_2、Al_2O_3、CaO、MgO、K_2O、Na_2O、P_2O_5 和 S）数据。6 个长期观测样地包括奈曼站流动沙丘辅助观测场（NMDFZ03）、奈曼站固定沙丘辅助观测场（NMDFZ02）、奈曼站沙地综合观测场（NMDZH02）、奈曼站农田辅助观测场（NMDFZ01）、奈曼站农田综合观测场（NMDZH01）及奈曼站旱作农田调查点（NMDZQ01）。

4.8.2　数据采集和处理方法

在作物生长的高峰期（8 月中旬），在各个采样点挖取长 1.5 m、宽 1.0 m、深 1.2 m 的土壤剖面，观察面向阳，将挖出的土壤按不同层次分开放置，用木制土铲铲除观察面表层与铁锹接触的土壤，自下向上采集各层土样，每层约 1.5 kg，装入棉质土袋，最后将挖出的土壤按层回填。将取回的土样置于干净的白纸上风干，挑除根系和石子，用四分法取适量研磨后，过 2 mm 尼龙筛，装入广口瓶备用。剖面土壤 SiO_2、Fe_2O_3、MnO、TiO_2、Al_2O_3、CaO、MgO、K_2O、Na_2O 和 P_2O_5 采用偏硼酸锂熔融- ICP - AES 法（LY/T 1253—1999）进行测定，S 采用燃烧碘量法（LY/T 1270—1999）进行测定。

4.8.3　数据质量控制和评估

（1）测定时插入国家标准样品进行质控。

（2）分析时进行 3 次平行样品测定。

（3）利用校验软件检查每个观测数据是否超出相同土壤类型和采样深度的历史数据阈值、每个观测场观测项目均值是否超出该样地相同深度历史数据均值的 2 倍标准差、每个观测场观测项目标准差是否超出该样地相同深度历史数据的 2 倍标准差或者样地空间变异调查数据的 2 倍标准差等。对超出范围的数据进行核实或再次测定。

4.8.4　数据

表 4 - 43 至表 4 - 54 中为奈曼站 3 个长期荒漠观测样地及 3 个农田样地 2005 年剖面土壤矿质全量数据。

表 4 - 43　奈曼站流动沙丘辅助观测场剖面土壤矿质全量（1）

年份	观测层次/cm	SiO_2/%		Fe_2O_3/%		MnO/%		TiO_2/%		Al_2O_3/%		重复数/个
		平均值	标准差	平均值	标准差	平均值	标准差	平均值	标准差	平均值	标准差	
2005	0～10	847.0	47.9	9.03	5.56	0.240	0.082	2.040	1.724	74.6	22.7	3
2005	>10～20	854.5	52.2	8.99	6.77	0.260	0.139	2.157	2.463	72.1	28.0	3
2005	>20～40	867.1	31.3	6.84	2.59	0.237	0.081	1.257	0.733	68.7	17.5	3
2005	>40～60	873.2	26.1	6.59	2.34	0.203	0.040	1.243	0.743	67.0	15.6	3
2005	>60～100	863.3	29.3	8.22	5.62	0.290	0.182	2.120	2.408	70.5	20.8	3

表 4-44　奈曼站流动沙丘辅助观测场剖面土壤矿质全量（2）

年份	观测层次/cm	CaO/%		MgO/%		K₂O/%		Na₂O/%		P₂O₅/%		重复数/个
		平均值	标准差	平均值	标准差	平均值	标准差	平均值	标准差	平均值	标准差	
2005	0～10	0.070	0.035	7.88	7.40	2.71	1.74	29.07	2.56	13.00	2.00	3
2005	>10～20	0.060	0.044	6.24	5.77	2.36	1.94	28.20	2.50	17.42	10.03	3
2005	>20～40	0.060	0.044	5.53	4.06	1.80	0.78	30.27	3.74	11.06	1.81	3
2005	>40～60	0.057	0.040	5.98	5.21	1.66	0.81	28.70	2.25	10.36	2.92	3
2005	>60～100	0.060	0.035	4.68	2.96	1.83	0.94	28.87	2.26	12.06	0.75	3

表 4-45　奈曼站固定沙丘辅助观测场剖面土壤矿质全量（1）

年份	观测层次/cm	SiO₂/%		Fe₂O₃/%		MnO/%		TiO₂/%		Al₂O₃/%		重复数/个
		平均值	标准差	平均值	标准差	平均值	标准差	平均值	标准差	平均值	标准差	
2005	0～10	883.0	3.5	5.43	1.17	0.197	0.021	0.887	0.083	60.1	3.8	3
2005	>10～20	880.3	2.6	5.34	0.84	0.213	0.032	0.983	0.119	60.6	2.3	3
2005	>20～40	881.7	1.8	5.77	1.40	0.197	0.015	0.893	0.121	60.6	1.9	3
2005	>40～60	883.4	3.4	5.37	1.33	0.190	0.026	0.873	0.171	60.6	2.8	3
2005	>60～100	885.1	6.1	7.18	4.94	0.193	0.012	0.897	0.047	59.6	3.3	3

表 4-46　奈曼站固定沙丘辅助观测场剖面土壤矿质全量（2）

年份	观测层次/cm	CaO/%		MgO/%		K₂O/%		Na₂O/%		P₂O₅/%		重复数/个
		平均值	标准差	平均值	标准差	平均值	标准差	平均值	标准差	平均值	标准差	
2005	0～10	0.083	0.006	3.39	0.14	1.17	0.16	27.18	0.79	11.99	1.14	3
2005	>10～20	0.090	0.000	3.52	0.29	1.14	0.10	27.07	1.13	12.00	0.32	3
2005	>20～40	0.083	0.006	3.39	0.20	1.10	0.24	27.62	1.23	11.95	0.67	3
2005	>40～60	0.080	0.000	3.28	0.35	1.10	0.24	27.63	0.95	11.96	1.08	3
2005	>60～100	0.080	0.000	3.32	0.09	1.03	0.28	26.79	0.78	11.96	0.20	3

表 4-47　奈曼站沙地综合观测场剖面土壤矿质全量（1）

年份	观测层次/cm	SiO₂/%		Fe₂O₃/%		MnO/%		TiO₂/%		Al₂O₃/%		重复数/个
		平均值	标准差	平均值	标准差	平均值	标准差	平均值	标准差	平均值	标准差	
2005	0～10	820.9	24.6	13.22	1.91	0.327	0.046	2.827	0.772	82.5	10.7	3
2005	>10～20	800.9	28.0	14.68	3.54	0.367	0.050	3.537	0.740	92.2	11.8	3
2005	>20～40	780.8	48.8	17.94	5.31	0.403	0.098	4.063	1.441	99.8	20.0	3
2005	>40～60	752.8	10.8	20.62	1.89	0.453	0.015	4.843	0.283	113.4	6.7	3
2005	>60～100	742.8	33.1	24.25	6.00	0.520	0.096	4.960	0.660	113.1	10.3	3

表 4-48　奈曼站沙地综合观测场剖面土壤矿质全量（2）

年份	观测层次/cm	CaO/%		MgO/%		K₂O/%		Na₂O/%		P₂O₅/%		重复数/个
		平均值	标准差	平均值	标准差	平均值	标准差	平均值	标准差	平均值	标准差	
2005	0～10	0.127	0.006	9.47	2.80	4.10	0.29	28.33	0.65	17.53	2.51	3
2005	>10～20	0.123	0.015	13.13	3.07	5.55	0.84	28.65	0.54	19.03	2.69	3
2005	>20～40	0.113	0.006	15.86	6.28	6.52	2.05	28.88	0.82	21.32	4.65	3
2005	>40～60	0.110	0.010	19.78	1.82	8.72	1.42	29.47	0.88	24.19	2.06	3
2005	>60～100	0.123	0.015	21.07	2.27	9.23	2.68	28.73	1.93	23.02	2.63	3

表 4-49　奈曼站农田辅助观测场剖面土壤矿质全量（1）

年份	观测层次/cm	SiO₂/%		Fe₂O₃/%		MnO/%		TiO₂/%		Al₂O₃/%		重复数/个
		平均值	标准差	平均值	标准差	平均值	标准差	平均值	标准差	平均值	标准差	
2005	0～10	763.2	14.1	20.45	1.29	0.453	0.023	4.45	0.19	105.7	4.4	3
2005	>10～20	770.9	21.6	18.30	2.70	0.420	0.044	4.06	0.57	102.0	6.6	3
2005	>20～40	799.8	18.1	14.32	1.28	0.353	0.031	3.38	0.39	92.8	4.6	3
2005	>40～60	786.1	6.5	16.06	0.36	0.393	0.015	3.80	0.12	97.3	3.2	3
2005	>60～100	770.6	13.7	17.28	1.39	0.463	0.067	4.16	0.47	101.1	4.8	3

表 4-50　奈曼站农田辅助观测场剖面土壤矿质全量（2）

年份	观测层次/cm	CaO/%		MgO/%		K₂O/%		Na₂O/%		S/（g/kg）		重复数/个
		平均值	标准差	平均值	标准差	平均值	标准差	平均值	标准差	平均值	标准差	
2005	0～10	16.90	1.03	6.67	1.35	28.86	0.35	21.75	0.44	0.13	0.01	3
2005	>10～20	17.00	2.28	5.81	0.83	28.72	0.54	21.37	2.04	0.12	0.01	3
2005	>20～40	13.59	2.30	4.17	0.77	28.46	0.55	19.24	1.51	0.12	0.01	3
2005	>40～60	16.50	1.67	4.96	0.76	28.79	0.35	20.63	0.30	0.13	0.02	3
2005	>60～100	18.74	3.02	5.95	1.24	29.35	0.58	21.76	1.54	0.15	0.02	3

表 4-51　奈曼站农田综合观测场剖面土壤矿质全量（1）

年份	观测层次/cm	SiO₂/%		Fe₂O₃/%		MnO/%		TiO₂/%		Al₂O₃/%		重复数/个
		平均值	标准差	平均值	标准差	平均值	标准差	平均值	标准差	平均值	标准差	
2005	0～10	706.7	21.2	27.66	1.30	0.563	0.012	5.84	0.23	120.0	1.9	3
2005	>10～20	694.0	59.2	31.80	9.56	0.617	0.161	6.11	0.67	124.9	10.0	3
2005	>20～40	644.9	100.8	33.38	6.31	0.627	0.097	6.14	0.58	121.5	10.1	3
2005	>40～60	688.0	42.2	38.97	11.05	0.700	0.178	6.99	0.96	137.2	17.3	3
2005	>60～100	700.5	60.0	25.97	4.38	0.497	0.071	5.55	0.55	118.2	7.2	3

表 4-52　奈曼站农田综合观测场剖面土壤矿质全量（2）

年份	观测层次/cm	CaO/%		MgO/%		K₂O/%		Na₂O/%		S/(g/kg)		重复数/个
		平均值	标准差	平均值	标准差	平均值	标准差	平均值	标准差	平均值	标准差	
2005	0～10	22.34	1.61	10.19	1.07	28.95	0.56	25.83	4.31	0.10	0.03	3
2005	>10～20	26.02	6.62	11.56	3.25	28.50	1.57	26.37	8.55	0.08	0.04	3
2005	>20～40	27.73	3.98	12.29	2.89	25.99	3.82	22.18	5.03	0.12	0.05	3
2005	>40～60	32.74	9.29	14.43	4.81	28.16	2.23	23.41	1.55	0.18	0.10	3
2005	>60～100	21.84	2.46	9.46	2.05	28.31	1.14	24.02	3.39	0.17	0.19	3

表 4-53　奈曼站旱作农田调查点剖面土壤矿质全量（1）

年份	观测层次/cm	SiO₂/%		Fe₂O₃/%		MnO/%		TiO₂/%		Al₂O₃/%		重复数/个
		平均值	标准差	平均值	标准差	平均值	标准差	平均值	标准差	平均值	标准差	
2005	0～10	809.1	16.6	13.00	2.52	0.333	0.031	3.34	0.53	90.6	7.6	3
2005	>10～20	790.4	32.3	16.51	5.45	0.357	0.029	3.55	0.33	92.6	2.3	3
2005	>20～40	757.9	13.4	21.30	2.27	0.453	0.029	4.89	0.23	107.4	4.9	3
2005	>40～60	826.5	63.2	16.05	6.16	0.297	0.116	2.73	1.86	82.8	24.2	3
2005	>60～100	803.4	60.8	21.47	3.08	0.360	0.139	3.63	2.07	91.2	22.9	3

表 4-54　奈曼站旱作农田调查点剖面土壤矿质全量（2）

年份	观测层次/cm	CaO/%		MgO/%		K₂O/%		Na₂O/%		S/(g/kg)		重复数/个
		平均值	标准差	平均值	标准差	平均值	标准差	平均值	标准差	平均值	标准差	
2005	0～10	9.54	1.78	3.73	1.24	28.39	0.43	18.70	1.25	0.12	0.01	3
2005	>10～20	11.28	1.27	3.49	0.11	28.56	0.21	19.47	0.63	0.10	0.01	3
2005	>20～40	19.51	2.91	6.53	1.46	28.33	1.05	22.56	0.85	0.11	0.01	3
2005	>40～60	10.31	8.28	3.31	2.68	28.00	1.67	17.44	5.96	0.09	0.01	3
2005	>60～100	13.22	7.20	4.03	2.52	27.97	1.49	19.66	6.61	0.10	0.01	3

第5章

长期联网水分观测数据集

5.1 土壤体积含水量数据集

5.1.1 概述

本数据集为奈曼站 2005—2015 年月尺度土壤体积含水量数据，定位观测点为内蒙古通辽市奈曼旗大沁他拉镇奈曼站农田综合观测场（120°41′58″E，42°55′46″N），用百分数表示，精度为 0.1%，有效数据 1 056 条。

5.1.2 数据采集和处理方法

数据获取方法：中子仪法，观测深度为 10～160 cm，每层深度为 10 cm。预先将一根中子管放入水池中，然后将中子仪底座放在测管上，打开读数器，解开电缆连接读数器，将中子仪探头放置在中子管中部（水面和池底之间的中部），让中子仪自检器读数，作为中子仪水中标准读数。每次观测时，将中子仪探头置于不同的深度，读取中子读数，然后根据各种土壤类型的中子仪标定方程及水中标准读数计算各土层的体积含水量。

原始数据观测频率为 10 d 1 次，下雨后加测 1 次，冬季停止观测。对每次质控后的所有同层深度观测数据进行平均，再用每月同层深度合计值除以月观测次数，获得每层深度的月平均值。

5.1.3 数据

表 5-1 中为奈曼站农田综合观测场 2005—2015 年月尺度土壤体积含水量数据。

表 5-1 土壤体积含水量

时间 （年-月）	样地代码	作物名称	探测深度/cm	体积含水量/%	重复数/个	标准差/%
2005-04	NMDZH01CTS_01	玉米	10	21.4	3	2.79
2005-04	NMDZH01CTS_01	玉米	20	25.9	3	3.11
2005-04	NMDZH01CTS_01	玉米	30	30.8	3	5.46
2005-04	NMDZH01CTS_01	玉米	40	28.1	3	4.32
2005-04	NMDZH01CTS_01	玉米	50	26.6	3	3.36
2005-04	NMDZH01CTS_01	玉米	60	25.1	3	0.91
2005-04	NMDZH01CTS_01	玉米	70	25.8	3	2.40
2005-04	NMDZH01CTS_01	玉米	80	27.5	3	3.10
2005-04	NMDZH01CTS_01	玉米	90	26.1	3	2.77

（续）

时间 （年-月）	样地代码	作物名称	探测深度/cm	体积含水量/%	重复数/个	标准差/%
2005 - 04	NMDZH01CTS_01	玉米	100	23.3	3	2.53
2005 - 04	NMDZH01CTS_01	玉米	110	19.3	3	1.26
2005 - 04	NMDZH01CTS_01	玉米	120	20.8	3	3.14
2005 - 04	NMDZH01CTS_01	玉米	130	25.4	3	2.82
2005 - 04	NMDZH01CTS_01	玉米	140	26.5	3	2.22
2005 - 04	NMDZH01CTS_01	玉米	150	29.6	3	2.32
2005 - 04	NMDZH01CTS_01	玉米	160	29.8	3	3.09
2005 - 05	NMDZH01CTS_01	玉米	10	19.5	18	5.18
2005 - 05	NMDZH01CTS_01	玉米	20	24.2	18	4.97
2005 - 05	NMDZH01CTS_01	玉米	30	28.4	18	5.76
2005 - 05	NMDZH01CTS_01	玉米	40	27.0	18	4.87
2005 - 05	NMDZH01CTS_01	玉米	50	25.7	18	3.45
2005 - 05	NMDZH01CTS_01	玉米	60	23.3	18	1.18
2005 - 05	NMDZH01CTS_01	玉米	70	24.1	18	2.07
2005 - 05	NMDZH01CTS_01	玉米	80	25.6	18	2.79
2005 - 05	NMDZH01CTS_01	玉米	90	23.4	18	2.07
2005 - 05	NMDZH01CTS_01	玉米	100	22.1	18	2.30
2005 - 05	NMDZH01CTS_01	玉米	110	20.5	18	1.77
2005 - 05	NMDZH01CTS_01	玉米	120	23.1	18	3.40
2005 - 05	NMDZH01CTS_01	玉米	130	27.5	18	3.67
2005 - 05	NMDZH01CTS_01	玉米	140	29.9	18	1.68
2005 - 05	NMDZH01CTS_01	玉米	150	30.5	18	1.64
2005 - 05	NMDZH01CTS_01	玉米	160	31.4	18	3.42
2005 - 06	NMDZH01CTS_01	玉米	10	21.6	27	5.71
2005 - 06	NMDZH01CTS_01	玉米	20	24.3	27	5.01
2005 - 06	NMDZH01CTS_01	玉米	30	28.1	27	6.32
2005 - 06	NMDZH01CTS_01	玉米	40	27.0	27	5.15
2005 - 06	NMDZH01CTS_01	玉米	50	26.1	27	3.15
2005 - 06	NMDZH01CTS_01	玉米	60	23.7	27	0.94
2005 - 06	NMDZH01CTS_01	玉米	70	24.5	27	1.71
2005 - 06	NMDZH01CTS_01	玉米	80	26.3	27	2.09
2005 - 06	NMDZH01CTS_01	玉米	90	24.6	27	1.62

（续）

时间 （年-月）	样地代码	作物名称	探测深度/cm	体积含水量/%	重复数/个	标准差/%
2005－06	NMDZH01CTS_01	玉米	100	23.9	27	1.86
2005－06	NMDZH01CTS_01	玉米	110	23.1	27	2.43
2005－06	NMDZH01CTS_01	玉米	120	26.6	27	2.09
2005－06	NMDZH01CTS_01	玉米	130	30.7	27	2.79
2005－06	NMDZH01CTS_01	玉米	140	33.0	27	2.32
2005－06	NMDZH01CTS_01	玉米	150	33.0	27	2.51
2005－06	NMDZH01CTS_01	玉米	160	33.4	27	3.85
2005－07	NMDZH01CTS_01	玉米	10	15.0	15	3.73
2005－07	NMDZH01CTS_01	玉米	20	17.8	15	4.92
2005－07	NMDZH01CTS_01	玉米	30	21.7	15	6.75
2005－07	NMDZH01CTS_01	玉米	40	23.6	15	5.39
2005－07	NMDZH01CTS_01	玉米	50	23.2	15	3.75
2005－07	NMDZH01CTS_01	玉米	60	21.2	15	1.11
2005－07	NMDZH01CTS_01	玉米	70	21.9	15	2.31
2005－07	NMDZH01CTS_01	玉米	80	23.5	15	2.38
2005－07	NMDZH01CTS_01	玉米	90	22.5	15	1.85
2005－07	NMDZH01CTS_01	玉米	100	21.2	15	1.94
2005－07	NMDZH01CTS_01	玉米	110	20.8	15	1.90
2005－07	NMDZH01CTS_01	玉米	120	23.8	15	3.16
2005－07	NMDZH01CTS_01	玉米	130	27.5	15	4.60
2005－07	NMDZH01CTS_01	玉米	140	29.5	15	4.77
2005－07	NMDZH01CTS_01	玉米	150	31.1	15	3.45
2005－07	NMDZH01CTS_01	玉米	160	30.1	15	9.05
2005－08	NMDZH01CTS_01	玉米	10	17.9	9	4.66
2005－08	NMDZH01CTS_01	玉米	20	19.4	9	3.89
2005－08	NMDZH01CTS_01	玉米	30	19.4	9	5.70
2005－08	NMDZH01CTS_01	玉米	40	21.0	9	5.56
2005－08	NMDZH01CTS_01	玉米	50	21.7	9	4.85
2005－08	NMDZH01CTS_01	玉米	60	21.2	9	3.76
2005－08	NMDZH01CTS_01	玉米	70	22.1	9	2.46
2005－08	NMDZH01CTS_01	玉米	80	22.6	9	2.28
2005－08	NMDZH01CTS_01	玉米	90	22.2	9	2.87

（续）

时间 （年-月）	样地代码	作物名称	探测深度/cm	体积含水量/%	重复数/个	标准差/%
2005 - 08	NMDZH01CTS _ 01	玉米	100	20.0	9	2.62
2005 - 08	NMDZH01CTS _ 01	玉米	110	18.9	9	1.36
2005 - 08	NMDZH01CTS _ 01	玉米	120	22.1	9	4.57
2005 - 08	NMDZH01CTS _ 01	玉米	130	24.3	9	5.96
2005 - 08	NMDZH01CTS _ 01	玉米	140	29.2	9	4.72
2005 - 08	NMDZH01CTS _ 01	玉米	150	31.5	9	2.36
2005 - 08	NMDZH01CTS _ 01	玉米	160	29.2	9	10.37
2005 - 09	NMDZH01CTS _ 01	玉米	10	14.0	6	6.03
2005 - 09	NMDZH01CTS _ 01	玉米	20	18.0	6	4.16
2005 - 09	NMDZH01CTS _ 01	玉米	30	20.7	6	4.83
2005 - 09	NMDZH01CTS _ 01	玉米	40	20.7	6	5.12
2005 - 09	NMDZH01CTS _ 01	玉米	50	21.8	6	4.56
2005 - 09	NMDZH01CTS _ 01	玉米	60	21.3	6	1.64
2005 - 09	NMDZH01CTS _ 01	玉米	70	21.9	6	1.70
2005 - 09	NMDZH01CTS _ 01	玉米	80	23.4	6	3.17
2005 - 09	NMDZH01CTS _ 01	玉米	90	24.5	6	3.76
2005 - 09	NMDZH01CTS _ 01	玉米	100	21.5	6	2.82
2005 - 09	NMDZH01CTS _ 01	玉米	110	20.7	6	2.62
2005 - 09	NMDZH01CTS _ 01	玉米	120	22.0	6	2.48
2005 - 09	NMDZH01CTS _ 01	玉米	130	24.6	6	4.77
2005 - 09	NMDZH01CTS _ 01	玉米	140	27.2	6	5.36
2005 - 09	NMDZH01CTS _ 01	玉米	150	33.0	6	1.12
2005 - 09	NMDZH01CTS _ 01	玉米	160	33.5	6	1.03
2006 - 04	NMDZH01CTS _ 01	春小麦	10	9.2	6	2.49
2006 - 04	NMDZH01CTS _ 01	春小麦	20	10.4	6	1.26
2006 - 04	NMDZH01CTS _ 01	春小麦	30	11.3	6	1.13
2006 - 04	NMDZH01CTS _ 01	春小麦	40	12.4	6	2.21
2006 - 04	NMDZH01CTS _ 01	春小麦	50	13.2	6	3.16
2006 - 04	NMDZH01CTS _ 01	春小麦	60	12.9	6	2.67
2006 - 04	NMDZH01CTS _ 01	春小麦	70	12.3	6	1.66
2006 - 04	NMDZH01CTS _ 01	春小麦	80	12.5	6	2.01
2006 - 04	NMDZH01CTS _ 01	春小麦	90	12.0	6	1.83

（续）

时间 （年-月）	样地代码	作物名称	探测深度/cm	体积含水量/%	重复数/个	标准差/%
2006 - 04	NMDZH01CTS_01	春小麦	100	10.7	6	1.14
2006 - 04	NMDZH01CTS_01	春小麦	110	10.1	6	1.44
2006 - 04	NMDZH01CTS_01	春小麦	120	10.0	6	1.60
2006 - 04	NMDZH01CTS_01	春小麦	130	10.9	6	1.68
2006 - 04	NMDZH01CTS_01	春小麦	140	12.4	6	2.09
2006 - 04	NMDZH01CTS_01	春小麦	150	13.2	6	1.71
2006 - 04	NMDZH01CTS_01	春小麦	160	13.7	6	2.12
2006 - 05	NMDZH01CTS_01	春小麦	10	9.7	12	2.96
2006 - 05	NMDZH01CTS_01	春小麦	20	12.4	12	2.29
2006 - 05	NMDZH01CTS_01	春小麦	30	14.2	12	3.56
2006 - 05	NMDZH01CTS_01	春小麦	40	15.2	12	3.26
2006 - 05	NMDZH01CTS_01	春小麦	50	14.2	12	2.94
2006 - 05	NMDZH01CTS_01	春小麦	60	12.8	12	2.03
2006 - 05	NMDZH01CTS_01	春小麦	70	13.3	12	1.90
2006 - 05	NMDZH01CTS_01	春小麦	80	13.1	12	2.63
2006 - 05	NMDZH01CTS_01	春小麦	90	11.4	12	2.82
2006 - 05	NMDZH01CTS_01	春小麦	100	10.8	12	2.90
2006 - 05	NMDZH01CTS_01	春小麦	110	10.6	12	2.04
2006 - 05	NMDZH01CTS_01	春小麦	120	12.8	12	1.94
2006 - 05	NMDZH01CTS_01	春小麦	130	15.8	12	2.23
2006 - 05	NMDZH01CTS_01	春小麦	140	17.2	12	1.91
2006 - 05	NMDZH01CTS_01	春小麦	150	17.9	12	1.87
2006 - 05	NMDZH01CTS_01	春小麦	160	18.4	12	2.29
2006 - 06	NMDZH01CTS_01	春小麦	10	13.1	9	2.54
2006 - 06	NMDZH01CTS_01	春小麦	20	15.1	9	2.90
2006 - 06	NMDZH01CTS_01	春小麦	30	16.0	9	2.94
2006 - 06	NMDZH01CTS_01	春小麦	40	17.3	9	3.86
2006 - 06	NMDZH01CTS_01	春小麦	50	17.4	9	3.75
2006 - 06	NMDZH01CTS_01	春小麦	60	16.0	9	2.62
2006 - 06	NMDZH01CTS_01	春小麦	70	15.9	9	1.68
2006 - 06	NMDZH01CTS_01	春小麦	80	16.3	9	1.87
2006 - 06	NMDZH01CTS_01	春小麦	90	14.9	9	2.08

（续）

时间 （年-月）	样地代码	作物名称	探测深度/cm	体积含水量/%	重复数/个	标准差/%
2006 - 06	NMDZH01CTS_01	春小麦	100	13.8	9	1.68
2006 - 06	NMDZH01CTS_01	春小麦	110	13.9	9	1.45
2006 - 06	NMDZH01CTS_01	春小麦	120	16.0	9	1.67
2006 - 06	NMDZH01CTS_01	春小麦	130	19.2	9	2.40
2006 - 06	NMDZH01CTS_01	春小麦	140	21.0	9	1.86
2006 - 06	NMDZH01CTS_01	春小麦	150	22.1	9	1.38
2006 - 06	NMDZH01CTS_01	春小麦	160	22.9	9	1.62
2006 - 07	NMDZH01CTS_01	春小麦	10	17.6	12	3.25
2006 - 07	NMDZH01CTS_01	春小麦	20	20.8	12	3.56
2006 - 07	NMDZH01CTS_01	春小麦	30	22.2	12	3.52
2006 - 07	NMDZH01CTS_01	春小麦	40	23.1	12	3.02
2006 - 07	NMDZH01CTS_01	春小麦	50	23.5	12	3.30
2006 - 07	NMDZH01CTS_01	春小麦	60	23.0	12	3.40
2006 - 07	NMDZH01CTS_01	春小麦	70	21.3	12	3.15
2006 - 07	NMDZH01CTS_01	春小麦	80	20.8	12	3.21
2006 - 07	NMDZH01CTS_01	春小麦	90	21.0	12	3.46
2006 - 07	NMDZH01CTS_01	春小麦	100	19.6	12	3.21
2006 - 07	NMDZH01CTS_01	春小麦	110	19.1	12	3.22
2006 - 07	NMDZH01CTS_01	春小麦	120	19.6	12	3.32
2006 - 07	NMDZH01CTS_01	春小麦	130	21.8	12	3.52
2006 - 07	NMDZH01CTS_01	春小麦	140	23.9	12	3.28
2006 - 07	NMDZH01CTS_01	春小麦	150	25.6	12	2.20
2006 - 07	NMDZH01CTS_01	春小麦	160	26.4	12	2.36
2006 - 08	NMDZH01CTS_01	荞麦	10	11.6	15	2.51
2006 - 08	NMDZH01CTS_01	荞麦	20	15.0	15	2.81
2006 - 08	NMDZH01CTS_01	荞麦	30	16.7	15	3.07
2006 - 08	NMDZH01CTS_01	荞麦	40	18.6	15	3.68
2006 - 08	NMDZH01CTS_01	荞麦	50	20.1	15	3.65
2006 - 08	NMDZH01CTS_01	荞麦	60	19.3	15	2.95
2006 - 08	NMDZH01CTS_01	荞麦	70	17.3	15	1.23
2006 - 08	NMDZH01CTS_01	荞麦	80	17.0	15	1.47
2006 - 08	NMDZH01CTS_01	荞麦	90	16.8	15	2.35

（续）

时间 （年-月）	样地代码	作物名称	探测深度/cm	体积含水量/%	重复数/个	标准差/%
2006 – 08	NMDZH01CTS_01	荞麦	100	15.2	15	2.29
2006 – 08	NMDZH01CTS_01	荞麦	110	14.8	15	2.50
2006 – 08	NMDZH01CTS_01	荞麦	120	15.4	15	2.66
2006 – 08	NMDZH01CTS_01	荞麦	130	18.2	15	3.95
2006 – 08	NMDZH01CTS_01	荞麦	140	21.0	15	3.41
2006 – 08	NMDZH01CTS_01	荞麦	150	22.0	15	1.95
2006 – 08	NMDZH01CTS_01	荞麦	160	23.0	15	1.68
2006 – 09	NMDZH01CTS_01	荞麦	10	7.7	6	2.52
2006 – 09	NMDZH01CTS_01	荞麦	20	10.2	6	2.32
2006 – 09	NMDZH01CTS_01	荞麦	30	12.0	6	2.21
2006 – 09	NMDZH01CTS_01	荞麦	40	13.8	6	3.15
2006 – 09	NMDZH01CTS_01	荞麦	50	15.3	6	3.88
2006 – 09	NMDZH01CTS_01	荞麦	60	16.0	6	3.82
2006 – 09	NMDZH01CTS_01	荞麦	70	15.4	6	3.42
2006 – 09	NMDZH01CTS_01	荞麦	80	14.7	6	1.92
2006 – 09	NMDZH01CTS_01	荞麦	90	14.5	6	2.29
2006 – 09	NMDZH01CTS_01	荞麦	100	14.0	6	2.70
2006 – 09	NMDZH01CTS_01	荞麦	110	13.2	6	2.30
2006 – 09	NMDZH01CTS_01	荞麦	120	13.3	6	1.70
2006 – 09	NMDZH01CTS_01	荞麦	130	15.1	6	2.44
2006 – 09	NMDZH01CTS_01	荞麦	140	18.2	6	3.14
2006 – 09	NMDZH01CTS_01	荞麦	150	20.1	6	2.61
2006 – 09	NMDZH01CTS_01	荞麦	160	21.7	6	1.44
2007 – 04	NMDZH01CTS_01	玉米	10	10.4	6	1.87
2007 – 04	NMDZH01CTS_01	玉米	20	12.8	6	2.17
2007 – 04	NMDZH01CTS_01	玉米	30	14.9	6	3.44
2007 – 04	NMDZH01CTS_01	玉米	40	17.1	6	4.71
2007 – 04	NMDZH01CTS_01	玉米	50	17.8	6	4.58
2007 – 04	NMDZH01CTS_01	玉米	60	16.9	6	3.18
2007 – 04	NMDZH01CTS_01	玉米	70	15.9	6	2.05
2007 – 04	NMDZH01CTS_01	玉米	80	15.9	6	2.55
2007 – 04	NMDZH01CTS_01	玉米	90	14.4	6	2.45

（续）

时间 （年-月）	样地代码	作物名称	探测深度/cm	体积含水量/%	重复数/个	标准差/%
2007 - 04	NMDZH01CTS _ 01	玉米	100	13.1	6	1.53
2007 - 04	NMDZH01CTS _ 01	玉米	110	12.9	6	1.16
2007 - 04	NMDZH01CTS _ 01	玉米	120	14.4	6	1.85
2007 - 04	NMDZH01CTS _ 01	玉米	130	17.3	6	3.21
2007 - 04	NMDZH01CTS _ 01	玉米	140	20.0	6	2.46
2007 - 04	NMDZH01CTS _ 01	玉米	150	20.8	6	1.72
2007 - 04	NMDZH01CTS _ 01	玉米	160	22.1	6	1.46
2007 - 05	NMDZH01CTS _ 01	玉米	10	12.0	9	1.64
2007 - 05	NMDZH01CTS _ 01	玉米	20	15.6	9	1.70
2007 - 05	NMDZH01CTS _ 01	玉米	30	17.6	9	2.03
2007 - 05	NMDZH01CTS _ 01	玉米	40	19.5	9	3.20
2007 - 05	NMDZH01CTS _ 01	玉米	50	20.7	9	3.30
2007 - 05	NMDZH01CTS _ 01	玉米	60	19.4	9	2.35
2007 - 05	NMDZH01CTS _ 01	玉米	70	17.4	9	0.95
2007 - 05	NMDZH01CTS _ 01	玉米	80	17.6	9	1.49
2007 - 05	NMDZH01CTS _ 01	玉米	90	17.6	9	2.37
2007 - 05	NMDZH01CTS _ 01	玉米	100	15.7	9	2.10
2007 - 05	NMDZH01CTS _ 01	玉米	110	15.1	9	2.34
2007 - 05	NMDZH01CTS _ 01	玉米	120	15.1	9	1.85
2007 - 05	NMDZH01CTS _ 01	玉米	130	18.3	9	3.10
2007 - 05	NMDZH01CTS _ 01	玉米	140	21.1	9	3.00
2007 - 05	NMDZH01CTS _ 01	玉米	150	21.6	9	1.66
2007 - 05	NMDZH01CTS _ 01	玉米	160	22.6	9	1.31
2007 - 06	NMDZH01CTS _ 01	玉米	10	11.4	12	3.13
2007 - 06	NMDZH01CTS _ 01	玉米	20	14.9	12	2.65
2007 - 06	NMDZH01CTS _ 01	玉米	30	16.5	12	2.15
2007 - 06	NMDZH01CTS _ 01	玉米	40	19.1	12	3.32
2007 - 06	NMDZH01CTS _ 01	玉米	50	20.2	12	3.16
2007 - 06	NMDZH01CTS _ 01	玉米	60	19.0	12	2.25
2007 - 06	NMDZH01CTS _ 01	玉米	70	17.4	12	0.97
2007 - 06	NMDZH01CTS _ 01	玉米	80	17.7	12	1.36
2007 - 06	NMDZH01CTS _ 01	玉米	90	17.6	12	1.88

（续）

时间 （年-月）	样地代码	作物名称	探测深度/cm	体积含水量/%	重复数/个	标准差/%
2007 - 06	NMDZH01CTS _ 01	玉米	100	15.9	12	2.04
2007 - 06	NMDZH01CTS _ 01	玉米	110	15.6	12	2.83
2007 - 06	NMDZH01CTS _ 01	玉米	120	16.2	12	3.64
2007 - 06	NMDZH01CTS _ 01	玉米	130	18.5	12	3.79
2007 - 06	NMDZH01CTS _ 01	玉米	140	21.0	12	3.18
2007 - 06	NMDZH01CTS _ 01	玉米	150	22.2	12	1.75
2007 - 06	NMDZH01CTS _ 01	玉米	160	22.9	12	1.65
2007 - 07	NMDZH01CTS _ 01	玉米	10	13.3	15	1.71
2007 - 07	NMDZH01CTS _ 01	玉米	20	16.6	15	1.99
2007 - 07	NMDZH01CTS _ 01	玉米	30	18.2	15	2.42
2007 - 07	NMDZH01CTS _ 01	玉米	40	20.0	15	3.23
2007 - 07	NMDZH01CTS _ 01	玉米	50	20.5	15	3.30
2007 - 07	NMDZH01CTS _ 01	玉米	60	19.4	15	2.22
2007 - 07	NMDZH01CTS _ 01	玉米	70	18.5	15	1.17
2007 - 07	NMDZH01CTS _ 01	玉米	80	19.0	15	1.72
2007 - 07	NMDZH01CTS _ 01	玉米	90	18.9	15	1.98
2007 - 07	NMDZH01CTS _ 01	玉米	100	17.8	15	2.09
2007 - 07	NMDZH01CTS _ 01	玉米	110	17.3	15	2.28
2007 - 07	NMDZH01CTS _ 01	玉米	120	18.2	15	3.06
2007 - 07	NMDZH01CTS _ 01	玉米	130	21.1	15	3.58
2007 - 07	NMDZH01CTS _ 01	玉米	140	22.9	15	3.26
2007 - 07	NMDZH01CTS _ 01	玉米	150	24.0	15	1.61
2007 - 07	NMDZH01CTS _ 01	玉米	160	24.0	15	1.82
2007 - 08	NMDZH01CTS _ 01	玉米	10	13.0	15	2.62
2007 - 08	NMDZH01CTS _ 01	玉米	20	15.7	15	2.10
2007 - 08	NMDZH01CTS _ 01	玉米	30	16.4	15	2.02
2007 - 08	NMDZH01CTS _ 01	玉米	40	17.5	15	2.52
2007 - 08	NMDZH01CTS _ 01	玉米	50	18.4	15	3.11
2007 - 08	NMDZH01CTS _ 01	玉米	60	18.2	15	2.86
2007 - 08	NMDZH01CTS _ 01	玉米	70	17.5	15	1.44
2007 - 08	NMDZH01CTS _ 01	玉米	80	17.1	15	1.15
2007 - 08	NMDZH01CTS _ 01	玉米	90	17.2	15	1.89

（续）

时间 （年-月）	样地代码	作物名称	探测深度/cm	体积含水量/%	重复数/个	标准差/%
2007 - 08	NMDZH01CTS_01	玉米	100	16.1	15	1.71
2007 - 08	NMDZH01CTS_01	玉米	110	15.8	15	1.25
2007 - 08	NMDZH01CTS_01	玉米	120	16.7	15	1.71
2007 - 08	NMDZH01CTS_01	玉米	130	19.6	15	2.78
2007 - 08	NMDZH01CTS_01	玉米	140	22.4	15	2.88
2007 - 08	NMDZH01CTS_01	玉米	150	24.0	15	1.16
2007 - 08	NMDZH01CTS_01	玉米	160	24.1	15	1.34
2007 - 09	NMDZH01CTS_01	玉米	10	9.1	9	0.67
2007 - 09	NMDZH01CTS_01	玉米	20	11.7	9	0.79
2007 - 09	NMDZH01CTS_01	玉米	30	13.0	9	0.97
2007 - 09	NMDZH01CTS_01	玉米	40	14.8	9	2.30
2007 - 09	NMDZH01CTS_01	玉米	50	16.5	9	3.31
2007 - 09	NMDZH01CTS_01	玉米	60	16.5	9	2.63
2007 - 09	NMDZH01CTS_01	玉米	70	15.6	9	0.97
2007 - 09	NMDZH01CTS_01	玉米	80	15.9	9	1.17
2007 - 09	NMDZH01CTS_01	玉米	90	16.3	9	1.73
2007 - 09	NMDZH01CTS_01	玉米	100	14.7	9	1.30
2007 - 09	NMDZH01CTS_01	玉米	110	14.0	9	1.22
2007 - 09	NMDZH01CTS_01	玉米	120	14.5	9	1.21
2007 - 09	NMDZH01CTS_01	玉米	130	17.7	9	3.06
2007 - 09	NMDZH01CTS_01	玉米	140	20.9	9	3.33
2007 - 09	NMDZH01CTS_01	玉米	150	22.7	9	1.36
2007 - 09	NMDZH01CTS_01	玉米	160	23.1	9	1.22
2008 - 04	NMDZH01CTS_01	玉米	10	11.4	3	1.87
2008 - 04	NMDZH01CTS_01	玉米	20	14.6	3	1.79
2008 - 04	NMDZH01CTS_01	玉米	30	16.7	3	3.25
2008 - 04	NMDZH01CTS_01	玉米	40	17.9	3	4.49
2008 - 04	NMDZH01CTS_01	玉米	50	18.0	3	3.55
2008 - 04	NMDZH01CTS_01	玉米	60	16.8	3	1.19
2008 - 04	NMDZH01CTS_01	玉米	70	16.9	3	1.05
2008 - 04	NMDZH01CTS_01	玉米	80	16.7	3	1.69
2008 - 04	NMDZH01CTS_01	玉米	90	15.0	3	1.48

（续）

时间 （年-月）	样地代码	作物名称	探测深度/cm	体积含水量/%	重复数/个	标准差/%
2008 – 04	NMDZH01CTS_01	玉米	100	14.3	3	1.15
2008 – 04	NMDZH01CTS_01	玉米	110	14.0	3	1.26
2008 – 04	NMDZH01CTS_01	玉米	120	16.2	3	2.45
2008 – 04	NMDZH01CTS_01	玉米	130	18.2	3	4.08
2008 – 04	NMDZH01CTS_01	玉米	140	19.5	3	3.08
2008 – 04	NMDZH01CTS_01	玉米	150	21.4	3	1.49
2008 – 04	NMDZH01CTS_01	玉米	160	21.6	3	1.65
2008 – 05	NMDZH01CTS_01	玉米	10	12.0	9	2.48
2008 – 05	NMDZH01CTS_01	玉米	20	15.0	9	1.93
2008 – 05	NMDZH01CTS_01	玉米	30	16.8	9	2.55
2008 – 05	NMDZH01CTS_01	玉米	40	18.3	9	3.09
2008 – 05	NMDZH01CTS_01	玉米	50	19.1	9	3.24
2008 – 05	NMDZH01CTS_01	玉米	60	18.6	9	2.77
2008 – 05	NMDZH01CTS_01	玉米	70	17.5	9	1.30
2008 – 05	NMDZH01CTS_01	玉米	80	16.8	9	1.22
2008 – 05	NMDZH01CTS_01	玉米	90	16.5	9	1.97
2008 – 05	NMDZH01CTS_01	玉米	100	15.1	9	1.51
2008 – 05	NMDZH01CTS_01	玉米	110	14.5	9	1.28
2008 – 05	NMDZH01CTS_01	玉米	120	15.3	9	2.35
2008 – 05	NMDZH01CTS_01	玉米	130	17.3	9	3.20
2008 – 05	NMDZH01CTS_01	玉米	140	19.5	9	3.07
2008 – 05	NMDZH01CTS_01	玉米	150	21.5	9	1.66
2008 – 05	NMDZH01CTS_01	玉米	160	22.5	9	1.58
2008 – 06	NMDZH01CTS_01	玉米	10	10.6	9	1.99
2008 – 06	NMDZH01CTS_01	玉米	20	14.3	9	2.32
2008 – 06	NMDZH01CTS_01	玉米	30	16.3	9	2.20
2008 – 06	NMDZH01CTS_01	玉米	40	18.4	9	2.55
2008 – 06	NMDZH01CTS_01	玉米	50	19.9	9	3.20
2008 – 06	NMDZH01CTS_01	玉米	60	19.5	9	2.60
2008 – 06	NMDZH01CTS_01	玉米	70	17.7	9	0.86
2008 – 06	NMDZH01CTS_01	玉米	80	17.4	9	1.25
2008 – 06	NMDZH01CTS_01	玉米	90	17.3	9	1.42

（续）

时间 （年-月）	样地代码	作物名称	探测深度/cm	体积含水量/%	重复数/个	标准差/%
2008 - 06	NMDZH01CTS_01	玉米	100	15.3	9	0.89
2008 - 06	NMDZH01CTS_01	玉米	110	14.7	9	1.11
2008 - 06	NMDZH01CTS_01	玉米	120	15.0	9	1.22
2008 - 06	NMDZH01CTS_01	玉米	130	17.7	9	3.19
2008 - 06	NMDZH01CTS_01	玉米	140	20.3	9	3.54
2008 - 06	NMDZH01CTS_01	玉米	150	21.8	9	1.65
2008 - 06	NMDZH01CTS_01	玉米	160	22.5	9	1.21
2008 - 07	NMDZH01CTS_01	玉米	10	12.6	12	1.67
2008 - 07	NMDZH01CTS_01	玉米	20	15.8	12	2.39
2008 - 07	NMDZH01CTS_01	玉米	30	17.1	12	2.44
2008 - 07	NMDZH01CTS_01	玉米	40	18.7	12	2.26
2008 - 07	NMDZH01CTS_01	玉米	50	19.9	12	2.54
2008 - 07	NMDZH01CTS_01	玉米	60	19.2	12	1.92
2008 - 07	NMDZH01CTS_01	玉米	70	17.7	12	0.80
2008 - 07	NMDZH01CTS_01	玉米	80	17.2	12	1.25
2008 - 07	NMDZH01CTS_01	玉米	90	16.8	12	1.57
2008 - 07	NMDZH01CTS_01	玉米	100	15.4	12	0.99
2008 - 07	NMDZH01CTS_01	玉米	110	15.2	12	0.82
2008 - 07	NMDZH01CTS_01	玉米	120	16.2	12	2.06
2008 - 07	NMDZH01CTS_01	玉米	130	19.2	12	3.21
2008 - 07	NMDZH01CTS_01	玉米	140	21.7	12	2.88
2008 - 07	NMDZH01CTS_01	玉米	150	23.5	12	1.16
2008 - 07	NMDZH01CTS_01	玉米	160	23.6	12	1.19
2008 - 08	NMDZH01CTS_01	玉米	10	13.2	15	1.77
2008 - 08	NMDZH01CTS_01	玉米	20	15.7	15	1.89
2008 - 08	NMDZH01CTS_01	玉米	30	16.9	15	2.00
2008 - 08	NMDZH01CTS_01	玉米	40	18.5	15	2.16
2008 - 08	NMDZH01CTS_01	玉米	50	19.3	15	2.45
2008 - 08	NMDZH01CTS_01	玉米	60	18.3	15	1.36
2008 - 08	NMDZH01CTS_01	玉米	70	17.1	15	0.86
2008 - 08	NMDZH01CTS_01	玉米	80	17.0	15	1.47
2008 - 08	NMDZH01CTS_01	玉米	90	16.3	15	1.12

（续）

时间 （年-月）	样地代码	作物名称	探测深度/cm	体积含水量/%	重复数/个	标准差/%
2008 - 08	NMDZH01CTS_01	玉米	100	15.2	15	0.56
2008 - 08	NMDZH01CTS_01	玉米	110	14.9	15	0.91
2008 - 08	NMDZH01CTS_01	玉米	120	16.2	15	2.72
2008 - 08	NMDZH01CTS_01	玉米	130	19.4	15	3.74
2008 - 08	NMDZH01CTS_01	玉米	140	21.9	15	3.02
2008 - 08	NMDZH01CTS_01	玉米	150	23.0	15	1.28
2008 - 08	NMDZH01CTS_01	玉米	160	23.4	15	1.09
2008 - 09	NMDZH01CTS_01	玉米	10	15.0	6	2.29
2008 - 09	NMDZH01CTS_01	玉米	20	18.6	6	2.72
2008 - 09	NMDZH01CTS_01	玉米	30	20.4	6	2.62
2008 - 09	NMDZH01CTS_01	玉米	40	21.4	6	3.09
2008 - 09	NMDZH01CTS_01	玉米	50	21.1	6	2.81
2008 - 09	NMDZH01CTS_01	玉米	60	18.9	6	1.62
2008 - 09	NMDZH01CTS_01	玉米	70	17.5	6	1.33
2008 - 09	NMDZH01CTS_01	玉米	80	17.7	6	2.52
2008 - 09	NMDZH01CTS_01	玉米	90	16.5	6	1.32
2008 - 09	NMDZH01CTS_01	玉米	100	15.6	6	1.14
2008 - 09	NMDZH01CTS_01	玉米	110	15.3	6	1.79
2008 - 09	NMDZH01CTS_01	玉米	120	17.2	6	4.14
2008 - 09	NMDZH01CTS_01	玉米	130	19.7	6	5.17
2008 - 09	NMDZH01CTS_01	玉米	140	21.9	6	3.87
2008 - 09	NMDZH01CTS_01	玉米	150	23.6	6	1.59
2008 - 09	NMDZH01CTS_01	玉米	160	23.3	6	1.16
2009 - 04	NMDZH01CTS_01	玉米	10	17.4	3	1.52
2009 - 04	NMDZH01CTS_01	玉米	20	24.0	3	1.52
2009 - 04	NMDZH01CTS_01	玉米	30	27.3	3	2.69
2009 - 04	NMDZH01CTS_01	玉米	40	30.2	3	4.04
2009 - 04	NMDZH01CTS_01	玉米	50	31.6	3	4.38
2009 - 04	NMDZH01CTS_01	玉米	60	29.2	3	1.83
2009 - 04	NMDZH01CTS_01	玉米	70	25.5	3	1.08
2009 - 04	NMDZH01CTS_01	玉米	80	26.2	3	2.36
2009 - 04	NMDZH01CTS_01	玉米	90	25.4	3	2.88

（续）

时间 （年-月）	样地代码	作物名称	探测深度/cm	体积含水量/%	重复数/个	标准差/%
2009 - 04	NMDZH01CTS_01	玉米	100	22.1	3	1.70
2009 - 04	NMDZH01CTS_01	玉米	110	21.6	3	1.66
2009 - 04	NMDZH01CTS_01	玉米	120	21.1	3	1.57
2009 - 04	NMDZH01CTS_01	玉米	130	27.0	3	2.69
2009 - 04	NMDZH01CTS_01	玉米	140	30.9	3	2.64
2009 - 04	NMDZH01CTS_01	玉米	150	30.4	3	2.30
2009 - 04	NMDZH01CTS_01	玉米	160	31.4	3	1.20
2009 - 05	NMDZH01CTS_01	玉米	10	15.8	12	3.60
2009 - 05	NMDZH01CTS_01	玉米	20	20.6	12	4.01
2009 - 05	NMDZH01CTS_01	玉米	30	22.8	12	4.74
2009 - 05	NMDZH01CTS_01	玉米	40	26.1	12	3.60
2009 - 05	NMDZH01CTS_01	玉米	50	27.1	12	4.68
2009 - 05	NMDZH01CTS_01	玉米	60	26.3	12	3.99
2009 - 05	NMDZH01CTS_01	玉米	70	24.4	12	2.38
2009 - 05	NMDZH01CTS_01	玉米	80	23.5	12	2.46
2009 - 05	NMDZH01CTS_01	玉米	90	23.7	12	3.71
2009 - 05	NMDZH01CTS_01	玉米	100	22.0	12	2.58
2009 - 05	NMDZH01CTS_01	玉米	110	21.2	12	2.75
2009 - 05	NMDZH01CTS_01	玉米	120	21.1	12	3.33
2009 - 05	NMDZH01CTS_01	玉米	130	24.7	12	4.26
2009 - 05	NMDZH01CTS_01	玉米	140	28.3	12	4.10
2009 - 05	NMDZH01CTS_01	玉米	150	30.2	12	3.09
2009 - 05	NMDZH01CTS_01	玉米	160	30.1	12	2.66
2009 - 06	NMDZH01CTS_01	玉米	10	14.7	12	3.00
2009 - 06	NMDZH01CTS_01	玉米	20	17.9	12	2.85
2009 - 06	NMDZH01CTS_01	玉米	30	19.9	12	2.78
2009 - 06	NMDZH01CTS_01	玉米	40	22.6	12	3.79
2009 - 06	NMDZH01CTS_01	玉米	50	23.6	12	4.28
2009 - 06	NMDZH01CTS_01	玉米	60	22.3	12	2.32
2009 - 06	NMDZH01CTS_01	玉米	70	21.2	12	0.73
2009 - 06	NMDZH01CTS_01	玉米	80	21.9	12	2.08
2009 - 06	NMDZH01CTS_01	玉米	90	20.9	12	1.35

（续）

时间 （年-月）	样地代码	作物名称	探测深度/cm	体积含水量/%	重复数/个	标准差/%
2009 - 06	NMDZH01CTS＿01	玉米	100	19.2	12	0.42
2009 - 06	NMDZH01CTS＿01	玉米	110	18.4	12	0.89
2009 - 06	NMDZH01CTS＿01	玉米	120	19.4	12	2.72
2009 - 06	NMDZH01CTS＿01	玉米	130	22.9	12	4.67
2009 - 06	NMDZH01CTS＿01	玉米	140	25.4	12	4.44
2009 - 06	NMDZH01CTS＿01	玉米	150	28.2	12	1.40
2009 - 06	NMDZH01CTS＿01	玉米	160	28.3	12	0.87
2009 - 07	NMDZH01CTS＿01	玉米	10	18.2	15	4.95
2009 - 07	NMDZH01CTS＿01	玉米	20	21.6	15	4.34
2009 - 07	NMDZH01CTS＿01	玉米	30	22.8	15	4.56
2009 - 07	NMDZH01CTS＿01	玉米	40	24.7	15	4.96
2009 - 07	NMDZH01CTS＿01	玉米	50	26.2	15	5.08
2009 - 07	NMDZH01CTS＿01	玉米	60	24.7	15	3.17
2009 - 07	NMDZH01CTS＿01	玉米	70	24.4	15	1.75
2009 - 07	NMDZH01CTS＿01	玉米	80	25.4	15	2.79
2009 - 07	NMDZH01CTS＿01	玉米	90	24.5	15	2.37
2009 - 07	NMDZH01CTS＿01	玉米	100	22.6	15	1.99
2009 - 07	NMDZH01CTS＿01	玉米	110	21.8	15	1.28
2009 - 07	NMDZH01CTS＿01	玉米	120	23.3	15	3.70
2009 - 07	NMDZH01CTS＿01	玉米	130	27.7	15	5.45
2009 - 07	NMDZH01CTS＿01	玉米	140	31.6	15	4.83
2009 - 07	NMDZH01CTS＿01	玉米	150	33.8	15	1.82
2009 - 07	NMDZH01CTS＿01	玉米	160	33.9	15	1.27
2009 - 08	NMDZH01CTS＿01	玉米	10	16.5	9	4.01
2009 - 08	NMDZH01CTS＿01	玉米	20	18.9	9	4.73
2009 - 08	NMDZH01CTS＿01	玉米	30	20.4	9	5.08
2009 - 08	NMDZH01CTS＿01	玉米	40	22.1	9	6.16
2009 - 08	NMDZH01CTS＿01	玉米	50	22.3	9	6.51
2009 - 08	NMDZH01CTS＿01	玉米	60	20.9	9	4.62
2009 - 08	NMDZH01CTS＿01	玉米	70	20.1	9	3.52
2009 - 08	NMDZH01CTS＿01	玉米	80	20.9	9	4.50
2009 - 08	NMDZH01CTS＿01	玉米	90	20.0	9	3.52

（续）

时间 （年-月）	样地代码	作物名称	探测深度/cm	体积含水量/%	重复数/个	标准差/%
2009 - 08	NMDZH01CTS_01	玉米	100	18.2	9	2.98
2009 - 08	NMDZH01CTS_01	玉米	110	17.9	9	3.05
2009 - 08	NMDZH01CTS_01	玉米	120	19.2	9	4.11
2009 - 08	NMDZH01CTS_01	玉米	130	22.7	9	6.11
2009 - 08	NMDZH01CTS_01	玉米	140	26.9	9	6.03
2009 - 08	NMDZH01CTS_01	玉米	150	29.1	9	3.42
2009 - 08	NMDZH01CTS_01	玉米	160	29.4	9	2.86
2009 - 09	NMDZH01CTS_01	玉米	10	19.1	9	3.28
2009 - 09	NMDZH01CTS_01	玉米	20	21.3	9	4.12
2009 - 09	NMDZH01CTS_01	玉米	30	24.6	9	5.47
2009 - 09	NMDZH01CTS_01	玉米	40	25.7	9	7.02
2009 - 09	NMDZH01CTS_01	玉米	50	23.9	9	4.74
2009 - 09	NMDZH01CTS_01	玉米	60	22.5	9	3.27
2009 - 09	NMDZH01CTS_01	玉米	70	22.1	9	3.61
2009 - 09	NMDZH01CTS_01	玉米	80	22.4	9	3.70
2009 - 09	NMDZH01CTS_01	玉米	90	19.9	9	2.14
2009 - 09	NMDZH01CTS_01	玉米	100	19.5	9	2.15
2009 - 09	NMDZH01CTS_01	玉米	110	19.8	9	2.28
2009 - 09	NMDZH01CTS_01	玉米	120	24.3	9	5.34
2009 - 09	NMDZH01CTS_01	玉米	130	26.4	9	5.85
2009 - 09	NMDZH01CTS_01	玉米	140	30.1	9	5.21
2009 - 09	NMDZH01CTS_01	玉米	150	31.4	9	2.60
2009 - 09	NMDZH01CTS_01	玉米	160	33.4	9	1.25
2010 - 04	NMDZH01CTS_01	玉米	10	16.1	9	3.47
2010 - 04	NMDZH01CTS_01	玉米	20	19.0	9	3.93
2010 - 04	NMDZH01CTS_01	玉米	30	22.1	9	4.65
2010 - 04	NMDZH01CTS_01	玉米	40	25.1	9	6.67
2010 - 04	NMDZH01CTS_01	玉米	50	26.0	9	7.02
2010 - 04	NMDZH01CTS_01	玉米	60	24.4	9	4.69
2010 - 04	NMDZH01CTS_01	玉米	70	23.9	9	4.11
2010 - 04	NMDZH01CTS_01	玉米	80	24.1	9	4.12
2010 - 04	NMDZH01CTS_01	玉米	90	21.1	9	2.48

（续）

时间 （年-月）	样地代码	作物名称	探测深度/cm	体积含水量/%	重复数/个	标准差/%
2010 - 04	NMDZH01CTS＿01	玉米	100	21.3	9	3.02
2010 - 04	NMDZH01CTS＿01	玉米	110	23.0	9	3.77
2010 - 04	NMDZH01CTS＿01	玉米	120	24.5	9	4.94
2010 - 04	NMDZH01CTS＿01	玉米	130	24.4	9	4.51
2010 - 04	NMDZH01CTS＿01	玉米	140	27.3	9	3.48
2010 - 04	NMDZH01CTS＿01	玉米	150	28.6	9	2.73
2010 - 04	NMDZH01CTS＿01	玉米	160	30.9	9	1.59
2010 - 05	NMDZH01CTS＿01	玉米	10	19.4	12	2.94
2010 - 05	NMDZH01CTS＿01	玉米	20	22.7	12	3.37
2010 - 05	NMDZH01CTS＿01	玉米	30	23.9	12	4.66
2010 - 05	NMDZH01CTS＿01	玉米	40	25.7	12	6.33
2010 - 05	NMDZH01CTS＿01	玉米	50	25.3	12	6.67
2010 - 05	NMDZH01CTS＿01	玉米	60	23.4	12	4.27
2010 - 05	NMDZH01CTS＿01	玉米	70	22.5	12	3.23
2010 - 05	NMDZH01CTS＿01	玉米	80	23.1	12	4.08
2010 - 05	NMDZH01CTS＿01	玉米	90	21.0	12	3.25
2010 - 05	NMDZH01CTS＿01	玉米	100	19.4	12	2.52
2010 - 05	NMDZH01CTS＿01	玉米	110	19.6	12	2.43
2010 - 05	NMDZH01CTS＿01	玉米	120	21.3	12	3.27
2010 - 05	NMDZH01CTS＿01	玉米	130	25.3	12	4.66
2010 - 05	NMDZH01CTS＿01	玉米	140	28.1	12	3.78
2010 - 05	NMDZH01CTS＿01	玉米	150	28.6	12	3.25
2010 - 05	NMDZH01CTS＿01	玉米	160	30.8	12	2.32
2010 - 06	NMDZH01CTS＿01	玉米	10	15.7	12	4.16
2010 - 06	NMDZH01CTS＿01	玉米	20	20.6	12	3.56
2010 - 06	NMDZH01CTS＿01	玉米	30	23.2	12	3.40
2010 - 06	NMDZH01CTS＿01	玉米	40	25.6	12	4.57
2010 - 06	NMDZH01CTS＿01	玉米	50	26.7	12	5.60
2010 - 06	NMDZH01CTS＿01	玉米	60	25.5	12	5.32
2010 - 06	NMDZH01CTS＿01	玉米	70	23.6	12	3.04
2010 - 06	NMDZH01CTS＿01	玉米	80	23.3	12	3.41
2010 - 06	NMDZH01CTS＿01	玉米	90	22.6	12	4.17

（续）

时间 （年-月）	样地代码	作物名称	探测深度/cm	体积含水量/%	重复数/个	标准差/%
2010 – 06	NMDZH01CTS_01	玉米	100	20.1	12	2.77
2010 – 06	NMDZH01CTS_01	玉米	110	19.5	12	2.61
2010 – 06	NMDZH01CTS_01	玉米	120	20.4	12	2.95
2010 – 06	NMDZH01CTS_01	玉米	130	24.1	12	4.91
2010 – 06	NMDZH01CTS_01	玉米	140	26.8	12	5.05
2010 – 06	NMDZH01CTS_01	玉米	150	28.7	12	3.37
2010 – 06	NMDZH01CTS_01	玉米	160	29.7	12	2.80
2010 – 07	NMDZH01CTS_01	玉米	10	15.6	15	1.84
2010 – 07	NMDZH01CTS_01	玉米	20	21.5	15	2.59
2010 – 07	NMDZH01CTS_01	玉米	30	23.9	15	2.83
2010 – 07	NMDZH01CTS_01	玉米	40	26.3	15	3.17
2010 – 07	NMDZH01CTS_01	玉米	50	28.7	15	4.22
2010 – 07	NMDZH01CTS_01	玉米	60	28.2	15	3.84
2010 – 07	NMDZH01CTS_01	玉米	70	25.8	15	2.50
2010 – 07	NMDZH01CTS_01	玉米	80	25.2	15	2.44
2010 – 07	NMDZH01CTS_01	玉米	90	24.9	15	2.46
2010 – 07	NMDZH01CTS_01	玉米	100	22.3	15	1.97
2010 – 07	NMDZH01CTS_01	玉米	110	21.4	15	1.92
2010 – 07	NMDZH01CTS_01	玉米	120	21.6	15	2.49
2010 – 07	NMDZH01CTS_01	玉米	130	25.4	15	5.19
2010 – 07	NMDZH01CTS_01	玉米	140	29.8	15	5.33
2010 – 07	NMDZH01CTS_01	玉米	150	31.5	15	3.22
2010 – 07	NMDZH01CTS_01	玉米	160	32.2	15	1.67
2010 – 08	NMDZH01CTS_01	玉米	10	18.1	15	3.55
2010 – 08	NMDZH01CTS_01	玉米	20	24.5	15	3.49
2010 – 08	NMDZH01CTS_01	玉米	30	26.9	15	3.25
2010 – 08	NMDZH01CTS_01	玉米	40	29.3	15	3.88
2010 – 08	NMDZH01CTS_01	玉米	50	30.7	15	4.73
2010 – 08	NMDZH01CTS_01	玉米	60	29.8	15	3.39
2010 – 08	NMDZH01CTS_01	玉米	70	27.3	15	1.23
2010 – 08	NMDZH01CTS_01	玉米	80	26.7	15	1.97
2010 – 08	NMDZH01CTS_01	玉米	90	26.9	15	2.51

（续）

时间 （年-月）	样地代码	作物名称	探测深度/cm	体积含水量/%	重复数/个	标准差/%
2010 - 08	NMDZH01CTS_01	玉米	100	24.1	15	0.96
2010 - 08	NMDZH01CTS_01	玉米	110	23.1	15	1.80
2010 - 08	NMDZH01CTS_01	玉米	120	23.5	15	3.11
2010 - 08	NMDZH01CTS_01	玉米	130	27.3	15	6.39
2010 - 08	NMDZH01CTS_01	玉米	140	31.6	15	6.19
2010 - 08	NMDZH01CTS_01	玉米	150	34.1	15	3.52
2010 - 08	NMDZH01CTS_01	玉米	160	33.7	15	1.96
2010 - 09	NMDZH01CTS_01	玉米	10	17.3	6	3.29
2010 - 09	NMDZH01CTS_01	玉米	20	21.0	6	2.72
2010 - 09	NMDZH01CTS_01	玉米	30	23.7	6	2.46
2010 - 09	NMDZH01CTS_01	玉米	40	25.9	6	3.81
2010 - 09	NMDZH01CTS_01	玉米	50	27.1	6	4.12
2010 - 09	NMDZH01CTS_01	玉米	60	26.9	6	3.69
2010 - 09	NMDZH01CTS_01	玉米	70	26.3	6	2.12
2010 - 09	NMDZH01CTS_01	玉米	80	25.7	6	2.14
2010 - 09	NMDZH01CTS_01	玉米	90	24.4	6	0.84
2010 - 09	NMDZH01CTS_01	玉米	100	23.8	6	1.61
2010 - 09	NMDZH01CTS_01	玉米	110	22.7	6	2.04
2010 - 09	NMDZH01CTS_01	玉米	120	24.4	6	4.83
2010 - 09	NMDZH01CTS_01	玉米	130	26.7	6	5.85
2010 - 09	NMDZH01CTS_01	玉米	140	30.6	6	5.05
2010 - 09	NMDZH01CTS_01	玉米	150	33.7	6	1.73
2010 - 09	NMDZH01CTS_01	玉米	160	35.3	6	1.94
2011 - 04	NMDZH01CTS_01	玉米	10	15.1	9	4.12
2011 - 04	NMDZH01CTS_01	玉米	20	19.7	9	3.14
2011 - 04	NMDZH01CTS_01	玉米	30	22.5	9	3.53
2011 - 04	NMDZH01CTS_01	玉米	40	24.8	9	4.60
2011 - 04	NMDZH01CTS_01	玉米	50	25.9	9	4.85
2011 - 04	NMDZH01CTS_01	玉米	60	25.7	9	3.71
2011 - 04	NMDZH01CTS_01	玉米	70	25.4	9	2.39
2011 - 04	NMDZH01CTS_01	玉米	80	25.3	9	2.67
2011 - 04	NMDZH01CTS_01	玉米	90	24.3	9	1.37

（续）

时间 （年-月）	样地代码	作物名称	探测深度/cm	体积含水量/%	重复数/个	标准差/%
2011 - 04	NMDZH01CTS_01	玉米	100	23.9	9	1.38
2011 - 04	NMDZH01CTS_01	玉米	110	22.6	9	1.68
2011 - 04	NMDZH01CTS_01	玉米	120	23.5	9	4.14
2011 - 04	NMDZH01CTS_01	玉米	130	25.0	9	5.70
2011 - 04	NMDZH01CTS_01	玉米	140	27.7	9	6.46
2011 - 04	NMDZH01CTS_01	玉米	150	30.8	9	4.57
2011 - 04	NMDZH01CTS_01	玉米	160	32.0	9	5.03
2011 - 05	NMDZH01CTS_01	玉米	10	14.2	12	2.63
2011 - 05	NMDZH01CTS_01	玉米	20	19.3	12	2.48
2011 - 05	NMDZH01CTS_01	玉米	30	22.7	12	3.12
2011 - 05	NMDZH01CTS_01	玉米	40	25.5	12	3.82
2011 - 05	NMDZH01CTS_01	玉米	50	26.5	12	4.28
2011 - 05	NMDZH01CTS_01	玉米	60	25.4	12	3.21
2011 - 05	NMDZH01CTS_01	玉米	70	23.8	12	1.72
2011 - 05	NMDZH01CTS_01	玉米	80	25.3	12	2.53
2011 - 05	NMDZH01CTS_01	玉米	90	26.4	12	2.88
2011 - 05	NMDZH01CTS_01	玉米	100	25.0	12	2.46
2011 - 05	NMDZH01CTS_01	玉米	110	24.4	12	2.67
2011 - 05	NMDZH01CTS_01	玉米	120	23.8	12	3.28
2011 - 05	NMDZH01CTS_01	玉米	130	26.0	12	4.23
2011 - 05	NMDZH01CTS_01	玉米	140	28.7	12	3.41
2011 - 05	NMDZH01CTS_01	玉米	150	29.3	12	1.77
2011 - 05	NMDZH01CTS_01	玉米	160	29.1	12	1.90
2011 - 06	NMDZH01CTS_01	玉米	10	13.5	12	2.99
2011 - 06	NMDZH01CTS_01	玉米	20	17.8	12	2.04
2011 - 06	NMDZH01CTS_01	玉米	30	19.9	12	2.39
2011 - 06	NMDZH01CTS_01	玉米	40	22.5	12	3.42
2011 - 06	NMDZH01CTS_01	玉米	50	24.4	12	4.38
2011 - 06	NMDZH01CTS_01	玉米	60	24.3	12	3.41
2011 - 06	NMDZH01CTS_01	玉米	70	22.1	12	0.70
2011 - 06	NMDZH01CTS_01	玉米	80	22.8	12	1.73
2011 - 06	NMDZH01CTS_01	玉米	90	24.5	12	2.60

（续）

时间 （年-月）	样地代码	作物名称	探测深度/cm	体积含水量/%	重复数/个	标准差/%
2011 - 06	NMDZH01CTS_01	玉米	100	22.8	12	1.40
2011 - 06	NMDZH01CTS_01	玉米	110	22.0	12	1.59
2011 - 06	NMDZH01CTS_01	玉米	120	21.9	12	2.70
2011 - 06	NMDZH01CTS_01	玉米	130	23.7	12	3.97
2011 - 06	NMDZH01CTS_01	玉米	140	27.2	12	3.59
2011 - 06	NMDZH01CTS_01	玉米	150	29.7	12	1.24
2011 - 06	NMDZH01CTS_01	玉米	160	30.0	12	1.24
2011 - 07	NMDZH01CTS_01	玉米	10	16.9	12	5.80
2011 - 07	NMDZH01CTS_01	玉米	20	17.0	12	5.93
2011 - 07	NMDZH01CTS_01	玉米	30	19.8	12	7.04
2011 - 07	NMDZH01CTS_01	玉米	40	22.9	12	4.73
2011 - 07	NMDZH01CTS_01	玉米	50	23.7	12	4.31
2011 - 07	NMDZH01CTS_01	玉米	60	22.9	12	2.69
2011 - 07	NMDZH01CTS_01	玉米	70	21.8	12	1.15
2011 - 07	NMDZH01CTS_01	玉米	80	22.7	12	2.11
2011 - 07	NMDZH01CTS_01	玉米	90	23.3	12	2.22
2011 - 07	NMDZH01CTS_01	玉米	100	22.1	12	1.68
2011 - 07	NMDZH01CTS_01	玉米	110	20.8	12	1.65
2011 - 07	NMDZH01CTS_01	玉米	120	22.1	12	3.54
2011 - 07	NMDZH01CTS_01	玉米	130	25.1	12	4.77
2011 - 07	NMDZH01CTS_01	玉米	140	28.1	12	3.00
2011 - 07	NMDZH01CTS_01	玉米	150	29.5	12	0.81
2011 - 07	NMDZH01CTS_01	玉米	160	30.5	12	1.58
2011 - 08	NMDZH01CTS_01	玉米	10	13.6	9	3.14
2011 - 08	NMDZH01CTS_01	玉米	20	18.2	9	3.20
2011 - 08	NMDZH01CTS_01	玉米	30	20.2	9	2.71
2011 - 08	NMDZH01CTS_01	玉米	40	22.2	9	3.75
2011 - 08	NMDZH01CTS_01	玉米	50	24.0	9	4.72
2011 - 08	NMDZH01CTS_01	玉米	60	22.5	9	2.99
2011 - 08	NMDZH01CTS_01	玉米	70	20.5	9	0.99
2011 - 08	NMDZH01CTS_01	玉米	80	21.3	9	1.51
2011 - 08	NMDZH01CTS_01	玉米	90	22.7	9	2.98

（续）

时间 （年-月）	样地代码	作物名称	探测深度/cm	体积含水量/%	重复数/个	标准差/%
2011-08	NMDZH01CTS_01	玉米	100	19.8	9	1.49
2011-08	NMDZH01CTS_01	玉米	110	19.2	9	1.63
2011-08	NMDZH01CTS_01	玉米	120	19.7	9	2.73
2011-08	NMDZH01CTS_01	玉米	130	23.7	9	3.32
2011-08	NMDZH01CTS_01	玉米	140	28.0	9	2.45
2011-08	NMDZH01CTS_01	玉米	150	29.1	9	1.04
2011-08	NMDZH01CTS_01	玉米	160	30.1	9	1.54
2011-09	NMDZH01CTS_01	玉米	10	10.8	3	0.63
2011-09	NMDZH01CTS_01	玉米	20	14.6	3	1.75
2011-09	NMDZH01CTS_01	玉米	30	16.8	3	1.69
2011-09	NMDZH01CTS_01	玉米	40	17.7	3	1.17
2011-09	NMDZH01CTS_01	玉米	50	20.2	3	2.82
2011-09	NMDZH01CTS_01	玉米	60	21.7	3	3.76
2011-09	NMDZH01CTS_01	玉米	70	21.6	3	3.81
2011-09	NMDZH01CTS_01	玉米	80	19.7	3	1.74
2011-09	NMDZH01CTS_01	玉米	90	20.3	3	2.49
2011-09	NMDZH01CTS_01	玉米	100	19.2	3	0.96
2011-09	NMDZH01CTS_01	玉米	110	17.7	3	2.09
2011-09	NMDZH01CTS_01	玉米	120	16.8	3	1.33
2011-09	NMDZH01CTS_01	玉米	130	17.9	3	2.04
2011-09	NMDZH01CTS_01	玉米	140	20.6	3	4.31
2011-09	NMDZH01CTS_01	玉米	150	26.4	3	2.11
2011-09	NMDZH01CTS_01	玉米	160	27.6	3	1.24
2012-04	NMDZH01CTS_01	玉米	10	14.8	3	1.57
2012-04	NMDZH01CTS_01	玉米	20	17.1	3	2.45
2012-04	NMDZH01CTS_01	玉米	30	18.8	3	2.31
2012-04	NMDZH01CTS_01	玉米	40	21.5	3	4.25
2012-04	NMDZH01CTS_01	玉米	50	23.4	3	4.98
2012-04	NMDZH01CTS_01	玉米	60	22.0	3	3.02
2012-04	NMDZH01CTS_01	玉米	70	19.9	3	1.23
2012-04	NMDZH01CTS_01	玉米	80	20.7	3	1.82
2012-04	NMDZH01CTS_01	玉米	90	20.1	3	1.87

（续）

时间 （年-月）	样地代码	作物名称	探测深度/cm	体积含水量/%	重复数/个	标准差/%
2012 - 04	NMDZH01CTS_01	玉米	100	17.2	3	1.31
2012 - 04	NMDZH01CTS_01	玉米	110	17.7	3	1.87
2012 - 04	NMDZH01CTS_01	玉米	120	20.2	3	3.12
2012 - 04	NMDZH01CTS_01	玉米	130	24.6	3	5.31
2012 - 04	NMDZH01CTS_01	玉米	140	23.8	3	3.81
2012 - 04	NMDZH01CTS_01	玉米	150	22.6	3	2.47
2012 - 04	NMDZH01CTS_01	玉米	160	25.1	3	0.75
2012 - 05	NMDZH01CTS_01	玉米	10	16.7	9	6.36
2012 - 05	NMDZH01CTS_01	玉米	20	21.4	9	5.23
2012 - 05	NMDZH01CTS_01	玉米	30	23.4	9	5.31
2012 - 05	NMDZH01CTS_01	玉米	40	24.3	9	4.67
2012 - 05	NMDZH01CTS_01	玉米	50	24.6	9	3.59
2012 - 05	NMDZH01CTS_01	玉米	60	23.9	9	3.08
2012 - 05	NMDZH01CTS_01	玉米	70	21.8	9	1.03
2012 - 05	NMDZH01CTS_01	玉米	80	21.1	9	2.12
2012 - 05	NMDZH01CTS_01	玉米	90	21.2	9	3.27
2012 - 05	NMDZH01CTS_01	玉米	100	19.4	9	1.73
2012 - 05	NMDZH01CTS_01	玉米	110	19.8	9	3.10
2012 - 05	NMDZH01CTS_01	玉米	120	21.3	9	4.24
2012 - 05	NMDZH01CTS_01	玉米	130	22.5	9	4.36
2012 - 05	NMDZH01CTS_01	玉米	140	25.1	9	4.15
2012 - 05	NMDZH01CTS_01	玉米	150	26.5	9	2.00
2012 - 05	NMDZH01CTS_01	玉米	160	26.6	9	1.67
2012 - 06	NMDZH01CTS_01	玉米	10	14.4	12	3.08
2012 - 06	NMDZH01CTS_01	玉米	20	20.0	12	2.62
2012 - 06	NMDZH01CTS_01	玉米	30	22.4	12	3.18
2012 - 06	NMDZH01CTS_01	玉米	40	24.9	12	3.97
2012 - 06	NMDZH01CTS_01	玉米	50	25.6	12	4.62
2012 - 06	NMDZH01CTS_01	玉米	60	24.7	12	3.14
2012 - 06	NMDZH01CTS_01	玉米	70	22.4	12	1.30
2012 - 06	NMDZH01CTS_01	玉米	80	22.1	12	2.09
2012 - 06	NMDZH01CTS_01	玉米	90	21.2	12	2.42

（续）

时间 （年-月）	样地代码	作物名称	探测深度/cm	体积含水量/%	重复数/个	标准差/%
2012 - 06	NMDZH01CTS_01	玉米	100	19.4	12	1.55
2012 - 06	NMDZH01CTS_01	玉米	110	18.9	12	1.54
2012 - 06	NMDZH01CTS_01	玉米	120	19.9	12	2.35
2012 - 06	NMDZH01CTS_01	玉米	130	23.4	12	4.49
2012 - 06	NMDZH01CTS_01	玉米	140	26.3	12	3.60
2012 - 06	NMDZH01CTS_01	玉米	150	26.4	12	2.55
2012 - 06	NMDZH01CTS_01	玉米	160	27.8	12	1.82
2012 - 07	NMDZH01CTS_01	玉米	10	14.8	12	4.57
2012 - 07	NMDZH01CTS_01	玉米	20	19.9	12	3.22
2012 - 07	NMDZH01CTS_01	玉米	30	21.7	12	3.10
2012 - 07	NMDZH01CTS_01	玉米	40	23.7	12	4.43
2012 - 07	NMDZH01CTS_01	玉米	50	24.4	12	4.75
2012 - 07	NMDZH01CTS_01	玉米	60	22.4	12	2.21
2012 - 07	NMDZH01CTS_01	玉米	70	21.8	12	2.42
2012 - 07	NMDZH01CTS_01	玉米	80	21.8	12	2.25
2012 - 07	NMDZH01CTS_01	玉米	90	20.3	12	1.60
2012 - 07	NMDZH01CTS_01	玉米	100	19.2	12	1.91
2012 - 07	NMDZH01CTS_01	玉米	110	19.6	12	2.49
2012 - 07	NMDZH01CTS_01	玉米	120	22.2	12	5.16
2012 - 07	NMDZH01CTS_01	玉米	130	25.6	12	5.29
2012 - 07	NMDZH01CTS_01	玉米	140	27.8	12	4.03
2012 - 07	NMDZH01CTS_01	玉米	150	28.6	12	2.09
2012 - 07	NMDZH01CTS_01	玉米	160	28.8	12	1.38
2012 - 08	NMDZH01CTS_01	玉米	10	15.5	9	4.53
2012 - 08	NMDZH01CTS_01	玉米	20	19.0	9	3.33
2012 - 08	NMDZH01CTS_01	玉米	30	20.4	9	3.19
2012 - 08	NMDZH01CTS_01	玉米	40	21.5	9	2.99
2012 - 08	NMDZH01CTS_01	玉米	50	23.3	9	3.57
2012 - 08	NMDZH01CTS_01	玉米	60	23.2	9	3.19
2012 - 08	NMDZH01CTS_01	玉米	70	20.9	9	2.07
2012 - 08	NMDZH01CTS_01	玉米	80	20.1	9	1.93
2012 - 08	NMDZH01CTS_01	玉米	90	20.0	9	1.36

（续）

时间 （年-月）	样地代码	作物名称	探测深度/cm	体积含水量/%	重复数/个	标准差/%
2012 - 08	NMDZH01CTS_01	玉米	100	19.1	9	1.71
2012 - 08	NMDZH01CTS_01	玉米	110	20.0	9	4.60
2012 - 08	NMDZH01CTS_01	玉米	120	21.0	9	5.57
2012 - 08	NMDZH01CTS_01	玉米	130	24.9	9	5.10
2012 - 08	NMDZH01CTS_01	玉米	140	27.5	9	3.41
2012 - 08	NMDZH01CTS_01	玉米	150	28.8	9	2.15
2012 - 08	NMDZH01CTS_01	玉米	160	19.4	9	13.88
2012 - 09	NMDZH01CTS_01	玉米	10	17.4	6	4.81
2012 - 09	NMDZH01CTS_01	玉米	20	21.1	6	5.90
2012 - 09	NMDZH01CTS_01	玉米	30	22.9	6	4.51
2012 - 09	NMDZH01CTS_01	玉米	40	24.2	6	5.24
2012 - 09	NMDZH01CTS_01	玉米	50	24.7	6	5.23
2012 - 09	NMDZH01CTS_01	玉米	60	23.5	6	4.10
2012 - 09	NMDZH01CTS_01	玉米	70	21.2	6	2.01
2012 - 09	NMDZH01CTS_01	玉米	80	20.2	6	2.45
2012 - 09	NMDZH01CTS_01	玉米	90	18.7	6	2.18
2012 - 09	NMDZH01CTS_01	玉米	100	17.3	6	1.87
2012 - 09	NMDZH01CTS_01	玉米	110	16.9	6	1.82
2012 - 09	NMDZH01CTS_01	玉米	120	18.8	6	4.14
2012 - 09	NMDZH01CTS_01	玉米	130	21.6	6	4.70
2012 - 09	NMDZH01CTS_01	玉米	140	26.0	6	3.57
2012 - 09	NMDZH01CTS_01	玉米	150	27.0	6	1.68
2012 - 09	NMDZH01CTS_01	玉米	160	27.9	6	1.15
2013 - 04	NMDZH01CTS_01	玉米	10	8.9	3	1.93
2013 - 04	NMDZH01CTS_01	玉米	20	15.8	3	0.68
2013 - 04	NMDZH01CTS_01	玉米	30	20.5	3	2.17
2013 - 04	NMDZH01CTS_01	玉米	40	23.1	3	2.30
2013 - 04	NMDZH01CTS_01	玉米	50	26.3	3	3.19
2013 - 04	NMDZH01CTS_01	玉米	60	28.5	3	3.12
2013 - 04	NMDZH01CTS_01	玉米	70	28.3	3	2.94
2013 - 04	NMDZH01CTS_01	玉米	80	26.7	3	3.38
2013 - 04	NMDZH01CTS_01	玉米	90	24.6	3	3.97

（续）

时间 （年-月）	样地代码	作物名称	探测深度/cm	体积含水量/%	重复数/个	标准差/%
2013 - 04	NMDZH01CTS_01	玉米	100	20.1	3	3.38
2013 - 04	NMDZH01CTS_01	玉米	110	16.6	3	0.91
2013 - 04	NMDZH01CTS_01	玉米	120	17.2	3	1.16
2013 - 04	NMDZH01CTS_01	玉米	130	21.7	3	3.79
2013 - 04	NMDZH01CTS_01	玉米	140	26.9	3	1.69
2013 - 04	NMDZH01CTS_01	玉米	150	27.6	3	1.10
2013 - 04	NMDZH01CTS_01	玉米	160	28.9	3	1.43
2013 - 05	NMDZH01CTS_01	玉米	10	12.3	9	3.54
2013 - 05	NMDZH01CTS_01	玉米	20	17.1	9	4.24
2013 - 05	NMDZH01CTS_01	玉米	30	19.2	9	3.32
2013 - 05	NMDZH01CTS_01	玉米	40	22.2	9	3.84
2013 - 05	NMDZH01CTS_01	玉米	50	24.0	9	4.14
2013 - 05	NMDZH01CTS_01	玉米	60	24.7	9	3.33
2013 - 05	NMDZH01CTS_01	玉米	70	24.3	9	2.34
2013 - 05	NMDZH01CTS_01	玉米	80	24.6	9	3.02
2013 - 05	NMDZH01CTS_01	玉米	90	23.9	9	3.47
2013 - 05	NMDZH01CTS_01	玉米	100	22.1	9	2.56
2013 - 05	NMDZH01CTS_01	玉米	110	21.3	9	2.09
2013 - 05	NMDZH01CTS_01	玉米	120	21.8	9	3.73
2013 - 05	NMDZH01CTS_01	玉米	130	23.6	9	4.33
2013 - 05	NMDZH01CTS_01	玉米	140	27.0	9	4.01
2013 - 05	NMDZH01CTS_01	玉米	150	29.6	9	3.44
2013 - 05	NMDZH01CTS_01	玉米	160	29.6	9	2.02
2013 - 06	NMDZH01CTS_01	玉米	10	15.3	9	5.32
2013 - 06	NMDZH01CTS_01	玉米	20	11.2	9	3.46
2013 - 06	NMDZH01CTS_01	玉米	30	17.5	9	2.77
2013 - 06	NMDZH01CTS_01	玉米	40	21.3	9	3.30
2013 - 06	NMDZH01CTS_01	玉米	50	23.8	9	3.93
2013 - 06	NMDZH01CTS_01	玉米	60	24.9	9	4.30
2013 - 06	NMDZH01CTS_01	玉米	70	24.8	9	3.55
2013 - 06	NMDZH01CTS_01	玉米	80	22.8	9	1.26
2013 - 06	NMDZH01CTS_01	玉米	90	22.9	9	1.37

（续）

时间 （年-月）	样地代码	作物名称	探测深度/cm	体积含水量/%	重复数/个	标准差/%
2013 - 06	NMDZH01CTS_01	玉米	100	23.5	9	2.63
2013 - 06	NMDZH01CTS_01	玉米	110	22.0	9	2.14
2013 - 06	NMDZH01CTS_01	玉米	120	19.8	9	1.37
2013 - 06	NMDZH01CTS_01	玉米	130	20.4	9	2.24
2013 - 06	NMDZH01CTS_01	玉米	140	23.8	9	3.84
2013 - 06	NMDZH01CTS_01	玉米	150	28.5	9	3.00
2013 - 06	NMDZH01CTS_01	玉米	160	31.4	9	1.41
2013 - 07	NMDZH01CTS_01	玉米	10	15.2	15	5.78
2013 - 07	NMDZH01CTS_01	玉米	20	10.4	15	4.01
2013 - 07	NMDZH01CTS_01	玉米	30	15.9	15	5.27
2013 - 07	NMDZH01CTS_01	玉米	40	18.2	15	6.11
2013 - 07	NMDZH01CTS_01	玉米	50	20.5	15	7.09
2013 - 07	NMDZH01CTS_01	玉米	60	22.2	15	7.98
2013 - 07	NMDZH01CTS_01	玉米	70	22.9	15	7.40
2013 - 07	NMDZH01CTS_01	玉米	80	20.7	15	5.71
2013 - 07	NMDZH01CTS_01	玉米	90	20.4	15	5.56
2013 - 07	NMDZH01CTS_01	玉米	100	22.3	15	6.35
2013 - 07	NMDZH01CTS_01	玉米	110	20.4	15	5.71
2013 - 07	NMDZH01CTS_01	玉米	120	19.8	15	1.38
2013 - 07	NMDZH01CTS_01	玉米	130	19.4	15	1.12
2013 - 07	NMDZH01CTS_01	玉米	140	22.2	15	2.16
2013 - 07	NMDZH01CTS_01	玉米	150	28.2	15	2.85
2013 - 07	NMDZH01CTS_01	玉米	160	31.2	15	0.84
2013 - 08	NMDZH01CTS_01	玉米	10	16.1	9	3.90
2013 - 08	NMDZH01CTS_01	玉米	20	11.1	9	2.35
2013 - 08	NMDZH01CTS_01	玉米	30	16.9	9	1.70
2013 - 08	NMDZH01CTS_01	玉米	40	19.3	9	2.80
2013 - 08	NMDZH01CTS_01	玉米	50	21.1	9	3.53
2013 - 08	NMDZH01CTS_01	玉米	60	22.5	9	4.62
2013 - 08	NMDZH01CTS_01	玉米	70	24.0	9	4.32
2013 - 08	NMDZH01CTS_01	玉米	80	21.6	9	1.50
2013 - 08	NMDZH01CTS_01	玉米	90	21.5	9	1.39

（续）

时间 （年-月）	样地代码	作物名称	探测深度/cm	体积含水量/%	重复数/个	标准差/%
2013 - 08	NMDZH01CTS_01	玉米	100	23.7	9	2.44
2013 - 08	NMDZH01CTS_01	玉米	110	21.4	9	1.65
2013 - 08	NMDZH01CTS_01	玉米	120	18.3	9	1.89
2013 - 08	NMDZH01CTS_01	玉米	130	18.9	9	1.08
2013 - 08	NMDZH01CTS_01	玉米	140	21.8	9	2.07
2013 - 08	NMDZH01CTS_01	玉米	150	28.0	9	2.71
2013 - 08	NMDZH01CTS_01	玉米	160	30.8	9	0.61
2014 - 04	NMDZH01CTS_01	玉米	10	9.5	3	4.50
2014 - 04	NMDZH01CTS_01	玉米	20	16.5	3	3.55
2014 - 04	NMDZH01CTS_01	玉米	30	20.6	3	2.82
2014 - 04	NMDZH01CTS_01	玉米	40	22.8	3	3.57
2014 - 04	NMDZH01CTS_01	玉米	50	24.1	3	4.29
2014 - 04	NMDZH01CTS_01	玉米	60	24.9	3	4.51
2014 - 04	NMDZH01CTS_01	玉米	70	22.3	3	3.81
2014 - 04	NMDZH01CTS_01	玉米	80	21.3	3	1.48
2014 - 04	NMDZH01CTS_01	玉米	90	22.9	3	1.92
2014 - 04	NMDZH01CTS_01	玉米	100	21.7	3	2.51
2014 - 04	NMDZH01CTS_01	玉米	110	18.5	3	2.11
2014 - 04	NMDZH01CTS_01	玉米	120	17.4	3	1.69
2014 - 04	NMDZH01CTS_01	玉米	130	18.4	3	1.50
2014 - 04	NMDZH01CTS_01	玉米	140	22.9	3	2.86
2014 - 04	NMDZH01CTS_01	玉米	150	26.6	3	2.63
2014 - 04	NMDZH01CTS_01	玉米	160	26.3	3	2.30
2014 - 05	NMDZH01CTS_01	玉米	10	20.5	15	8.12
2014 - 05	NMDZH01CTS_01	玉米	20	11.7	15	3.07
2014 - 05	NMDZH01CTS_01	玉米	30	18.6	15	2.16
2014 - 05	NMDZH01CTS_01	玉米	40	22.0	15	2.61
2014 - 05	NMDZH01CTS_01	玉米	50	24.1	15	3.62
2014 - 05	NMDZH01CTS_01	玉米	60	25.5	15	4.54
2014 - 05	NMDZH01CTS_01	玉米	70	25.4	15	3.86
2014 - 05	NMDZH01CTS_01	玉米	80	22.6	15	1.58
2014 - 05	NMDZH01CTS_01	玉米	90	21.8	15	1.43

（续）

时间 （年-月）	样地代码	作物名称	探测深度/cm	体积含水量/%	重复数/个	标准差/%
2014-05	NMDZH01CTS_01	玉米	100	23.0	15	2.25
2014-05	NMDZH01CTS_01	玉米	110	21.6	15	2.03
2014-05	NMDZH01CTS_01	玉米	120	19.0	15	1.36
2014-05	NMDZH01CTS_01	玉米	130	18.1	15	1.30
2014-05	NMDZH01CTS_01	玉米	140	19.5	15	3.04
2014-05	NMDZH01CTS_01	玉米	150	23.9	15	4.10
2014-05	NMDZH01CTS_01	玉米	160	27.2	15	1.80
2014-06	NMDZH01CTS_01	玉米	10	17.9	12	5.91
2014-06	NMDZH01CTS_01	玉米	20	10.5	12	4.88
2014-06	NMDZH01CTS_01	玉米	30	16.6	12	6.18
2014-06	NMDZH01CTS_01	玉米	40	19.6	12	6.87
2014-06	NMDZH01CTS_01	玉米	50	21.9	12	7.70
2014-06	NMDZH01CTS_01	玉米	60	23.3	12	8.49
2014-06	NMDZH01CTS_01	玉米	70	23.7	12	7.89
2014-06	NMDZH01CTS_01	玉米	80	21.0	12	6.38
2014-06	NMDZH01CTS_01	玉米	90	20.2	12	6.16
2014-06	NMDZH01CTS_01	玉米	100	21.7	12	6.93
2014-06	NMDZH01CTS_01	玉米	110	22.2	12	1.77
2014-06	NMDZH01CTS_01	玉米	120	19.8	12	1.18
2014-06	NMDZH01CTS_01	玉米	130	19.3	12	1.40
2014-06	NMDZH01CTS_01	玉米	140	20.8	12	2.37
2014-06	NMDZH01CTS_01	玉米	150	25.7	12	3.60
2014-06	NMDZH01CTS_01	玉米	160	29.4	12	1.05
2014-07	NMDZH01CTS_01	玉米	10	17.8	15	3.66
2014-07	NMDZH01CTS_01	玉米	20	10.9	15	3.02
2014-07	NMDZH01CTS_01	玉米	30	16.5	15	1.67
2014-07	NMDZH01CTS_01	玉米	40	19.2	15	2.15
2014-07	NMDZH01CTS_01	玉米	50	21.5	15	3.39
2014-07	NMDZH01CTS_01	玉米	60	30.8	15	28.15
2014-07	NMDZH01CTS_01	玉米	70	24.4	15	3.92
2014-07	NMDZH01CTS_01	玉米	80	21.3	15	3.18
2014-07	NMDZH01CTS_01	玉米	90	20.5	15	3.54

（续）

时间 （年-月）	样地代码	作物名称	探测深度/cm	体积含水量/%	重复数/个	标准差/%
2014 - 07	NMDZH01CTS_01	玉米	100	23.0	15	3.01
2014 - 07	NMDZH01CTS_01	玉米	110	22.5	15	1.56
2014 - 07	NMDZH01CTS_01	玉米	120	20.0	15	1.09
2014 - 07	NMDZH01CTS_01	玉米	130	19.6	15	1.68
2014 - 07	NMDZH01CTS_01	玉米	140	19.5	15	5.62
2014 - 07	NMDZH01CTS_01	玉米	150	24.3	15	7.27
2014 - 07	NMDZH01CTS_01	玉米	160	27.6	15	7.65
2014 - 08	NMDZH01CTS_01	玉米	10	18.3	9	4.34
2014 - 08	NMDZH01CTS_01	玉米	20	10.7	9	3.89
2014 - 08	NMDZH01CTS_01	玉米	30	14.9	9	3.97
2014 - 08	NMDZH01CTS_01	玉米	40	17.6	9	3.51
2014 - 08	NMDZH01CTS_01	玉米	50	20.0	9	5.30
2014 - 08	NMDZH01CTS_01	玉米	60	22.1	9	6.47
2014 - 08	NMDZH01CTS_01	玉米	70	23.0	9	4.80
2014 - 08	NMDZH01CTS_01	玉米	80	20.5	9	1.85
2014 - 08	NMDZH01CTS_01	玉米	90	20.3	9	1.42
2014 - 08	NMDZH01CTS_01	玉米	100	21.9	9	2.56
2014 - 08	NMDZH01CTS_01	玉米	110	20.1	9	2.23
2014 - 08	NMDZH01CTS_01	玉米	120	18.1	9	2.21
2014 - 08	NMDZH01CTS_01	玉米	130	18.1	9	1.86
2014 - 08	NMDZH01CTS_01	玉米	140	20.5	9	3.64
2014 - 08	NMDZH01CTS_01	玉米	150	25.9	9	4.48
2014 - 08	NMDZH01CTS_01	玉米	160	29.1	9	1.25
2014 - 09	NMDZH01CTS_01	玉米	10	17.5	6	3.38
2014 - 09	NMDZH01CTS_01	玉米	20	10.3	6	2.35
2014 - 09	NMDZH01CTS_01	玉米	30	15.0	6	1.13
2014 - 09	NMDZH01CTS_01	玉米	40	17.7	6	1.39
2014 - 09	NMDZH01CTS_01	玉米	50	20.0	6	4.19
2014 - 09	NMDZH01CTS_01	玉米	60	21.7	6	5.91
2014 - 09	NMDZH01CTS_01	玉米	70	22.9	6	5.18
2014 - 09	NMDZH01CTS_01	玉米	80	20.2	6	2.15
2014 - 09	NMDZH01CTS_01	玉米	90	19.5	6	1.85

（续）

时间 （年-月）	样地代码	作物名称	探测深度/cm	体积含水量/%	重复数/个	标准差/%
2014 - 09	NMDZH01CTS_01	玉米	100	20.7	6	3.40
2014 - 09	NMDZH01CTS_01	玉米	110	18.6	6	2.76
2014 - 09	NMDZH01CTS_01	玉米	120	17.0	6	2.55
2014 - 09	NMDZH01CTS_01	玉米	130	17.0	6	2.17
2014 - 09	NMDZH01CTS_01	玉米	140	20.0	6	3.71
2014 - 09	NMDZH01CTS_01	玉米	150	25.4	6	4.69
2014 - 09	NMDZH01CTS_01	玉米	160	28.3	6	2.23
2015 - 04	NMDZH01CTS_01	玉米	10	9.8	9	4.47
2015 - 04	NMDZH01CTS_01	玉米	20	10.0	9	4.92
2015 - 04	NMDZH01CTS_01	玉米	30	13.8	9	5.84
2015 - 04	NMDZH01CTS_01	玉米	40	16.7	9	7.16
2015 - 04	NMDZH01CTS_01	玉米	50	18.6	9	8.29
2015 - 04	NMDZH01CTS_01	玉米	60	22.4	9	5.46
2015 - 04	NMDZH01CTS_01	玉米	70	20.7	9	8.62
2015 - 04	NMDZH01CTS_01	玉米	80	19.9	9	8.29
2015 - 04	NMDZH01CTS_01	玉米	90	20.4	9	5.39
2015 - 04	NMDZH01CTS_01	玉米	100	18.4	9	6.29
2015 - 04	NMDZH01CTS_01	玉米	110	17.3	9	3.36
2015 - 04	NMDZH01CTS_01	玉米	120	16.4	9	1.89
2015 - 04	NMDZH01CTS_01	玉米	130	17.9	9	3.80
2015 - 04	NMDZH01CTS_01	玉米	140	21.0	9	4.67
2015 - 04	NMDZH01CTS_01	玉米	150	23.9	9	3.26
2015 - 04	NMDZH01CTS_01	玉米	160	26.4	9	3.37
2015 - 05	NMDZH01CTS_01	玉米	10	24.6	9	2.11
2015 - 05	NMDZH01CTS_01	玉米	20	17.5	9	2.71
2015 - 05	NMDZH01CTS_01	玉米	30	22.9	9	2.62
2015 - 05	NMDZH01CTS_01	玉米	40	24.4	9	1.88
2015 - 05	NMDZH01CTS_01	玉米	50	26.6	9	3.77
2015 - 05	NMDZH01CTS_01	玉米	60	29.0	9	5.10
2015 - 05	NMDZH01CTS_01	玉米	70	28.4	9	5.19
2015 - 05	NMDZH01CTS_01	玉米	80	25.2	9	2.38
2015 - 05	NMDZH01CTS_01	玉米	90	24.3	9	1.99

（续）

时间 （年-月）	样地代码	作物名称	探测深度/cm	体积含水量/%	重复数/个	标准差/%
2015 - 05	NMDZH01CTS_01	玉米	100	24.4	9	3.85
2015 - 05	NMDZH01CTS_01	玉米	110	21.5	9	3.41
2015 - 05	NMDZH01CTS_01	玉米	120	20.0	9	2.57
2015 - 05	NMDZH01CTS_01	玉米	130	20.0	9	2.08
2015 - 05	NMDZH01CTS_01	玉米	140	23.2	9	3.46
2015 - 05	NMDZH01CTS_01	玉米	150	28.7	9	4.14
2015 - 05	NMDZH01CTS_01	玉米	160	30.0	9	3.93
2015 - 06	NMDZH01CTS_01	玉米	10	23.9	6	3.08
2015 - 06	NMDZH01CTS_01	玉米	20	18.8	6	2.09
2015 - 06	NMDZH01CTS_01	玉米	30	23.6	6	2.88
2015 - 06	NMDZH01CTS_01	玉米	40	24.8	6	2.70
2015 - 06	NMDZH01CTS_01	玉米	50	27.2	6	3.64
2015 - 06	NMDZH01CTS_01	玉米	60	29.6	6	5.30
2015 - 06	NMDZH01CTS_01	玉米	70	27.5	6	3.47
2015 - 06	NMDZH01CTS_01	玉米	80	24.7	6	1.65
2015 - 06	NMDZH01CTS_01	玉米	90	24.7	6	2.32
2015 - 06	NMDZH01CTS_01	玉米	100	24.0	6	2.82
2015 - 06	NMDZH01CTS_01	玉米	110	21.0	6	2.38
2015 - 06	NMDZH01CTS_01	玉米	120	19.7	6	2.01
2015 - 06	NMDZH01CTS_01	玉米	130	20.3	6	2.17
2015 - 06	NMDZH01CTS_01	玉米	140	25.1	6	4.80
2015 - 06	NMDZH01CTS_01	玉米	150	29.8	6	4.09
2015 - 06	NMDZH01CTS_01	玉米	160	30.1	6	3.31
2015 - 07	NMDZH01CTS_01	玉米	10	22.8	9	3.44
2015 - 07	NMDZH01CTS_01	玉米	20	17.8	9	3.77
2015 - 07	NMDZH01CTS_01	玉米	30	22.4	9	3.55
2015 - 07	NMDZH01CTS_01	玉米	40	23.5	9	3.40
2015 - 07	NMDZH01CTS_01	玉米	50	26.1	9	4.97
2015 - 07	NMDZH01CTS_01	玉米	60	28.0	9	6.42
2015 - 07	NMDZH01CTS_01	玉米	70	27.4	9	5.63
2015 - 07	NMDZH01CTS_01	玉米	80	25.0	9	2.53
2015 - 07	NMDZH01CTS_01	玉米	90	24.6	9	2.16

（续）

时间 （年-月）	样地代码	作物名称	探测深度/cm	体积含水量/%	重复数/个	标准差/%
2015－07	NMDZH01CTS_01	玉米	100	24.8	9	4.19
2015－07	NMDZH01CTS_01	玉米	110	22.8	9	4.29
2015－07	NMDZH01CTS_01	玉米	120	21.8	9	4.61
2015－07	NMDZH01CTS_01	玉米	130	22.1	9	4.33
2015－07	NMDZH01CTS_01	玉米	140	25.4	9	5.37
2015－07	NMDZH01CTS_01	玉米	150	29.9	9	5.85
2015－07	NMDZH01CTS_01	玉米	160	31.4	9	3.40
2015－08	NMDZH01CTS_01	玉米	10	23.0	9	7.60
2015－08	NMDZH01CTS_01	玉米	20	16.8	9	3.48
2015－08	NMDZH01CTS_01	玉米	30	21.6	9	3.86
2015－08	NMDZH01CTS_01	玉米	40	22.8	9	3.66
2015－08	NMDZH01CTS_01	玉米	50	25.7	9	4.43
2015－08	NMDZH01CTS_01	玉米	60	27.9	9	5.57
2015－08	NMDZH01CTS_01	玉米	70	27.6	9	5.68
2015－08	NMDZH01CTS_01	玉米	80	25.0	9	3.57
2015－08	NMDZH01CTS_01	玉米	90	24.8	9	2.93
2015－08	NMDZH01CTS_01	玉米	100	25.3	9	4.69
2015－08	NMDZH01CTS_01	玉米	110	23.9	9	5.13
2015－08	NMDZH01CTS_01	玉米	120	23.4	9	4.75
2015－08	NMDZH01CTS_01	玉米	130	23.9	9	3.76
2015－08	NMDZH01CTS_01	玉米	140	27.1	9	3.29
2015－08	NMDZH01CTS_01	玉米	150	32.2	9	4.32
2015－08	NMDZH01CTS_01	玉米	160	32.9	9	3.66
2015－09	NMDZH01CTS_01	玉米	10	28.8	9	8.37
2015－09	NMDZH01CTS_01	玉米	20	17.7	9	2.39
2015－09	NMDZH01CTS_01	玉米	30	22.1	9	1.92
2015－09	NMDZH01CTS_01	玉米	40	24.5	9	1.70
2015－09	NMDZH01CTS_01	玉米	50	28.2	9	3.77
2015－09	NMDZH01CTS_01	玉米	60	30.2	9	4.88
2015－09	NMDZH01CTS_01	玉米	70	29.1	9	4.04
2015－09	NMDZH01CTS_01	玉米	80	26.0	9	2.11
2015－09	NMDZH01CTS_01	玉米	90	25.7	9	1.92
2015－09	NMDZH01CTS_01	玉米	100	26.5	9	2.67
2015－09	NMDZH01CTS_01	玉米	110	25.5	9	3.23

（续）

时间 （年-月）	样地代码	作物名称	探测深度/cm	体积含水量/%	重复数/个	标准差/%
2015 - 09	NMDZH01CTS_01	玉米	120	25.6	9	4.21
2015 - 09	NMDZH01CTS_01	玉米	130	25.1	9	3.28
2015 - 09	NMDZH01CTS_01	玉米	140	27.8	9	3.79
2015 - 09	NMDZH01CTS_01	玉米	150	31.9	9	3.81
2015 - 09	NMDZH01CTS_01	玉米	160	33.9	9	3.10

5.2 土壤质量含水量数据集

5.2.1 概述

本数据集为奈曼站2005—2015年月尺度土壤质量含水量数据，定位观测点为内蒙古通辽市奈曼旗大沁他拉镇奈曼站农田综合观测场（120°41′58″E，42°55′46″N），用百分数表示，精度为0.1%，有效数据1 776条。

5.2.2 数据采集和处理方法

数据获取方法：烘干称重法，观测深度为10～160 cm，每层深度为10 cm。

测定土壤含水量的样品主要是用土钻法采集。取样时，在每根中子管1 m内圆周上均匀地选择3个采样点，采集平行样。首先在土钻上标明深度，然后根据土钻上的刻度分别取深度为10 cm、20 cm、30 cm、40 cm、50 cm、60 cm、70 cm、80 cm、90 cm、100 cm、110 cm、120 cm、130 cm、140 cm、150 cm、160 cm（有的深度达到180 cm）的土壤样品，立即把样品放入铝盒内、盖上盖子密封。然后用烘干法测定土壤质量含水量。

土壤质量含水量＝（烘干前铝盒及土样质量－烘干后铝盒及土样质量）/（烘干前铝盒及土样质量－烘干空铝盒质量）×100%。

原始数据观测频率为2月1次，冬季停止观测。对每次质控后的每月同层深度观测数据进行平均，计算每层深度的月平均值。

5.2.3 数据质量控制和评估

（1）取样时，在每根中子管1 m内圆周上均匀地选择3个采样点，采集平行样。

（2）在土钻上标明深度，确保取样深度的准确性。

5.2.4 数据

表5-2中为奈曼站农田综合观测场2005—2015年尺度土壤质量含水量数据。

表5-2 土壤质量含水量

时间（年-月）	样地代码	采样层次/cm	质量含水量/%
2005 - 06	NMDZH01CHG_01	10	12.4
2005 - 06	NMDZH01CHG_01	20	12.8

（续）

时间（年-月）	样地代码	采样层次/cm	质量含水量/%
2005 - 06	NMDZH01CHG _ 01	30	13.6
2005 - 06	NMDZH01CHG _ 01	40	16.5
2005 - 06	NMDZH01CHG _ 01	50	22.8
2005 - 06	NMDZH01CHG _ 01	60	23.2
2005 - 06	NMDZH01CHG _ 01	70	18.9
2005 - 06	NMDZH01CHG _ 01	80	19.5
2005 - 06	NMDZH01CHG _ 01	90	18.7
2005 - 06	NMDZH01CHG _ 01	100	20.2
2005 - 06	NMDZH01CHG _ 01	110	20.7
2005 - 06	NMDZH01CHG _ 01	120	17.4
2005 - 06	NMDZH01CHG _ 01	130	20.3
2005 - 06	NMDZH01CHG _ 01	140	18.2
2005 - 06	NMDZH01CHG _ 01	150	16.6
2005 - 06	NMDZH01CHG _ 01	160	18.5
2005 - 06	NMDZH01CHG _ 01	170	18.8
2005 - 06	NMDZH01CHG _ 01	180	20.1
2005 - 06	NMDZH01CHG _ 01	10	11.8
2005 - 06	NMDZH01CHG _ 01	20	12.0
2005 - 06	NMDZH01CHG _ 01	30	12.8
2005 - 06	NMDZH01CHG _ 01	40	15.2
2005 - 06	NMDZH01CHG _ 01	50	14.3
2005 - 06	NMDZH01CHG _ 01	60	19.7
2005 - 06	NMDZH01CHG _ 01	70	16.0
2005 - 06	NMDZH01CHG _ 01	80	17.3
2005 - 06	NMDZH01CHG _ 01	90	17.4
2005 - 06	NMDZH01CHG _ 01	100	17.4
2005 - 06	NMDZH01CHG _ 01	110	16.9
2005 - 06	NMDZH01CHG _ 01	120	15.2
2005 - 06	NMDZH01CHG _ 01	130	14.0
2005 - 06	NMDZH01CHG _ 01	140	15.6
2005 - 06	NMDZH01CHG _ 01	150	17.9
2005 - 06	NMDZH01CHG _ 01	160	19.2
2005 - 06	NMDZH01CHG _ 01	170	20.4

（续）

时间（年-月）	样地代码	采样层次/cm	质量含水量/%
2005 – 06	NMDZH01CHG_01	180	19.8
2005 – 06	NMDZH01CHG_01	10	15.2
2005 – 06	NMDZH01CHG_01	20	17.7
2005 – 06	NMDZH01CHG_01	30	23.4
2005 – 06	NMDZH01CHG_01	40	17.3
2005 – 06	NMDZH01CHG_01	50	18.4
2005 – 06	NMDZH01CHG_01	60	19.6
2005 – 06	NMDZH01CHG_01	70	15.5
2005 – 06	NMDZH01CHG_01	80	17.1
2005 – 06	NMDZH01CHG_01	90	17.1
2005 – 06	NMDZH01CHG_01	100	15.4
2005 – 06	NMDZH01CHG_01	110	13.3
2005 – 06	NMDZH01CHG_01	120	17.5
2005 – 06	NMDZH01CHG_01	130	16.9
2005 – 06	NMDZH01CHG_01	140	24.1
2005 – 06	NMDZH01CHG_01	150	22.6
2005 – 06	NMDZH01CHG_01	160	20.2
2005 – 06	NMDZH01CHG_01	170	15.9
2005 – 06	NMDZH01CHG_01	180	21.8
2005 – 07	NMDZH01CHG_01	10	7.3
2005 – 07	NMDZH01CHG_01	20	7.7
2005 – 07	NMDZH01CHG_01	30	9.5
2005 – 07	NMDZH01CHG_01	40	20.0
2005 – 07	NMDZH01CHG_01	50	22.5
2005 – 07	NMDZH01CHG_01	60	21.1
2005 – 07	NMDZH01CHG_01	70	16.6
2005 – 07	NMDZH01CHG_01	80	14.2
2005 – 07	NMDZH01CHG_01	90	17.8
2005 – 07	NMDZH01CHG_01	100	16.8
2005 – 07	NMDZH01CHG_01	110	17.7
2005 – 07	NMDZH01CHG_01	120	17.3
2005 – 07	NMDZH01CHG_01	130	14.5
2005 – 07	NMDZH01CHG_01	140	16.9

（续）

时间（年-月）	样地代码	采样层次/cm	质量含水量/%
2005 - 07	NMDZH01CHG _ 01	150	24.0
2005 - 07	NMDZH01CHG _ 01	160	22.4
2005 - 07	NMDZH01CHG _ 01	170	22.8
2005 - 07	NMDZH01CHG _ 01	180	23.6
2005 - 07	NMDZH01CHG _ 01	10	8.4
2005 - 07	NMDZH01CHG _ 01	20	7.3
2005 - 07	NMDZH01CHG _ 01	30	8.4
2005 - 07	NMDZH01CHG _ 01	40	10.6
2005 - 07	NMDZH01CHG _ 01	50	16.0
2005 - 07	NMDZH01CHG _ 01	60	16.7
2005 - 07	NMDZH01CHG _ 01	70	14.7
2005 - 07	NMDZH01CHG _ 01	80	16.4
2005 - 07	NMDZH01CHG _ 01	90	15.0
2005 - 07	NMDZH01CHG _ 01	100	13.0
2005 - 07	NMDZH01CHG _ 01	110	15.7
2005 - 07	NMDZH01CHG _ 01	120	14.6
2005 - 07	NMDZH01CHG _ 01	130	13.8
2005 - 07	NMDZH01CHG _ 01	140	13.9
2005 - 07	NMDZH01CHG _ 01	150	14.7
2005 - 07	NMDZH01CHG _ 01	160	27.2
2005 - 07	NMDZH01CHG _ 01	170	26.2
2005 - 07	NMDZH01CHG _ 01	180	28.3
2005 - 07	NMDZH01CHG _ 01	10	10.4
2005 - 07	NMDZH01CHG _ 01	20	13.6
2005 - 07	NMDZH01CHG _ 01	30	19.2
2005 - 07	NMDZH01CHG _ 01	40	18.2
2005 - 07	NMDZH01CHG _ 01	50	19.4
2005 - 07	NMDZH01CHG _ 01	60	18.1
2005 - 07	NMDZH01CHG _ 01	70	16.9
2005 - 07	NMDZH01CHG _ 01	80	20.0
2005 - 07	NMDZH01CHG _ 01	90	17.7
2005 - 07	NMDZH01CHG _ 01	100	18.2
2005 - 07	NMDZH01CHG _ 01	110	14.2

（续）

时间（年-月）	样地代码	采样层次/cm	质量含水量/%
2005 - 07	NMDZH01CHG _ 01	120	16.8
2005 - 07	NMDZH01CHG _ 01	130	13.4
2005 - 07	NMDZH01CHG _ 01	140	13.9
2005 - 07	NMDZH01CHG _ 01	150	22.9
2005 - 07	NMDZH01CHG _ 01	160	22.6
2005 - 07	NMDZH01CHG _ 01	170	23.0
2005 - 07	NMDZH01CHG _ 01	180	17.8
2005 - 08	NMDZH01CHG _ 01	10	14.8
2005 - 08	NMDZH01CHG _ 01	20	14.3
2005 - 08	NMDZH01CHG _ 01	30	14.0
2005 - 08	NMDZH01CHG _ 01	40	20.1
2005 - 08	NMDZH01CHG _ 01	50	22.7
2005 - 08	NMDZH01CHG _ 01	60	17.6
2005 - 08	NMDZH01CHG _ 01	70	14.9
2005 - 08	NMDZH01CHG _ 01	80	17.1
2005 - 08	NMDZH01CHG _ 01	90	15.7
2005 - 08	NMDZH01CHG _ 01	100	16.8
2005 - 08	NMDZH01CHG _ 01	110	14.9
2005 - 08	NMDZH01CHG _ 01	120	15.7
2005 - 08	NMDZH01CHG _ 01	130	20.6
2005 - 08	NMDZH01CHG _ 01	140	22.2
2005 - 08	NMDZH01CHG _ 01	150	23.8
2005 - 08	NMDZH01CHG _ 01	160	22.1
2005 - 08	NMDZH01CHG _ 01	10	13.7
2005 - 08	NMDZH01CHG _ 01	20	12.9
2005 - 08	NMDZH01CHG _ 01	30	11.1
2005 - 08	NMDZH01CHG _ 01	40	12.0
2005 - 08	NMDZH01CHG _ 01	50	15.3
2005 - 08	NMDZH01CHG _ 01	60	16.9
2005 - 08	NMDZH01CHG _ 01	70	15.1
2005 - 08	NMDZH01CHG _ 01	80	14.8
2005 - 08	NMDZH01CHG _ 01	90	15.8
2005 - 08	NMDZH01CHG _ 01	100	13.5

（续）

时间（年-月）	样地代码	采样层次/cm	质量含水量/%
2005 - 08	NMDZH01CHG _ 01	110	11.3
2005 - 08	NMDZH01CHG _ 01	120	11.7
2005 - 08	NMDZH01CHG _ 01	130	11.9
2005 - 08	NMDZH01CHG _ 01	140	22.0
2005 - 08	NMDZH01CHG _ 01	150	22.7
2005 - 08	NMDZH01CHG _ 01	160	23.2
2005 - 08	NMDZH01CHG _ 01	10	18.5
2005 - 08	NMDZH01CHG _ 01	20	17.8
2005 - 08	NMDZH01CHG _ 01	30	18.2
2005 - 08	NMDZH01CHG _ 01	40	16.0
2005 - 08	NMDZH01CHG _ 01	50	18.5
2005 - 08	NMDZH01CHG _ 01	60	20.2
2005 - 08	NMDZH01CHG _ 01	70	18.5
2005 - 08	NMDZH01CHG _ 01	80	18.0
2005 - 08	NMDZH01CHG _ 01	90	19.0
2005 - 08	NMDZH01CHG _ 01	100	17.6
2005 - 08	NMDZH01CHG _ 01	110	12.4
2005 - 08	NMDZH01CHG _ 01	120	12.0
2005 - 08	NMDZH01CHG _ 01	130	13.3
2005 - 08	NMDZH01CHG _ 01	140	11.6
2005 - 08	NMDZH01CHG _ 01	150	19.1
2005 - 08	NMDZH01CHG _ 01	160	20.2
2005 - 08	NMDZH01CHG _ 01	10	9.3
2005 - 08	NMDZH01CHG _ 01	20	8.9
2005 - 08	NMDZH01CHG _ 01	30	10.1
2005 - 08	NMDZH01CHG _ 01	40	14.7
2005 - 08	NMDZH01CHG _ 01	50	14.6
2005 - 08	NMDZH01CHG _ 01	60	17.2
2005 - 08	NMDZH01CHG _ 01	70	17.6
2005 - 08	NMDZH01CHG _ 01	80	15.1
2005 - 08	NMDZH01CHG _ 01	90	16.5
2005 - 08	NMDZH01CHG _ 01	100	13.3
2005 - 08	NMDZH01CHG _ 01	110	12.5

（续）

时间（年-月）	样地代码	采样层次/cm	质量含水量/%
2005 - 08	NMDZH01CHG _ 01	120	15. 3
2005 - 08	NMDZH01CHG _ 01	130	17. 4
2005 - 08	NMDZH01CHG _ 01	140	19. 8
2005 - 08	NMDZH01CHG _ 01	150	17. 8
2005 - 08	NMDZH01CHG _ 01	160	23. 1
2005 - 08	NMDZH01CHG _ 01	10	7. 6
2005 - 08	NMDZH01CHG _ 01	20	7. 6
2005 - 08	NMDZH01CHG _ 01	30	8. 5
2005 - 08	NMDZH01CHG _ 01	40	7. 8
2005 - 08	NMDZH01CHG _ 01	50	8. 8
2005 - 08	NMDZH01CHG _ 01	60	9. 5
2005 - 08	NMDZH01CHG _ 01	70	13. 6
2005 - 08	NMDZH01CHG _ 01	80	12. 5
2005 - 08	NMDZH01CHG _ 01	90	14. 9
2005 - 08	NMDZH01CHG _ 01	100	10. 8
2005 - 08	NMDZH01CHG _ 01	110	9. 8
2005 - 08	NMDZH01CHG _ 01	120	9. 7
2005 - 08	NMDZH01CHG _ 01	130	10. 4
2005 - 08	NMDZH01CHG _ 01	140	17. 4
2005 - 08	NMDZH01CHG _ 01	150	19. 9
2005 - 08	NMDZH01CHG _ 01	160	21. 9
2005 - 08	NMDZH01CHG _ 01	10	11. 4
2005 - 08	NMDZH01CHG _ 01	20	15. 2
2005 - 08	NMDZH01CHG _ 01	30	14. 4
2005 - 08	NMDZH01CHG _ 01	40	13. 2
2005 - 08	NMDZH01CHG _ 01	50	13. 6
2005 - 08	NMDZH01CHG _ 01	60	14. 8
2005 - 08	NMDZH01CHG _ 01	70	14. 9
2005 - 08	NMDZH01CHG _ 01	80	15. 9
2005 - 08	NMDZH01CHG _ 01	90	15. 9
2005 - 08	NMDZH01CHG _ 01	100	10. 6
2005 - 08	NMDZH01CHG _ 01	110	13. 4
2005 - 08	NMDZH01CHG _ 01	120	11. 9

（续）

时间（年-月）	样地代码	采样层次/cm	质量含水量/%
2005 - 08	NMDZH01CHG _ 01	130	14. 3
2005 - 08	NMDZH01CHG _ 01	140	19. 9
2005 - 08	NMDZH01CHG _ 01	150	23. 0
2005 - 08	NMDZH01CHG _ 01	160	21. 0
2005 - 09	NMDZH01CHG _ 01	10	10. 1
2005 - 09	NMDZH01CHG _ 01	20	15. 0
2005 - 09	NMDZH01CHG _ 01	30	14. 6
2005 - 09	NMDZH01CHG _ 01	40	10. 6
2005 - 09	NMDZH01CHG _ 01	50	12. 2
2005 - 09	NMDZH01CHG _ 01	60	17. 7
2005 - 09	NMDZH01CHG _ 01	70	13. 6
2005 - 09	NMDZH01CHG _ 01	80	12. 9
2005 - 09	NMDZH01CHG _ 01	90	14. 6
2005 - 09	NMDZH01CHG _ 01	100	14. 2
2005 - 09	NMDZH01CHG _ 01	110	15. 6
2005 - 09	NMDZH01CHG _ 01	120	13. 2
2005 - 09	NMDZH01CHG _ 01	130	11. 0
2005 - 09	NMDZH01CHG _ 01	140	10. 9
2005 - 09	NMDZH01CHG _ 01	150	19. 1
2005 - 09	NMDZH01CHG _ 01	160	21. 9
2005 - 09	NMDZH01CHG _ 01	10	10. 4
2005 - 09	NMDZH01CHG _ 01	20	9. 3
2005 - 09	NMDZH01CHG _ 01	30	10. 1
2005 - 09	NMDZH01CHG _ 01	40	11. 3
2005 - 09	NMDZH01CHG _ 01	50	14. 4
2005 - 09	NMDZH01CHG _ 01	60	15. 9
2005 - 09	NMDZH01CHG _ 01	70	15. 8
2005 - 09	NMDZH01CHG _ 01	80	14. 5
2005 - 09	NMDZH01CHG _ 01	90	16. 4
2005 - 09	NMDZH01CHG _ 01	100	15. 2
2005 - 09	NMDZH01CHG _ 01	110	15. 0
2005 - 09	NMDZH01CHG _ 01	120	15. 1
2005 - 09	NMDZH01CHG _ 01	130	15. 4

（续）

时间（年-月）	样地代码	采样层次/cm	质量含水量/%
2005 - 09	NMDZH01CHG _ 01	140	13.1
2005 - 09	NMDZH01CHG _ 01	150	22.4
2005 - 09	NMDZH01CHG _ 01	160	22.1
2005 - 09	NMDZH01CHG _ 01	10	11.5
2005 - 09	NMDZH01CHG _ 01	20	13.5
2005 - 09	NMDZH01CHG _ 01	30	13.2
2005 - 09	NMDZH01CHG _ 01	40	14.1
2005 - 09	NMDZH01CHG _ 01	50	15.7
2005 - 09	NMDZH01CHG _ 01	60	11.8
2005 - 09	NMDZH01CHG _ 01	70	13.9
2005 - 09	NMDZH01CHG _ 01	80	18.7
2005 - 09	NMDZH01CHG _ 01	90	21.3
2005 - 09	NMDZH01CHG _ 01	100	16.0
2005 - 09	NMDZH01CHG _ 01	110	11.0
2005 - 09	NMDZH01CHG _ 01	120	13.5
2005 - 09	NMDZH01CHG _ 01	130	15.2
2005 - 09	NMDZH01CHG _ 01	140	19.1
2005 - 09	NMDZH01CHG _ 01	150	22.3
2005 - 09	NMDZH01CHG _ 01	160	20.1
2006 - 05	NMDZH01CHG _ 01	10	5.5
2006 - 05	NMDZH01CHG _ 01	20	8.4
2006 - 05	NMDZH01CHG _ 01	30	11.3
2006 - 05	NMDZH01CHG _ 01	40	10.0
2006 - 05	NMDZH01CHG _ 01	50	7.5
2006 - 05	NMDZH01CHG _ 01	60	8.2
2006 - 05	NMDZH01CHG _ 01	70	8.2
2006 - 05	NMDZH01CHG _ 01	80	6.4
2006 - 05	NMDZH01CHG _ 01	90	5.6
2006 - 05	NMDZH01CHG _ 01	100	4.3
2006 - 05	NMDZH01CHG _ 01	110	6.6
2006 - 05	NMDZH01CHG _ 01	120	9.6
2006 - 05	NMDZH01CHG _ 01	130	9.2
2006 - 05	NMDZH01CHG _ 01	140	9.2

（续）

时间（年-月）	样地代码	采样层次/cm	质量含水量/%
2006 - 05	NMDZH01CHG _ 01	150	9. 7
2006 - 05	NMDZH01CHG _ 01	160	10. 1
2006 - 05	NMDZH01CHG _ 01	10	12. 7
2006 - 05	NMDZH01CHG _ 01	20	16. 2
2006 - 05	NMDZH01CHG _ 01	30	5. 5
2006 - 05	NMDZH01CHG _ 01	40	5. 9
2006 - 05	NMDZH01CHG _ 01	50	6. 3
2006 - 05	NMDZH01CHG _ 01	60	7. 7
2006 - 05	NMDZH01CHG _ 01	70	7. 4
2006 - 05	NMDZH01CHG _ 01	80	7. 1
2006 - 05	NMDZH01CHG _ 01	90	6. 7
2006 - 05	NMDZH01CHG _ 01	100	5. 8
2006 - 05	NMDZH01CHG _ 01	110	4. 6
2006 - 05	NMDZH01CHG _ 01	120	4. 7
2006 - 05	NMDZH01CHG _ 01	130	4. 8
2006 - 05	NMDZH01CHG _ 01	140	6. 9
2006 - 05	NMDZH01CHG _ 01	150	9. 0
2006 - 05	NMDZH01CHG _ 01	160	12. 0
2006 - 05	NMDZH01CHG _ 01	10	12. 3
2006 - 05	NMDZH01CHG _ 01	20	13. 2
2006 - 05	NMDZH01CHG _ 01	30	15. 9
2006 - 05	NMDZH01CHG _ 01	40	18. 7
2006 - 05	NMDZH01CHG _ 01	50	6. 4
2006 - 05	NMDZH01CHG _ 01	60	7. 5
2006 - 05	NMDZH01CHG _ 01	70	8. 0
2006 - 05	NMDZH01CHG _ 01	80	9. 8
2006 - 05	NMDZH01CHG _ 01	90	9. 0
2006 - 05	NMDZH01CHG _ 01	100	7. 9
2006 - 05	NMDZH01CHG _ 01	110	8. 9
2006 - 05	NMDZH01CHG _ 01	120	8. 1
2006 - 05	NMDZH01CHG _ 01	130	5. 6
2006 - 05	NMDZH01CHG _ 01	140	5. 2
2006 - 05	NMDZH01CHG _ 01	150	6. 0

（续）

时间（年-月）	样地代码	采样层次/cm	质量含水量/%
2006 - 05	NMDZH01CHG_01	160	7.8
2006 - 05	NMDZH01CHG_01	130	8.8
2006 - 05	NMDZH01CHG_01	140	8.7
2006 - 05	NMDZH01CHG_01	150	10.5
2006 - 05	NMDZH01CHG_01	160	10.4
2006 - 05	NMDZH01CHG_01	170	14.0
2006 - 05	NMDZH01CHG_01	180	16.4
2006 - 07	NMDZH01CHG_01	10	15.9
2006 - 07	NMDZH01CHG_01	20	17.1
2006 - 07	NMDZH01CHG_01	30	18.8
2006 - 07	NMDZH01CHG_01	40	20.2
2006 - 07	NMDZH01CHG_01	50	20.9
2006 - 07	NMDZH01CHG_01	60	21.2
2006 - 07	NMDZH01CHG_01	70	19.1
2006 - 07	NMDZH01CHG_01	80	17.9
2006 - 07	NMDZH01CHG_01	90	18.5
2006 - 07	NMDZH01CHG_01	100	17.5
2006 - 07	NMDZH01CHG_01	110	17.3
2006 - 07	NMDZH01CHG_01	120	17.4
2006 - 07	NMDZH01CHG_01	130	17.9
2006 - 07	NMDZH01CHG_01	140	18.5
2006 - 07	NMDZH01CHG_01	150	19.6
2006 - 07	NMDZH01CHG_01	160	20.6
2006 - 07	NMDZH01CHG_01	170	20.1
2006 - 07	NMDZH01CHG_01	180	21.3
2006 - 07	NMDZH01CHG_01	10	15.7
2006 - 07	NMDZH01CHG_01	20	15.7
2006 - 07	NMDZH01CHG_01	30	17.9
2006 - 07	NMDZH01CHG_01	40	17.8
2006 - 07	NMDZH01CHG_01	50	17.6
2006 - 07	NMDZH01CHG_01	60	17.8
2006 - 07	NMDZH01CHG_01	70	17.8
2006 - 07	NMDZH01CHG_01	80	16.7

（续）

时间（年-月）	样地代码	采样层次/cm	质量含水量/%
2006 - 07	NMDZH01CHG _ 01	90	16.9
2006 - 07	NMDZH01CHG _ 01	100	16.2
2006 - 07	NMDZH01CHG _ 01	110	16.3
2006 - 07	NMDZH01CHG _ 01	120	16.3
2006 - 07	NMDZH01CHG _ 01	130	16.5
2006 - 07	NMDZH01CHG _ 01	140	18.1
2006 - 07	NMDZH01CHG _ 01	150	19.6
2006 - 07	NMDZH01CHG _ 01	160	20.6
2006 - 07	NMDZH01CHG _ 01	170	21.8
2006 - 07	NMDZH01CHG _ 01	180	32.5
2006 - 07	NMDZH01CHG _ 01	10	15.3
2006 - 07	NMDZH01CHG _ 01	20	16.8
2006 - 07	NMDZH01CHG _ 01	30	18.3
2006 - 07	NMDZH01CHG _ 01	40	18.8
2006 - 07	NMDZH01CHG _ 01	50	19.7
2006 - 07	NMDZH01CHG _ 01	60	19.3
2006 - 07	NMDZH01CHG _ 01	70	17.7
2006 - 07	NMDZH01CHG _ 01	80	17.2
2006 - 07	NMDZH01CHG _ 01	90	17.9
2006 - 07	NMDZH01CHG _ 01	100	15.6
2006 - 07	NMDZH01CHG _ 01	110	14.3
2006 - 07	NMDZH01CHG _ 01	120	16.6
2006 - 07	NMDZH01CHG _ 01	130	19.5
2006 - 07	NMDZH01CHG _ 01	140	20.0
2006 - 07	NMDZH01CHG _ 01	150	20.2
2006 - 07	NMDZH01CHG _ 01	160	20.7
2006 - 07	NMDZH01CHG _ 01	170	20.4
2006 - 07	NMDZH01CHG _ 01	180	22.3
2006 - 09	NMDZH01CHG _ 01	10	4.9
2006 - 09	NMDZH01CHG _ 01	20	5.8
2006 - 09	NMDZH01CHG _ 01	30	8.9
2006 - 09	NMDZH01CHG _ 01	40	10.5
2006 - 09	NMDZH01CHG _ 01	50	13.8

（续）

时间（年-月）	样地代码	采样层次/cm	质量含水量/%
2006 - 09	NMDZH01CHG _ 01	60	17.0
2006 - 09	NMDZH01CHG _ 01	70	17.8
2006 - 09	NMDZH01CHG _ 01	80	12.2
2006 - 09	NMDZH01CHG _ 01	90	11.7
2006 - 09	NMDZH01CHG _ 01	100	12.6
2006 - 09	NMDZH01CHG _ 01	110	12.1
2006 - 09	NMDZH01CHG _ 01	120	11.6
2006 - 09	NMDZH01CHG _ 01	130	11.2
2006 - 09	NMDZH01CHG _ 01	140	14.2
2006 - 09	NMDZH01CHG _ 01	150	17.8
2006 - 09	NMDZH01CHG _ 01	160	18.1
2006 - 09	NMDZH01CHG _ 01	170	22.1
2006 - 09	NMDZH01CHG _ 01	180	20.6
2006 - 09	NMDZH01CHG _ 01	10	4.4
2006 - 09	NMDZH01CHG _ 01	20	6.0
2006 - 09	NMDZH01CHG _ 01	30	7.4
2006 - 09	NMDZH01CHG _ 01	40	7.9
2006 - 09	NMDZH01CHG _ 01	50	8.0
2006 - 09	NMDZH01CHG _ 01	60	7.9
2006 - 09	NMDZH01CHG _ 01	70	9.3
2006 - 09	NMDZH01CHG _ 01	80	9.4
2006 - 09	NMDZH01CHG _ 01	90	9.8
2006 - 09	NMDZH01CHG _ 01	100	10.0
2006 - 09	NMDZH01CHG _ 01	110	9.5
2006 - 09	NMDZH01CHG _ 01	120	9.0
2006 - 09	NMDZH01CHG _ 01	130	9.8
2006 - 09	NMDZH01CHG _ 01	140	8.6
2006 - 09	NMDZH01CHG _ 01	150	9.8
2006 - 09	NMDZH01CHG _ 01	160	14.3
2006 - 09	NMDZH01CHG _ 01	170	17.7
2006 - 09	NMDZH01CHG _ 01	180	16.6
2006 - 09	NMDZH01CHG _ 01	10	4.4
2006 - 09	NMDZH01CHG _ 01	20	6.3

（续）

时间（年-月）	样地代码	采样层次/cm	质量含水量/%
2006 – 09	NMDZH01CHG _ 01	30	11.3
2006 – 09	NMDZH01CHG _ 01	40	11.9
2006 – 09	NMDZH01CHG _ 01	50	11.3
2006 – 09	NMDZH01CHG _ 01	60	12.4
2006 – 09	NMDZH01CHG _ 01	70	11.8
2006 – 09	NMDZH01CHG _ 01	80	11.7
2006 – 09	NMDZH01CHG _ 01	90	12.0
2006 – 09	NMDZH01CHG _ 01	100	11.2
2006 – 09	NMDZH01CHG _ 01	110	9.1
2006 – 09	NMDZH01CHG _ 01	120	9.7
2006 – 09	NMDZH01CHG _ 01	130	9.7
2006 – 09	NMDZH01CHG _ 01	140	13.3
2006 – 09	NMDZH01CHG _ 01	150	15.3
2006 – 09	NMDZH01CHG _ 01	160	15.6
2006 – 09	NMDZH01CHG _ 01	170	18.2
2006 – 09	NMDZH01CHG _ 01	180	17.0
2007 – 05	NMDZH01CHG _ 01	10	11.5
2007 – 05	NMDZH01CHG _ 01	20	12.2
2007 – 05	NMDZH01CHG _ 01	30	16.2
2007 – 05	NMDZH01CHG _ 01	40	18.1
2007 – 05	NMDZH01CHG _ 01	50	19.9
2007 – 05	NMDZH01CHG _ 01	60	18.0
2007 – 05	NMDZH01CHG _ 01	70	14.7
2007 – 05	NMDZH01CHG _ 01	80	13.5
2007 – 05	NMDZH01CHG _ 01	90	14.4
2007 – 05	NMDZH01CHG _ 01	100	12.6
2007 – 05	NMDZH01CHG _ 01	110	11.6
2007 – 05	NMDZH01CHG _ 01	120	11.9
2007 – 05	NMDZH01CHG _ 01	130	15.3
2007 – 05	NMDZH01CHG _ 01	140	15.5
2007 – 05	NMDZH01CHG _ 01	150	16.2
2007 – 05	NMDZH01CHG _ 01	160	17.0
2007 – 05	NMDZH01CHG _ 01	10	9.2

（续）

时间（年-月）	样地代码	采样层次/cm	质量含水量/%
2007 - 05	NMDZH01CHG_01	20	10.4
2007 - 05	NMDZH01CHG_01	30	9.5
2007 - 05	NMDZH01CHG_01	40	12.1
2007 - 05	NMDZH01CHG_01	50	12.8
2007 - 05	NMDZH01CHG_01	60	13.7
2007 - 05	NMDZH01CHG_01	70	10.6
2007 - 05	NMDZH01CHG_01	80	10.7
2007 - 05	NMDZH01CHG_01	90	9.4
2007 - 05	NMDZH01CHG_01	100	8.7
2007 - 05	NMDZH01CHG_01	110	7.6
2007 - 05	NMDZH01CHG_01	120	7.7
2007 - 05	NMDZH01CHG_01	130	10.9
2007 - 05	NMDZH01CHG_01	140	12.0
2007 - 05	NMDZH01CHG_01	150	16.0
2007 - 05	NMDZH01CHG_01	160	15.5
2007 - 05	NMDZH01CHG_01	10	9.9
2007 - 05	NMDZH01CHG_01	20	10.8
2007 - 05	NMDZH01CHG_01	30	13.5
2007 - 05	NMDZH01CHG_01	40	16.4
2007 - 05	NMDZH01CHG_01	50	16.4
2007 - 05	NMDZH01CHG_01	60	14.9
2007 - 05	NMDZH01CHG_01	70	13.0
2007 - 05	NMDZH01CHG_01	80	12.9
2007 - 05	NMDZH01CHG_01	90	12.7
2007 - 05	NMDZH01CHG_01	100	10.7
2007 - 05	NMDZH01CHG_01	110	9.3
2007 - 05	NMDZH01CHG_01	120	9.2
2007 - 05	NMDZH01CHG_01	130	11.8
2007 - 05	NMDZH01CHG_01	140	14.7
2007 - 05	NMDZH01CHG_01	150	14.8
2007 - 05	NMDZH01CHG_01	160	13.8
2007 - 07	NMDZH01CHG_01	10	11.0
2007 - 07	NMDZH01CHG_01	20	12.2

（续）

时间（年-月）	样地代码	采样层次/cm	质量含水量/%
2007 - 07	NMDZH01CHG _ 01	30	13.1
2007 - 07	NMDZH01CHG _ 01	40	14.4
2007 - 07	NMDZH01CHG _ 01	50	19.0
2007 - 07	NMDZH01CHG _ 01	60	16.4
2007 - 07	NMDZH01CHG _ 01	70	14.9
2007 - 07	NMDZH01CHG _ 01	80	14.1
2007 - 07	NMDZH01CHG _ 01	90	15.2
2007 - 07	NMDZH01CHG _ 01	100	13.3
2007 - 07	NMDZH01CHG _ 01	110	13.1
2007 - 07	NMDZH01CHG _ 01	120	13.8
2007 - 07	NMDZH01CHG _ 01	130	13.8
2007 - 07	NMDZH01CHG _ 01	140	17.9
2007 - 07	NMDZH01CHG _ 01	150	16.2
2007 - 07	NMDZH01CHG _ 01	160	17.8
2007 - 07	NMDZH01CHG _ 01	10	9.5
2007 - 07	NMDZH01CHG _ 01	20	11.3
2007 - 07	NMDZH01CHG _ 01	30	12.7
2007 - 07	NMDZH01CHG _ 01	40	11.9
2007 - 07	NMDZH01CHG _ 01	50	12.3
2007 - 07	NMDZH01CHG _ 01	60	12.9
2007 - 07	NMDZH01CHG _ 01	70	13.0
2007 - 07	NMDZH01CHG _ 01	80	11.5
2007 - 07	NMDZH01CHG _ 01	90	13.1
2007 - 07	NMDZH01CHG _ 01	100	11.6
2007 - 07	NMDZH01CHG _ 01	110	10.3
2007 - 07	NMDZH01CHG _ 01	120	9.1
2007 - 07	NMDZH01CHG _ 01	130	10.0
2007 - 07	NMDZH01CHG _ 01	140	9.2
2007 - 07	NMDZH01CHG _ 01	150	13.0
2007 - 07	NMDZH01CHG _ 01	160	16.4
2007 - 07	NMDZH01CHG _ 01	10	9.7
2007 - 07	NMDZH01CHG _ 01	20	11.8
2007 - 07	NMDZH01CHG _ 01	30	14.5

（续）

时间（年-月）	样地代码	采样层次/cm	质量含水量/%
2007 - 07	NMDZH01CHG _ 01	40	13.0
2007 - 07	NMDZH01CHG _ 01	50	15.3
2007 - 07	NMDZH01CHG _ 01	60	14.1
2007 - 07	NMDZH01CHG _ 01	70	13.2
2007 - 07	NMDZH01CHG _ 01	80	13.3
2007 - 07	NMDZH01CHG _ 01	90	13.1
2007 - 07	NMDZH01CHG _ 01	100	9.7
2007 - 07	NMDZH01CHG _ 01	110	10.3
2007 - 07	NMDZH01CHG _ 01	120	10.9
2007 - 07	NMDZH01CHG _ 01	130	11.7
2007 - 07	NMDZH01CHG _ 01	140	15.3
2007 - 07	NMDZH01CHG _ 01	150	14.8
2007 - 07	NMDZH01CHG _ 01	160	16.4
2007 - 09	NMDZH01CHG _ 01	10	7.6
2007 - 09	NMDZH01CHG _ 01	20	7.7
2007 - 09	NMDZH01CHG _ 01	30	9.3
2007 - 09	NMDZH01CHG _ 01	40	12.5
2007 - 09	NMDZH01CHG _ 01	50	16.0
2007 - 09	NMDZH01CHG _ 01	60	16.6
2007 - 09	NMDZH01CHG _ 01	70	13.1
2007 - 09	NMDZH01CHG _ 01	80	13.5
2007 - 09	NMDZH01CHG _ 01	90	14.4
2007 - 09	NMDZH01CHG _ 01	100	11.5
2007 - 09	NMDZH01CHG _ 01	110	13.0
2007 - 09	NMDZH01CHG _ 01	120	11.6
2007 - 09	NMDZH01CHG _ 01	130	16.7
2007 - 09	NMDZH01CHG _ 01	140	16.1
2007 - 09	NMDZH01CHG _ 01	150	17.9
2007 - 09	NMDZH01CHG _ 01	160	17.6
2007 - 09	NMDZH01CHG _ 01	10	7.3
2007 - 09	NMDZH01CHG _ 01	20	6.2
2007 - 09	NMDZH01CHG _ 01	30	7.3
2007 - 09	NMDZH01CHG _ 01	40	7.6

（续）

时间（年-月）	样地代码	采样层次/cm	质量含水量/%
2007 - 09	NMDZH01CHG _ 01	50	8.1
2007 - 09	NMDZH01CHG _ 01	60	10.3
2007 - 09	NMDZH01CHG _ 01	70	12.2
2007 - 09	NMDZH01CHG _ 01	80	11.2
2007 - 09	NMDZH01CHG _ 01	90	11.1
2007 - 09	NMDZH01CHG _ 01	100	11.6
2007 - 09	NMDZH01CHG _ 01	110	10.2
2007 - 09	NMDZH01CHG _ 01	120	9.5
2007 - 09	NMDZH01CHG _ 01	130	9.4
2007 - 09	NMDZH01CHG _ 01	140	9.8
2007 - 09	NMDZH01CHG _ 01	150	14.2
2007 - 09	NMDZH01CHG _ 01	160	16.1
2007 - 09	NMDZH01CHG _ 01	10	7.7
2007 - 09	NMDZH01CHG _ 01	20	8.9
2007 - 09	NMDZH01CHG _ 01	30	8.8
2007 - 09	NMDZH01CHG _ 01	40	12.8
2007 - 09	NMDZH01CHG _ 01	50	14.0
2007 - 09	NMDZH01CHG _ 01	60	11.5
2007 - 09	NMDZH01CHG _ 01	70	12.3
2007 - 09	NMDZH01CHG _ 01	80	13.7
2007 - 09	NMDZH01CHG _ 01	90	13.8
2007 - 09	NMDZH01CHG _ 01	100	9.9
2007 - 09	NMDZH01CHG _ 01	110	10.9
2007 - 09	NMDZH01CHG _ 01	120	11.0
2007 - 09	NMDZH01CHG _ 01	130	14.2
2007 - 09	NMDZH01CHG _ 01	140	17.5
2007 - 09	NMDZH01CHG _ 01	150	16.5
2007 - 09	NMDZH01CHG _ 01	160	16.1
2008 - 05	NMDZH01CHG _ 01	10	8.0
2008 - 05	NMDZH01CHG _ 01	20	7.7
2008 - 05	NMDZH01CHG _ 01	30	9.3
2008 - 05	NMDZH01CHG _ 01	40	9.2
2008 - 05	NMDZH01CHG _ 01	50	11.6

（续）

时间（年-月）	样地代码	采样层次/cm	质量含水量/%
2008 - 05	NMDZH01CHG _ 01	60	12. 6
2008 - 05	NMDZH01CHG _ 01	70	10. 5
2008 - 05	NMDZH01CHG _ 01	80	12. 1
2008 - 05	NMDZH01CHG _ 01	90	12. 5
2008 - 05	NMDZH01CHG _ 01	100	11. 9
2008 - 05	NMDZH01CHG _ 01	110	9. 6
2008 - 05	NMDZH01CHG _ 01	120	8. 7
2008 - 05	NMDZH01CHG _ 01	130	10. 4
2008 - 05	NMDZH01CHG _ 01	140	14. 7
2008 - 05	NMDZH01CHG _ 01	150	15. 5
2008 - 05	NMDZH01CHG _ 01	160	14. 1
2008 - 05	NMDZH01CHG _ 01	10	7. 6
2008 - 05	NMDZH01CHG _ 01	20	7. 6
2008 - 05	NMDZH01CHG _ 01	30	6. 3
2008 - 05	NMDZH01CHG _ 01	40	6. 9
2008 - 05	NMDZH01CHG _ 01	50	10. 1
2008 - 05	NMDZH01CHG _ 01	60	17. 7
2008 - 05	NMDZH01CHG _ 01	70	12. 0
2008 - 05	NMDZH01CHG _ 01	80	9. 8
2008 - 05	NMDZH01CHG _ 01	90	13. 1
2008 - 05	NMDZH01CHG _ 01	100	9. 0
2008 - 05	NMDZH01CHG _ 01	110	7. 4
2008 - 05	NMDZH01CHG _ 01	120	7. 6
2008 - 05	NMDZH01CHG _ 01	130	6. 9
2008 - 05	NMDZH01CHG _ 01	140	13. 8
2008 - 05	NMDZH01CHG _ 01	150	14. 2
2008 - 05	NMDZH01CHG _ 01	160	17. 1
2008 - 05	NMDZH01CHG _ 01	10	9. 4
2008 - 05	NMDZH01CHG _ 01	20	12. 6
2008 - 05	NMDZH01CHG _ 01	30	11. 1
2008 - 05	NMDZH01CHG _ 01	40	14. 7
2008 - 05	NMDZH01CHG _ 01	50	16. 3
2008 - 05	NMDZH01CHG _ 01	60	11. 2

（续）

时间（年-月）	样地代码	采样层次/cm	质量含水量/%
2008 - 05	NMDZH01CHG _ 01	70	28.0
2008 - 05	NMDZH01CHG _ 01	80	21.6
2008 - 05	NMDZH01CHG _ 01	90	8.6
2008 - 05	NMDZH01CHG _ 01	100	19.5
2008 - 05	NMDZH01CHG _ 01	110	15.1
2008 - 05	NMDZH01CHG _ 01	120	8.3
2008 - 05	NMDZH01CHG _ 01	130	8.8
2008 - 05	NMDZH01CHG _ 01	140	12.5
2008 - 05	NMDZH01CHG _ 01	150	12.9
2008 - 05	NMDZH01CHG _ 01	160	11.2
2008 - 09	NMDZH01CHG _ 01	10	12.3
2008 - 09	NMDZH01CHG _ 01	20	12.2
2008 - 09	NMDZH01CHG _ 01	30	10.8
2008 - 09	NMDZH01CHG _ 01	40	11.8
2008 - 09	NMDZH01CHG _ 01	50	19.0
2008 - 09	NMDZH01CHG _ 01	60	24.8
2008 - 09	NMDZH01CHG _ 01	70	20.0
2008 - 09	NMDZH01CHG _ 01	80	11.9
2008 - 09	NMDZH01CHG _ 01	90	13.3
2008 - 09	NMDZH01CHG _ 01	100	15.4
2008 - 09	NMDZH01CHG _ 01	110	12.4
2008 - 09	NMDZH01CHG _ 01	120	14.9
2008 - 09	NMDZH01CHG _ 01	130	13.2
2008 - 09	NMDZH01CHG _ 01	140	17.2
2008 - 09	NMDZH01CHG _ 01	150	15.5
2008 - 09	NMDZH01CHG _ 01	160	22.1
2008 - 09	NMDZH01CHG _ 01	10	13.4
2008 - 09	NMDZH01CHG _ 01	20	13.0
2008 - 09	NMDZH01CHG _ 01	30	11.4
2008 - 09	NMDZH01CHG _ 01	40	14.9
2008 - 09	NMDZH01CHG _ 01	50	26.5
2008 - 09	NMDZH01CHG _ 01	60	17.5
2008 - 09	NMDZH01CHG _ 01	70	13.8

（续）

时间（年-月）	样地代码	采样层次/cm	质量含水量/%
2008 - 09	NMDZH01CHG_01	80	12.9
2008 - 09	NMDZH01CHG_01	90	15.7
2008 - 09	NMDZH01CHG_01	100	15.8
2008 - 09	NMDZH01CHG_01	110	12.1
2008 - 09	NMDZH01CHG_01	120	10.5
2008 - 09	NMDZH01CHG_01	130	10.2
2008 - 09	NMDZH01CHG_01	140	10.5
2008 - 09	NMDZH01CHG_01	150	21.0
2008 - 09	NMDZH01CHG_01	160	19.5
2008 - 09	NMDZH01CHG_01	10	15.1
2008 - 09	NMDZH01CHG_01	20	15.7
2008 - 09	NMDZH01CHG_01	30	20.2
2008 - 09	NMDZH01CHG_01	40	16.6
2008 - 09	NMDZH01CHG_01	50	19.3
2008 - 09	NMDZH01CHG_01	60	20.4
2008 - 09	NMDZH01CHG_01	70	13.5
2008 - 09	NMDZH01CHG_01	80	19.4
2008 - 09	NMDZH01CHG_01	90	21.7
2008 - 09	NMDZH01CHG_01	100	15.7
2008 - 09	NMDZH01CHG_01	110	14.4
2008 - 09	NMDZH01CHG_01	120	15.0
2008 - 09	NMDZH01CHG_01	130	15.9
2008 - 09	NMDZH01CHG_01	140	23.6
2008 - 09	NMDZH01CHG_01	150	24.6
2008 - 09	NMDZH01CHG_01	160	23.4
2008 - 09	NMDZH01CHG_01	10	9.3
2008 - 09	NMDZH01CHG_01	20	10.0
2008 - 09	NMDZH01CHG_01	30	10.0
2008 - 09	NMDZH01CHG_01	40	12.6
2008 - 09	NMDZH01CHG_01	50	18.4
2008 - 09	NMDZH01CHG_01	60	23.0
2008 - 09	NMDZH01CHG_01	70	17.4
2008 - 09	NMDZH01CHG_01	80	14.8

（续）

时间（年-月）	样地代码	采样层次/cm	质量含水量/%
2008 - 09	NMDZH01CHG _ 01	90	13.0
2008 - 09	NMDZH01CHG _ 01	100	14.7
2008 - 09	NMDZH01CHG _ 01	110	12.0
2008 - 09	NMDZH01CHG _ 01	120	10.8
2008 - 09	NMDZH01CHG _ 01	130	10.1
2008 - 09	NMDZH01CHG _ 01	140	10.6
2008 - 09	NMDZH01CHG _ 01	150	19.0
2008 - 09	NMDZH01CHG _ 01	160	19.8
2008 - 09	NMDZH01CHG _ 01	10	11.1
2008 - 09	NMDZH01CHG _ 01	20	18.3
2008 - 09	NMDZH01CHG _ 01	30	13.2
2008 - 09	NMDZH01CHG _ 01	40	27.8
2008 - 09	NMDZH01CHG _ 01	50	16.8
2008 - 09	NMDZH01CHG _ 01	60	11.8
2008 - 09	NMDZH01CHG _ 01	70	20.6
2008 - 09	NMDZH01CHG _ 01	80	20.9
2008 - 09	NMDZH01CHG _ 01	90	14.4
2008 - 09	NMDZH01CHG _ 01	100	11.0
2008 - 09	NMDZH01CHG _ 01	110	10.9
2008 - 09	NMDZH01CHG _ 01	120	13.5
2008 - 09	NMDZH01CHG _ 01	130	17.3
2008 - 09	NMDZH01CHG _ 01	140	23.3
2008 - 09	NMDZH01CHG _ 01	150	25.3
2008 - 09	NMDZH01CHG _ 01	160	16.5
2008 - 09	NMDZH01CHG _ 01	10	9.5
2008 - 09	NMDZH01CHG _ 01	20	8.2
2008 - 09	NMDZH01CHG _ 01	30	10.8
2008 - 09	NMDZH01CHG _ 01	40	19.4
2008 - 09	NMDZH01CHG _ 01	50	24.1
2008 - 09	NMDZH01CHG _ 01	60	12.7
2008 - 09	NMDZH01CHG _ 01	70	14.7
2008 - 09	NMDZH01CHG _ 01	80	14.3
2008 - 09	NMDZH01CHG _ 01	90	11.8

（续）

时间（年-月）	样地代码	采样层次/cm	质量含水量/%
2008 - 09	NMDZH01CHG _ 01	100	19.7
2008 - 09	NMDZH01CHG _ 01	110	10.1
2008 - 09	NMDZH01CHG _ 01	120	10.0
2008 - 09	NMDZH01CHG _ 01	130	10.2
2008 - 09	NMDZH01CHG _ 01	140	10.2
2008 - 09	NMDZH01CHG _ 01	150	20.6
2008 - 09	NMDZH01CHG _ 01	160	16.9
2009 - 05	NMDZH01CHG _ 01	10	13.8
2009 - 05	NMDZH01CHG _ 01	20	12.5
2009 - 05	NMDZH01CHG _ 01	30	15.1
2009 - 05	NMDZH01CHG _ 01	40	22.2
2009 - 05	NMDZH01CHG _ 01	50	25.7
2009 - 05	NMDZH01CHG _ 01	60	26.5
2009 - 05	NMDZH01CHG _ 01	70	16.2
2009 - 05	NMDZH01CHG _ 01	80	14.6
2009 - 05	NMDZH01CHG _ 01	90	18.4
2009 - 05	NMDZH01CHG _ 01	100	14.6
2009 - 05	NMDZH01CHG _ 01	110	12.9
2009 - 05	NMDZH01CHG _ 01	120	15.9
2009 - 05	NMDZH01CHG _ 01	130	16.7
2009 - 05	NMDZH01CHG _ 01	140	11.7
2009 - 05	NMDZH01CHG _ 01	150	20.1
2009 - 05	NMDZH01CHG _ 01	160	23.8
2009 - 05	NMDZH01CHG _ 01	10	12.0
2009 - 05	NMDZH01CHG _ 01	20	10.7
2009 - 05	NMDZH01CHG _ 01	30	12.9
2009 - 05	NMDZH01CHG _ 01	40	16.9
2009 - 05	NMDZH01CHG _ 01	50	24.5
2009 - 05	NMDZH01CHG _ 01	60	15.4
2009 - 05	NMDZH01CHG _ 01	70	15.9
2009 - 05	NMDZH01CHG _ 01	80	15.4
2009 - 05	NMDZH01CHG _ 01	90	13.6
2009 - 05	NMDZH01CHG _ 01	100	13.4

（续）

时间（年-月）	样地代码	采样层次/cm	质量含水量/%
2009－05	NMDZH01CHG_01	110	11.3
2009－05	NMDZH01CHG_01	120	11.5
2009－05	NMDZH01CHG_01	130	11.0
2009－05	NMDZH01CHG_01	140	12.9
2009－05	NMDZH01CHG_01	150	18.3
2009－05	NMDZH01CHG_01	160	17.9
2009－05	NMDZH01CHG_01	10	15.4
2009－05	NMDZH01CHG_01	20	20.4
2009－05	NMDZH01CHG_01	30	19.1
2009－05	NMDZH01CHG_01	40	21.8
2009－05	NMDZH01CHG_01	50	17.5
2009－05	NMDZH01CHG_01	60	13.8
2009－05	NMDZH01CHG_01	70	16.9
2009－05	NMDZH01CHG_01	80	16.0
2009－05	NMDZH01CHG_01	90	17.2
2009－05	NMDZH01CHG_01	100	11.9
2009－05	NMDZH01CHG_01	110	12.5
2009－05	NMDZH01CHG_01	120	13.3
2009－05	NMDZH01CHG_01	130	25.0
2009－05	NMDZH01CHG_01	140	21.1
2009－05	NMDZH01CHG_01	150	24.6
2009－05	NMDZH01CHG_01	160	19.4
2009－07	NMDZH01CHG_01	10	12.7
2009－07	NMDZH01CHG_01	20	11.1
2009－07	NMDZH01CHG_01	30	13.6
2009－07	NMDZH01CHG_01	40	11.7
2009－07	NMDZH01CHG_01	50	16.3
2009－07	NMDZH01CHG_01	60	22.1
2009－07	NMDZH01CHG_01	70	21.6
2009－07	NMDZH01CHG_01	80	15.2
2009－07	NMDZH01CHG_01	90	16.9
2009－07	NMDZH01CHG_01	100	16.8
2009－07	NMDZH01CHG_01	110	12.2

（续）

时间（年-月）	样地代码	采样层次/cm	质量含水量/%
2009 - 07	NMDZH01CHG _ 01	120	16.7
2009 - 07	NMDZH01CHG _ 01	130	9.8
2009 - 07	NMDZH01CHG _ 01	140	13.1
2009 - 07	NMDZH01CHG _ 01	150	19.2
2009 - 07	NMDZH01CHG _ 01	160	19.5
2009 - 07	NMDZH01CHG _ 01	10	11.3
2009 - 07	NMDZH01CHG _ 01	20	10.8
2009 - 07	NMDZH01CHG _ 01	30	9.7
2009 - 07	NMDZH01CHG _ 01	40	11.9
2009 - 07	NMDZH01CHG _ 01	50	13.9
2009 - 07	NMDZH01CHG _ 01	60	14.4
2009 - 07	NMDZH01CHG _ 01	70	14.2
2009 - 07	NMDZH01CHG _ 01	80	14.0
2009 - 07	NMDZH01CHG _ 01	90	14.8
2009 - 07	NMDZH01CHG _ 01	100	16.1
2009 - 07	NMDZH01CHG _ 01	110	12.7
2009 - 07	NMDZH01CHG _ 01	120	11.0
2009 - 07	NMDZH01CHG _ 01	130	10.4
2009 - 07	NMDZH01CHG _ 01	140	11.1
2009 - 07	NMDZH01CHG _ 01	150	10.3
2009 - 07	NMDZH01CHG _ 01	160	10.1
2009 - 07	NMDZH01CHG _ 01	10	14.4
2009 - 07	NMDZH01CHG _ 01	20	18.5
2009 - 07	NMDZH01CHG _ 01	30	17.3
2009 - 07	NMDZH01CHG _ 01	40	11.9
2009 - 07	NMDZH01CHG _ 01	50	19.2
2009 - 07	NMDZH01CHG _ 01	60	25.8
2009 - 07	NMDZH01CHG _ 01	70	11.2
2009 - 07	NMDZH01CHG _ 01	80	14.8
2009 - 07	NMDZH01CHG _ 01	90	21.8
2009 - 07	NMDZH01CHG _ 01	100	20.4
2009 - 07	NMDZH01CHG _ 01	110	11.8
2009 - 07	NMDZH01CHG _ 01	120	11.1

（续）

时间（年-月）	样地代码	采样层次/cm	质量含水量/%
2009 - 07	NMDZH01CHG_01	130	12.5
2009 - 07	NMDZH01CHG_01	140	13.3
2009 - 07	NMDZH01CHG_01	150	11.6
2009 - 07	NMDZH01CHG_01	160	13.0
2009 - 09	NMDZH01CHG_01	10	11.3
2009 - 09	NMDZH01CHG_01	20	11.8
2009 - 09	NMDZH01CHG_01	30	11.4
2009 - 09	NMDZH01CHG_01	40	11.8
2009 - 09	NMDZH01CHG_01	50	16.8
2009 - 09	NMDZH01CHG_01	60	18.5
2009 - 09	NMDZH01CHG_01	70	15.3
2009 - 09	NMDZH01CHG_01	80	13.6
2009 - 09	NMDZH01CHG_01	90	14.4
2009 - 09	NMDZH01CHG_01	100	14.2
2009 - 09	NMDZH01CHG_01	110	14.6
2009 - 09	NMDZH01CHG_01	120	12.2
2009 - 09	NMDZH01CHG_01	130	12.8
2009 - 09	NMDZH01CHG_01	140	17.0
2009 - 09	NMDZH01CHG_01	150	20.3
2009 - 09	NMDZH01CHG_01	160	18.6
2009 - 09	NMDZH01CHG_01	10	7.8
2009 - 09	NMDZH01CHG_01	20	7.6
2009 - 09	NMDZH01CHG_01	30	8.6
2009 - 09	NMDZH01CHG_01	40	7.4
2009 - 09	NMDZH01CHG_01	50	8.4
2009 - 09	NMDZH01CHG_01	60	8.9
2009 - 09	NMDZH01CHG_01	70	8.5
2009 - 09	NMDZH01CHG_01	80	10.6
2009 - 09	NMDZH01CHG_01	90	9.8
2009 - 09	NMDZH01CHG_01	100	9.4
2009 - 09	NMDZH01CHG_01	110	7.9
2009 - 09	NMDZH01CHG_01	120	7.3
2009 - 09	NMDZH01CHG_01	130	7.7

（续）

时间（年-月）	样地代码	采样层次/cm	质量含水量/%
2009 - 09	NMDZH01CHG _ 01	140	8.2
2009 - 09	NMDZH01CHG _ 01	150	9.0
2009 - 09	NMDZH01CHG _ 01	160	9.5
2009 - 09	NMDZH01CHG _ 01	10	10.5
2009 - 09	NMDZH01CHG _ 01	20	13.5
2009 - 09	NMDZH01CHG _ 01	30	12.0
2009 - 09	NMDZH01CHG _ 01	40	12.5
2009 - 09	NMDZH01CHG _ 01	50	12.3
2009 - 09	NMDZH01CHG _ 01	60	11.6
2009 - 09	NMDZH01CHG _ 01	70	19.3
2009 - 09	NMDZH01CHG _ 01	80	17.4
2009 - 09	NMDZH01CHG _ 01	90	14.6
2009 - 09	NMDZH01CHG _ 01	100	10.7
2009 - 09	NMDZH01CHG _ 01	110	12.8
2009 - 09	NMDZH01CHG _ 01	120	11.8
2009 - 09	NMDZH01CHG _ 01	130	11.0
2009 - 09	NMDZH01CHG _ 01	140	15.6
2009 - 09	NMDZH01CHG _ 01	150	23.4
2009 - 09	NMDZH01CHG _ 01	160	14.1
2010 - 05	NMDZH01CHG _ 01	10	9.3
2010 - 05	NMDZH01CHG _ 01	20	8.6
2010 - 05	NMDZH01CHG _ 01	30	12.2
2010 - 05	NMDZH01CHG _ 01	40	12.0
2010 - 05	NMDZH01CHG _ 01	50	11.6
2010 - 05	NMDZH01CHG _ 01	60	19.5
2010 - 05	NMDZH01CHG _ 01	70	21.8
2010 - 05	NMDZH01CHG _ 01	80	28.2
2010 - 05	NMDZH01CHG _ 01	90	15.4
2010 - 05	NMDZH01CHG _ 01	100	13.7
2010 - 05	NMDZH01CHG _ 01	110	17.6
2010 - 05	NMDZH01CHG _ 01	120	15.3
2010 - 05	NMDZH01CHG _ 01	130	12.3
2010 - 05	NMDZH01CHG _ 01	140	16.4

（续）

时间（年-月）	样地代码	采样层次/cm	质量含水量/%
2010 – 05	NMDZH01CHG _ 01	150	10.5
2010 – 05	NMDZH01CHG _ 01	160	11.7
2010 – 05	NMDZH01CHG _ 01	170	21.5
2010 – 05	NMDZH01CHG _ 01	180	24.8
2010 – 05	NMDZH01CHG _ 01	10	12.0
2010 – 05	NMDZH01CHG _ 01	20	14.3
2010 – 05	NMDZH01CHG _ 01	30	18.2
2010 – 05	NMDZH01CHG _ 01	40	13.1
2010 – 05	NMDZH01CHG _ 01	50	26.1
2010 – 05	NMDZH01CHG _ 01	60	17.0
2010 – 05	NMDZH01CHG _ 01	70	11.7
2010 – 05	NMDZH01CHG _ 01	80	18.6
2010 – 05	NMDZH01CHG _ 01	90	18.7
2010 – 05	NMDZH01CHG _ 01	100	12.6
2010 – 05	NMDZH01CHG _ 01	110	9.3
2010 – 05	NMDZH01CHG _ 01	120	11.2
2010 – 05	NMDZH01CHG _ 01	130	11.4
2010 – 05	NMDZH01CHG _ 01	140	10.4
2010 – 05	NMDZH01CHG _ 01	150	21.8
2010 – 05	NMDZH01CHG _ 01	160	13.8
2010 – 05	NMDZH01CHG _ 01	170	25.7
2010 – 05	NMDZH01CHG _ 01	180	14.3
2010 – 05	NMDZH01CHG _ 01	10	8.8
2010 – 05	NMDZH01CHG _ 01	20	10.1
2010 – 05	NMDZH01CHG _ 01	30	11.3
2010 – 05	NMDZH01CHG _ 01	40	10.2
2010 – 05	NMDZH01CHG _ 01	50	6.1
2010 – 05	NMDZH01CHG _ 01	60	17.3
2010 – 05	NMDZH01CHG _ 01	70	7.0
2010 – 05	NMDZH01CHG _ 01	80	6.2
2010 – 05	NMDZH01CHG _ 01	90	6.4
2010 – 05	NMDZH01CHG _ 01	100	8.4
2010 – 05	NMDZH01CHG _ 01	110	8.1

（续）

时间（年-月）	样地代码	采样层次/cm	质量含水量/%
2010 - 05	NMDZH01CHG _ 01	120	7.6
2010 - 05	NMDZH01CHG _ 01	130	7.7
2010 - 05	NMDZH01CHG _ 01	140	9.5
2010 - 05	NMDZH01CHG _ 01	150	7.2
2010 - 05	NMDZH01CHG _ 01	160	8.3
2010 - 05	NMDZH01CHG _ 01	170	9.5
2010 - 05	NMDZH01CHG _ 01	180	18.3
2010 - 07	NMDZH01CHG _ 01	10	12.7
2010 - 07	NMDZH01CHG _ 01	20	12.0
2010 - 07	NMDZH01CHG _ 01	30	12.6
2010 - 07	NMDZH01CHG _ 01	40	14.1
2010 - 07	NMDZH01CHG _ 01	50	19.9
2010 - 07	NMDZH01CHG _ 01	60	20.5
2010 - 07	NMDZH01CHG _ 01	70	14.5
2010 - 07	NMDZH01CHG _ 01	80	14.1
2010 - 07	NMDZH01CHG _ 01	90	14.6
2010 - 07	NMDZH01CHG _ 01	100	17.0
2010 - 07	NMDZH01CHG _ 01	110	14.7
2010 - 07	NMDZH01CHG _ 01	120	16.2
2010 - 07	NMDZH01CHG _ 01	130	14.0
2010 - 07	NMDZH01CHG _ 01	140	15.9
2010 - 07	NMDZH01CHG _ 01	150	18.8
2010 - 07	NMDZH01CHG _ 01	160	18.8
2010 - 07	NMDZH01CHG _ 01	170	17.4
2010 - 07	NMDZH01CHG _ 01	180	19.1
2010 - 07	NMDZH01CHG _ 01	10	12.8
2010 - 07	NMDZH01CHG _ 01	20	14.7
2010 - 07	NMDZH01CHG _ 01	30	11.5
2010 - 07	NMDZH01CHG _ 01	40	13.0
2010 - 07	NMDZH01CHG _ 01	50	27.2
2010 - 07	NMDZH01CHG _ 01	60	15.6
2010 - 07	NMDZH01CHG _ 01	70	14.5
2010 - 07	NMDZH01CHG _ 01	80	10.0

（续）

时间（年-月）	样地代码	采样层次/cm	质量含水量/%
2010 - 07	NMDZH01CHG _ 01	90	15.7
2010 - 07	NMDZH01CHG _ 01	100	10.0
2010 - 07	NMDZH01CHG _ 01	110	9.3
2010 - 07	NMDZH01CHG _ 01	120	8.7
2010 - 07	NMDZH01CHG _ 01	130	11.3
2010 - 07	NMDZH01CHG _ 01	140	9.4
2010 - 07	NMDZH01CHG _ 01	150	20.7
2010 - 07	NMDZH01CHG _ 01	160	14.4
2010 - 07	NMDZH01CHG _ 01	170	14.8
2010 - 07	NMDZH01CHG _ 01	180	14.7
2010 - 07	NMDZH01CHG _ 01	10	15.1
2010 - 07	NMDZH01CHG _ 01	20	23.0
2010 - 07	NMDZH01CHG _ 01	30	17.5
2010 - 07	NMDZH01CHG _ 01	40	20.4
2010 - 07	NMDZH01CHG _ 01	50	19.2
2010 - 07	NMDZH01CHG _ 01	60	14.0
2010 - 07	NMDZH01CHG _ 01	70	22.0
2010 - 07	NMDZH01CHG _ 01	80	19.4
2010 - 07	NMDZH01CHG _ 01	90	12.8
2010 - 07	NMDZH01CHG _ 01	100	11.8
2010 - 07	NMDZH01CHG _ 01	110	12.2
2010 - 07	NMDZH01CHG _ 01	120	12.7
2010 - 07	NMDZH01CHG _ 01	130	17.8
2010 - 07	NMDZH01CHG _ 01	140	20.4
2010 - 07	NMDZH01CHG _ 01	150	21.0
2010 - 07	NMDZH01CHG _ 01	160	18.0
2010 - 07	NMDZH01CHG _ 01	170	14.7
2010 - 07	NMDZH01CHG _ 01	180	16.7
2010 - 09	NMDZH01CHG _ 01	10	11.7
2010 - 09	NMDZH01CHG _ 01	20	12.5
2010 - 09	NMDZH01CHG _ 01	30	12.3
2010 - 09	NMDZH01CHG _ 01	40	12.8
2010 - 09	NMDZH01CHG _ 01	50	14.7

（续）

时间（年-月）	样地代码	采样层次/cm	质量含水量/%
2010 - 09	NMDZH01CHG _ 01	60	15.6
2010 - 09	NMDZH01CHG _ 01	70	13.1
2010 - 09	NMDZH01CHG _ 01	80	10.2
2010 - 09	NMDZH01CHG _ 01	90	11.3
2010 - 09	NMDZH01CHG _ 01	100	12.3
2010 - 09	NMDZH01CHG _ 01	110	11.6
2010 - 09	NMDZH01CHG _ 01	120	12.3
2010 - 09	NMDZH01CHG _ 01	130	12.8
2010 - 09	NMDZH01CHG _ 01	140	12.7
2010 - 09	NMDZH01CHG _ 01	150	16.5
2010 - 09	NMDZH01CHG _ 01	160	13.6
2010 - 09	NMDZH01CHG _ 01	170	13.9
2010 - 09	NMDZH01CHG _ 01	180	14.7
2010 - 09	NMDZH01CHG _ 01	10	12.5
2010 - 09	NMDZH01CHG _ 01	20	10.5
2010 - 09	NMDZH01CHG _ 01	30	8.0
2010 - 09	NMDZH01CHG _ 01	40	10.9
2010 - 09	NMDZH01CHG _ 01	50	12.0
2010 - 09	NMDZH01CHG _ 01	60	28.2
2010 - 09	NMDZH01CHG _ 01	70	25.2
2010 - 09	NMDZH01CHG _ 01	80	13.6
2010 - 09	NMDZH01CHG _ 01	90	20.2
2010 - 09	NMDZH01CHG _ 01	100	13.7
2010 - 09	NMDZH01CHG _ 01	110	11.3
2010 - 09	NMDZH01CHG _ 01	120	12.1
2010 - 09	NMDZH01CHG _ 01	130	9.4
2010 - 09	NMDZH01CHG _ 01	140	11.4
2010 - 09	NMDZH01CHG _ 01	150	10.7
2010 - 09	NMDZH01CHG _ 01	160	11.0
2010 - 09	NMDZH01CHG _ 01	170	14.1
2010 - 09	NMDZH01CHG _ 01	180	22.9
2010 - 09	NMDZH01CHG _ 01	10	15.9
2010 - 09	NMDZH01CHG _ 01	20	22.7

（续）

时间（年-月）	样地代码	采样层次/cm	质量含水量/%
2010 - 09	NMDZH01CHG _ 01	30	15. 5
2010 - 09	NMDZH01CHG _ 01	40	18. 2
2010 - 09	NMDZH01CHG _ 01	50	18. 0
2010 - 09	NMDZH01CHG _ 01	60	15. 0
2010 - 09	NMDZH01CHG _ 01	70	15. 2
2010 - 09	NMDZH01CHG _ 01	80	20. 6
2010 - 09	NMDZH01CHG _ 01	90	13. 9
2010 - 09	NMDZH01CHG _ 01	100	10. 2
2010 - 09	NMDZH01CHG _ 01	110	17. 6
2010 - 09	NMDZH01CHG _ 01	120	16. 4
2010 - 09	NMDZH01CHG _ 01	130	26. 7
2010 - 09	NMDZH01CHG _ 01	140	24. 9
2010 - 09	NMDZH01CHG _ 01	150	25. 9
2010 - 09	NMDZH01CHG _ 01	160	25. 0
2010 - 09	NMDZH01CHG _ 01	170	22. 9
2010 - 09	NMDZH01CHG _ 01	180	20. 8
2011 - 05	NMDZH01CHG _ 01	10	10. 2
2011 - 05	NMDZH01CHG _ 01	20	11. 8
2011 - 05	NMDZH01CHG _ 01	30	13. 6
2011 - 05	NMDZH01CHG _ 01	40	16. 2
2011 - 05	NMDZH01CHG _ 01	50	12. 1
2011 - 05	NMDZH01CHG _ 01	60	24. 0
2011 - 05	NMDZH01CHG _ 01	70	16. 8
2011 - 05	NMDZH01CHG _ 01	80	17. 8
2011 - 05	NMDZH01CHG _ 01	90	23. 9
2011 - 05	NMDZH01CHG _ 01	100	26. 7
2011 - 05	NMDZH01CHG _ 01	110	20. 2
2011 - 05	NMDZH01CHG _ 01	120	17. 1
2011 - 05	NMDZH01CHG _ 01	130	13. 1
2011 - 05	NMDZH01CHG _ 01	140	24. 2
2011 - 05	NMDZH01CHG _ 01	150	22. 5
2011 - 05	NMDZH01CHG _ 01	160	21. 7
2011 - 05	NMDZH01CHG _ 01	10	8. 8

（续）

时间（年-月）	样地代码	采样层次/cm	质量含水量/%
2011 - 05	NMDZH01CHG _ 01	20	12.9
2011 - 05	NMDZH01CHG _ 01	30	11.1
2011 - 05	NMDZH01CHG _ 01	40	19.7
2011 - 05	NMDZH01CHG _ 01	50	12.0
2011 - 05	NMDZH01CHG _ 01	60	16.5
2011 - 05	NMDZH01CHG _ 01	70	17.4
2011 - 05	NMDZH01CHG _ 01	80	19.3
2011 - 05	NMDZH01CHG _ 01	90	21.0
2011 - 05	NMDZH01CHG _ 01	100	23.4
2011 - 05	NMDZH01CHG _ 01	110	17.1
2011 - 05	NMDZH01CHG _ 01	120	13.3
2011 - 05	NMDZH01CHG _ 01	130	16.7
2011 - 05	NMDZH01CHG _ 01	140	12.5
2011 - 05	NMDZH01CHG _ 01	150	26.4
2011 - 05	NMDZH01CHG _ 01	160	22.1
2011 - 05	NMDZH01CHG _ 01	10	14.5
2011 - 05	NMDZH01CHG _ 01	20	23.4
2011 - 05	NMDZH01CHG _ 01	30	18.3
2011 - 05	NMDZH01CHG _ 01	40	25.8
2011 - 05	NMDZH01CHG _ 01	50	26.0
2011 - 05	NMDZH01CHG _ 01	60	14.7
2011 - 05	NMDZH01CHG _ 01	70	21.4
2011 - 05	NMDZH01CHG _ 01	80	22.4
2011 - 05	NMDZH01CHG _ 01	90	24.6
2011 - 05	NMDZH01CHG _ 01	100	24.7
2011 - 05	NMDZH01CHG _ 01	110	19.6
2011 - 05	NMDZH01CHG _ 01	120	17.2
2011 - 05	NMDZH01CHG _ 01	130	19.3
2011 - 05	NMDZH01CHG _ 01	140	21.3
2011 - 05	NMDZH01CHG _ 01	150	18.1
2011 - 05	NMDZH01CHG _ 01	160	22.2
2011 - 06	NMDZH01CHG _ 01	10	11.0
2011 - 06	NMDZH01CHG _ 01	20	11.9

（续）

时间（年-月）	样地代码	采样层次/cm	质量含水量/%
2011 - 06	NMDZH01CHG _ 01	30	11. 6
2011 - 06	NMDZH01CHG _ 01	40	14. 6
2011 - 06	NMDZH01CHG _ 01	50	21. 7
2011 - 06	NMDZH01CHG _ 01	60	27. 0
2011 - 06	NMDZH01CHG _ 01	70	23. 9
2011 - 06	NMDZH01CHG _ 01	80	14. 6
2011 - 06	NMDZH01CHG _ 01	90	15. 3
2011 - 06	NMDZH01CHG _ 01	100	15. 2
2011 - 06	NMDZH01CHG _ 01	110	15. 8
2011 - 06	NMDZH01CHG _ 01	120	14. 6
2011 - 06	NMDZH01CHG _ 01	130	11. 9
2011 - 06	NMDZH01CHG _ 01	140	23. 0
2011 - 06	NMDZH01CHG _ 01	150	24. 4
2011 - 06	NMDZH01CHG _ 01	160	23. 5
2011 - 06	NMDZH01CHG _ 01	10	10. 4
2011 - 06	NMDZH01CHG _ 01	20	11. 2
2011 - 06	NMDZH01CHG _ 01	30	11. 1
2011 - 06	NMDZH01CHG _ 01	40	11. 6
2011 - 06	NMDZH01CHG _ 01	50	12. 9
2011 - 06	NMDZH01CHG _ 01	60	26. 4
2011 - 06	NMDZH01CHG _ 01	70	23. 6
2011 - 06	NMDZH01CHG _ 01	80	14. 8
2011 - 06	NMDZH01CHG _ 01	90	18. 3
2011 - 06	NMDZH01CHG _ 01	100	15. 2
2011 - 06	NMDZH01CHG _ 01	110	13. 6
2011 - 06	NMDZH01CHG _ 01	120	13. 1
2011 - 06	NMDZH01CHG _ 01	130	12. 2
2011 - 06	NMDZH01CHG _ 01	140	13. 0
2011 - 06	NMDZH01CHG _ 01	150	24. 7
2011 - 06	NMDZH01CHG _ 01	160	24. 5
2011 - 06	NMDZH01CHG _ 01	10	12. 9
2011 - 06	NMDZH01CHG _ 01	20	15. 2
2011 - 06	NMDZH01CHG _ 01	30	20. 7

（续）

时间（年-月）	样地代码	采样层次/cm	质量含水量/%
2011 - 06	NMDZH01CHG _ 01	40	16.7
2011 - 06	NMDZH01CHG _ 01	50	29.0
2011 - 06	NMDZH01CHG _ 01	60	16.4
2011 - 06	NMDZH01CHG _ 01	70	13.2
2011 - 06	NMDZH01CHG _ 01	80	17.7
2011 - 06	NMDZH01CHG _ 01	90	24.9
2011 - 06	NMDZH01CHG _ 01	100	13.3
2011 - 06	NMDZH01CHG _ 01	110	13.6
2011 - 06	NMDZH01CHG _ 01	120	17.7
2011 - 06	NMDZH01CHG _ 01	130	15.2
2011 - 06	NMDZH01CHG _ 01	140	25.4
2011 - 06	NMDZH01CHG _ 01	150	25.8
2011 - 06	NMDZH01CHG _ 01	160	22.0
2011 - 07	NMDZH01CHG _ 01	10	13.0
2011 - 07	NMDZH01CHG _ 01	20	12.1
2011 - 07	NMDZH01CHG _ 01	30	13.3
2011 - 07	NMDZH01CHG _ 01	40	13.7
2011 - 07	NMDZH01CHG _ 01	50	12.3
2011 - 07	NMDZH01CHG _ 01	60	12.1
2011 - 07	NMDZH01CHG _ 01	70	13.2
2011 - 07	NMDZH01CHG _ 01	80	19.2
2011 - 07	NMDZH01CHG _ 01	90	13.6
2011 - 07	NMDZH01CHG _ 01	100	13.3
2011 - 07	NMDZH01CHG _ 01	110	21.0
2011 - 07	NMDZH01CHG _ 01	120	17.1
2011 - 07	NMDZH01CHG _ 01	130	22.5
2011 - 07	NMDZH01CHG _ 01	140	5.4
2011 - 07	NMDZH01CHG _ 01	150	19.2
2011 - 07	NMDZH01CHG _ 01	160	17.1
2011 - 07	NMDZH01CHG _ 01	10	12.1
2011 - 07	NMDZH01CHG _ 01	20	12.2
2011 - 07	NMDZH01CHG _ 01	30	9.3
2011 - 07	NMDZH01CHG _ 01	40	11.8

（续）

时间（年-月）	样地代码	采样层次/cm	质量含水量/%
2011 - 07	NMDZH01CHG _ 01	50	18.8
2011 - 07	NMDZH01CHG _ 01	60	13.5
2011 - 07	NMDZH01CHG _ 01	70	15.1
2011 - 07	NMDZH01CHG _ 01	80	12.0
2011 - 07	NMDZH01CHG _ 01	90	13.3
2011 - 07	NMDZH01CHG _ 01	100	12.1
2011 - 07	NMDZH01CHG _ 01	110	14.0
2011 - 07	NMDZH01CHG _ 01	120	12.0
2011 - 07	NMDZH01CHG _ 01	130	12.7
2011 - 07	NMDZH01CHG _ 01	140	20.9
2011 - 07	NMDZH01CHG _ 01	150	24.4
2011 - 07	NMDZH01CHG _ 01	160	26.7
2011 - 07	NMDZH01CHG _ 01	10	14.2
2011 - 07	NMDZH01CHG _ 01	20	14.0
2011 - 07	NMDZH01CHG _ 01	30	17.0
2011 - 07	NMDZH01CHG _ 01	40	20.6
2011 - 07	NMDZH01CHG _ 01	50	16.5
2011 - 07	NMDZH01CHG _ 01	60	24.5
2011 - 07	NMDZH01CHG _ 01	70	13.1
2011 - 07	NMDZH01CHG _ 01	80	13.6
2011 - 07	NMDZH01CHG _ 01	90	19.3
2011 - 07	NMDZH01CHG _ 01	100	12.9
2011 - 07	NMDZH01CHG _ 01	110	13.6
2011 - 07	NMDZH01CHG _ 01	120	14.0
2011 - 07	NMDZH01CHG _ 01	130	20.4
2011 - 07	NMDZH01CHG _ 01	140	20.7
2011 - 07	NMDZH01CHG _ 01	150	24.9
2011 - 07	NMDZH01CHG _ 01	160	28.3
2011 - 09	NMDZH01CHG _ 01	10	10.5
2011 - 09	NMDZH01CHG _ 01	20	10.7
2011 - 09	NMDZH01CHG _ 01	30	10.9
2011 - 09	NMDZH01CHG _ 01	40	18.1
2011 - 09	NMDZH01CHG _ 01	50	18.5

（续）

时间（年-月）	样地代码	采样层次/cm	质量含水量/%
2011 - 09	NMDZH01CHG _ 01	60	27.3
2011 - 09	NMDZH01CHG _ 01	70	15.8
2011 - 09	NMDZH01CHG _ 01	80	12.1
2011 - 09	NMDZH01CHG _ 01	90	14.5
2011 - 09	NMDZH01CHG _ 01	100	11.7
2011 - 09	NMDZH01CHG _ 01	110	11.9
2011 - 09	NMDZH01CHG _ 01	120	9.4
2011 - 09	NMDZH01CHG _ 01	130	15.3
2011 - 09	NMDZH01CHG _ 01	140	19.7
2011 - 09	NMDZH01CHG _ 01	150	20.7
2011 - 09	NMDZH01CHG _ 01	160	18.7
2011 - 09	NMDZH01CHG _ 01	10	11.8
2011 - 09	NMDZH01CHG _ 01	20	12.4
2011 - 09	NMDZH01CHG _ 01	30	11.7
2011 - 09	NMDZH01CHG _ 01	40	12.3
2011 - 09	NMDZH01CHG _ 01	50	11.2
2011 - 09	NMDZH01CHG _ 01	60	11.5
2011 - 09	NMDZH01CHG _ 01	70	13.6
2011 - 09	NMDZH01CHG _ 01	80	5.2
2011 - 09	NMDZH01CHG _ 01	90	4.0
2011 - 09	NMDZH01CHG _ 01	100	3.2
2011 - 09	NMDZH01CHG _ 01	110	12.6
2011 - 09	NMDZH01CHG _ 01	120	9.6
2011 - 09	NMDZH01CHG _ 01	130	10.6
2011 - 09	NMDZH01CHG _ 01	140	12.6
2011 - 09	NMDZH01CHG _ 01	150	23.5
2011 - 09	NMDZH01CHG _ 01	160	10.3
2011 - 09	NMDZH01CHG _ 01	10	10.2
2011 - 09	NMDZH01CHG _ 01	20	9.6
2011 - 09	NMDZH01CHG _ 01	30	17.0
2011 - 09	NMDZH01CHG _ 01	40	12.0
2011 - 09	NMDZH01CHG _ 01	50	15.5
2011 - 09	NMDZH01CHG _ 01	60	22.7

（续）

时间（年-月）	样地代码	采样层次/cm	质量含水量/%
2011－09	NMDZH01CHG _ 01	70	11.6
2011－09	NMDZH01CHG _ 01	80	17.7
2011－09	NMDZH01CHG _ 01	90	6.4
2011－09	NMDZH01CHG _ 01	100	28.3
2011－09	NMDZH01CHG _ 01	110	11.9
2011－09	NMDZH01CHG _ 01	120	21.7
2011－09	NMDZH01CHG _ 01	130	22.1
2011－09	NMDZH01CHG _ 01	140	24.4
2011－09	NMDZH01CHG _ 01	150	17.4
2011－09	NMDZH01CHG _ 01	160	23.3
2012－05	NMDZH01CHG _ 01	10	13.1
2012－05	NMDZH01CHG _ 01	20	14.0
2012－05	NMDZH01CHG _ 01	30	15.6
2012－05	NMDZH01CHG _ 01	40	13.6
2012－05	NMDZH01CHG _ 01	50	11.9
2012－05	NMDZH01CHG _ 01	60	20.6
2012－05	NMDZH01CHG _ 01	70	16.2
2012－05	NMDZH01CHG _ 01	80	16.9
2012－05	NMDZH01CHG _ 01	90	19.2
2012－05	NMDZH01CHG _ 01	100	20.5
2012－05	NMDZH01CHG _ 01	110	21.7
2012－05	NMDZH01CHG _ 01	120	3.1
2012－05	NMDZH01CHG _ 01	130	11.8
2012－05	NMDZH01CHG _ 01	140	27.9
2012－05	NMDZH01CHG _ 01	150	24.0
2012－05	NMDZH01CHG _ 01	160	30.9
2012－05	NMDZH01CHG _ 01	10	11.6
2012－05	NMDZH01CHG _ 01	20	13.0
2012－05	NMDZH01CHG _ 01	30	14.2
2012－05	NMDZH01CHG _ 01	40	16.0
2012－05	NMDZH01CHG _ 01	50	13.5
2012－05	NMDZH01CHG _ 01	60	14.5
2012－05	NMDZH01CHG _ 01	70	10.3

（续）

时间（年-月）	样地代码	采样层次/cm	质量含水量/%
2012 - 05	NMDZH01CHG _ 01	80	12.9
2012 - 05	NMDZH01CHG _ 01	90	14.3
2012 - 05	NMDZH01CHG _ 01	100	12.9
2012 - 05	NMDZH01CHG _ 01	110	9.9
2012 - 05	NMDZH01CHG _ 01	120	10.4
2012 - 05	NMDZH01CHG _ 01	130	9.5
2012 - 05	NMDZH01CHG _ 01	140	12.8
2012 - 05	NMDZH01CHG _ 01	150	15.0
2012 - 05	NMDZH01CHG _ 01	160	28.8
2012 - 05	NMDZH01CHG _ 01	10	14.3
2012 - 05	NMDZH01CHG _ 01	20	19.7
2012 - 05	NMDZH01CHG _ 01	30	21.4
2012 - 05	NMDZH01CHG _ 01	40	20.4
2012 - 05	NMDZH01CHG _ 01	50	27.8
2012 - 05	NMDZH01CHG _ 01	60	12.2
2012 - 05	NMDZH01CHG _ 01	70	11.7
2012 - 05	NMDZH01CHG _ 01	80	19.6
2012 - 05	NMDZH01CHG _ 01	90	20.0
2012 - 05	NMDZH01CHG _ 01	100	10.2
2012 - 05	NMDZH01CHG _ 01	110	10.7
2012 - 05	NMDZH01CHG _ 01	120	12.3
2012 - 05	NMDZH01CHG _ 01	130	12.1
2012 - 05	NMDZH01CHG _ 01	140	20.3
2012 - 05	NMDZH01CHG _ 01	150	21.9
2012 - 05	NMDZH01CHG _ 01	160	19.0
2012 - 07	NMDZH01CHG _ 01	10	13.7
2012 - 07	NMDZH01CHG _ 01	20	15.0
2012 - 07	NMDZH01CHG _ 01	30	14.9
2012 - 07	NMDZH01CHG _ 01	40	23.8
2012 - 07	NMDZH01CHG _ 01	50	24.3
2012 - 07	NMDZH01CHG _ 01	60	25.0
2012 - 07	NMDZH01CHG _ 01	70	15.1
2012 - 07	NMDZH01CHG _ 01	80	13.2

（续）

时间（年-月）	样地代码	采样层次/cm	质量含水量/%
2012 - 07	NMDZH01CHG _ 01	90	13.4
2012 - 07	NMDZH01CHG _ 01	100	13.4
2012 - 07	NMDZH01CHG _ 01	110	14.9
2012 - 07	NMDZH01CHG _ 01	120	11.8
2012 - 07	NMDZH01CHG _ 01	130	22.9
2012 - 07	NMDZH01CHG _ 01	140	25.1
2012 - 07	NMDZH01CHG _ 01	150	25.4
2012 - 07	NMDZH01CHG _ 01	160	21.6
2012 - 07	NMDZH01CHG _ 01	10	11.9
2012 - 07	NMDZH01CHG _ 01	20	11.6
2012 - 07	NMDZH01CHG _ 01	30	12.1
2012 - 07	NMDZH01CHG _ 01	40	12.0
2012 - 07	NMDZH01CHG _ 01	50	18.0
2012 - 07	NMDZH01CHG _ 01	60	23.8
2012 - 07	NMDZH01CHG _ 01	70	12.9
2012 - 07	NMDZH01CHG _ 01	80	13.2
2012 - 07	NMDZH01CHG _ 01	90	11.6
2012 - 07	NMDZH01CHG _ 01	100	10.8
2012 - 07	NMDZH01CHG _ 01	110	9.8
2012 - 07	NMDZH01CHG _ 01	120	8.1
2012 - 07	NMDZH01CHG _ 01	130	19.1
2012 - 07	NMDZH01CHG _ 01	140	10.2
2012 - 07	NMDZH01CHG _ 01	150	11.8
2012 - 07	NMDZH01CHG _ 01	160	17.2
2012 - 07	NMDZH01CHG _ 01	10	15.2
2012 - 07	NMDZH01CHG _ 01	20	18.3
2012 - 07	NMDZH01CHG _ 01	30	20.6
2012 - 07	NMDZH01CHG _ 01	40	21.3
2012 - 07	NMDZH01CHG _ 01	50	19.7
2012 - 07	NMDZH01CHG _ 01	60	18.4
2012 - 07	NMDZH01CHG _ 01	70	17.4
2012 - 07	NMDZH01CHG _ 01	80	17.0
2012 - 07	NMDZH01CHG _ 01	90	20.0

（续）

时间（年-月）	样地代码	采样层次/cm	质量含水量/%
2012 - 07	NMDZH01CHG_01	100	12.9
2012 - 07	NMDZH01CHG_01	110	11.7
2012 - 07	NMDZH01CHG_01	120	14.4
2012 - 07	NMDZH01CHG_01	130	18.0
2012 - 07	NMDZH01CHG_01	140	21.1
2012 - 07	NMDZH01CHG_01	150	22.0
2012 - 07	NMDZH01CHG_01	160	18.7
2012 - 09	NMDZH01CHG_01	10	14.2
2012 - 09	NMDZH01CHG_01	20	13.3
2012 - 09	NMDZH01CHG_01	30	13.3
2012 - 09	NMDZH01CHG_01	40	17.4
2012 - 09	NMDZH01CHG_01	50	20.4
2012 - 09	NMDZH01CHG_01	60	22.9
2012 - 09	NMDZH01CHG_01	70	20.6
2012 - 09	NMDZH01CHG_01	80	10.2
2012 - 09	NMDZH01CHG_01	90	12.3
2012 - 09	NMDZH01CHG_01	100	11.8
2012 - 09	NMDZH01CHG_01	110	9.5
2012 - 09	NMDZH01CHG_01	120	22.9
2012 - 09	NMDZH01CHG_01	130	24.3
2012 - 09	NMDZH01CHG_01	140	10.8
2012 - 09	NMDZH01CHG_01	150	23.5
2012 - 09	NMDZH01CHG_01	160	20.0
2012 - 09	NMDZH01CHG_01	10	10.3
2012 - 09	NMDZH01CHG_01	20	10.9
2012 - 09	NMDZH01CHG_01	30	8.8
2012 - 09	NMDZH01CHG_01	40	7.5
2012 - 09	NMDZH01CHG_01	50	7.6
2012 - 09	NMDZH01CHG_01	60	21.5
2012 - 09	NMDZH01CHG_01	70	16.8
2012 - 09	NMDZH01CHG_01	80	12.9
2012 - 09	NMDZH01CHG_01	90	9.5
2012 - 09	NMDZH01CHG_01	100	13.5

（续）

时间（年-月）	样地代码	采样层次/cm	质量含水量/%
2012 - 09	NMDZH01CHG _ 01	110	9.0
2012 - 09	NMDZH01CHG _ 01	120	11.8
2012 - 09	NMDZH01CHG _ 01	130	9.0
2012 - 09	NMDZH01CHG _ 01	140	8.3
2012 - 09	NMDZH01CHG _ 01	150	11.1
2012 - 09	NMDZH01CHG _ 01	160	19.7
2012 - 09	NMDZH01CHG _ 01	10	15.6
2012 - 09	NMDZH01CHG _ 01	20	20.5
2012 - 09	NMDZH01CHG _ 01	30	12.9
2012 - 09	NMDZH01CHG _ 01	40	12.0
2012 - 09	NMDZH01CHG _ 01	50	25.3
2012 - 09	NMDZH01CHG _ 01	60	12.5
2012 - 09	NMDZH01CHG _ 01	70	10.5
2012 - 09	NMDZH01CHG _ 01	80	14.5
2012 - 09	NMDZH01CHG _ 01	90	16.2
2012 - 09	NMDZH01CHG _ 01	100	12.5
2012 - 09	NMDZH01CHG _ 01	110	10.0
2012 - 09	NMDZH01CHG _ 01	120	9.2
2012 - 09	NMDZH01CHG _ 01	130	10.6
2012 - 09	NMDZH01CHG _ 01	140	18.9
2012 - 09	NMDZH01CHG _ 01	150	16.3
2012 - 09	NMDZH01CHG _ 01	160	26.8
2013 - 05	NMDZH01CHG _ 01	10	12.0
2013 - 05	NMDZH01CHG _ 01	20	12.7
2013 - 05	NMDZH01CHG _ 01	30	13.5
2013 - 05	NMDZH01CHG _ 01	40	20.3
2013 - 05	NMDZH01CHG _ 01	50	26.3
2013 - 05	NMDZH01CHG _ 01	60	19.5
2013 - 05	NMDZH01CHG _ 01	70	28.7
2013 - 05	NMDZH01CHG _ 01	80	17.1
2013 - 05	NMDZH01CHG _ 01	90	16.9
2013 - 05	NMDZH01CHG _ 01	100	20.8
2013 - 05	NMDZH01CHG _ 01	110	25.2

（续）

时间（年-月）	样地代码	采样层次/cm	质量含水量/%
2013 - 05	NMDZH01CHG _ 01	120	17.3
2013 - 05	NMDZH01CHG _ 01	130	15.7
2013 - 05	NMDZH01CHG _ 01	140	25.2
2013 - 05	NMDZH01CHG _ 01	150	14.7
2013 - 05	NMDZH01CHG _ 01	160	22.0
2013 - 05	NMDZH01CHG _ 01	10	12.7
2013 - 05	NMDZH01CHG _ 01	20	14.0
2013 - 05	NMDZH01CHG _ 01	30	14.5
2013 - 05	NMDZH01CHG _ 01	40	13.9
2013 - 05	NMDZH01CHG _ 01	50	19.1
2013 - 05	NMDZH01CHG _ 01	60	15.8
2013 - 05	NMDZH01CHG _ 01	70	22.1
2013 - 05	NMDZH01CHG _ 01	80	17.6
2013 - 05	NMDZH01CHG _ 01	90	18.5
2013 - 05	NMDZH01CHG _ 01	100	21.6
2013 - 05	NMDZH01CHG _ 01	110	12.7
2013 - 05	NMDZH01CHG _ 01	120	11.7
2013 - 05	NMDZH01CHG _ 01	130	12.7
2013 - 05	NMDZH01CHG _ 01	140	13.8
2013 - 05	NMDZH01CHG _ 01	150	23.8
2013 - 05	NMDZH01CHG _ 01	160	22.7
2013 - 05	NMDZH01CHG _ 01	10	14.2
2013 - 05	NMDZH01CHG _ 01	20	28.1
2013 - 05	NMDZH01CHG _ 01	30	17.8
2013 - 05	NMDZH01CHG _ 01	40	31.1
2013 - 05	NMDZH01CHG _ 01	50	24.1
2013 - 05	NMDZH01CHG _ 01	60	14.5
2013 - 05	NMDZH01CHG _ 01	70	23.6
2013 - 05	NMDZH01CHG _ 01	80	17.4
2013 - 05	NMDZH01CHG _ 01	90	22.3
2013 - 05	NMDZH01CHG _ 01	100	14.1
2013 - 05	NMDZH01CHG _ 01	110	12.6
2013 - 05	NMDZH01CHG _ 01	120	15.1

（续）

时间（年-月）	样地代码	采样层次/cm	质量含水量/%
2013 - 05	NMDZH01CHG _ 01	130	13.4
2013 - 05	NMDZH01CHG _ 01	140	19.2
2013 - 05	NMDZH01CHG _ 01	150	22.8
2013 - 05	NMDZH01CHG _ 01	160	26.5
2013 - 07	NMDZH01CHG _ 01	10	16.8
2013 - 07	NMDZH01CHG _ 01	20	16.9
2013 - 07	NMDZH01CHG _ 01	30	20.4
2013 - 07	NMDZH01CHG _ 01	40	9.0
2013 - 07	NMDZH01CHG _ 01	50	16.6
2013 - 07	NMDZH01CHG _ 01	60	11.8
2013 - 07	NMDZH01CHG _ 01	70	14.4
2013 - 07	NMDZH01CHG _ 01	80	20.8
2013 - 07	NMDZH01CHG _ 01	90	14.7
2013 - 07	NMDZH01CHG _ 01	100	19.6
2013 - 07	NMDZH01CHG _ 01	110	11.8
2013 - 07	NMDZH01CHG _ 01	120	23.7
2013 - 07	NMDZH01CHG _ 01	130	13.7
2013 - 07	NMDZH01CHG _ 01	140	25.6
2013 - 07	NMDZH01CHG _ 01	150	22.8
2013 - 07	NMDZH01CHG _ 01	160	21.4
2013 - 07	NMDZH01CHG _ 01	10	16.8
2013 - 07	NMDZH01CHG _ 01	20	15.1
2013 - 07	NMDZH01CHG _ 01	30	15.2
2013 - 07	NMDZH01CHG _ 01	40	17.5
2013 - 07	NMDZH01CHG _ 01	50	28.7
2013 - 07	NMDZH01CHG _ 01	60	17.2
2013 - 07	NMDZH01CHG _ 01	70	15.8
2013 - 07	NMDZH01CHG _ 01	80	16.6
2013 - 07	NMDZH01CHG _ 01	90	21.1
2013 - 07	NMDZH01CHG _ 01	100	16.4
2013 - 07	NMDZH01CHG _ 01	110	12.3
2013 - 07	NMDZH01CHG _ 01	120	12.4
2013 - 07	NMDZH01CHG _ 01	130	12.4

（续）

时间（年-月）	样地代码	采样层次/cm	质量含水量/%
2013 - 07	NMDZH01CHG _ 01	140	18.9
2013 - 07	NMDZH01CHG _ 01	150	22.7
2013 - 07	NMDZH01CHG _ 01	160	26.1
2013 - 07	NMDZH01CHG _ 01	10	17.4
2013 - 07	NMDZH01CHG _ 01	20	20.8
2013 - 07	NMDZH01CHG _ 01	30	21.4
2013 - 07	NMDZH01CHG _ 01	40	22.5
2013 - 07	NMDZH01CHG _ 01	50	17.5
2013 - 07	NMDZH01CHG _ 01	60	14.8
2013 - 07	NMDZH01CHG _ 01	70	20.4
2013 - 07	NMDZH01CHG _ 01	80	21.7
2013 - 07	NMDZH01CHG _ 01	90	13.5
2013 - 07	NMDZH01CHG _ 01	100	13.0
2013 - 07	NMDZH01CHG _ 01	110	15.2
2013 - 07	NMDZH01CHG _ 01	120	12.2
2013 - 07	NMDZH01CHG _ 01	130	22.8
2013 - 07	NMDZH01CHG _ 01	140	28.0
2013 - 07	NMDZH01CHG _ 01	150	17.2
2013 - 07	NMDZH01CHG _ 01	160	20.3
2013 - 09	NMDZH01CHG _ 01	10	15.8
2013 - 09	NMDZH01CHG _ 01	20	15.7
2013 - 09	NMDZH01CHG _ 01	30	6.2
2013 - 09	NMDZH01CHG _ 01	40	24.6
2013 - 09	NMDZH01CHG _ 01	50	30.1
2013 - 09	NMDZH01CHG _ 01	60	20.7
2013 - 09	NMDZH01CHG _ 01	70	14.6
2013 - 09	NMDZH01CHG _ 01	80	12.9
2013 - 09	NMDZH01CHG _ 01	90	15.0
2013 - 09	NMDZH01CHG _ 01	100	12.4
2013 - 09	NMDZH01CHG _ 01	110	16.4
2013 - 09	NMDZH01CHG _ 01	120	16.1
2013 - 09	NMDZH01CHG _ 01	130	14.0
2013 - 09	NMDZH01CHG _ 01	140	20.6

（续）

时间（年-月）	样地代码	采样层次/cm	质量含水量/%
2013 - 09	NMDZH01CHG _ 01	150	21. 1
2013 - 09	NMDZH01CHG _ 01	160	23. 8
2013 - 09	NMDZH01CHG _ 01	10	12. 8
2013 - 09	NMDZH01CHG _ 01	20	12. 1
2013 - 09	NMDZH01CHG _ 01	30	11. 1
2013 - 09	NMDZH01CHG _ 01	40	10. 1
2013 - 09	NMDZH01CHG _ 01	50	10. 6
2013 - 09	NMDZH01CHG _ 01	60	21. 3
2013 - 09	NMDZH01CHG _ 01	70	17. 4
2013 - 09	NMDZH01CHG _ 01	80	13. 5
2013 - 09	NMDZH01CHG _ 01	90	12. 1
2013 - 09	NMDZH01CHG _ 01	100	8. 6
2013 - 09	NMDZH01CHG _ 01	110	9. 4
2013 - 09	NMDZH01CHG _ 01	120	8. 9
2013 - 09	NMDZH01CHG _ 01	130	10. 4
2013 - 09	NMDZH01CHG _ 01	140	24. 3
2013 - 09	NMDZH01CHG _ 01	150	18. 8
2013 - 09	NMDZH01CHG _ 01	160	20. 2
2013 - 09	NMDZH01CHG _ 01	10	17. 8
2013 - 09	NMDZH01CHG _ 01	20	22. 5
2013 - 09	NMDZH01CHG _ 01	30	18. 2
2013 - 09	NMDZH01CHG _ 01	40	28. 7
2013 - 09	NMDZH01CHG _ 01	50	27. 5
2013 - 09	NMDZH01CHG _ 01	60	10. 1
2013 - 09	NMDZH01CHG _ 01	70	17. 8
2013 - 09	NMDZH01CHG _ 01	80	9. 1
2013 - 09	NMDZH01CHG _ 01	90	15. 6
2013 - 09	NMDZH01CHG _ 01	100	9. 7
2013 - 09	NMDZH01CHG _ 01	110	11. 3
2013 - 09	NMDZH01CHG _ 01	120	7. 2
2013 - 09	NMDZH01CHG _ 01	130	8. 9
2013 - 09	NMDZH01CHG _ 01	140	18. 3
2013 - 09	NMDZH01CHG _ 01	150	15. 7

（续）

时间（年-月）	样地代码	采样层次/cm	质量含水量/%
2013 - 09	NMDZH01CHG _ 01	160	17.1
2014 - 05	NMDZH01CHG _ 01	10	13.1
2014 - 05	NMDZH01CHG _ 01	20	15.7
2014 - 05	NMDZH01CHG _ 01	30	15.2
2014 - 05	NMDZH01CHG _ 01	40	18.9
2014 - 05	NMDZH01CHG _ 01	50	25.9
2014 - 05	NMDZH01CHG _ 01	60	27.8
2014 - 05	NMDZH01CHG _ 01	70	18.3
2014 - 05	NMDZH01CHG _ 01	80	16.7
2014 - 05	NMDZH01CHG _ 01	90	17.4
2014 - 05	NMDZH01CHG _ 01	100	16.5
2014 - 05	NMDZH01CHG _ 01	110	14.4
2014 - 05	NMDZH01CHG _ 01	120	19.9
2014 - 05	NMDZH01CHG _ 01	130	22.7
2014 - 05	NMDZH01CHG _ 01	140	20.9
2014 - 05	NMDZH01CHG _ 01	150	19.7
2014 - 05	NMDZH01CHG _ 01	160	19.2
2014 - 05	NMDZH01CHG _ 01	10	11.2
2014 - 05	NMDZH01CHG _ 01	20	12.6
2014 - 05	NMDZH01CHG _ 01	30	13.6
2014 - 05	NMDZH01CHG _ 01	40	15.5
2014 - 05	NMDZH01CHG _ 01	50	21.7
2014 - 05	NMDZH01CHG _ 01	60	24.7
2014 - 05	NMDZH01CHG _ 01	70	18.4
2014 - 05	NMDZH01CHG _ 01	80	17.4
2014 - 05	NMDZH01CHG _ 01	90	14.7
2014 - 05	NMDZH01CHG _ 01	100	16.2
2014 - 05	NMDZH01CHG _ 01	110	21.0
2014 - 05	NMDZH01CHG _ 01	120	14.4
2014 - 05	NMDZH01CHG _ 01	130	10.4
2014 - 05	NMDZH01CHG _ 01	140	11.2
2014 - 05	NMDZH01CHG _ 01	150	10.7
2014 - 05	NMDZH01CHG _ 01	160	15.2

（续）

时间（年-月）	样地代码	采样层次/cm	质量含水量/%
2014 - 05	NMDZH01CHG _ 01	10	13.7
2014 - 05	NMDZH01CHG _ 01	20	20.9
2014 - 05	NMDZH01CHG _ 01	30	23.9
2014 - 05	NMDZH01CHG _ 01	40	22.6
2014 - 05	NMDZH01CHG _ 01	50	30.9
2014 - 05	NMDZH01CHG _ 01	60	13.4
2014 - 05	NMDZH01CHG _ 01	70	17.1
2014 - 05	NMDZH01CHG _ 01	80	20.6
2014 - 05	NMDZH01CHG _ 01	90	16.6
2014 - 05	NMDZH01CHG _ 01	100	14.4
2014 - 05	NMDZH01CHG _ 01	110	12.6
2014 - 05	NMDZH01CHG _ 01	120	13.0
2014 - 05	NMDZH01CHG _ 01	130	17.6
2014 - 05	NMDZH01CHG _ 01	140	22.6
2014 - 05	NMDZH01CHG _ 01	150	16.8
2014 - 05	NMDZH01CHG _ 01	160	18.9
2014 - 07	NMDZH01CHG _ 01	10	13.6
2014 - 07	NMDZH01CHG _ 01	20	15.3
2014 - 07	NMDZH01CHG _ 01	30	15.9
2014 - 07	NMDZH01CHG _ 01	40	15.1
2014 - 07	NMDZH01CHG _ 01	50	18.0
2014 - 07	NMDZH01CHG _ 01	60	15.3
2014 - 07	NMDZH01CHG _ 01	70	14.2
2014 - 07	NMDZH01CHG _ 01	80	18.1
2014 - 07	NMDZH01CHG _ 01	90	16.8
2014 - 07	NMDZH01CHG _ 01	100	15.1
2014 - 07	NMDZH01CHG _ 01	110	10.4
2014 - 07	NMDZH01CHG _ 01	120	23.1
2014 - 07	NMDZH01CHG _ 01	130	25.3
2014 - 07	NMDZH01CHG _ 01	140	18.7
2014 - 07	NMDZH01CHG _ 01	150	22.1
2014 - 07	NMDZH01CHG _ 01	160	21.8
2014 - 07	NMDZH01CHG _ 01	10	11.3

（续）

时间（年-月）	样地代码	采样层次/cm	质量含水量/%
2014 - 07	NMDZH01CHG _ 01	20	15.3
2014 - 07	NMDZH01CHG _ 01	30	12.9
2014 - 07	NMDZH01CHG _ 01	40	17.8
2014 - 07	NMDZH01CHG _ 01	50	19.4
2014 - 07	NMDZH01CHG _ 01	60	14.6
2014 - 07	NMDZH01CHG _ 01	70	15.0
2014 - 07	NMDZH01CHG _ 01	80	17.2
2014 - 07	NMDZH01CHG _ 01	90	17.0
2014 - 07	NMDZH01CHG _ 01	100	11.9
2014 - 07	NMDZH01CHG _ 01	110	13.2
2014 - 07	NMDZH01CHG _ 01	120	13.4
2014 - 07	NMDZH01CHG _ 01	130	27.1
2014 - 07	NMDZH01CHG _ 01	140	29.5
2014 - 07	NMDZH01CHG _ 01	150	29.3
2014 - 07	NMDZH01CHG _ 01	160	30.8
2014 - 07	NMDZH01CHG _ 01	10	15.7
2014 - 07	NMDZH01CHG _ 01	20	19.4
2014 - 07	NMDZH01CHG _ 01	30	18.4
2014 - 07	NMDZH01CHG _ 01	40	24.0
2014 - 07	NMDZH01CHG _ 01	50	14.9
2014 - 07	NMDZH01CHG _ 01	60	12.6
2014 - 07	NMDZH01CHG _ 01	70	20.6
2014 - 07	NMDZH01CHG _ 01	80	21.2
2014 - 07	NMDZH01CHG _ 01	90	19.5
2014 - 07	NMDZH01CHG _ 01	100	12.0
2014 - 07	NMDZH01CHG _ 01	110	13.8
2014 - 07	NMDZH01CHG _ 01	120	14.9
2014 - 07	NMDZH01CHG _ 01	130	14.1
2014 - 07	NMDZH01CHG _ 01	140	21.3
2014 - 07	NMDZH01CHG _ 01	150	26.4
2014 - 07	NMDZH01CHG _ 01	160	22.1
2014 - 09	NMDZH01CHG _ 01	10	12.1
2014 - 09	NMDZH01CHG _ 01	20	10.4

（续）

时间（年-月）	样地代码	采样层次/cm	质量含水量/%
2014 - 09	NMDZH01CHG _ 01	30	10.7
2014 - 09	NMDZH01CHG _ 01	40	12.6
2014 - 09	NMDZH01CHG _ 01	50	18.0
2014 - 09	NMDZH01CHG _ 01	60	22.3
2014 - 09	NMDZH01CHG _ 01	70	13.7
2014 - 09	NMDZH01CHG _ 01	80	12.5
2014 - 09	NMDZH01CHG _ 01	90	20.9
2014 - 09	NMDZH01CHG _ 01	100	13.2
2014 - 09	NMDZH01CHG _ 01	110	75.9
2014 - 09	NMDZH01CHG _ 01	120	9.5
2014 - 09	NMDZH01CHG _ 01	130	20.9
2014 - 09	NMDZH01CHG _ 01	140	22.4
2014 - 09	NMDZH01CHG _ 01	150	22.4
2014 - 09	NMDZH01CHG _ 01	160	22.5
2014 - 09	NMDZH01CHG _ 01	10	7.4
2014 - 09	NMDZH01CHG _ 01	20	7.2
2014 - 09	NMDZH01CHG _ 01	30	8.4
2014 - 09	NMDZH01CHG _ 01	40	7.9
2014 - 09	NMDZH01CHG _ 01	50	9.2
2014 - 09	NMDZH01CHG _ 01	60	8.7
2014 - 09	NMDZH01CHG _ 01	70	9.2
2014 - 09	NMDZH01CHG _ 01	80	9.2
2014 - 09	NMDZH01CHG _ 01	90	11.4
2014 - 09	NMDZH01CHG _ 01	100	9.0
2014 - 09	NMDZH01CHG _ 01	110	7.7
2014 - 09	NMDZH01CHG _ 01	120	7.9
2014 - 09	NMDZH01CHG _ 01	130	8.4
2014 - 09	NMDZH01CHG _ 01	140	10.3
2014 - 09	NMDZH01CHG _ 01	150	24.0
2014 - 09	NMDZH01CHG _ 01	160	16.2
2014 - 09	NMDZH01CHG _ 01	10	9.7
2014 - 09	NMDZH01CHG _ 01	20	13.5
2014 - 09	NMDZH01CHG _ 01	30	8.9

（续）

时间（年-月）	样地代码	采样层次/cm	质量含水量/%
2014 - 09	NMDZH01CHG _ 01	40	13.8
2014 - 09	NMDZH01CHG _ 01	50	9.3
2014 - 09	NMDZH01CHG _ 01	60	10.4
2014 - 09	NMDZH01CHG _ 01	70	12.4
2014 - 09	NMDZH01CHG _ 01	80	15.2
2014 - 09	NMDZH01CHG _ 01	90	10.3
2014 - 09	NMDZH01CHG _ 01	100	9.2
2014 - 09	NMDZH01CHG _ 01	110	8.3
2014 - 09	NMDZH01CHG _ 01	120	9.3
2014 - 09	NMDZH01CHG _ 01	130	15.9
2014 - 09	NMDZH01CHG _ 01	140	23.8
2014 - 09	NMDZH01CHG _ 01	150	24.8
2014 - 09	NMDZH01CHG _ 01	160	18.5
2015 - 05	NMDZH01CHG _ 01	10	13.4
2015 - 05	NMDZH01CHG _ 01	20	14.5
2015 - 05	NMDZH01CHG _ 01	30	14.1
2015 - 05	NMDZH01CHG _ 01	40	18.7
2015 - 05	NMDZH01CHG _ 01	50	20.6
2015 - 05	NMDZH01CHG _ 01	60	23.2
2015 - 05	NMDZH01CHG _ 01	70	13.7
2015 - 05	NMDZH01CHG _ 01	80	15.1
2015 - 05	NMDZH01CHG _ 01	90	14.9
2015 - 05	NMDZH01CHG _ 01	100	13.0
2015 - 05	NMDZH01CHG _ 01	110	13.7
2015 - 05	NMDZH01CHG _ 01	120	15.0
2015 - 05	NMDZH01CHG _ 01	130	14.8
2015 - 05	NMDZH01CHG _ 01	140	16.4
2015 - 05	NMDZH01CHG _ 01	150	19.3
2015 - 05	NMDZH01CHG _ 01	160	19.3
2015 - 05	NMDZH01CHG _ 01	10	14.3
2015 - 05	NMDZH01CHG _ 01	20	18.4
2015 - 05	NMDZH01CHG _ 01	30	18.2
2015 - 05	NMDZH01CHG _ 01	40	14.7

（续）

时间（年-月）	样地代码	采样层次/cm	质量含水量/%
2015 – 05	NMDZH01CHG _ 01	50	29.6
2015 – 05	NMDZH01CHG _ 01	60	13.2
2015 – 05	NMDZH01CHG _ 01	70	12.4
2015 – 05	NMDZH01CHG _ 01	80	13.8
2015 – 05	NMDZH01CHG _ 01	90	12.6
2015 – 05	NMDZH01CHG _ 01	100	11.7
2015 – 05	NMDZH01CHG _ 01	110	9.8
2015 – 05	NMDZH01CHG _ 01	120	10.7
2015 – 05	NMDZH01CHG _ 01	130	10.4
2015 – 05	NMDZH01CHG _ 01	140	15.1
2015 – 05	NMDZH01CHG _ 01	150	22.3
2015 – 05	NMDZH01CHG _ 01	160	31.4
2015 – 05	NMDZH01CHG _ 01	10	12.3
2015 – 05	NMDZH01CHG _ 01	20	10.8
2015 – 05	NMDZH01CHG _ 01	30	11.2
2015 – 05	NMDZH01CHG _ 01	40	11.3
2015 – 05	NMDZH01CHG _ 01	50	23.8
2015 – 05	NMDZH01CHG _ 01	60	14.6
2015 – 05	NMDZH01CHG _ 01	70	14.9
2015 – 05	NMDZH01CHG _ 01	80	14.3
2015 – 05	NMDZH01CHG _ 01	90	10.7
2015 – 05	NMDZH01CHG _ 01	100	11.5
2015 – 05	NMDZH01CHG _ 01	110	13.9
2015 – 05	NMDZH01CHG _ 01	120	8.0
2015 – 05	NMDZH01CHG _ 01	130	7.4
2015 – 05	NMDZH01CHG _ 01	140	8.9
2015 – 05	NMDZH01CHG _ 01	150	20.3
2015 – 05	NMDZH01CHG _ 01	160	13.7
2015 – 07	NMDZH01CHG _ 01	10	13.9
2015 – 07	NMDZH01CHG _ 01	20	13.4
2015 – 07	NMDZH01CHG _ 01	30	13.8
2015 – 07	NMDZH01CHG _ 01	40	14.9
2015 – 07	NMDZH01CHG _ 01	50	17.2

（续）

时间（年-月）	样地代码	采样层次/cm	质量含水量/%
2015 - 07	NMDZH01CHG_01	60	24.5
2015 - 07	NMDZH01CHG_01	70	14.8
2015 - 07	NMDZH01CHG_01	80	16.8
2015 - 07	NMDZH01CHG_01	90	23.9
2015 - 07	NMDZH01CHG_01	100	20.6
2015 - 07	NMDZH01CHG_01	110	13.8
2015 - 07	NMDZH01CHG_01	120	54.0
2015 - 07	NMDZH01CHG_01	130	15.0
2015 - 07	NMDZH01CHG_01	140	26.0
2015 - 07	NMDZH01CHG_01	150	23.0
2015 - 07	NMDZH01CHG_01	160	21.9
2015 - 07	NMDZH01CHG_01	10	8.6
2015 - 07	NMDZH01CHG_01	20	8.5
2015 - 07	NMDZH01CHG_01	30	8.7
2015 - 07	NMDZH01CHG_01	40	9.7
2015 - 07	NMDZH01CHG_01	50	17.8
2015 - 07	NMDZH01CHG_01	60	20.9
2015 - 07	NMDZH01CHG_01	70	13.2
2015 - 07	NMDZH01CHG_01	80	11.9
2015 - 07	NMDZH01CHG_01	90	9.7
2015 - 07	NMDZH01CHG_01	100	10.3
2015 - 07	NMDZH01CHG_01	110	8.2
2015 - 07	NMDZH01CHG_01	120	7.7
2015 - 07	NMDZH01CHG_01	130	8.3
2015 - 07	NMDZH01CHG_01	140	9.7
2015 - 07	NMDZH01CHG_01	150	20.5
2015 - 07	NMDZH01CHG_01	160	13.7
2015 - 07	NMDZH01CHG_01	10	11.4
2015 - 07	NMDZH01CHG_01	20	13.9
2015 - 07	NMDZH01CHG_01	30	16.9
2015 - 07	NMDZH01CHG_01	40	15.3
2015 - 07	NMDZH01CHG_01	50	16.0
2015 - 07	NMDZH01CHG_01	60	11.9

（续）

时间（年-月）	样地代码	采样层次/cm	质量含水量/%
2015 - 07	NMDZH01CHG_01	70	13.9
2015 - 07	NMDZH01CHG_01	80	15.2
2015 - 07	NMDZH01CHG_01	90	12.1
2015 - 07	NMDZH01CHG_01	100	12.6
2015 - 07	NMDZH01CHG_01	110	9.0
2015 - 07	NMDZH01CHG_01	120	9.2
2015 - 07	NMDZH01CHG_01	130	15.6
2015 - 07	NMDZH01CHG_01	140	15.0
2015 - 07	NMDZH01CHG_01	150	20.8
2015 - 07	NMDZH01CHG_01	160	24.9
2015 - 09	NMDZH01CHG_01	10	13.6
2015 - 09	NMDZH01CHG_01	20	16.0
2015 - 09	NMDZH01CHG_01	30	15.1
2015 - 09	NMDZH01CHG_01	40	14.9
2015 - 09	NMDZH01CHG_01	50	20.8
2015 - 09	NMDZH01CHG_01	60	27.7
2015 - 09	NMDZH01CHG_01	70	20.1
2015 - 09	NMDZH01CHG_01	80	40.3
2015 - 09	NMDZH01CHG_01	90	16.4
2015 - 09	NMDZH01CHG_01	100	22.3
2015 - 09	NMDZH01CHG_01	110	16.4
2015 - 09	NMDZH01CHG_01	120	19.8
2015 - 09	NMDZH01CHG_01	130	14.0
2015 - 09	NMDZH01CHG_01	140	13.9
2015 - 09	NMDZH01CHG_01	150	25.3
2015 - 09	NMDZH01CHG_01	160	24.7
2015 - 09	NMDZH01CHG_01	10	12.4
2015 - 09	NMDZH01CHG_01	20	11.8
2015 - 09	NMDZH01CHG_01	30	11.8
2015 - 09	NMDZH01CHG_01	40	14.6
2015 - 09	NMDZH01CHG_01	50	14.7
2015 - 09	NMDZH01CHG_01	60	18.3
2015 - 09	NMDZH01CHG_01	70	21.9

（续）

时间（年-月）	样地代码	采样层次/cm	质量含水量/%
2015 - 09	NMDZH01CHG _ 01	80	10.6
2015 - 09	NMDZH01CHG _ 01	90	18.0
2015 - 09	NMDZH01CHG _ 01	100	19.9
2015 - 09	NMDZH01CHG _ 01	110	18.3
2015 - 09	NMDZH01CHG _ 01	120	17.9
2015 - 09	NMDZH01CHG _ 01	130	15.0
2015 - 09	NMDZH01CHG _ 01	140	16.2
2015 - 09	NMDZH01CHG _ 01	150	20.5
2015 - 09	NMDZH01CHG _ 01	160	26.7
2015 - 09	NMDZH01CHG _ 01	10	15.3
2015 - 09	NMDZH01CHG _ 01	20	17.2
2015 - 09	NMDZH01CHG _ 01	30	18.1
2015 - 09	NMDZH01CHG _ 01	40	19.9
2015 - 09	NMDZH01CHG _ 01	50	19.8
2015 - 09	NMDZH01CHG _ 01	60	19.7
2015 - 09	NMDZH01CHG _ 01	70	17.0
2015 - 09	NMDZH01CHG _ 01	80	12.9
2015 - 09	NMDZH01CHG _ 01	90	10.1
2015 - 09	NMDZH01CHG _ 01	100	9.5
2015 - 09	NMDZH01CHG _ 01	110	14.0
2015 - 09	NMDZH01CHG _ 01	120	11.9
2015 - 09	NMDZH01CHG _ 01	130	13.5
2015 - 09	NMDZH01CHG _ 01	140	19.4
2015 - 09	NMDZH01CHG _ 01	150	23.4
2015 - 09	NMDZH01CHG _ 01	160	17.9

5.3 地表水、地下水水质数据集

5.3.1 概述

水在环境作用下表现出来的综合特征即水的物理性质和化学成分。自然界的水是由各种物质（溶解性和非溶解性物质）组成的极其复杂的综合体。水中含有的溶解物质直接影响天然水的许多性质，使水质有优劣之分。本数据集为奈曼站 2005—2015 年生长季前后地表水和地下水水质数据，地表水的采集地点位于站区西北面 50 km 左右的孟家段水库，地下水采样点分别位于沙地综合观测场、农田综合观测场和站区农田灌溉井。有效数据 107 条。

5.3.2　数据采集和处理方法

5.3.2.1　水样采集和处理

采样深度设计：在教来河和老哈河中间水面以下 0.2 m 处采样。

采样频度：水样的采集 1 年 2 次，分别在每年的 4 月和 8 月采样。

采样容器：送往水分中心的同位素水样用塑料采样方瓶取样，方瓶密闭性较好。取样后放在冰箱内冷藏，统一送样；用于水质分析的水样用带塞的塑料桶取样，取样后放在冰箱内冷藏，并尽快分析。取样容器在取样时均用取样点水冲洗 3 遍以上。

采样体积：用于同位素分析的水样采样体积为 50 mL，水质分析采样体积为 10 L。

样品处理：采样时要去除可见的杂物，在分析时根据需要做稀释处理，并过滤水中的不溶性杂质，一般不需要离心分离。

5.3.2.2　现场观测指标

主要有 pH、电导率、水温、水中溶解氧以及水样的基本物理特征，观测所用仪器主要是便携式水质分析仪，型号为 Multiline P4，该仪器被很多研究者应用，具有较高的精度。

5.3.2.3　室内分析指标

室内分析指标相关内容见表 5 - 3。

表 5 - 3　室内分析指标、方法和参照标准

分析项目名称	分析方法名称	参照标准
pH	玻璃电极法	GB 6920—1986
钙离子	EDTA 滴定法	GB 7476—1987
镁离子	减差计算法	
钾离子	火焰原子吸收光谱法	GB 11904—1989
钠离子	火焰原子吸收光谱法	GB 11904—1989
碳酸根离子	酸碱滴定法	SL 83—1994
重碳酸根离子	酸碱滴定法	SL 83—1994
氯化物	硝酸银滴定法	GB 11896—1989
硫酸根离子	重量法	GB/T 5750.5—2006
磷酸根离子	磷钼蓝分光光度法	GB/T 8538—1995
硝酸根	酚二磺酸分光光度法	GB 7480—1987
矿化度	重量法	SL 79—1994
化学需氧量	酸性高锰酸钾滴定法	GB 11892—1989
水中溶解氧	电化学探头法	HJ 506—2009
总氮	碱性过硫酸钾消解-紫外分光光度法	HJ 636—2012
总磷	钼酸铵分光光度法	GB 11893—1989
非溶性物质总含量	过滤干燥重量法	

5.3.3　数据质量控制和评估

5.3.3.1　水质分析的质量控制方法与要求

所有分析工作需严格按照标准方法和 CERN 指标体系的观测方法的要求进行；严格遵守实验室日常工作制度和分析测试的质量控制办法；试验结果和记录要经数据质量负责人审核，发现异常数据需及时查找原因、重新测定样品。

5.3.3.2 水质分析数据的正确性与判断

通过标样跟踪法鉴定分析方法和过程的正确性，通过阴阳离子平衡、正负电荷平衡等措施判断分析数据的正确性，每次分析之前都对检测仪器进行标定。在样品处理过程中要严格按照分析方法进行。此外，在分析样品时要设置空白，这样有利于发现问题。

5.3.3.3 水质分析数据的时间一致性判断

关于水分分析数据的时间一致性问题，在取样时要保证取样时间和地点的一致性，从而才能保证数据具有可比性。对每年的分析数据都要进行比对，时间上如果出现较大的偏差，要找出其原因，如果找不出具体的原因，就需要对样品进行再次分析，在可能原因的前提下出现波动属于正常现象。此外在对同一批样品进行分析时要尽量做到同时进行，不能相隔太长时间，以免因为样品或试剂发生反应而出现误差。

5.3.4 数据

表 5-4、表 5-5 中为沙地综合观测场、农田综合观测场和站区农田灌溉井 2005—2015 年地表水、地下水水质数据。

表 5-4 地表水、地下水水质（1）

样地代码	采样日期 （年-月-日）	水温/℃	pH	Ca^{2+}/ (mg/L)	Mg^{2+}/ (mg/L)	K^+/ (mg/L)	Na^+/ (mg/L)	CO_3^{2-}/ (mg/L)	HCO_3^-/ (mg/L)	Cl^-/ (mg/L)
NMDFZ11CJB_01	2005-05-01	17.50	7.98	19.896	16.080	5.300	80.900	5.729 5	326.236 9	37.904 9
NMDFZ10CLB_01	2005-05-01	24.10	7.82	46.713	20.890	4.100	43.700	—	358.278 0	33.606 4
NMDFZ13CLB_01	2005-07-09	25.90	7.92	44.927	17.540	5.600	43.800	—	320.411 3	38.686 5
NMDZH02CDX_01	2005-07-11	24.80	7.17	103.808	11.360	3.900	33.200	—	343.713 9	8.792 4
NMDZH01CDX_02	2005-07-11	25.00	6.97	86.773	18.640	4.100	38.500	—	407.796 1	12.113 9
NMDFZ12CGD_01	2005-08-02	26.20	6.93	68.904	13.730	5.500	21.000	—	247.590 5	12.895 5
NMDFZ11CJB_01	2005-08-12	27.10	8.49	27.334	16.170	5.400	82.300	6.194 3	297.108 6	38.295 7
NMDFZ10CLB_01	2005-08-12	28.70	7.57	49.805	22.850	4.300	44.000	—	355.365 2	35.951 1
NMDFZ13CLB_01	2005-08-13	26.50	8.02	57.733	18.610	5.900	48.000	—	314.585 6	37.123 4
NMDZH02CDX_01	2005-08-13	10.70	7.24	97.175	12.620	4.200	33.600	—	337.888 2	9.769 3
NMDZH01CDX_02	2005-08-13	11.10	7.07	88.297	19.930	4.600	39.300	—	399.057 6	16.803 2
NMDFZ12CGD_01	2005-08-23	11.50	6.90	46.573	13.150	5.500	19.400	—	188.000 0	13.970 0
NMDFZ11CJB_01	2006-04-23	4.30	8.43	37.000	17.000	4.900	86.000	18.297 1	267.612 7	31.500 0
NMDFZ10CLB_01	2006-04-23	7.80	8.38	60.100	26.200	4.400	48.500	12.667 2	307.683 0	29.000 0
NMDFZ13CLB_01	2006-04-24	5.40	8.54	42.500	15.600	4.200	29.400	9.852 3	237.559 9	19.900 0
NMDFZ12CGD_01	2006-04-25	10.80	7.00	52.900	10.200	2.900	18.500	—	218.955 8	13.900 0
NMDZH02CDX_01	2006-04-25	10.50	7.13	75.400	21.000	5.200	34.900	5.629 9	296.234 4	19.100 0
NMDZH01CDX_02	2006-04-25	9.90	7.01	75.400	14.700	2.600	31.900	7.037 3	297.665 4	12.800 0
NMDFZ11CJB_01	2006-08-19	24.90	8.64	23.600	20.100	5.000	93.700	8.444 3	271.905 9	32.200 0
NMDFZ12CGD_01	2006-08-20	11.30	7.06	55.900	11.100	5.200	19.600	—	201.782 8	3.770 0
NMDZH01CDX_02	2006-08-20	11.10	7.03	116.000	19.600	4.900	43.800	—	406.427 8	4.570 0
NMDFZ13CLB_01	2006-08-21	21.80	8.19	58.500	24.400	4.600	56.700	11.259 7	300.527 6	30.900 0
NMDFZ10CLB_01	2006-08-21	29.30	8.01	53.300	28.900	8.200	71.600	9.852 3	357.771 0	13.000 0

（续）

样地代码	采样日期 （年-月-日）	水温/℃	pH	Ca²⁺/ (mg/L)	Mg²⁺/ (mg/L)	K⁺/ (mg/L)	Na⁺/ (mg/L)	CO₃²⁻/ (mg/L)	HCO₃⁻/ (mg/L)	Cl⁻/ (mg/L)
NMDZH02CDX _ 01	2006 - 08 - 21	11.10	7.28	99.600	11.700	5.600	38.500	—	329.149 3	4.370 0
NMDZH01CDX _ 02	2007 - 04 - 22	11.50	6.83	56.070	20.500	9.290	50.450	—	304.700 0	23.400 0
NMDZH02CDX _ 01	2007 - 04 - 22	10.00	7.07	89.200	9.710	7.920	37.060	—	301.700 0	1.770 0
NMDFZ10CLB _ 01	2007 - 04 - 22	10.10	8.17	63.200	24.900	8.310	54.290	—	371.700 0	14.400 0
NMDFZ11CJB _ 01	2007 - 04 - 22	15.60	8.60	30.530	24.800	9.260	110.700	13.070 0	318.300 0	45.130 0
NMDFZ12CGD _ 01	2007 - 04 - 22	11.30	6.99	61.530	10.270	8.020	23.870	—	221.700 0	3.030 0
NMDFZ13CLB _ 01	2007 - 04 - 23	13.60	8.27	56.070	20.500	9.290	50.450	—	304.700 0	23.400 0
NMDFZ13CLB _ 01	2007 - 08 - 12	23.90	8.29	44.333	17.667	14.033	60.167	—	289.666 7	23.733 3
NMDFZ11CJB _ 01	2007 - 08 - 12	22.90	8.56	25.000	21.567	16.633	62.300	6.170 0	298.333 3	53.800 0
NMDZH01CDX _ 02	2007 - 08 - 12	11.20	6.98	109.000	22.700	13.333	56.900	—	420.333 3	6.143 3
NMDZH02CDX _ 01	2007 - 08 - 12	11.70	7.13	80.133	6.570	14.267	50.533	—	309.000 0	6.506 7
NMDFZ10CLB _ 01	2007 - 08 - 12	23.60	7.88	56.633	24.400	16.833	80.567	—	356.000 0	11.000 0
NMDFZ12CGD _ 01	2007 - 08 - 12	11.60	6.98	51.833	12.967	13.933	36.067	—	257.333 3	3.546 7
NMDZH02CDX _ 01	2008 - 04 - 29	10.30	7.20	73.843	3.400	1.830	24.833	0.000 0	252.854 4	2.479 2
NMDFZ10CLB _ 01	2008 - 04 - 29	12.60	8.18	65.404	30.833	2.900	63.833	0.000 0	410.034 2	18.842 2
NMDFZ13CLB _ 01	2008 - 04 - 29	13.80	8.31	63.031	12.033	2.417	27.267	0.000 0	230.644 3	15.206 0
NMDZH01CDX _ 02	2008 - 04 - 30	10.50	6.85	92.041	16.467	1.953	25.867	0.000 0	319.485 0	3.966 8
NMDFZ11CJB _ 01	2008 - 04 - 30	17.90	8.69	31.647	26.500	1.967	164.000	12.602 1	398.929 1	70.079 6
NMDFZ12CGD _ 01	2008 - 04 - 30	11.10	7.01	65.932	10.700	2.953	14.833	0.000 0	210.142 5	1.983 4
NMDZH02CDX _ 01	2008 - 08 - 27	11.40	7.07	32.438	6.120	1.697	25.200	0.000 0	187.932 4	7.272 4
NMDFZ11CJB _ 01	2008 - 08 - 27	21.00	9.03	26.109	26.500	1.937	201.667	15.122 5	316.068 1	91.235 7
NMDZH01CDX _ 02	2008 - 08 - 29	11.50	7.01	17.142	22.100	1.550	26.500	0.000 0	275.064 6	7.933 5
NMDFZ12CGD _ 01	2008 - 08 - 29	13.70	7.23	38.768	9.190	2.863	15.733	0.000 0	170.847 6	4.627 9
NMDFZ10CLB _ 01	2008 - 08 - 30	—	—	—	—	—	—	—	—	—
NMDFZ13CLB _ 01	2008 - 08 - 31	17.50	8.58	29.274	11.033	1.987	27.067	10.081 7	167.430 6	15.536 5
NMDFZ13CLB _ 01	2009 - 04 - 27	6.10	8.22	57.890	15.700	2.860	31.500	11.297 0	259.268 1	20.349 6
NMDFZ11CJB _ 01	2009 - 04 - 27	6.70	9.00	21.875	31.800	2.240	169.000	41.556 8	477.307 7	116.759 9
NMDZH01CDX _ 02	2009 - 04 - 28	11.50	7.18	93.370	18.900	1.780	21.700	12.910 8	347.673 6	4.003 2
NMDFZ10CLB _ 01	2009 - 04 - 28	5.70	8.36	79.498	34.800	3.970	79.400	26.225 2	414.747 0	27.688 8
NMDFZ12CGD _ 01	2009 - 04 - 28	12.10	7.15	61.091	16.433	3.643	13.500	14.121 2	220.501 0	5.671 2
NMDZH02CDX _ 01	2009 - 04 - 30	11.50	7.52	9.604	0.490	20.500	39.700	52.450 3	79.585 5	14.344 8
NMDZH02CDX _ 01	2009 - 08 - 19	7.20	7.63	11.204	1.380	8.853	35.000	51.038 2	73.226 8	19.682 4

（续）

样地代码	采样日期 （年-月-日）	水温/℃	pH	Ca^{2+}/ (mg/L)	Mg^{2+}/ (mg/L)	K^+/ (mg/L)	Na^+/ (mg/L)	CO_3^{2-}/ (mg/L)	HCO_3^-/ (mg/L)	Cl^-/ (mg/L)
NMDFZ10CLB_01	2009-08-19	—	—	—	—	—	—	—	—	—
NMDFZ13CLB_01	2009-08-19	13.20	8.74	112.044	26.533	4.640	45.233	6.052 0	274.857 0	23.352 0
NMDFZ11CJB_01	2009-08-20	16.90	9.31	18.674	59.600	3.577	480.000	81.096 3	1021.483 6	179.810 2
NMDZH01CDX_02	2009-08-21	14.60	7.02	131.252	63.500	2.030	29.800	0.000 0	391.158 5	10.675 2
NMDFZ12CGD_01	2009-08-21	13.30	7.02	63.759	14.267	3.183	17.267	25.418 2	253.524 8	13.677 6
NMDZH02CDX_01	2010-04-16	11.20	7.61	17.900	3.130	8.450	34.100	18.003 0	69.762 8	11.142 2
NMDFZ13CLB_01	2010-04-17	6.50	7.99	56.636	5.290	2.580	33.400	0.000 0	267.864 6	17.480 6
NMDZH01CDX_02	2010-04-18	9.30	7.16	60.451	2.950	1.690	20.600	0.000 0	260.339 2	2.668 8
NMDFZ12CGD_01	2010-04-18	8.80	7.29	45.751	6.500	2.680	10.900	0.000 0	183.457 8	3.202 6
NMDFZ13CLB_01	2010-08-13	5.60	8.35	101.427	10.700	2.500	18.267	0.000 0	291.254 5	11.966 7
NMDZH02CDX_01	2010-04-14	5.00	9.57	4.962	0.480	7.950	28.400	21.603 6	71.796 7	3.440 0
NMDZH01CDX_02	2010-04-17	5.20	6.85	76.164	16.333	1.730	22.200	—	297.356 2	3.370 0
NMDFZ12CGD_01	2010-04-17	5.10	6.88	49.993	7.700	2.523	11.267	—	198.101 9	2.410 0
NMDFZ13CLB_01	2011-04-24	—	8.58	47.019	12.400	2.600	25.500	6.001 0	239.491 7	15.412 3
NMDZH01CDX_02	2011-04-26	—	8.64	69.147	18.700	1.620	25.600	9.001 5	302.034 2	6.405 1
NMDZH02CDX_01	2011-04-26	—	10.00	17.207	1.220	7.680	30.900	12.002 0	80.847 5	12.409 9
NMDFZ12CGD_01	2011-04-26	—	8.32	42.937	8.020	3.300	14.100	3.000 5	216.610 4	6.405 1
NMDZH01CDX_02	2011-08-21	—	7.24	10.604	16.300	1.880	25.900	0.000 0	190.983 2	5.404 3
NMDZH02CDX_01	2011-08-23	—	10.35	16.407	1.220	6.180	28.100	18.003 0	219.661 2	10.408 3
NMDFZ13CLB_01	2011-08-31	—	9.30	19.608	13.900	6.640	44.300	9.001 5	202.881 5	20.416 3
NMDFZ13CLB_01	2012-04-26	5.80	8.43	54.822	23.100	4.290	38.400	12.002 0	295.932 5	28.500 0
NMDZH01CDX_02	2012-04-29	7.10	8.63	40.416	57.600	2.520	24.000	12.002 0	317.288 4	5.700 0
NMDZH02CDX_01	2012-04-29	5.40	8.38	32.813	8.500	5.600	26.800	2.100 4	164.745 9	5.500 0
NMDFZ12CGD_01	2012-04-29	5.40	8.37	42.817	21.100	4.300	11.800	3.000 5	210.508 7	14.700 0
NMDFZ13CLB_01	2012-08-07	14.30	8.46	17.207	20.700	4.020	24.300	6.001 0	180.000 2	19.200 0
NMDZH01CDX_02	2012-08-31	18.30	7.00	32.413	27.500	2.560	22.100	0.000 0	323.390 1	5.800 0
NMDZH02CDX_01	2012-08-31	14.80	8.26	24.010	18.500	5.230	23.700	3.000 5	164.745 9	4.800 0
NMDFZ12CGD_01	2012-08-31	16.40	7.18	42.417	12.200	4.330	11.500	0.000 0	213.559 5	6.700 0
NMDZH02CDX_01	2013-04-24	8.00	8.33	65.813	20.900	4.790	25.300	9.601 6	276.610 4	11.800 0
NMDZH01CDX_02	2013-04-25	6.80	8.08	59.757	25.300	2.970	20.180	11.001 8	283.932 4	2.430 0
NMDFZ12CGD_01	2013-04-25	7.50	7.76	58.690	12.200	3.950	10.900	10.601 8	208.068 0	5.730 0
NMDFZ13CLB_01	2013-04-30	7.40	8.15	42.150	21.400	3.050	18.000	9.801 6	172.474 7	10.900 0

（续）

样地代码	采样日期 （年-月-日）	水温/℃	pH	Ca^{2+}/ （mg/L）	Mg^{2+}/ （mg/L）	K^+/ （mg/L）	Na^+/ （mg/L）	CO_3^{2-}/ （mg/L）	HCO_3^-/ （mg/L）	Cl^-/ （mg/L）
NMDFZ13CLB_01	2013-08-16	13.30	8.03	41.216	13.800	3.560	23.100	7.501 3	175.729 0	11.000 0
NMDZH02CDX_01	2013-08-18	13.80	8.03	54.021	5.750	3.840	27.200	10.201 7	164.135 7	4.840 0
NMDZH01CDX_02	2013-08-31	7.70	7.64	76.830	26.700	1.960	21.200	1.500 3	253.830 7	4.460 0
NMDFZ12CGD_01	2013-08-31	7.20	7.67	72.829	18.900	3.220	15.800	—	302.949 4	4.630 0
NMDZH01CDX_02	2014-04-30	14.20	8.13	52.880	5.100	6.940	29.500	9.500 0	276.610 0	6.950 0
NMDZH02CDX_01	2014-04-30	14.30	8.21	39.320	16.500	3.660	19.500	9.200 0	110.520 0	4.790 0
NMDFZ13CLB_01	2014-04-30	14.60	8.09	49.610	13.100	6.220	26.100	11.200 0	183.460 0	8.430 0
NMDFZ12CGD_01	2014-04-30	14.50	8.21	38.550	10.400	6.420	13.900	3.600 0	198.100 0	4.750 0
NMDFZ13CLB_01	2014-08-22	15.80	8.15	53.990	13.900	7.300	32.500	—	202.250 0	10.500 0
NMDZH02CDX_01	2014-08-25	15.60	6.96	25.540	2.670	9.180	30.000	10.800 0	132.580 0	4.860 0
NMDZH01CDX_02	2014-08-28	15.60	6.37	63.740	8.990	6.280	12.100	5.300 0	297.360 0	4.980 0
NMDFZ12CGD_01	2014-08-29	14.40	6.82	47.260	11.700	5.800	12.500	—	215.390 0	5.020 0
NMDZH01CDX_02	2015-04-20	4.20	8.14	28.600	5.100	5.700	14.300	—	264.190 0	4.100 0
NMDZH02CDX_01	2015-04-20	7.30	8.31	60.500	7.050	6.600	29.200	—	368.050 0	3.800 0
NMDFZ13CLB_01	2015-04-21	5.10	8.12	23.400	9.720	5.880	20.400	—	226.140 0	4.500 0
NMDFZ12CGD_01	2015-04-21	6.50	8.17	26.600	5.830	8.140	19.600	—	305.260 0	6.900 0
NMDZH01CDX_02	2015-08-20	6.10	7.50	45.700	8.750	3.830	8.740	—	287.540 0	4.900 0
NMDZH02CDX_01	2015-08-20	5.60	7.97	96.200	7.780	4.260	30.300	—	287.540 0	4.600 0
NMDFZ13CLB_01	2015-08-20	6.70	8.08	36.100	11.200	4.580	26.500	—	180.450 0	3.900 0
NMDFZ12CGD_01	2015-08-20	6.40	7.38	45.700	11.200	3.950	12.700	—	260.390 0	5.800 0

表 5-5　地表水、地下水水质（2）

样地代码	采样日期 （年-月-日）	SO_4^{2-}/ （mg/L）	PO_4^{3-}/ （mg/L）	NO_3^-/ （mg/L）	矿化度/ （mg/L）	COD/ （mg/L）	DO/ （mg/L）	总氮/ （mg/L）	总磷/ （mg/L）	电导率/ （mS/cm）
NMDFZ11CJB_01	2005-05-01	75.462 5	0.143 6	2.409 6	300.000 0	7.30	0.500 0	1.83	0.040 0	—
NMDFZ10CLB_01	2005-05-01	40.005 1	0.018 4	0.200 8	380.000 0	10.20	0.510 0	1.31	0.110 0	—
NMDFZ13CLB_01	2005-07-09	27.158 3	0.351 9	1.164 7	300.000 0	6.90	0.530 0	0.84	0.150 0	—
NMDZH02CDX_01	2005-07-11	61.074 0	0.031 0	26.686 7	510.000 0	2.40	0.490 0	5.90	0.030 0	—
NMDZH01CDX_02	2005-07-11	40.005 1	0.012 4	0.642 6	390.000 0	4.70	0.510 0	0.47	0.000 0	—
NMDFZ12CGD_01	2005-08-02	56.706 1	0.249 4	0.314 0	250.000 0	1.60	0.290 0	1.37	0.070 0	—
NMDFZ11CJB_01	2005-08-12	64.671 1	0.211 1	2.590 4	280.000 0	7.40	0.460 0	1.94	0.060 0	—
NMDFZ10CLB_01	2005-08-12	38.339 2	0.019 7	0.120 5	400.000 0	10.40	0.420 0	1.21	0.130 0	—

（续）

样地代码	采样日期 （年-月-日）	SO_4^{2-}/ (mg/L)	PO_4^{3-}/ (mg/L)	NO_3^-/ (mg/L)	矿化度/ (mg/L)	COD/ (mg/L)	DO/ (mg/L)	总氮/ (mg/L)	总磷/ (mg/L)	电导率/ (mS/cm)
NMDFZ13CLB_01	2005-08-13	25.102 8	0.205 5	1.024 1	360.000 0	7.20	0.380 0	1.10	0.180 0	—
NMDZH02CDX_01	2005-08-13	62.101 7	0.059 1	28.012 0	480.000 0	2.50	0.460 0	6.20	0.020 0	—
NMDZH01CDX_02	2005-08-13	39.748 2	0.013 7	0.587 2	420.000 0	5.00	0.470 0	0.49	0.000 0	—
NMDFZ12CGD_01	2005-08-23	63.200 0	0.280 0	0.230 0	230.000 0	1.40	0.230 0	1.65	0.090 0	—
NMDFZ11CJB_01	2006-04-23	47.971 2	0.074 1	0.311 1	570.000 0	5.60	0.550 0	0.51	0.220 0	—
NMDFZ10CLB_01	2006-04-23	46.944 0	0.032 8	0.215 9	600.000 0	5.70	0.560 0	1.15	0.290 0	—
NMDFZ13CLB_01	2006-04-24	31.706 9	0.206 5	2.073 0	420.000 0	4.80	1.940 0	0.99	0.640 0	—
NMDFZ12CGD_01	2006-04-25	55.461 4	0.067 6	0.676 2	360.000 0	1.90	0.750 0	0.62	0.340 0	—
NMDZH02CDX_01	2006-04-25	68.344 5	0.110 7	16.327 0	340.000 0	3.90	2.680 0	5.21	0.710 0	—
NMDZH01CDX_02	2006-04-25	37.656 2	0.077 0	0.248 5	230.000 0	3.80	1.230 0	0.54	0.160 0	—
NMDFZ11CJB_01	2006-08-19	50.945 9	0.090 1	1.756 8	368.000 0	6.10	0.620 0	0.99	0.220 0	—
NMDFZ12CGD_01	2006-08-20	46.237 8	0.090 1	1.182 4	552.000 0	1.70	3.430 0	0.59	0.350 0	—
NMDZH01CDX_02	2006-08-20	102.606 6	0.029 6	1.250 0	254.000 0	4.10	2.250 0	0.71	0.150 0	—
NMDFZ13CLB_01	2006-08-21	39.560 9	0.135 1	2.557 1	626.000 0	5.30	1.150 0	1.26	0.640 0	—
NMDFZ10CLB_01	2006-08-21	60.854 3	0.025 3	2.432 4	598.000 0	18.40	0.330 0	1.07	0.310 0	—
NMDZH02CDX_01	2006-08-21	61.967 1	0.092 9	21.223 8	471.000 0	2.30	3.460 0	3.04	0.680 0	—
NMDZH01CDX_02	2007-04-22	39.130 0	0.158 0	0.092 0	525.300 0	4.03	1.720 0	0.97	0.463 0	—
NMDZH02CDX_01	2007-04-22	103.300 0	0.162 7	3.157 0	558.300 0	2.03	1.040 0	4.74	0.193 0	—
NMDFZ10CLB_01	2007-04-22	39.070 0	0.005 0	0.078 0	594.700 0	5.57	2.860 0	0.93	0.363 0	—
NMDFZ11CJB_01	2007-04-22	64.730 0	0.058 0	0.058 0	633.300 0	4.77	3.040 0	1.03	0.310 0	—
NMDFZ12CGD_01	2007-04-22	47.200 0	0.097 0	0.107 0	426.300 0	1.67	1.760 0	0.64	0.167 0	—
NMDFZ13CLB_01	2007-04-23	39.130 0	0.158 0	0.092 0	525.300 0	4.03	3.780 0	0.97	0.463 0	—
NMDFZ13CLB_01	2007-08-12	25.100 0	0.041 3	0.490 0	421.833 3	5.50	1.950 0	0.90	0.240 0	—
NMDFZ11CJB_01	2007-08-12	71.733 3	0.241 0	1.770 0	647.166 7	6.37	1.910 0	0.36	0.266 7	—
NMDZH01CDX_02	2007-08-12	119.333 3	0.012 3	1.446 7	713.500 0	4.10	1.700 0	0.59	0.190 0	—
NMDZH02CDX_01	2007-08-12	52.866 7	1.671 3	16.366 7	470.166 7	2.00	1.520 0	3.86	0.030 0	—
NMDFZ10CLB_01	2007-08-12	81.266 7	0.217 7	0.693 3	649.000 0	17.73	1.730 0	0.69	0.253 3	—
NMDFZ12CGD_01	2007-08-12	46.033 3	0.122 7	0.813 3	373.333 3	1.77	1.700 0	0.59	0.150 0	—
NMDZH02CDX_01	2008-04-29	53.400 0	0.000 0	3.133 3	490.000 0	36.63	0.220 0	4.45	0.070 0	—
NMDFZ10CLB_01	2008-04-29	47.122 2	0.000 0	0.426 7	511.666 7	33.03	0.310 0	0.93	0.050 0	—
NMDFZ13CLB_01	2008-04-29	25.955 6	0.090 0	0.660 0	427.333 3	34.63	0.220 0	0.91	0.120 0	—
NMDZH01CDX_02	2008-04-30	77.900 0	0.000 0	0.383 3	491.333 3	12.90	0.330 0	0.67	0.020 0	—

（续）

样地代码	采样日期 （年-月-日）	$SO_4^{2-}/$ （mg/L）	$PO_4^{3-}/$ （mg/L）	$NO_3^-/$ （mg/L）	矿化度/ （mg/L）	COD/ （mg/L）	DO/ （mg/L）	总氮/ （mg/L）	总磷/ （mg/L）	电导率 / （mS/cm）
NMDFZ11CJB _ 01	2008 - 04 - 30	58.511 1	0.073 3	0.750 0	601.333 3	48.20	0.290 0	0.97	0.256 7	—
NMDFZ12CGD _ 01	2008 - 04 - 30	43.066 7	0.000 0	0.970 0	234.000 0	18.00	0.210 0	0.62	0.220 0	—
NMDZH02CDX _ 01	2008 - 08 - 27	71.288 9	0.000 0	17.624 0	478.633 3	26.00	0.360 0	4.81	0.036 7	—
NMDFZ11CJB _ 01	2008 - 08 - 27	66.177 8	0.073 3	0.400 0	682.766 7	69.47	0.730 0	1.13	0.250 0	—
NMDZH01CDX _ 02	2008 - 08 - 29	116.455 6	0.000 0	0.580 0	502.366 7	34.73	0.420 0	0.62	0.040 0	—
NMDFZ12CGD _ 01	2008 - 08 - 29	57.122 2	0.000 0	0.310 0	308.466 7	16.40	0.270 0	0.68	0.136 7	—
NMDFZ10CLB _ 01	2008 - 08 - 30	—	—	—	—	—	—	—	—	—
NMDFZ13CLB _ 01	2008 - 08 - 31	15.122 2	0.000 0	0.400 0	403.433 3	33.33	0.170 0	1.01	0.090 0	—
NMDFZ13CLB _ 01	2009 - 04 - 27	34.451 9	0.200 0	0.800 0	328.666 7	6.00	0.060 0	0.61	0.130 0	—
NMDFZ11CJB _ 01	2009 - 04 - 27	69.996 8	0.103 3	0.836 7	712.666 7	24.57	0.080 0	1.58	0.106 7	—
NMDZH01CDX _ 02	2009 - 04 - 28	86.310 9	0.267 7	0.180 0	519.333 3	6.00	0.030 0	0.33	0.030 0	—
NMDFZ10CLB _ 01	2009 - 04 - 28	61.695 5	0.010 0	0.520 0	609.333 3	22.80	0.170 0	1.08	0.030 0	—
NMDFZ12CGD _ 01	2009 - 04 - 28	53.650 6	0.040 0	0.553 3	243.333 3	8.00	0.150 0	0.46	0.026 7	—
NMDZH02CDX _ 01	2009 - 04 - 30	21.054 5	0.086 7	0.196 7	191.333 3	4.00	0.180 0	0.80	0.070 0	—
NMDZH02CDX _ 01	2009 - 08 - 19	39.099 4	0.030 0	11.366 7	332.000 0	6.00	0.370 0	4.54	0.026 7	—
NMDFZ10CLB _ 01	2009 - 08 - 19	—	—	—	—	—	—	—	—	—
NMDFZ13CLB _ 01	2009 - 08 - 19	49.708 3	0.186 7	0.676 7	499.333 3	7.00	0.090 0	0.68	0.070 0	—
NMDFZ11CJB _ 01	2009 - 08 - 20	130.734 0	0.440 0	0.826 7	2515.333 0	215.00	0.120 0	8.30	0.320 0	—
NMDZH01CDX _ 02	2009 - 08 - 21	91.919 9	63.500 0	0.223 3	588.666 7	6.00	0.140 0	0.41	0.000 0	—
NMDFZ12CGD _ 01	2009 - 08 - 21	47.657 1	0.080 0	0.336 7	356.666 7	10.50	0.160 0	0.44	0.040 0	—
NMDZH02CDX _ 01	2010 - 04 - 16	16.984 0	0.050 0	1.600 0	154.000 0	1.87	0.210 0	0.65	0.030 0	—
NMDFZ13CLB _ 01	2010 - 04 - 17	39.291 7	0.220 0	0.730 0	212.666 7	3.50	0.180 0	0.49	0.080 0	—
NMDZH01CDX _ 02	2010 - 04 - 18	75.701 9	0.020 0	0.030 0	393.333 3	2.43	0.270 0	0.13	0.010 0	—
NMDFZ12CGD _ 01	2010 - 04 - 18	49.035 3	0.180 0	—	350.666 7	1.60	0.260 0	0.27	0.070 0	—
NMDFZ13CLB _ 01	2010 - 08 - 13	52.625 0	0.256 7	—	498.000 0	3.93	0.280 0	0.05	0.120 0	—
NMDZH02CDX _ 01	2010 - 04 - 14	21.439 1	0.036 7	15.966 7	169.333 3	2.93	0.360 0	2.82	0.050 0	—
NMDZH01CDX _ 02	2010 - 04 - 17	85.477 6	0.030 0	0.103 3	446.666 7	3.03	0.230 0	5.11	0.040 0	—
NMDFZ12CGD _ 01	2010 - 04 - 17	51.695 5	0.050 0	0.966 7	267.333 3	1.43	0.140 0	0.73	0.040 0	—
NMDFZ13CLB _ 01	2011 - 04 - 24	11.300 0	0.158 0	0.270 0	214.000 0	3.20	0.250 0	0.43	0.060 0	—
NMDZH01CDX _ 02	2011 - 04 - 26	95.200 0	0.005 0	0.000 0	324.000 0	2.90	0.270 0	0.28	0.010 0	—
NMDZH02CDX _ 01	2011 - 04 - 26	21.600 0	0.143 0	2.230 0	104.000 0	2.20	0.360 0	0.84	0.040 0	—
NMDFZ12CGD _ 01	2011 - 04 - 26	24.300 0	0.036 0	0.000 0	136.000 0	2.50	0.250 0	0.35	0.050 0	—

（续）

样地代码	采样日期 （年-月-日）	SO_4^{2-}/ (mg/L)	PO_4^{3-}/ (mg/L)	NO_3^-/ (mg/L)	矿化度/ (mg/L)	COD/ (mg/L)	DO/ (mg/L)	总氮/ (mg/L)	总磷/ (mg/L)	电导率/ (mS/cm)
NMDZH01CDX_02	2011-08-21	85.700 0	0.109 0	0.000 0	432.000 0	3.10	0.190 0	4.10	0.020 0	—
NMDZH02CDX_01	2011-08-23	33.600 0	0.031 0	14.600 0	86.000 0	2.60	0.240 0	2.16	0.050 0	—
NMDFZ13CLB_01	2011-08-31	22.600 0	0.182 0	0.130 0	242.000 0	4.30	0.060 0	0.17	0.160 0	—
NMDFZ13CLB_01	2012-04-26	46.038 5	0.105 0	0.660 0	260.000 0	6.60	0.270 0	0.48	0.040 0	—
NMDZH01CDX_02	2012-04-29	101.759 6	0.035 0	0.530 0	468.000 0	3.00	0.100 0	0.36	—	—
NMDZH02CDX_01	2012-04-29	42.576 9	0.027 0	0.400 0	208.000 0	1.50	0.210 0	0.25	—	—
NMDFZ12CGD_01	2012-04-29	55.365 4	0.035 0	1.020 0	253.000 0	1.70	0.240 0	0.61	—	—
NMDFZ13CLB_01	2012-08-07	51.951 9	0.022 0	0.440 0	56.000 0	7.20	0.180 0	0.35	—	—
NMDZH01CDX_02	2012-08-31	82.192 3	0.005 0	0.000 0	292.000 0	2.70	0.070 0	0.07	—	—
NMDZH02CDX_01	2012-08-31	64.836 5	0.127 0	8.240 0	146.000 0	2.60	0.230 0	4.26	—	—
NMDFZ12CGD_01	2012-08-31	64.211 5	0.046 0	0.000 0	150.000 0	1.70	0.160 0	0.07	—	—
NMDZH02CDX_01	2013-04-24	42.625 0	—	0.100 0	238.666 7	1.80	0.250 0	0.57	0.030 0	—
NMDZH01CDX_02	2013-04-25	82.336 5	—	—	342.000 0	2.50	0.250 0	0.21	0.000 0	—
NMDFZ12CGD_01	2013-04-25	46.727 6	—	—	229.333 3	2.30	0.230 0	0.26	0.030 0	—
NMDFZ13CLB_01	2013-04-30	32.849 4	—	0.270 0	153.333 3	4.00	0.250 0	0.48	0.070 0	—
NMDFZ13CLB_01	2013-08-16	34.932 7	—	1.680 0	111.000 0	4.40	0.260 0	0.93	0.030 0	—
NMDZH02CDX_01	2013-08-18	76.951 9	—	15.300 0	182.000 0	2.20	0.250 0	3.65	0.030 0	—
NMDZH01CDX_02	2013-08-31	78.730 8	—	—	232.000 0	2.30	0.040 0	0.60	—	—
NMDFZ12CGD_01	2013-08-31	73.201 9	—	—	231.000 0	1.50	0.190 0	0.00	—	—
NMDZH01CDX_02	2014-04-30	76.950 0	0.020 0	4.780 0	427.000 0	2.10	0.270 0	1.25	—	—
NMDZH02CDX_01	2014-04-30	39.290 0	0.020 0	2.970 0	407.000 0	3.00	0.160 0	0.81	—	—
NMDFZ13CLB_01	2014-04-30	35.880 0	0.020 0	3.140 0	345.000 0	3.30	0.240 0	0.79	0.020 0	—
NMDFZ12CGD_01	2014-04-30	49.040 0	0.020 0	3.100 0	389.000 0	1.80	0.290 0	0.79	0.020 0	—
NMDFZ13CLB_01	2014-08-22	40.780 0	0.020 0	0.670 0	252.000 0	4.40	0.260 0	0.82	—	—
NMDZH02CDX_01	2014-08-25	44.260 0	0.020 0	3.540 0	460.000 0	2.60	0.200 0	3.85	0.030 0	—
NMDZH01CDX_02	2014-08-28	86.290 0	0.020 0	0.680 0	360.000 0	1.80	0.150 0	0.80	—	—
NMDFZ12CGD_01	2014-08-29	55.270 0	0.020 0	0.680 0	295.000 0	2.10	0.180 0	0.82	—	—
NMDZH01CDX_02	2015-04-20	37.700 0	0.120 0	2.700 0	326.000 0	1.40	0.170 0	0.81	0.010 0	—
NMDZH02CDX_01	2015-04-20	76.700 0	0.120 0	3.900 0	617.000 0	2.60	0.130 0	1.05	0.030 0	—
NMDFZ13CLB_01	2015-04-21	39.400 0	0.120 0	4.300 0	219.000 0	4.40	0.120 0	1.44	0.040 0	—
NMDFZ12CGD_01	2015-04-21	42.300 0	0.120 0	2.700 0	299.000 0	1.80	0.190 0	0.79	0.030 0	—
NMDZH01CDX_02	2015-08-20	50.700 0	0.120 0	0.970 0	278.000 0	1.90	0.150 0	1.37	0.010 0	—

(续)

样地代码	采样日期 (年-月-日)	SO_4^{2-}/ (mg/L)	PO_4^{3-}/ (mg/L)	NO_3^-/ (mg/L)	矿化度/ (mg/L)	COD/ (mg/L)	DO/ (mg/L)	总氮/ (mg/L)	总磷/ (mg/L)	电导率/ (mS/cm)
NMDZH02CDX_01	2015-08-20	216.000 0	0.120 0	3.470 0	454.000 0	2.60	0.260 0	3.78	0.010 0	—
NMDFZ13CLB_01	2015-08-20	57.300 0	0.120 0	0.970 0	312.000 0	2.90	0.180 0	1.26	0.020 0	—
NMDFZ12CGD_01	2015-08-20	50.800 0	0.120 0	0.970 0	304.000 0	1.60	0.180 0	1.19	0.020 0	—

5.4　雨水水质数据集

5.4.1　概述

本数据集为奈曼站 2005—2015 年月尺度雨水水质数据,定位观测点为内蒙古通辽市奈曼旗大沁他拉镇奈曼站综合气象要素观测场(120°41′58″E,42°55′46″N),有效数据 58 条。

5.4.2　数据采集和处理方法

雨水水质分析主要是通过设置于综合气象要素观测场的水量收集器来采集样品,具体是每次降水后,将收集器内的雨水样收集起来,用密闭塑料桶盛装,放在冰箱内冷藏,到月底将该月所有雨水样混合均匀,然后测定 pH、矿化度、硫酸根和非溶性物质总含量。

5.4.2.1　现场观测指标

主要有 pH、电导率、水温、水中溶解氧以及水样的基本物理特征,观测所用仪器主要是便携式水质分析仪,型号为 Multiline P4,该仪器被很多研究者应用,具有较高的精度。

5.4.2.2　室内分析指标

室内分析指标相关内容见表 5-6。

表 5-6　室内分析指标、方法和参照国家标准

分析项目名称	分析方法名称	参照国标名称
硫酸根	重量法	GB/T 5750.5—2006
非溶性物质总含量	过滤干燥重量法	
矿化度	重量法	SL 79—1994

5.4.3　数据质量控制和评估

5.4.3.1　水质分析的质量控制方法与要求

所有分析工作需严格按照国家标准方法和 CERN 指标体系的观测方法的要求进行;严格遵守实验室日常工作制度和分析测试的质量控制办法;实验结果和记录要经数据质量负责人审核,发现数据异常需及时查找原因,重新测定样品。

5.4.3.2　水质分析数据的正确性与判断

通过标样跟踪法鉴定分析方法和过程的正确性,通过阴阳离子平衡、正负电荷平衡等措施判断分析数据的正确性,每次分析之前都对检测仪器进行标定。在样品处理过程中要严格按照分析方法进行,尽量做到不出现人为的误差。此外,在分析样品时要设置空白,这样有利于发现分析的问题。

5.4.3.3　水质分析数据的时间一致性判断

关于水分分析数据的时间一致性问题,在取样时要保证取样时间和地点的一致性,从而才能保证

数据具有可比性。对每年的分析数据都要进行比对，时间上如果出现较大的偏差，要找出其原因，如果找不出具体的原因，就需要对样品进行再次分析，如果在可能原因的前提下出现波动属于正常现象。此外，在对同一批样品进行分析时要尽量做到同时进行，不能相隔太长时间，以免因为样品或试剂发生反应而产生误差。

5.4.4　数据

表 5-7 中为奈曼站综合气象要素观测场观测点 2005—2015 年雨水水质数据。

表 5-7　雨水水质

时间 （年-月）	雨水采样 器代码	水温/℃	pH	矿化度/ （mg/L）	SO_4^{2-}/ （mg/L）	非溶性物质 总含量/（mg/L）	电导率/ （mS/cm）
2005 - 06	NMDQX01CYS_01	18.8	6.13	36.00	8.144 9	0.77	—
2005 - 07	NMDQX01CYS_01	25.3	6.61	40.00	8.042 1	0.76	—
2005 - 08	NMDQX01CYS_01	22.4	6.76	40.00	8.213 8	0.78	—
2005 - 10	NMDQX01CYS_01	14.6	6.87	300.00	11.034 1	0.79	—
2006 - 04	NMDQX01CYS_01	11.3	7.13	580.00	4.571 1	0.74	—
2006 - 07	NMDQX01CYS_01	28.3	6.72	299.00	6.342 0	0.75	—
2006 - 04	NMDQX01CYS_01	11.3	7.13	580.00	4.571 1	0.74	—
2007 - 01	NMDQX01CYS_01	5.7	6.38	48.00	11.124 8	0.81	—
2007 - 04	NMDQX01CYS_01	8.9	6.22	42.00	5.629 2	0.78	—
2007 - 07	NMDQX01CYS_01	21.5	6.64	38.00	4.139 7	0.76	—
2007 - 10	NMDQX01CYS_01	10.7	6.66	32.47	13.122 2	0.63	—
2008 - 01	NMDQX01CYS_01	5.7	6.46	17.27	3.400 0	0.63	—
2008 - 04	NMDQX01CYS_01	20.9	6.41	52.80	6.233 3	0.62	—
2008 - 07	NMDQX01CYS_01	12.0	6.77	80.00	5.125 3	0.64	—
2008 - 10	NMDQX01CYS_01	12.3	6.48	93.30	7.140 7	0.71	—
2009 - 01	NMDQX01CYS_01	—	—	—	—	—	—
2009 - 04	NMDQX01CYS_01	7.3	6.87	53.33	24.035 3	0.92	—
2009 - 07	NMDQX01CYS_01	19.7	6.42	86.67	9.163 5	0.65	—
2009 - 10	NMDQX01CYS_01	10.2	6.68	116.00	6.887 8	0.63	—
2010 - 01	NMDQX01CYS_01	10.3	6.28	128.67	6.503 2	0.74	—
2010 - 04	NMDQX01CYS_01	11.0	6.07	78.00	16.887 8	0.99	—
2010 - 07	NMDQX01CYS_01	24.7	7.82	88.00	8.394 2	0.53	—
2010 - 10	NMDQX01CYS_01	18.9	6.83	36.00	8.600 0	0.79	—
2011 - 01	NMDQX01CYS_01	—	—	—	—	—	—
2011 - 04	NMDQX01CYS_01	14.7	6.16	52.00	15.900 0	0.84	—
2011 - 07	NMDQX01CYS_01	25.4	6.78	22.00	11.300 0	0.63	—
2012 - 01	NMDQX01CYS_01	—	—	—	—	—	—
2012 - 04	NMDQX01CYS_01	20.4	7.26	24.00	33.875 0	0.73	—
2012 - 07	NMDQX01CYS_01	28.0	5.63	15.00	19.163 5	0.49	—
2012 - 10	NMDQX01CYS_01	11.0	6.03	36.11	25.285 3	0.49	—
2013 - 01	NMDQX01CYS_01	12.9	9.85	79.02	15.430 0	0.63	—

(续)

时间 （年-月）	雨水采样 器代码	水温/℃	pH	矿化度/ （mg/L）	SO_4^{2-}/ （mg/L）	非溶性物质 总含量/（mg/L）	电导率/ （mS/cm）
2013 – 02	NMDQX01CYS_01	12.8	8.70	76.56	20.010 0	0.63	—
2013 – 03	NMDQX01CYS_01	16.1	8.09	26.87	5.301 0	3.48	—
2013 – 04	NMDQX01CYS_01	16.3	7.39	7.38	2.043 0	0.63	—
2013 – 05	NMDQX01CYS_01	16.6	7.56	52.55	8.851 0	0.63	—
2013 – 06	NMDQX01CYS_01	15.6	7.49	106.80	25.980 0	14.82	—
2013 – 07	NMDQX01CYS_01	11.0	7.38	36.00	7.675 0	19.37	—
2013 – 08	NMDQX01CYS_01	6.6	7.17	57.66	13.180 0	0.63	—
2013 – 09	NMDQX01CYS_01	21.4	6.96	95.95	17.850 0	71.37	—
2014 – 01	NMDQX01CYS_01	6.8	7.12	58.28	10.710 0	15.13	—
2014 – 03	NMDQX01CYS_01	7.2	8.12	128.50	42.720 0	33.90	—
2014 – 04	NMDQX01CYS_01	6.5	7.02	164.70	63.360 0	69.90	—
2014 – 05	NMDQX01CYS_01	5.8	7.16	50.05	8.252 0	15.13	—
2014 – 06	NMDQX01CYS_01	6.2	6.98	10.72	2.293 0	15.13	—
2014 – 07	NMDQX01CYS_01	6.5	5.34	36.61	9.422 0	17.27	—
2014 – 08	NMDQX01CYS_01	5.4	6.81	33.97	8.231 0	26.87	—
2014 – 09	NMDQX01CYS_01	5.7	6.20	4.90	2.435 0	1.91	—
2014 – 10	NMDQX01CYS_01	5.1	7.12	58.45	5.192 0	13.51	—
2014 – 12	NMDQX01CYS_01	4.8	7.57	75.10	9.394 0	15.13	—
2015 – 02	NMDQX01CYS_01	20.0	7.07	104.00	24.200 0	88.00	—
2015 – 03	NMDQX01CYS_01	20.0	7.41	34.42	22.340 0	76.50	—
2015 – 04	NMDQX01CYS_01	20.0	7.01	96.70	36.670 0	10.50	—
2015 – 07	NMDQX01CYS_01	20.0	7.12	56.24	23.910 0	296.00	—
2015 – 08	NMDQX01CYS_01	20.0	7.18	14.51	1.194 0	224.00	—
2015 – 09	NMDQX01CYS_01	20.0	7.11	1.04	2.356 0	141.17	—
2015 – 10	NMDQX01CYS_01	20.0	6.90	44.76	10.490 0	221.56	—
2015 – 11	NMDQX01CYS_01	20.0	7.08	15.84	1.996 0	409.56	—
2015 – 12	NMDQX01CYS_01	20.0	7.35	60.46	10.770 0	154.00	—

5.5　土壤水分常数数据集

5.5.1　概述

本数据集为奈曼站 2005—2015 年年尺度土壤水分常数数据，有效数据 58 条。

5.5.2　数据采集和处理方法

土壤水分特征参数主要包括容重、饱和持水量、田间持水量、土壤水分特征曲线、凋萎含水量和土壤孔隙度。具体测定场地包括农田综合观测场、气象要素综合观测场、沙地综合观测场、沙地辅助观测场。测定方法主要是开挖剖面用环刀取不同深度的土壤样品，用压力膜测定 PF 曲线，饱和持水量和田间持水量用环刀吸水法测定，凋萎含水量用盆栽法测定。观测频度为 5 年 1 次。土壤水分特征参数包括容重、田间持水量、饱和持水量、总孔隙度、凋萎系数、土壤水分特征曲线 6 项指标。

5.5.3　数据质量控制和评估

　　所有分析工作需严格按照标准方法和 CERN 指标体系的观测方法的要求进行；严格遵守实验室日常工作制度和分析测试的质量控制办法；实验结果和记录要经数据质量负责人审核，发现数据异常需及时查找原因、重新测定样品。

5.5.4　数据

　　表 5-8、表 5-9 中为奈曼站 2005—2015 年年尺度土壤水分常数数据。

表 5-8　土壤水分常数（1）

时间 （年-月）	样地代码	采样深度/ cm	土壤 类型	土壤 质地	土壤完全 持水量/%	土壤田间 持水量/%	土壤凋萎 含水量/%
2005 - 08	NMDZH01CTS_01	0～10	风沙土	沙壤土	31.59	28.70	—
2005 - 08	NMDZH01CTS_01	>10～20	风沙土	沙壤土	33.44	29.83	—
2005 - 08	NMDZH01CTS_01	>20～30	风沙土	沙壤土	34.62	30.26	—
2005 - 08	NMDZH01CTS_01	>30～40	风沙土	沙壤土	34.62	30.66	—
2005 - 08	NMDZH01CTS_01	>40～50	风沙土	沙壤土	35.85	30.74	—
2005 - 08	NMDZH01CTS_01	>50～60	风沙土	沙壤土	32.96	28.96	—
2005 - 08	NMDZH01CTS_01	>60～70	风沙土	沙壤土	31.10	27.61	—
2005 - 08	NMDZH01CTS_01	>70～80	风沙土	沙壤土	32.71	30.29	—
2005 - 08	NMDZH01CTS_01	>80～90	风沙土	沙壤土	35.15	31.14	—
2005 - 08	NMDZH01CTS_01	>90～100	风沙土	沙壤土	32.58	29.31	—
2005 - 08	NMDZH01CTS_01	>100～110	风沙土	沙壤土	35.17	30.16	—
2005 - 08	NMDZH01CTS_01	>110～120	风沙土	沙壤土	37.01	32.52	—
2005 - 08	NMDZH01CTS_01	>120～130	风沙土	沙壤土	35.10	31.13	—
2005 - 08	NMDZH01CTS_01	>130～140	风沙土	沙壤土	31.63	31.07	3.97
2005 - 08	NMDZH01CTS_01	>140～150	风沙土	沙壤土	34.63	30.90	3.97
2005 - 08	NMDZH01CTS_01	>150～160	风沙土	沙壤土	30.02	27.56	3.97
2010 - 08	NMDZH01CTS_01	0～10	风沙土	沙壤土	29.44	24.29	3.86
2010 - 08	NMDZH01CTS_01	>10～20	风沙土	沙壤土	30.17	22.27	3.86
2010 - 08	NMDZH01CTS_01	>20～40	风沙土	沙壤土	27.49	24.84	3.86
2010 - 08	NMDZH01CTS_01	>40～60	风沙土	沙壤土	34.80	29.81	—
2010 - 08	NMDZH01CTS_01	>60～100	风沙土	沙壤土	36.45	29.77	—
2011 - 10	NMDZH01CTS_01	0～10	风沙土	沙壤土	29.44	24.29	3.86
2011 - 10	NMDZH01CTS_01	>10～20	风沙土	沙壤土	30.17	22.27	3.86
2011 - 10	NMDZH01CTS_01	>20～40	风沙土	沙壤土	27.49	24.84	3.86

（续）

时间 （年-月）	样地代码	采样深度/ cm	土壤 类型	土壤 质地	土壤完全 持水量/%	土壤田间 持水量/%	土壤凋萎 含水量/%
2011 - 10	NMDZH01CTS_01	>40~60	风沙土	沙壤土	34.80	29.81	—
2011 - 10	NMDZH01CTS_01	>60~100	风沙土	沙壤土	36.45	29.77	—
2011 - 10	NMDZH01CTS_01	>100~120	风沙土	沙壤土	—	—	—
2011 - 10	NMDZH01CTS_01	>120~140	风沙土	沙壤土	—	—	—
2011 - 10	NMDZH01CTS_01	>140~160	风沙土	沙壤土	—	—	—
2015 - 08	NMDZH01CTS_01	0~10	风沙土	沙壤土	23.72	22.86	5.03
2015 - 08	NMDZH01CTS_01	0~10	风沙土	沙壤土	26.51	25.43	5.91
2015 - 08	NMDZH01CTS_01	0~10	风沙土	沙壤土	29.06	25.12	4.83
2015 - 08	NMDZH01CTS_01	>10~20	风沙土	沙壤土	30.19	24.55	4.30
2015 - 08	NMDZH01CTS_01	>10~20	风沙土	沙壤土	26.62	27.47	6.45
2015 - 08	NMDZH01CTS_01	>10~20	风沙土	沙壤土	31.58	24.68	4.25
2015 - 08	NMDZH01CTS_01	>20~40	风沙土	沙壤土	32.32	26.71	6.40
2015 - 08	NMDZH01CTS_01	>20~40	风沙土	沙壤土	28.03	22.54	5.39
2015 - 08	NMDZH01CTS_01	>20~40	风沙土	沙壤土	28.71	27.89	7.66
2015 - 08	NMDZH01CTS_01	>40~60	风沙土	沙壤土	28.49	27.68	6.40
2015 - 08	NMDZH01CTS_01	>40~60	风沙土	沙壤土	27.01	27.21	5.39
2015 - 08	NMDZH01CTS_01	>40~60	风沙土	沙壤土	35.03	26.68	7.66
2015 - 08	NMDZH01CTS_01	>60~100	风沙土	沙壤土	33.25	29.13	3.27
2015 - 08	NMDZH01CTS_01	>60~100	风沙土	沙壤土	29.08	25.65	5.94
2015 - 08	NMDZH01CTS_01	>60~100	风沙土	沙壤土	32.22	27.07	3.01
2015 - 08	NMDFZ01ABC_01	0~10	风沙土	沙壤土	72.22	18.83	4.48
2015 - 08	NMDFZ01ABC_01	0~10	风沙土	沙壤土	21.03	23.75	3.59
2015 - 08	NMDFZ01ABC_01	0~10	风沙土	沙壤土	29.17	6.37	3.12
2015 - 08	NMDFZ01ABC_01	>10~20	风沙土	沙壤土	27.58	20.50	4.11
2015 - 08	NMDFZ01ABC_01	>10~20	风沙土	沙壤土	21.74	21.64	2.80
2015 - 08	NMDFZ01ABC_01	>10~20	风沙土	沙壤土	25.20	16.46	3.27
2015 - 08	NMDFZ01ABC_01	>20~40	风沙土	沙壤土	31.26	21.10	3.52
2015 - 08	NMDFZ01ABC_01	>20~40	风沙土	沙壤土	23.52	19.47	3.17
2015 - 08	NMDFZ01ABC_01	>20~40	风沙土	沙壤土	25.21	20.96	3.48
2015 - 08	NMDFZ01ABC_01	>40~60	风沙土	沙壤土	21.19	18.30	2.87
2015 - 08	NMDFZ01ABC_01	>40~60	风沙土	沙壤土	23.18	19.49	2.95
2015 - 08	NMDFZ01ABC_01	>40~60	风沙土	沙壤土	22.70	22.47	3.21

（续）

时间 （年-月）	样地代码	采样深度/ cm	土壤 类型	土壤 质地	土壤完全 持水量/%	土壤田间 持水量/%	土壤凋萎 含水量/%
2015-08	NMDFZ01ABC_01	>60~100	风沙土	沙壤土	23.29	20.61	3.06
2015-08	NMDFZ01ABC_01	>60~100	风沙土	沙壤土	20.97	20.25	3.15
2015-08	NMDFZ01ABC_01	>60~100	风沙土	沙壤土	26.05	22.94	5.47
2015-08	NMDZQ01ABC_01	0~10	风沙土	沙壤土	25.64	14.24	1.28
2015-08	NMDZQ01ABC_01	0~10	风沙土	沙壤土	25.41	13.89	1.01
2015-08	NMDZQ01ABC_01	0~10	风沙土	沙壤土	31.56	25.12	2.49
2015-08	NMDZQ01ABC_01	>10~20	风沙土	沙壤土	22.45	11.37	0.85
2015-08	NMDZQ01ABC_01	>10~20	风沙土	沙壤土	23.81	11.80	1.01
2015-08	NMDZQ01ABC_01	>10~20	风沙土	沙壤土	22.84	14.30	1.34
2015-08	NMDZQ01ABC_01	>20~40	风沙土	沙壤土	20.89	10.77	0.96
2015-08	NMDZQ01ABC_01	>20~40	风沙土	沙壤土	21.97	13.56	1.01
2015-08	NMDZQ01ABC_01	>20~40	风沙土	沙壤土	23.72	16.00	2.27
2015-08	NMDZQ01ABC_01	>40~60	风沙土	沙壤土	26.61	12.84	2.33
2015-08	NMDZQ01ABC_01	>40~60	风沙土	沙壤土	21.73	6.68	1.01
2015-08	NMDZQ01ABC_01	>40~60	风沙土	沙壤土	22.94	11.14	1.76
2015-08	NMDZQ01ABC_01	>60~100	风沙土	沙壤土	21.54	12.37	1.81
2015-08	NMDZQ01ABC_01	>60~100	风沙土	沙壤土	23.67	7.88	1.01
2015-08	NMDZQ01ABC_01	>60~100	风沙土	沙壤土	22.71	9.09	0.73

表 5-9 土壤水分常数 （2）

时间 （年-月）	样地代码	采样深度/ cm	土壤孔隙度 总量/%	容重/ (g/cm³)	水分特征曲线方程
2005-08	NMDZH01CTS_01	0~10	46.06	1.43	$\theta=48.574-8.724\,1\Psi_m$, $R^2=0.959\,6$
2005-08	NMDZH01CTS_01	>10~20	45.63	1.44	$\theta=48.574-8.724\,1\Psi_m$, $R^2=0.959\,6$
2005-08	NMDZH01CTS_01	>20~30	46.79	1.41	$\theta=48.574-8.724\,1\Psi_m$, $R^2=0.959\,6$
2005-08	NMDZH01CTS_01	>30~40	47.16	1.40	$\theta=48.574-8.724\,1\Psi_m$, $R^2=0.959\,6$
2005-08	NMDZH01CTS_01	>40~50	46.66	1.41	$\theta=48.574-8.724\,1\Psi_m$, $R^2=0.959\,6$
2005-08	NMDZH01CTS_01	>50~60	44.73	1.47	$\theta=48.574-8.724\,1\Psi_m$, $R^2=0.959\,6$
2005-08	NMDZH01CTS_01	>60~70	44.24	1.48	$\theta=48.574-8.724\,1\Psi_m$, $R^2=0.959\,6$
2005-08	NMDZH01CTS_01	>70~80	45.72	1.44	$\theta=48.574-8.724\,1\Psi_m$, $R^2=0.959\,6$
2005-08	NMDZH01CTS_01	>80~90	45.54	1.44	$\theta=48.574-8.724\,1\Psi_m$, $R^2=0.959\,6$
2005-08	NMDZH01CTS_01	>90~100	47.20	1.40	$\theta=48.574-8.724\,1\Psi_m$, $R^2=0.959\,6$
2005-08	NMDZH01CTS_01	>100~110	48.62	1.36	$\theta=48.574-8.724\,1\Psi_m$, $R^2=0.959\,6$
2005-08	NMDZH01CTS_01	>110~120	48.95	1.35	$\theta=33.137-5.793\Psi_m$, $R^2=0.0.948$

（续）

时间 （年-月）	样地代码	采样深度/ cm	土壤孔隙度 总量/%	容重/ （g/cm³）	水分特征曲线方程
2005－08	NMDZH01CTS＿01	＞120～130	49.50	1.34	$\theta = 33.137 - 5.793\Psi_m$，$R^2 = 0.0.948$
2005－08	NMDZH01CTS＿01	＞130～140	48.96	1.35	$\theta = 33.137 - 5.793\Psi_m$，$R^2 = 0.0.948$
2005－08	NMDZH01CTS＿01	＞140～150	44.61	1.47	$\theta = 33.137 - 5.793\Psi_m$，$R^2 = 0.0.948$
2005－08	NMDZH01CTS＿01	＞150～160	47.00	1.41	$\theta = 33.137 - 5.793\Psi_m$，$R^2 = 0.0.948$
2010－08	NMDZH01CTS＿01	0～10	48.30	1.37	—
2010－08	NMDZH01CTS＿01	＞10～20	44.15	1.48	—
2010－08	NMDZH01CTS＿01	＞20～40	44.60	1.47	—
2010－08	NMDZH01CTS＿01	＞40～60	50.70	1.31	—
2010－08	NMDZH01CTS＿01	＞60～100	49.96	1.33	—
2011－10	NMDZH01CTS＿01	0～10	48.30	1.37	$y = -0.018\,1\ln(x) + 0.087\,9$　$R^2 = 0.848\,3$　（0～20 cm）
2011－10	NMDZH01CTS＿01	＞10～20	44.15	1.48	$y = -0.018\,7\ln(x) + 0.082\,4$，$R^2 = 0.868\,6$（＞20～40 cm）
2011－10	NMDZH01CTS＿01	＞20～40	44.60	1.47	$y = -0.034\ln(x) + 0.142\,2$，$R^2 = 0.788\,5$（＞40～60 cm）
2011－10	NMDZH01CTS＿01	＞40～60	50.70	1.31	$y = -0.025\,4\ln(x) + 0.071\,7$，$R^2 = 0.840\,2$（＞60～80 cm）
2011－10	NMDZH01CTS＿01	＞60～100	49.96	1.33	$y = -0.026\,5\ln(x) + 0.190\,2$，$R^2 = 0.845\,2$（＞80～100 cm）
2011－10	NMDZH01CTS＿01	＞100～120	—		$y = -0.038\,7\ln(x) + 0.111\,8$，$R^2 = 0.789\,3$（＞100～120 cm）
2011－10	NMDZH01CTS＿01	＞120～140	—		$y = -0.030\,9\ln(x) + 0.086\,2$，$R^2 = 0.820\,3$（＞120～140 cm）
2011－10	NMDZH01CTS＿01	＞140～160	—		$y = -0.037\,1\ln(x) + 0.119\,7$，$R^2 = 0.756\,5$（＞140～160 cm）
2015－08	NMDZH01CTS＿01	0～10	43.40	1.50	$y = -0.033\,27\ln(x) + 0.147\,18$，$R^2 = 0.932\,26$
2015－08	NMDZH01CTS＿01	0～10	54.22	1.21	$y = -0.009\,46x + 0.174\,59$，$R^2 = 0.694\,05$
2015－08	NMDZH01CTS＿01	0～10	51.69	1.28	$y = -0.007\,77x + 0.157\,12$，$R^2 = 0.526\,87$
2015－08	NMDZH01CTS＿01	＞10～20	50.81	1.30	$y = -0.034\,91\ln(x) + 0.145\,69$，$R^2 = 0.966\,39$
2015－08	NMDZH01CTS＿01	＞10～20	50.05	1.32	$y = -0.008\,19x + 0.172\,23$，$R^2 = 0.583\,76$
2015－08	NMDZH01CTS＿01	＞10～20	49.98	1.33	$y = -0.007\,21x + 0.128\,37$，$R^2 = 0.385\,65$
2015－08	NMDZH01CTS＿01	＞20～40	52.32	1.26	$y = -0.026\,77\ln(x) + 0.271\,19$，$R^2 = 0.805\,87$
2015－08	NMDZH01CTS＿01	＞20～40	52.33	1.26	$y = -0.009\,3x + 0.171\,47$，$R^2 = 0.677\,92$
2015－08	NMDZH01CTS＿01	＞20～40	53.11	1.24	$y = -0.005\,57x + 0.164\,06$，$R^2 = 0.413\,52$
2015－08	NMDZH01CTS＿01	＞40～60	58.65	1.10	$y = -0.033\,18\ln(x) + 0.247\,73$　$R^2 = 0.661\,93$
2015－08	NMDZH01CTS＿01	＞40～60	53.95	1.22	$y = -0.011\,02x + 0.183\,54$，$R^2 = 0.652\,1$
2015－08	NMDZH01CTS＿01	＞40～60	54.03	1.22	$y = -0.007\,2x + 0.136\,03$，$R^2 = 0.741\,85$
2015－08	NMDZH01CTS＿01	＞60～100	53.20	1.24	$y = -0.038\,35\ln(x) + 0.119\,93$，$R^2 = 0.860\,05$
2015－08	NMDZH01CTS＿01	＞60～100	51.05	1.30	$y = -0.007\,04x + 0.150\,08$，$R^2 = 0.615\,47$
2015－08	NMDZH01CTS＿01	＞60～100	56.91	1.14	$y = -0.005\,09x + 0.091\,05$，$R^2 = 0.401\,54$
2015－08	NMDFZ01ABC＿01	0～10	51.09	1.30	$y = -0.005\,03x + 0.109\,22$，$R^2 = 0.499\,22$
2015－08	NMDFZ01ABC＿01	0～10	49.29	1.34	$y = -0.006\,12x + 0.114\,7$，$R^2 = 0.689\,9$
2015－08	NMDFZ01ABC＿01	0～10	53.12	1.24	$y = -0.006\,12x + 0.113\,44$，$R^2 = 0.533\,71$
2015－08	NMDFZ01ABC＿01	＞10～20	43.98	1.48	$y = -0.004\,94x + 0.105\,72$，$R^2 = 0.556\,59$
2015－08	NMDFZ01ABC＿01	＞10～20	43.60	1.49	$y = -0.004\,76x + 0.088\,4$，$R^2 = 0.472\,25$
2015－08	NMDFZ01ABC＿01	＞10～20	46.05	1.43	$y = -0.004\,73x + 0.089\,85$，$R^2 = 0.470\,8$
2015－08	NMDFZ01ABC＿01	＞20～40	48.00	1.38	$y = -0.004\,77x + 0.103\,61$，$R^2 = 0.723\,57$
2015－08	NMDFZ01ABC＿01	＞20～40	44.00	1.48	$y = -0.004\,85x + 0.093\,74$，$R^2 = 0.529\,2$

（续）

时间 （年-月）	样地代码	采样深度/ cm	土壤孔隙度 总量/%	容重/ (g/cm³)	水分特征曲线方程
2015 - 08	NMDFZ01ABC _ 01	>20~40	42.12	1.53	$y=-0.007\,21x+0.116\,61$，$R^2=0.593\,52$
2015 - 08	NMDFZ01ABC _ 01	>40~60	45.56	1.44	$y=-0.003\,52x+0.077\,35$，$R^2=0.512\,55$
2015 - 08	NMDFZ01ABC _ 01	>40~60	43.92	1.49	$y=-0.004\,31x+0.087\,61$，$R^2=0.550\,45$
2015 - 08	NMDFZ01ABC _ 01	>40~60	43.44	1.50	$y=-0.005\,71x+0.114\,39$，$R^2=0.360\,66$
2015 - 08	NMDFZ01ABC _ 01	>60~100	50.93	1.30	$y=-0.003\,1x+0.069\,16$，$R^2=0.701\,04$
2015 - 08	NMDFZ01ABC _ 01	>60~100	48.57	1.36	$y=-0.004\,5x+0.094\,96$，$R^2=0.523\,01$
2015 - 08	NMDFZ01ABC _ 01	>60~100	42.58	1.52	$y=-0.005\,93x+0.143\,53$，$R^2=0.336\,59$
2015 - 08	NMDZQ01ABC _ 01	0~10	43.52	1.50	$y=-0.003\,98x+0.055\,88$，$R^2=0.236\,02$
2015 - 08	NMDZQ01ABC _ 01	0~10	45.73	1.44	$y=-0.003\,72x+0.052\,54$，$R^2=0.246\,22$
2015 - 08	NMDZQ01ABC _ 01	0~10	47.31	1.40	$y=-0.004\,39x+0.077\,33$，$R^2=0.385\,53$
2015 - 08	NMDZQ01ABC _ 01	>10~20	40.72	1.57	$y=-0.002\,12x+0.032\,13$，$R^2=0.194\,6$
2015 - 08	NMDZQ01ABC _ 01	>10~20	44.68	1.47	$y=-0.002\,6x+0.038\,67$，$R^2=0.190\,58$
2015 - 08	NMDZQ01ABC _ 01	>10~20	42.93	1.51	$y=-0.003\,56x+0.053\,56$，$R^2=0.269\,35$
2015 - 08	NMDZQ01ABC _ 01	>20~40	40.83	1.57	$y=-0.002\,88x+0.044\,17$，$R^2=0.179\,67$
2015 - 08	NMDZQ01ABC _ 01	>20~40	40.30	1.58	$y=-0.003\,2x+0.045\,21$，$R^2=0.216\,32$
2015 - 08	NMDZQ01ABC _ 01	>20~40	44.05	1.48	$y=-0.003\,75x+0.065$，$R^2=0.279\,06$
2015 - 08	NMDZQ01ABC _ 01	>40~60	38.55	1.63	$y=-0.004\,32x+0.070\,29$，$R^2=0.291\,78$
2015 - 08	NMDZQ01ABC _ 01	>40~60	44.35	1.47	$y=-0.001\,63x+0.028\,81$，$R^2=0.166\,06$
2015 - 08	NMDZQ01ABC _ 01	>40~60	44.04	1.48	$y=-0.004\,26x+0.066\,78$，$R^2=0.321\,67$
2015 - 08	NMDZQ01ABC _ 01	>60~100	41.40	1.55	$y=-0.004\,42x+0.065\,54$，$R^2=0.315\,8$
2015 - 08	NMDZQ01ABC _ 01	>60~100	43.85	1.49	$y=-0.002\,62x+0.040\,13$，$R^2=0.219$
2015 - 08	NMDZQ01ABC _ 01	>60~100	43.63	1.49	$y=-0.004\,56x+0.056\,2$，$R^2=0.208\,74$

5.6　蒸发量数据集

5.6.1　概述

本数据集为奈曼站 2005—2015 年月尺度水面蒸发量数据，定位观测点为内蒙古通辽市奈曼旗大沁他拉镇奈曼站综合气象要素观测场（120°41′58″E，42°55′46″N），有效数据 65 条。

5.6.2　数据采集和处理方法

水面蒸发量主要是通过 E601 水面蒸发自动观测系统结合人工记录水面蒸发量。具体是每天记录水面高度并在必要时补充水分，每次加水、汲水后记录器会自动测量、记录蒸发桶的水位值，作为新的蒸发起始值。记录器可自动判断降雨起始时间、大雨转小雨时间、降雨结束时间，实现全自动测记，并自动扣除降水量。通过水面高度的差值记录蒸发量。

5.6.3　数据质量控制和评估

5.6.3.1　蒸发用水的要求

应尽可能用代表当地自然水体的水。蒸发器内要保持清洁，水面无漂浮物，水中无小虫及悬浮污物，无青苔，水色无显著改变。不符合此要求时应及时换水。蒸发器换水时，换入水的温度应与原有水的温度接近。要经常清除掉入器内的蛙、虫和杂物。

5.6.3.2　蒸发器及其附属用具均应妥善使用

每年在汛期前后（长期稳定封冻的地区，在开始使用前和停止使用后），应检查一次蒸发器的渗漏情况和防锈层、防白漆是否有脱落现象，如果发现问题，应尽快添补或重新涂刷。

5.6.3.3　定期检查蒸发器的安置情况

如发现高度不准、水平不平等问题，要及时予以纠正。

5.6.3.4　避免跨时段补水

例如，不要在 17：50 补水，然后 18：10 停止，这样 18：00 的蒸发值就无法确定。整点后 5 min 到整点前 5 min 可以进行人工补水。

5.6.4　数据

表 5-10 中为奈曼站综合气象要素观测场 2005—2015 年月尺度水面蒸发量数据。

表 5-10　月蒸发量

时间（年-月）	样地代码	月蒸发量/mm	水温/℃
2005 - 05	NMDQX01CZF _ 01	10.3	16.5
2005 - 06	NMDQX01CZF _ 01	149.6	21.8
2005 - 07	NMDQX01CZF _ 01	102.8	25.6
2005 - 08	NMDQX01CZF _ 01	87.0	23.9
2005 - 09	NMDQX01CZF _ 01	109.0	18.3
2005 - 10	NMDQX01CZF _ 01	101.6	12.3
2006 - 05	NMDQX01CZF _ 01	70.4	18.1
2006 - 06	NMDQX01CZF _ 01	105.1	20.9
2006 - 07	NMDQX01CZF _ 01	151.1	24.9
2006 - 08	NMDQX01CZF _ 01	135.3	24.2
2006 - 09	NMDQX01CZF _ 01	104.0	17.4
2006 - 10	NMDQX01CZF _ 01	69.3	11.9
2007 - 04	NMDQX01CZF _ 01	57.2	12.2
2007 - 05	NMDQX01CZF _ 01	107.4	16.5
2007 - 06	NMDQX01CZF _ 01	144.5	23.2
2007 - 07	NMDQX01CZF _ 01	151.9	25.2
2007 - 08	NMDQX01CZF _ 01	146.9	24.1
2007 - 09	NMDQX01CZF _ 01	106.3	18.8
2007 - 10	NMDQX01CZF _ 01	34.7	12.5
2008 - 04	NMDQX01CZF _ 01	60.1	13.4
2008 - 05	NMDQX01CZF _ 01	153.3	15.2
2008 - 06	NMDQX01CZF _ 01	135.1	21.5
2008 - 07	NMDQX01CZF _ 01	152.8	25.7
2008 - 08	NMDQX01CZF _ 01	139.8	23.8

（续）

时间（年-月）	样地代码	月蒸发量/mm	水温/℃
2008 - 09	NMDQX01CZF_01	97.4	17.6
2009 - 04	NMDQX01CZF_01	67.1	17.5
2009 - 05	NMDQX01CZF_01	96.4	17.6
2009 - 06	NMDQX01CZF_01	108.1	20.6
2009 - 07	NMDQX01CZF_01	148.4	24.6
2009 - 08	NMDQX01CZF_01	136.7	23.5
2009 - 09	NMDQX01CZF_01	87.2	16.7
2009 - 10	NMDQX01CZF_01	38.6	11.2
2010 - 04	NMDQX01CZF_01	27.9	9.9
2010 - 05	NMDQX01CZF_01	82.5	16.1
2010 - 06	NMDQX01CZF_01	104.5	23.1
2010 - 07	NMDQX01CZF_01	144.0	25.0
2010 - 08	NMDQX01CZF_01	111.3	23.4
2010 - 09	NMDQX01CZF_01	90.7	17.8
2010 - 10	NMDQX01CZF_01	40.5	9.5
2011 - 04	NMDQX01CZF_01	49.1	9.4
2011 - 05	NMDQX01CZF_01	83.2	15.5
2011 - 06	NMDQX01CZF_01	110.6	21.8
2011 - 07	NMDQX01CZF_01	139.7	24.7
2011 - 08	NMDQX01CZF_01	132.9	24.4
2011 - 09	NMDQX01CZF_01	90.0	16.8
2012 - 05	NMDQX01CZF_01	71.4	16.6
2012 - 06	NMDQX01CZF_01	104.8	21.4
2012 - 07	NMDQX01CZF_01	146.9	24.9
2012 - 08	NMDQX01CZF_01	133.6	23.9
2012 - 09	NMDQX01CZF_01	88.3	18.8
2013 - 05	NMDQX01CZF_01	61.2	15.6
2013 - 06	NMDQX01CZF_01	101.5	21.1
2013 - 07	NMDQX01CZF_01	147.8	25.3
2013 - 08	NMDQX01CZF_01	135.3	24.4
2013 - 09	NMDQX01CZF_01	81.6	15.4
2014 - 05	NMDQX01CZF_01	56.4	14.1
2014 - 06	NMDQX01CZF_01	101.5	22.0
2014 - 07	NMDQX01CZF_01	145.2	24.3
2014 - 08	NMDQX01CZF_01	124.3	20.7

（续）

时间（年-月）	样地代码	月蒸发量/mm	水温/℃
2014 - 09	NMDQX01CZF _ 01	82.3	15.4
2015 - 05	NMDQX01CZF _ 01	78.7	14.7
2015 - 06	NMDQX01CZF _ 01	107.2	19.5
2015 - 07	NMDQX01CZF _ 01	131.9	23.0
2015 - 08	NMDQX01CZF _ 01	126.4	22.6
2015 - 09	NMDQX01CZF _ 01	96.8	16.7

5.7　地下水位数据集

5.7.1　概述

地下水位是指地下水面相对于基准面的高程，通常以绝对标高计算。潜水面的高程称潜水位，承压水面的高程称承压水位。根据钻探观测时间可分为初见水位、稳定水位、丰水期水位、枯水期水位、冻前水位等。近年来奈曼站的地下水位由于人类的过分开采利用等而呈下降趋势。有效数据 128 条。

5.7.2　数据采集和处理方法

奈曼站地下水位的测定样点在综合气象要素观测场，其主要目的是定期观测农田地下水位的年、季变化。具体观测方法是先用 GPS 测定井口的海拔高度，并以此为基准测定水面深度。农田地下水位的观测是 5 d 1 次。地下水位用水位仪来观测，具体是将有刻度的水位仪探头顺井口放下，探头接触水面时，水位仪就会报警，然后根据刻度读取水位。

5.7.3　数据质量控制和评估

5.7.3.1　地下水井的维护与管理

观测完成后将井口封盖起来，避免杂物落入井中而影响观测，同时每隔半年要测定水井的深度，确保没有被填埋。同时水位井周围要用栅栏围封起来，避免闲杂人员对水位井的破坏。

5.7.3.2　避免农田水井抽水对地下水位的即时影响

为了避免农田水井抽水对地下水位的即时影响，在观测地下水位的前两天，避免从在地下水位井周边 100 m 范围内的水井抽水浇灌农田。

5.7.4　数据

表 5 - 11 中为 2005—2015 年地下水位数据。

表 5 - 11　地下水位

时间（年-月）	观测点代码	观测点名称	植被名称	地下水位/m	标准差/m	有效数据/条	地面高程/m
2005 - 01	NMDQX01CDX _ 01	奈曼站综合气象要素观测场地下水位观测点	黄花蒿＋兴安胡枝子＋狗尾草	5.65	0.02	6	349
2005 - 02	NMDQX01CDX _ 01	奈曼站综合气象要素观测场地下水位观测点	黄花蒿＋兴安胡枝子＋狗尾草	5.68	0.00	5	349

（续）

时间 （年-月）	观测点代码	观测点名称	植被名称	地下水位/ m	标准差/m	有效数据/ 条	地面高程/ m
2005-03	NMDQX01CDX_01	奈曼站综合气象要素观测场地下水位观测点	黄花蒿＋兴安胡枝子＋狗尾草	5.68	0.01	6	349
2005-04	NMDQX01CDX_01	奈曼站综合气象要素观测场地下水位观测点	黄花蒿＋兴安胡枝子＋狗尾草	5.80	0.07	6	349
2005-05	NMDQX01CDX_01	奈曼站综合气象要素观测场地下水位观测点	黄花蒿＋兴安胡枝子＋狗尾草	5.94	0.01	6	349
2005-06	NMDQX01CDX_01	奈曼站综合气象要素观测场地下水位观测点	黄花蒿＋兴安胡枝子＋狗尾草	5.90	0.05	6	349
2005-07	NMDQX01CDX_01	奈曼站综合气象要素观测场地下水位观测点	黄花蒿＋兴安胡枝子＋狗尾草	5.92	0.08	6	349
2005-08	NMDQX01CDX_01	奈曼站综合气象要素观测场地下水位观测点	黄花蒿＋兴安胡枝子＋狗尾草	5.91	0.08	6	349
2005-09	NMDQX01CDX_01	奈曼站综合气象要素观测场地下水位观测点	黄花蒿＋兴安胡枝子＋狗尾草	5.98	0.05	6	349
2005-10	NMDQX01CDX_01	奈曼站综合气象要素观测场地下水位观测点	黄花蒿＋兴安胡枝子＋狗尾草	5.95	0.04	6	349
2005-11	NMDQX01CDX_01	奈曼站综合气象要素观测场地下水位观测点	黄花蒿＋兴安胡枝子＋狗尾草	5.86	0.07	6	349
2005-12	NMDQX01CDX_01	奈曼站综合气象要素观测场地下水位观测点	黄花蒿＋兴安胡枝子＋狗尾草	5.86	0.00	6	349
2006-01	NMDQX01CDX_01	奈曼站综合气象要素观测场地下水位观测点	黄花蒿＋兴安胡枝子＋狗尾草	5.85	0.00	6	349
2006-02	NMDQX01CDX_01	奈曼站综合气象要素观测场地下水位观测点	黄花蒿＋兴安胡枝子＋狗尾草	5.85	0.00	5	349
2006-03	NMDQX01CDX_01	奈曼站综合气象要素观测场地下水位观测点	黄花蒿＋兴安胡枝子＋狗尾草	5.86	0.02	6	349
2006-04	NMDQX01CDX_01	奈曼站综合气象要素观测场地下水位观测点	黄花蒿＋兴安胡枝子＋狗尾草	5.98	0.07	6	349
2006-05	NMDQX01CDX_01	奈曼站综合气象要素观测场地下水位观测点	黄花蒿＋兴安胡枝子＋狗尾草	6.10	0.03	6	349
2006-06	NMDQX01CDX_01	奈曼站综合气象要素观测场地下水位观测点	黄花蒿＋兴安胡枝子＋狗尾草	6.16	0.06	6	349
2006-07	NMDQX01CDX_01	奈曼站综合气象要素观测场地下水位观测点	黄花蒿＋兴安胡枝子＋狗尾草	6.27	0.06	6	349
2006-08	NMDQX01CDX_01	奈曼站综合气象要素观测场地下水位观测点	黄花蒿＋兴安胡枝子＋狗尾草	6.33	0.05	6	349
2006-09	NMDQX01CDX_01	奈曼站综合气象要素观测场地下水位观测点	黄花蒿＋兴安胡枝子＋狗尾草	6.24	0.03	6	349

（续）

时间 （年-月）	观测点代码	观测点名称	植被名称	地下水位/ m	标准差/m	有效数据/ 条	地面高程/ m
2006 - 10	NMDQX01CDX_01	奈曼站综合气象要素观测场地下水位观测点	黄花蒿＋兴安胡枝子＋狗尾草	6.20	0.02	6	349
2006 - 11	NMDQX01CDX_01	奈曼站综合气象要素观测场地下水位观测点	黄花蒿＋兴安胡枝子＋狗尾草	6.18	0.04	6	349
2006 - 12	NMDQX01CDX_01	奈曼站综合气象要素观测场地下水位观测点	黄花蒿＋兴安胡枝子＋狗尾草	6.13	0.01	6	349
2007 - 01	NMDQX01CDX_01	奈曼站综合气象要素观测场地下水位观测点	黄花蒿＋兴安胡枝子＋狗尾草	6.13	0.04	6	349
2007 - 02	NMDQX01CDX_01	奈曼站综合气象要素观测场地下水位观测点	黄花蒿＋兴安胡枝子＋狗尾草	6.12	0.00	6	349
2007 - 03	NMDQX01CDX_01	奈曼站综合气象要素观测场地下水位观测点	黄花蒿＋兴安胡枝子＋狗尾草	6.12	0.00	6	349
2007 - 04	NMDQX01CDX_01	奈曼站综合气象要素观测场地下水位观测点	黄花蒿＋兴安胡枝子＋狗尾草	6.19	0.07	6	349
2007 - 05	NMDQX01CDX_01	奈曼站综合气象要素观测场地下水位观测点	黄花蒿＋兴安胡枝子＋狗尾草	6.39	0.04	6	349
2007 - 06	NMDQX01CDX_01	奈曼站综合气象要素观测场地下水位观测点	黄花蒿＋兴安胡枝子＋狗尾草	6.45	0.09	6	349
2007 - 07	NMDQX01CDX_01	奈曼站综合气象要素观测场地下水位观测点	黄花蒿＋兴安胡枝子＋狗尾草	6.48	0.11	6	349
2007 - 08	NMDQX01CDX_01	奈曼站综合气象要素观测场地下水位观测点	黄花蒿＋兴安胡枝子＋狗尾草	6.49	0.06	6	349
2007 - 09	NMDQX01CDX_01	奈曼站综合气象要素观测场地下水位观测点	黄花蒿＋兴安胡枝子＋狗尾草	6.53	0.05	6	349
2007 - 10	NMDQX01CDX_01	奈曼站综合气象要素观测场地下水位观测点	黄花蒿＋兴安胡枝子＋狗尾草	6.41	0.02	6	349
2007 - 11	NMDQX01CDX_01	奈曼站综合气象要素观测场地下水位观测点	黄花蒿＋兴安胡枝子＋狗尾草	6.35	0.03	6	349
2007 - 12	NMDQX01CDX_01	奈曼站综合气象要素观测场地下水位观测点	黄花蒿＋兴安胡枝子＋狗尾草	6.32	0.01	6	349
2008 - 01	NMDQX01CDX_01	奈曼站综合气象要素观测场地下水位观测点	黄花蒿＋兴安胡枝子＋狗尾草	6.29	0.01	6	349
2008 - 02	NMDQX01CDX_01	奈曼站综合气象要素观测场地下水位观测点	黄花蒿＋兴安胡枝子＋狗尾草	6.28	0.00	5	349
2008 - 03	NMDQX01CDX_01	奈曼站综合气象要素观测场地下水位观测点	黄花蒿＋兴安胡枝子＋狗尾草	6.27	0.00	5	349
2008 - 04	NMDQX01CDX_01	奈曼站综合气象要素观测场地下水位观测点	黄花蒿＋兴安胡枝子＋狗尾草	6.32	0.03	6	349

（续）

时间 （年-月）	观测点代码	观测点名称	植被名称	地下水位/ m	标准差/m	有效数据/ 条	地面高程/ m
2008 - 05	NMDQX01CDX_01	奈曼站综合气象要素观测场地下水位观测点	黄花蒿＋兴安胡枝子＋狗尾草	6.53	0.04	6	349
2008 - 06	NMDQX01CDX_01	奈曼站综合气象要素观测场地下水位观测点	黄花蒿＋兴安胡枝子＋狗尾草	5.50	2.70	6	349
2008 - 07	NMDQX01CDX_01	奈曼站综合气象要素观测场地下水位观测点	黄花蒿＋兴安胡枝子＋狗尾草	6.66	0.08	6	349
2008 - 08	NMDQX01CDX_01	奈曼站综合气象要素观测场地下水位观测点	黄花蒿＋兴安胡枝子＋狗尾草	6.73	0.05	6	349
2008 - 09	NMDQX01CDX_01	奈曼站综合气象要素观测场地下水位观测点	黄花蒿＋兴安胡枝子＋狗尾草	6.70	0.02	6	349
2008 - 10	NMDQX01CDX_01	奈曼站综合气象要素观测场地下水位观测点	黄花蒿＋兴安胡枝子＋狗尾草	6.66	0.03	6	349
2008 - 11	NMDQX01CDX_01	奈曼站综合气象要素观测场地下水位观测点	黄花蒿＋兴安胡枝子＋狗尾草	6.66	0.08	6	349
2008 - 12	NMDQX01CDX_01	奈曼站综合气象要素观测场地下水位观测点	黄花蒿＋兴安胡枝子＋狗尾草	6.57	0.01	6	349
2009 - 01	NMDQX01CDX_01	奈曼站综合气象要素观测场地下水位观测点	黄花蒿＋兴安胡枝子＋狗尾草	6.55	0.01	6	349
2009 - 02	NMDQX01CDX_01	奈曼站综合气象要素观测场地下水位观测点	黄花蒿＋兴安胡枝子＋狗尾草	6.53	0.01	5	349
2009 - 03	NMDQX01CDX_01	奈曼站综合气象要素观测场地下水位观测点	黄花蒿＋兴安胡枝子＋狗尾草	6.53	0.01	5	349
2009 - 04	NMDQX01CDX_01	奈曼站综合气象要素观测场地下水位观测点	黄花蒿＋兴安胡枝子＋狗尾草	6.58	0.01	6	349
2009 - 05	NMDQX01CDX_01	奈曼站综合气象要素观测场地下水位观测点	黄花蒿＋兴安胡枝子＋狗尾草	6.74	0.07	6	349
2009 - 06	NMDQX01CDX_01	奈曼站综合气象要素观测场地下水位观测点	黄花蒿＋兴安胡枝子＋狗尾草	6.81	0.10	6	349
2009 - 07	NMDQX01CDX_01	奈曼站综合气象要素观测场地下水位观测点	黄花蒿＋兴安胡枝子＋狗尾草	6.88	0.04	6	349
2009 - 08	NMDQX01CDX_01	奈曼站综合气象要素观测场地下水位观测点	黄花蒿＋兴安胡枝子＋狗尾草	7.02	0.06	6	349
2009 - 09	NMDQX01CDX_01	奈曼站综合气象要素观测场地下水位观测点	黄花蒿＋兴安胡枝子＋狗尾草	7.08	0.04	6	349
2009 - 10	NMDQX01CDX_01	奈曼站综合气象要素观测场地下水位观测点	黄花蒿＋兴安胡枝子＋狗尾草	6.98	0.02	6	349
2009 - 11	NMDQX01CDX_01	奈曼站综合气象要素观测场地下水位观测点	黄花蒿＋兴安胡枝子＋狗尾草	6.95	0.05	6	349

（续）

时间 （年-月）	观测点代码	观测点名称	植被名称	地下水位/ m	标准差/m	有效数据/ 条	地面高程/ m
2009 – 12	NMDQX01CDX _ 01	奈曼站综合气象要素观测场地下水位观测点	黄花蒿＋兴安胡枝子＋狗尾草	6.87	0.01	6	349
2010 – 01	NMDQX01CDX _ 01	奈曼站综合气象要素观测场地下水位观测点	黄花蒿＋兴安胡枝子＋狗尾草	6.85	0.01	6	349
2010 – 02	NMDQX01CDX _ 01	奈曼站综合气象要素观测场地下水位观测点	黄花蒿＋兴安胡枝子＋狗尾草	6.83	0.00	5	349
2010 – 03	NMDQX01CDX _ 01	奈曼站综合气象要素观测场地下水位观测点	黄花蒿＋兴安胡枝子＋狗尾草	6.83	0.00	5	349
2010 – 04	NMDQX01CDX _ 01	奈曼站综合气象要素观测场地下水位观测点	黄花蒿＋兴安胡枝子＋狗尾草	6.89	0.05	6	349
2010 – 05	NMDQX01CDX _ 01	奈曼站综合气象要素观测场地下水位观测点	黄花蒿＋兴安胡枝子＋狗尾草	6.95	0.04	6	349
2010 – 06	NMDQX01CDX _ 01	奈曼站综合气象要素观测场地下水位观测点	黄花蒿＋兴安胡枝子＋狗尾草	7.09	0.03	6	349
2010 – 07	NMDQX01CDX _ 01	奈曼站综合气象要素观测场地下水位观测点	黄花蒿＋兴安胡枝子＋狗尾草	7.09	0.05	6	349
2010 – 08	NMDQX01CDX _ 01	奈曼站综合气象要素观测场地下水位观测点	黄花蒿＋兴安胡枝子＋狗尾草	7.24	0.02	6	349
2010 – 09	NMDQX01CDX _ 01	奈曼站综合气象要素观测场地下水位观测点	黄花蒿＋兴安胡枝子＋狗尾草	7.34	0.09	6	349
2010 – 10	NMDQX01CDX _ 01	奈曼站综合气象要素观测场地下水位观测点	黄花蒿＋兴安胡枝子＋狗尾草	7.21	0.03	6	349
2010 – 11	NMDQX01CDX _ 01	奈曼站综合气象要素观测场地下水位观测点	黄花蒿＋兴安胡枝子＋狗尾草	7.21	0.05	6	349
2010 – 12	NMDQX01CDX _ 01	奈曼站综合气象要素观测场地下水位观测点	黄花蒿＋兴安胡枝子＋狗尾草	7.10	0.01	6	349
2011 – 01	NMDQX01CDX _ 01	奈曼站综合气象要素观测场地下水位观测点	黄花蒿＋兴安胡枝子＋狗尾草	7.06	0.01	6	349
2011 – 02	NMDQX01CDX _ 01	奈曼站综合气象要素观测场地下水位观测点	黄花蒿＋兴安胡枝子＋狗尾草	7.04	0.00	5	349
2011 – 03	NMDQX01CDX _ 01	奈曼站综合气象要素观测场地下水位观测点	黄花蒿＋兴安胡枝子＋狗尾草	7.03	0.00	5	349
2011 – 04	NMDQX01CDX _ 01	奈曼站综合气象要素观测场地下水位观测点	黄花蒿＋兴安胡枝子＋狗尾草	7.07	0.04	6	349
2011 – 05	NMDQX01CDX _ 01	奈曼站综合气象要素观测场地下水位观测点	黄花蒿＋兴安胡枝子＋狗尾草	7.22	0.04	6	349
2011 – 06	NMDQX01CDX _ 01	奈曼站综合气象要素观测场地下水位观测点	黄花蒿＋兴安胡枝子＋狗尾草	7.26	0.04	6	349

（续）

时间 （年-月）	观测点代码	观测点名称	植被名称	地下水位/ m	标准差/m	有效数据/ 条	地面高程/ m
2011－07	NMDQX01CDX＿01	奈曼站综合气象要素观测场地下水位观测点	黄花蒿＋兴安胡枝子＋狗尾草	7.37	0.06	6	349
2011－08	NMDQX01CDX＿01	奈曼站综合气象要素观测场地下水位观测点	黄花蒿＋兴安胡枝子＋狗尾草	7.41	0.05	6	349
2011－09	NMDQX01CDX＿01	奈曼站综合气象要素观测场地下水位观测点	黄花蒿＋兴安胡枝子＋狗尾草	7.58	0.04	6	349
2011－10	NMDQX01CDX＿01	奈曼站综合气象要素观测场地下水位观测点	黄花蒿＋兴安胡枝子＋狗尾草	3.81	4.17	6	349
2011－11	NMDQX01CDX＿01	奈曼站综合气象要素观测场地下水位观测点	黄花蒿＋兴安胡枝子＋狗尾草	0.00	0.00	6	349
2011－12	NMDQX01CDX＿01	奈曼站综合气象要素观测场地下水位观测点	黄花蒿＋兴安胡枝子＋狗尾草	7.32	0.00	6	349
2012－05	NMDQX01CDX＿01	奈曼站综合气象要素观测场地下水位观测点	黄花蒿＋兴安胡枝子＋狗尾草	7.43	0.07	6	349
2012－06	NMDQX01CDX＿01	奈曼站综合气象要素观测场地下水位观测点	黄花蒿＋兴安胡枝子＋狗尾草	7.37	0.05	6	349
2012－07	NMDQX01CDX＿01	奈曼站综合气象要素观测场地下水位观测点	黄花蒿＋兴安胡枝子＋狗尾草	7.52	0.05	6	349
2012－08	NMDQX01CDX＿01	奈曼站综合气象要素观测场地下水位观测点	黄花蒿＋兴安胡枝子＋狗尾草	7.58	0.08	6	349
2012－09	NMDQX01CDX＿01	奈曼站综合气象要素观测场地下水位观测点	黄花蒿＋兴安胡枝子＋狗尾草	7.63	0.06	6	349
2012－10	NMDQX01CDX＿01	奈曼站综合气象要素观测场地下水位观测点	黄花蒿＋兴安胡枝子＋狗尾草	7.46	0.04	6	349
2012－11	NMDQX01CDX＿01	奈曼站综合气象要素观测场地下水位观测点	黄花蒿＋兴安胡枝子＋狗尾草	7.37	0.04	6	349
2012－12	NMDQX01CDX＿01	奈曼站综合气象要素观测场地下水位观测点	黄花蒿＋兴安胡枝子＋狗尾草	7.28	0.03	6	349
2013－01	NMDQX01CDX＿01	奈曼站综合气象要素观测场地下水位观测点	黄花蒿＋兴安胡枝子＋狗尾草	7.21	0.01	6	349
2013－02	NMDQX01CDX＿01	奈曼站综合气象要素观测场地下水位观测点	黄花蒿＋兴安胡枝子＋狗尾草	7.17	0.01	6	349
2013－03	NMDQX01CDX＿01	奈曼站综合气象要素观测场地下水位观测点	黄花蒿＋兴安胡枝子＋狗尾草	7.15	0.01	6	349
2013－04	NMDQX01CDX＿01	奈曼站综合气象要素观测场地下水位观测点	黄花蒿＋兴安胡枝子＋狗尾草	7.11	0.01	6	349
2013－05	NMDQX01CDX＿01	奈曼站综合气象要素观测场地下水位观测点	黄花蒿＋兴安胡枝子＋狗尾草	7.28	0.10	6	349

（续）

时间 （年-月）	观测点代码	观测点名称	植被名称	地下水位/ m	标准差/m	有效数据/ 条	地面高程/ m
2013 - 06	NMDQX01CDX_01	奈曼站综合气象要素观测 场地下水位观测点	黄花蒿＋兴安胡枝子＋ 狗尾草	7.40	0.05	6	349
2013 - 07	NMDQX01CDX_01	奈曼站综合气象要素观测 场地下水位观测点	黄花蒿＋兴安胡枝子＋ 狗尾草	7.46	0.03	6	349
2013 - 08	NMDQX01CDX_01	奈曼站综合气象要素观测 场地下水位观测点	黄花蒿＋兴安胡枝子＋ 狗尾草	7.63	0.05	6	349
2013 - 09	NMDQX01CDX_01	奈曼站综合气象要素观测 场地下水位观测点	黄花蒿＋兴安胡枝子＋ 狗尾草	7.66	0.06	6	349
2013 - 10	NMDQX01CDX_01	奈曼站综合气象要素观测 场地下水位观测点	黄花蒿＋兴安胡枝子＋ 狗尾草	7.54	0.04	6	349
2013 - 11	NMDQX01CDX_01	奈曼站综合气象要素观测 场地下水位观测点	黄花蒿＋兴安胡枝子＋ 狗尾草	7.43	0.03	6	349
2013 - 12	NMDQX01CDX_01	奈曼站综合气象要素观测 场地下水位观测点	黄花蒿＋兴安胡枝子＋ 狗尾草	7.37	0.01	6	349
2014 - 01	NMDQX01CDX_01	奈曼站综合气象要素观测 场地下水位观测点	黄花蒿＋兴安胡枝子＋ 狗尾草	7.33	0.01	6	349
2014 - 02	NMDQX01CDX_01	奈曼站综合气象要素观测 场地下水位观测点	黄花蒿＋兴安胡枝子＋ 狗尾草	7.31	0.01	6	349
2014 - 03	NMDQX01CDX_01	奈曼站综合气象要素观测 场地下水位观测点	黄花蒿＋兴安胡枝子＋ 狗尾草	7.30	0.02	6	349
2014 - 04	NMDQX01CDX_01	奈曼站综合气象要素观测 场地下水位观测点	黄花蒿＋兴安胡枝子＋ 狗尾草	7.36	0.06	6	349
2014 - 05	NMDQX01CDX_01	奈曼站综合气象要素观测 场地下水位观测点	黄花蒿＋兴安胡枝子＋ 狗尾草	7.52	0.07	6	349
2014 - 06	NMDQX01CDX_01	奈曼站综合气象要素观测 场地下水位观测点	黄花蒿＋兴安胡枝子＋ 狗尾草	7.52	0.06	6	349
2014 - 07	NMDQX01CDX_01	奈曼站综合气象要素观测 场地下水位观测点	黄花蒿＋兴安胡枝子＋ 狗尾草	7.71	0.05	6	349
2014 - 08	NMDQX01CDX_01	奈曼站综合气象要素观测 场地下水位观测点	黄花蒿＋兴安胡枝子＋ 狗尾草	7.89	0.05	6	349
2014 - 09	NMDQX01CDX_01	奈曼站综合气象要素观测 场地下水位观测点	黄花蒿＋兴安胡枝子＋ 狗尾草	7.89	0.06	6	349
2014 - 10	NMDQX01CDX_01	奈曼站综合气象要素观测 场地下水位观测点	黄花蒿＋兴安胡枝子＋ 狗尾草	7.74	0.03	6	349
2014 - 11	NMDQX01CDX_01	奈曼站综合气象要素观测 场地下水位观测点	黄花蒿＋兴安胡枝子＋ 狗尾草	7.67	0.04	6	349
2014 - 12	NMDQX01CDX_01	奈曼站综合气象要素观测 场地下水位观测点	黄花蒿＋兴安胡枝子＋ 狗尾草	7.60	0.02	6	349

（续）

时间 （年-月）	观测点代码	观测点名称	植被名称	地下水位/ m	标准差/m	有效数据/ 条	地面高程/ m
2015 - 01	NMDQX01CDX _ 01	奈曼站综合气象要素观测场地下水位观测点	黄花蒿＋兴安胡枝子＋狗尾草	7.56	0.01	6	349
2015 - 02	NMDQX01CDX _ 01	奈曼站综合气象要素观测场地下水位观测点	黄花蒿＋兴安胡枝子＋狗尾草	7.54	0.01	6	349
2015 - 03	NMDQX01CDX _ 01	奈曼站综合气象要素观测场地下水位观测点	黄花蒿＋兴安胡枝子＋狗尾草	7.52	0.01	6	349
2015 - 04	NMDQX01CDX _ 01	奈曼站综合气象要素观测场地下水位观测点	黄花蒿＋兴安胡枝子＋狗尾草	7.54	0.03	6	349
2015 - 05	NMDQX01CDX _ 01	奈曼站综合气象要素观测场地下水位观测点	黄花蒿＋兴安胡枝子＋狗尾草	7.72	0.04	6	349
2015 - 06	NMDQX01CDX _ 01	奈曼站综合气象要素观测场地下水位观测点	黄花蒿＋兴安胡枝子＋狗尾草	7.73	0.04	6	349
2015 - 07	NMDQX01CDX _ 01	奈曼站综合气象要素观测场地下水位观测点	黄花蒿＋兴安胡枝子＋狗尾草	7.86	0.13	6	349
2015 - 08	NMDQX01CDX _ 01	奈曼站综合气象要素观测场地下水位观测点	黄花蒿＋兴安胡枝子＋狗尾草	8.11	0.06	6	349
2015 - 09	NMDQX01CDX _ 01	奈曼站综合气象要素观测场地下水位观测点	黄花蒿＋兴安胡枝子＋狗尾草	8.15	0.06	6	349
2015 - 10	NMDQX01CDX _ 01	奈曼站综合气象要素观测场地下水位观测点	黄花蒿＋兴安胡枝子＋狗尾草	8.00	0.02	6	349
2015 - 11	NMDQX01CDX _ 01	奈曼站综合气象要素观测场地下水位观测点	黄花蒿＋兴安胡枝子＋狗尾草	7.95	0.04	6	349
2015 - 12	NMDQX01CDX _ 01	奈曼站综合气象要素观测场地下水位观测点	黄花蒿＋兴安胡枝子＋狗尾草	7.88	0.01	6	349

第6章

□□□□□□□□□□□□□□□□□□□□□

长期联网气象观测数据集

6.1　气象人工观测要素数据集

6.1.1　气压数据集

6.1.1.1　概述

本数据集为奈曼站 2005—2015 年月尺度气压数据，定位观测点为内蒙古通辽市奈曼旗大沁他拉镇奈曼站综合气象要素观测场（120°41′58″E，42°55′46″N），计量单位为 hPa，精度为 0.1 hPa，有效数据 131 条。

6.1.1.2　数据采集和处理方法

数据获取方法：用空盒气压表观测，距地面小于 1 m。

原始数据观测频率：每天 3 次（北京时间 8：00、14：00、20：00）。对每天质控后的所有 3 个时次的观测数据进行平均，计算日平均值，再用日平均值合计值除以天数获得月平均值。

6.1.1.3　数据质量控制和评估

（1）超出气候学值域 300～1 100 hPa 的数据为错误数据。

（2）海拔高度大于 0 m 时，台站气压小于海平面气压；海拔高度等于 0 m 时，台站气压等于海平面气压；海拔高度小于 0 m 时，台站气压大于海平面气压。

（3）24 h 变压的绝对值小于 50 hPa。

（4）一天中定时记录缺 1 次或 1 次以上时，不做日平均。一个月中日均值缺测 7 次或 7 次以上时，该月不做月统计，按缺测处理。

6.1.1.4　数据

表 6-1 中为奈曼站综合气象要素观测场 2005—2015 年月尺度气压数据。

表 6-1　气　压

时间（年-月）	气压/hPa
2005 – 01	977.6
2005 – 02	980.8
2005 – 03	974.5
2005 – 04	965.2
2005 – 05	964.5
2005 – 06	—
2005 – 07	960.8
2005 – 08	963.3

（续）

时间（年-月）	气压/hPa
2005 - 09	969.3
2005 - 10	971.6
2005 - 11	971.6
2005 - 12	913.4
2006 - 01	977.3
2006 - 02	975.0
2006 - 03	955.4
2006 - 04	947.0
2006 - 05	962.5
2006 - 06	947.5
2006 - 07	958.8
2006 - 08	963.3
2006 - 09	969.2
2006 - 10	940.8
2006 - 11	971.7
2006 - 12	976.4
2007 - 01	967.2
2007 - 02	970.1
2007 - 03	970.0
2007 - 04	966.4
2007 - 05	958.5
2007 - 06	959.7
2007 - 07	957.2
2007 - 08	961.8
2007 - 09	968.3
2007 - 10	972.5
2007 - 11	974.2
2007 - 12	972.8
2008 - 01	979.2
2008 - 02	975.2
2008 - 03	967.8
2008 - 04	962.9
2008 - 05	959.7

（续）

时间（年-月）	气压/hPa
2008 - 06	960.0
2008 - 07	958.2
2008 - 08	961.0
2008 - 09	966.3
2008 - 10	969.2
2008 - 11	971.9
2008 - 12	972.1
2009 - 01	975.0
2009 - 02	959.8
2009 - 03	968.6
2009 - 04	965.7
2009 - 05	961.6
2009 - 06	943.9
2009 - 07	956.6
2009 - 08	961.4
2009 - 09	966.5
2009 - 10	969.0
2009 - 11	974.6
2009 - 12	972.8
2010 - 01	974.0
2010 - 02	971.9
2010 - 03	969.8
2010 - 04	965.8
2010 - 05	959.1
2010 - 06	960.8
2010 - 07	958.0
2010 - 08	961.3
2010 - 09	967.0
2010 - 10	970.8
2010 - 11	969.9
2010 - 12	968.2
2011 - 01	978.7
2011 - 02	973.8

（续）

时间（年-月）	气压/hPa
2011 – 03	971.6
2011 – 04	965.2
2011 – 05	960.4
2011 – 06	959.1
2011 – 07	958.0
2011 – 08	962.8
2011 – 09	968.8
2011 – 10	971.1
2011 – 11	976.3
2011 – 12	978.3
2012 – 01	976.9
2012 – 02	973.4
2012 – 03	970.9
2012 – 04	961.6
2012 – 05	962.7
2012 – 06	957.2
2012 – 07	957.5
2012 – 08	963.0
2012 – 09	967.5
2012 – 10	968.1
2012 – 11	969.4
2012 – 12	974.3
2013 – 01	974.8
2013 – 02	974.3
2013 – 03	968.0
2013 – 04	964.9
2013 – 05	960.3
2013 – 06	959.4
2013 – 07	956.1
2013 – 08	959.1
2013 – 09	967.7
2013 – 10	972.6
2013 – 11	970.3

（续）

时间（年-月）	气压/hPa
2013 – 12	973.2
2014 – 01	973.8
2014 – 02	979.9
2014 – 03	972.8
2014 – 04	971.0
2014 – 05	962.4
2014 – 06	962.1
2014 – 07	960.8
2014 – 08	965.4
2014 – 09	970.5
2014 – 10	974.3
2014 – 11	974.9
2014 – 12	977.1
2015 – 01	978.0
2015 – 02	974.3
2015 – 03	972.1
2015 – 04	966.9
2015 – 05	959.4
2015 – 06	958.1
2015 – 07	959.8
2015 – 08	961.1
2015 – 09	968.2
2015 – 10	969.6
2015 – 11	978.4
2015 – 12	975.5

6.1.2　平均风速数据集

6.1.2.1　概述

　　本数据集为奈曼站 2005—2015 年月尺度平均风速数据，定位观测点地理位置参见 6.1.1，计量单位为 m/s，精度为 0.1 m/s，有效数据 116 条。

6.1.2.2　数据采集和处理方法

　　数据获取方法：用电接风向风速计观测，10 m 风杆。

　　原始数据观测频率和处理方法参见 6.1.1。

6.1.2.3 数据质量控制和评估

（1）超出气候学值域 0～75 m/s 的数据为错误数据。

（2）一天中定时记录缺 1 次或 1 次以上时，不做日平均。一个月中日均值缺测 7 次或 7 次以上时，该月不做月统计，按缺测处理。

6.1.2.4 数据

表 6-2 中为奈曼站综合气象要素观测场定位观测点 2005—2015 年月尺度平均风速数据。

表 6-2　平均风速

时间（年-月）	平均风速/（m/s）
2005 - 01	3.7
2005 - 02	3.6
2005 - 03	4.8
2005 - 04	5.2
2005 - 05	4.7
2005 - 06	—
2005 - 07	2.5
2005 - 08	1.6
2005 - 09	2.5
2005 - 10	2.8
2005 - 11	2.8
2005 - 12	3.0
2006 - 01	2.6
2006 - 02	3.5
2006 - 03	4.8
2006 - 04	4.5
2006 - 05	2.7
2006 - 06	2.7
2006 - 07	2.3
2006 - 08	2.2
2006 - 09	2.1
2006 - 10	2.4
2006 - 11	3.0
2006 - 12	2.3
2007 - 01	2.6
2007 - 02	2.6
2007 - 03	3.8
2007 - 04	3.6

（续）

时间（年-月）	平均风速／（m/s）
2007 - 05	3.5
2007 - 06	2.4
2007 - 07	1.5
2007 - 08	1.6
2007 - 09	1.3
2007 - 10	2.0
2007 - 11	2.3
2007 - 12	2.4
2008 - 01	2.3
2008 - 02	2.8
2008 - 03	3.1
2008 - 04	3.5
2008 - 05	3.3
2008 - 06	2.4
2008 - 07	1.8
2008 - 08	2.3
2008 - 09	2.3
2008 - 10	3.2
2008 - 11	2.9
2008 - 12	3.3
2009 - 01	2.5
2009 - 02	2.7
2009 - 03	3.2
2009 - 04	2.4
2009 - 05	3.7
2009 - 06	3.0
2009 - 07	2.4
2009 - 08	2.6
2009 - 09	2.5
2009 - 10	2.5
2009 - 11	2.5
2009 - 12	2.3
2010 - 01	2.5

（续）

（续）

时间（年-月）	平均风速/（m/s）
2010 - 02	2.2
2010 - 03	3.1
2010 - 04	3.1
2010 - 05	2.6
2010 - 06	2.0
2010 - 07	1.2
2010 - 08	1.1
2010 - 09	—
2010 - 10	—
2010 - 11	—
2010 - 12	1.9
2011 - 01	1.9
2011 - 02	1.5
2011 - 03	2.9
2011 - 04	3.0
2011 - 05	3.5
2011 - 06	1.8
2011 - 07	1.6
2011 - 08	1.0
2011 - 09	1.8
2011 - 10	2.3
2011 - 11	1.1
2011 - 12	1.2
2012 - 01	1.3
2012 - 02	2.7
2012 - 03	3.2
2012 - 04	3.7
2012 - 05	2.6
2012 - 06	2.2
2012 - 07	2.6
2012 - 08	2.1
2012 - 09	2.3
2012 - 10	2.4

（续）

时间（年-月）	平均风速/（m/s）
2012 - 11	2.7
2012 - 12	2.6
2013 - 01	1.8
2013 - 02	3.0
2013 - 03	4.0
2013 - 04	3.8
2013 - 05	3.8
2013 - 06	2.9
2013 - 07	2.8
2013 - 08	2.7
2013 - 09	3.0
2013 - 10	2.5
2013 - 11	3.6
2013 - 12	2.2
2014 - 01	2.4
2014 - 02	1.9
2014 - 03	2.9
2014 - 04	3.1
2014 - 05	3.4
2014 - 06	2.0
2014 - 07	3.0
2014 - 08	2.5
2014 - 09	2.4
2014 - 10	2.8
2014 - 11	2.5
2014 - 12	2.8

6.1.3　气温数据集

6.1.3.1　概述

本数据集为奈曼站 2005—2015 年月尺度气温数据，定位观测点地理位置参见 6.1.1，计量单位为℃，精度为 0.1 ℃，有效数据 132 条。

6.1.3.2　数据采集和处理方法

数据获取方法：用干球温度表观测，距地面 1.5 m。

原始数据观测频率参见 6.1.1。

　　数据产品处理方法：将当天最低气温和前一天 20：00 气温的平均值作为 2：00 的插补气温。若当天最低气温或前一天 20：00 气温也缺测，则 2：00 的气温用 8：00 的记录代替。对每天质控后的所有 4 个时次的观测数据进行平均，计算日平均值。

6.1.3.3　数据质量控制和评估

　　（1）超出气候学值域 −80～60℃的数据为错误数据。

　　（2）气温大于等于露点温度。

　　（3）24 h 气温变化范围小于 50℃。

　　（4）利用与台站下垫面及周围环境相似的一个或多个邻近站的气温数据计算本台站气温值，比较台站观测值和计算值，如果超出阈值则认为观测数据可疑。

　　（5）用日均值合计值除以天数获得月平均值。一个月中日均值缺测 7 次或 7 次以上时，该月不做月统计，按缺测处理。

6.1.3.4　数据

　　表 6-3 中为奈曼站综合气象要素观测场定位观测点 2005—2015 年月尺度气温数据。

表 6-3　气　　温

时间（年-月）	气温/℃
2005 - 01	−10.5
2005 - 02	−11.4
2005 - 03	−0.2
2005 - 04	12.4
2005 - 05	16.8
2005 - 06	22.6
2005 - 07	24.5
2005 - 08	22.8
2005 - 09	18.7
2005 - 10	10.7
2005 - 11	0.3
2005 - 12	−12.9
2006 - 01	−11.2
2006 - 02	−7.9
2006 - 03	1.4
2006 - 04	7.5
2006 - 05	18.4
2006 - 06	22.6
2006 - 07	24.7
2006 - 08	24.4
2006 - 09	18.0
2006 - 10	10.9

（续）

时间（年-月）	气温/℃
2006 - 11	−1.3
2006 - 12	−8.8
2007 - 01	−9.4
2007 - 02	−2.1
2007 - 03	−0.1
2007 - 04	10.2
2007 - 05	18.7
2007 - 06	26.6
2007 - 07	24.9
2007 - 08	23.4
2007 - 09	18.3
2007 - 10	9.2
2007 - 11	−1.3
2007 - 12	−8.9
2008 - 01	−12.6
2008 - 02	−7.78
2008 - 03	3.8
2008 - 04	12.9
2008 - 05	16.3
2008 - 06	22.4
2008 - 07	25.3
2008 - 08	23.3
2008 - 09	18.5
2008 - 10	11.1
2008 - 11	−0.4
2008 - 12	−8.1
2009 - 01	−11.6
2009 - 02	−7.0
2009 - 03	0.5
2009 - 04	11.9
2009 - 05	20.3
2009 - 06	21.2
2009 - 07	24.7

（续）

时间（年-月）	气温/℃
2009 - 08	24.7
2009 - 09	19.0
2009 - 10	8.8
2009 - 11	−4.1
2009 - 12	−12.2
2010 - 01	−14.7
2010 - 02	−11.3
2010 - 03	−4.2
2010 - 04	5.0
2010 - 05	16.4
2010 - 06	23.4
2010 - 07	24.0
2010 - 08	22.2
2010 - 09	16.2
2010 - 10	7.2
2010 - 11	−1.8
2010 - 12	−12.0
2011 - 01	−15.6
2011 - 02	−7.2
2011 - 03	−0.9
2011 - 04	8.6
2011 - 05	16.5
2011 - 06	21.6
2011 - 07	23.5
2011 - 08	22.8
2011 - 09	14.2
2011 - 10	9.0
2011 - 11	−3.5
2011 - 12	−12.5
2012 - 01	−17.1
2012 - 02	−11.1
2012 - 03	−2.1
2012 - 04	10.4

（续）

时间（年-月）	气温/℃
2012 - 05	17.6
2012 - 06	20.9
2012 - 07	23.4
2012 - 08	21.8
2012 - 09	15.7
2012 - 10	7.4
2012 - 11	−5.5
2012 - 12	−15.7
2013 - 01	−16.5
2013 - 02	−11.5
2013 - 03	−1.9
2013 - 04	4.6
2013 - 05	18.9
2013 - 06	21.4
2013 - 07	24.1
2013 - 08	22.9
2013 - 09	16.1
2013 - 10	8.1
2013 - 11	−0.6
2013 - 12	−9.6
2014 - 01	−11.5
2014 - 02	−9.9
2014 - 03	1.5
2014 - 04	11.8
2014 - 05	16.1
2014 - 06	21.6
2014 - 07	24.2
2014 - 08	22.4
2014 - 09	15.0
2014 - 10	8.4
2014 - 11	−0.6
2014 - 12	−10.4
2015 - 01	−10.6

（续）

时间（年-月）	气温/℃
2015 - 02	−6.8
2015 - 03	1.8
2015 - 04	10.4
2015 - 05	17.2
2015 - 06	20.7
2015 - 07	23.6
2015 - 08	22.7
2015 - 09	17.3
2015 - 10	8.1
2015 - 11	−5.3
2015 - 12	−8.9

6.1.4　相对湿度数据集

6.1.4.1　概述

本数据集为奈曼站 2005—2015 年月尺度相对湿度数据，定位观测点地理位置参见 6.1.1，数据用百分数表示，精度为 1%，有效数据 80 条。

6.1.4.2　数据采集和处理方法

数据获取方法：非结冰期采用干球温度表和湿球温度表观测，结冰期采用毛发湿度表观测，按照干、湿球温度表的温度差值查湿度查算表获得相对湿度。距地面 1.5 m。

原始数据观测频率参见 6.1.1。

数据产品处理方法：用 8：00 的相对湿度值代替 2：00 的值，然后对每天质控后的所有 4 个时次观测数据进行平均，计算日平均值。用日均值合计值除以天数获得月平均值。

6.1.4.3　数据质量控制和评估

（1）相对湿度为 0～100%。

（2）干球温度大于等于湿球温度（结冰期除外）。

（3）一天中定时记录缺 1 次或 1 次以上时，不做日平均。一个月中日均值缺测 7 次或 7 次以上时，该月不做月统计，按缺测处理。

6.1.4.4　数据

表 6 - 4 中为奈曼站综合气象要素观测场定位观测点 2005—2015 年月尺度相对湿度数据。

表 6 - 4　相对湿度

时间（年-月）	相对湿度/%
2005 - 01	46
2005 - 02	44
2005 - 03	33

（续）

时间（年-月）	相对湿度/%
2005 - 04	28
2005 - 05	43
2005 - 06	66
2005 - 07	—
2005 - 08	—
2005 - 09	—
2005 - 10	—
2005 - 11	52
2005 - 12	40
2006 - 01	59
2006 - 02	67
2006 - 03	45
2006 - 04	46
2006 - 05	—
2006 - 06	—
2006 - 07	—
2006 - 08	—
2006 - 09	—
2006 - 10	—
2006 - 11	55
2006 - 12	65
2007 - 01	64
2007 - 02	49
2007 - 03	54
2007 - 04	—
2007 - 05	—
2007 - 06	—
2007 - 07	—
2007 - 08	—
2007 - 09	—

（续）

时间（年-月）	相对湿度/%
2007 – 10	—
2007 – 11	57
2007 – 12	70
2008 – 01	57
2008 – 02	52
2008 – 03	53
2008 – 04	—
2008 – 05	—
2008 – 06	—
2008 – 07	—
2008 – 08	—
2008 – 09	—
2008 – 10	—
2008 – 11	52
2008 – 12	50
2009 – 01	54
2009 – 02	46
2009 – 03	46
2009 – 04	—
2009 – 05	—
2009 – 06	—
2009 – 07	—
2009 – 08	—
2009 – 09	—
2009 – 10	—
2009 – 11	60
2009 – 12	70
2010 – 01	72
2010 – 02	60
2010 – 03	61

（续）

时间（年-月）	相对湿度/%
2010 - 04	—
2010 - 05	—
2010 - 06	—
2010 - 07	—
2010 - 08	—
2010 - 09	—
2010 - 10	—
2010 - 11	82
2010 - 12	84
2011 - 01	67
2011 - 02	55
2011 - 03	44
2011 - 04	—
2011 - 05	—
2011 - 06	—
2011 - 07	—
2011 - 08	—
2011 - 09	—
2011 - 10	—
2011 - 11	—
2011 - 12	69
2012 - 01	69
2012 - 02	55
2012 - 03	58
2012 - 04	—
2012 - 05	—
2012 - 06	—
2012 - 07	—
2012 - 08	—
2012 - 09	—

（续）

时间（年-月）	相对湿度/%
2012 - 10	63
2012 - 11	70
2012 - 12	66
2013 - 01	70
2013 - 02	63
2013 - 03	53
2013 - 04	50
2013 - 05	42
2013 - 06	62
2013 - 07	71
2013 - 08	70
2013 - 09	58
2013 - 10	58
2013 - 11	49
2013 - 12	59
2014 - 01	56
2014 - 02	47
2014 - 03	41
2014 - 04	36
2014 - 05	52
2014 - 06	64
2014 - 07	65
2014 - 08	65
2014 - 09	65
2014 - 10	55
2014 - 11	49
2014 - 12	58
2015 - 01	65
2015 - 02	58
2015 - 03	39

（续）

时间（年-月）	相对湿度/%
2015 - 04	39
2015 - 05	40
2015 - 06	65
2015 - 07	63
2015 - 08	66
2015 - 09	61
2015 - 10	51
2015 - 11	61
2015 - 12	63

6.1.5 地表温度数据集

6.1.5.1 概述

本数据集为奈曼站 2005—2015 年月尺度地表温度数据，定位观测点地理位置参见 6.1.1，计量单位为℃，精度为 0.1℃，有效数据 131 条。

6.1.5.2 数据采集和处理方法

数据获取方法：用水银地温表观测地表面 0 cm 处温度。

原始数据观测频率参见 6.1.1。

数据产品处理方法：将当天地面最低温度和前一天 20：00 地表温度的平均值作为 2：00 的地表温度，然后对每日质控后的所有 4 个时次的观测数据进行平均，计算日平均值。用日均值合计值除以天数获得月平均值。

6.1.5.3 数据质量控制和评估

（1）超出气候学值域-90～90℃的数据为错误数据。

（2）地表温度 24 h 变化范围小于 60℃。

（3）一天中定时记录缺 1 次或 1 次以上时，不做日平均。一个月中日均值缺测 7 次或 7 次以上时，该月不做月统计，按缺测处理。

6.1.5.4 数据

表 6-5 中为奈曼站综合气象要素观测场定位观测点 2005—2015 年月尺度地表温度数据。

表 6-5 地表温度

时间（年-月）	地表温度/℃
2005 - 01	-10.1
2005 - 02	-8.5
2005 - 03	5.5
2005 - 04	18.2
2005 - 05	24.3

（续）

时间（年-月）	地表温度/℃
2005 - 06	—
2005 - 07	31.4
2005 - 08	27.9
2005 - 09	25.6
2005 - 10	13.2
2005 - 11	0.6
2005 - 12	−11.3
2006 - 01	−11.4
2006 - 02	−5.6
2006 - 03	5.9
2006 - 04	12.7
2006 - 05	25.6
2006 - 06	29.6
2006 - 07	32.4
2006 - 08	31.8
2006 - 09	22.7
2006 - 10	14.0
2006 - 11	−1.1
2006 - 12	−10.2
2007 - 01	−10.2
2007 - 02	−0.3
2007 - 03	4.9
2007 - 04	17.1
2007 - 05	25.2
2007 - 06	35.6
2007 - 07	32.4
2007 - 08	31.4
2007 - 09	24.9
2007 - 10	11.8
2007 - 11	−1.0
2007 - 12	−8.9
2008 - 01	−13.4
2008 - 02	−5.3

（续）

时间（年-月）	地表温度/℃
2008 – 03	7.5
2008 – 04	16.4
2008 – 05	22.6
2008 – 06	30.3
2008 – 07	34.5
2008 – 08	31.1
2008 – 09	24.0
2008 – 10	14.1
2008 – 11	−1.0
2008 – 12	−9.6
2009 – 01	−12.3
2009 – 02	−5.3
2009 – 03	6.4
2009 – 04	17.0
2009 – 05	28.0
2009 – 06	29.5
2009 – 07	32.5
2009 – 08	34.0
2009 – 09	24.5
2009 – 10	12.0
2009 – 11	−4.1
2009 – 12	−13.2
2010 – 01	1.9
2010 – 02	1.4
2010 – 03	2.1
2010 – 04	2.0
2010 – 05	1.5
2010 – 06	1.4
2010 – 07	0.8
2010 – 08	0.5
2010 – 09	20.5
2010 – 10	7.3
2010 – 11	−1.8

（续）

时间（年-月）	地表温度/℃
2010 - 12	1. 4
2011 - 01	1. 2
2011 - 02	0. 5
2011 - 03	1. 7
2011 - 04	1. 3
2011 - 05	2. 1
2011 - 06	0. 9
2011 - 07	0. 9
2011 - 08	0. 4
2011 - 09	0. 7
2011 - 10	1. 4
2011 - 11	1. 0
2011 - 12	0. 7
2012 - 01	0. 7
2012 - 02	1. 5
2012 - 03	1. 6
2012 - 04	2. 3
2012 - 05	1. 9
2012 - 06	1. 4
2012 - 07	1. 3
2012 - 08	1. 4
2012 - 09	1. 3
2012 - 10	1. 4
2012 - 11	1. 8
2012 - 12	1. 7
2013 - 01	1. 3
2013 - 02	1. 9
2013 - 03	2. 8
2013 - 04	2. 5
2013 - 05	2. 3
2013 - 06	2. 6
2013 - 07	1. 8
2013 - 08	1. 6

（续）

时间（年-月）	地表温度/℃
2013 - 09	1.6
2013 - 10	1.7
2013 - 11	2.6
2013 - 12	−4.7
2014 - 01	1.3
2014 - 02	1.7
2014 - 03	2.2
2014 - 04	1.3
2014 - 05	2.1
2014 - 06	1.1
2014 - 07	2.4
2014 - 08	1.3
2014 - 09	0.8
2014 - 10	2.1
2014 - 11	1.1
2014 - 12	2.1
2015 - 01	1.4
2015 - 02	2.6
2015 - 03	2.2
2015 - 04	1.5
2015 - 05	2.7
2015 - 06	1.6
2015 - 07	1.5
2015 - 08	0.6
2015 - 09	1.3
2015 - 10	1.9
2015 - 11	1.3
2015 - 12	1.5

6.1.6 降水量数据集

6.1.6.1 概述

本数据集为奈曼站 2005—2015 年月尺度降水量数据，定位观测点地理位置参见 6.1.1，计量单位为 mm，精度为 0.1 mm，有效数据 130 条。

6.1.6.2 数据采集和处理方法

数据获取方法：利用雨（雪）量器每天 8：00 和 20：00 观测前 12 h 的累积降水量。距地面高度为 70 cm，冬季积雪超过 30 cm 时距地面高度为 1.0～1.2 m。

原始数据观测频率：每天 2 次（北京时间 8：00、20：00）。

数据产品处理方法：

（1）降水量的日总量由该日降水量各时值累加获得。

（2）月累计降水量由日总量累加而得。

6.1.6.3 数据质量控制和评估

（1）降水量大于 0 mm 或者为微量时，应有降水或者雪暴天气现象。

（2）一天中定时记录缺 1 次，另一定时记录未缺测时，按实有记录做日合计，全天缺测时不做日合计。一个月中降水量缺测 7 次或 7 次以上时，该月不做月合计，按缺测处理。

6.1.6.4 数据

表 6-6 中为奈曼站综合气象要素观测场定位观测点 2005—2015 年月尺度降水量数据。

表 6-6　降水量

时间（年-月）	月累计降水量/mm
2005 - 01	—
2005 - 02	0.7
2005 - 03	0.6
2005 - 04	5.1
2005 - 05	32.5
2005 - 06	130.0
2005 - 07	70.4
2005 - 08	58.4
2005 - 09	11.3
2005 - 10	8.2
2005 - 11	0.0
2005 - 12	0.3
2006 - 01	0.0
2006 - 02	0.7
2006 - 03	0.6
2006 - 04	14.4
2006 - 05	25.1
2006 - 06	54.1
2006 - 07	37.9
2006 - 08	19.9
2006 - 09	25.2
2006 - 10	4.3

（续）

时间（年-月）	月累计降水量/mm
2006 - 11	1.7
2006 - 12	0.3
2007 - 01	0.0
2007 - 02	0.0
2007 - 03	25.8
2007 - 04	7.5
2007 - 05	29.5
2007 - 06	0.3
2007 - 07	184.6
2007 - 08	42.6
2007 - 09	10.4
2007 - 10	32.1
2007 - 11	0.0
2007 - 12	7.3
2008 - 01	0.0
2008 - 02	—
2008 - 03	13.5
2008 - 04	24.9
2008 - 05	28.5
2008 - 06	25.1
2008 - 07	71.2
2008 - 08	49.0
2008 - 09	27.3
2008 - 10	9.4
2008 - 11	5.9
2008 - 12	0.2
2009 - 01	0.0
2009 - 02	3.5
2009 - 03	0.0
2009 - 04	64.0
2009 - 05	20.6
2009 - 06	52.4
2009 - 07	86.4

（续）

时间（年-月）	月累计降水量/mm
2009 - 08	8.6
2009 - 09	4.1
2009 - 10	1.6
2009 - 11	1.7
2009 - 12	2.2
2010 - 01	2.0
2010 - 02	0.0
2010 - 03	6.1
2010 - 04	23.8
2010 - 05	47.8
2010 - 06	53.0
2010 - 07	80.6
2010 - 08	26.2
2010 - 09	26.1
2010 - 10	61.6
2010 - 11	18.0
2010 - 12	2.2
2011 - 01	0.6
2011 - 02	3.5
2011 - 03	0.0
2011 - 04	1.6
2011 - 05	31.7
2011 - 06	52.8
2011 - 07	110.9
2011 - 08	24.8
2011 - 09	1.8
2011 - 10	3.9
2011 - 11	5.7
2011 - 12	0.0
2012 - 01	0.0
2012 - 02	4.5
2012 - 03	4.5
2012 - 04	16.2

（续）

时间（年-月）	月累计降水量/mm
2012 - 05	31.0
2012 - 06	82.2
2012 - 07	91.0
2012 - 08	26.7
2012 - 09	152.7
2012 - 10	36.1
2012 - 11	43.5
2012 - 12	2.7
2013 - 01	1.9
2013 - 02	3.1
2013 - 03	9.0
2013 - 04	30.1
2013 - 05	10.4
2013 - 06	34.8
2013 - 07	92.9
2013 - 08	62.0
2013 - 09	7.5
2013 - 10	16.6
2013 - 11	0.6
2013 - 12	2.2
2014 - 01	2.4
2014 - 02	0.0
2014 - 03	12.3
2014 - 04	2.1
2014 - 05	74.0
2014 - 06	63.0
2014 - 07	58.6
2014 - 08	14.3
2014 - 09	38.1
2014 - 10	5.9
2014 - 11	0.0
2014 - 12	1.1
2015 - 01	3.9

（续）

时间（年-月）	月累计降水量/mm
2015 - 02	4.6
2015 - 03	0.7
2015 - 04	21.8
2015 - 05	21.9
2015 - 06	90.9
2015 - 07	48.2
2015 - 08	13.4
2015 - 09	16.3
2015 - 10	16.1
2015 - 11	3.1
2015 - 12	0.8

6.2 气象自动观测要素数据集

6.2.1 气压数据集

6.2.1.1 概述

本数据集为奈曼站 2005—2015 年自动气象站月尺度气压数据，定位观测点地理位置参见 6.1.1，计量单位为 hPa，精度 0.1 为 hPa，有效数据 124 条。

6.2.1.2 数据采集和处理方法

数据获取方法：用 DPA501 数字气压表观测（图 6-1），距地面小于 1 m。每 10 s 采测 1 个气压值，每分钟采测 6 个气压值，去除 1 个最大值和 2 个最小值后取平均值，作为每分钟的气压值，正点时采测 00 min 的气压值作为正点数据存储。

图 6-1 数字气压表

数据产品处理方法：用质控后的日均值合计值除以天数获得月平均值。

6.2.1.3　数据质量控制和评估

（1）超出气候学值域 300～1 100 hPa 的数据为错误数据。

（2）所观测的气压不小于日最低气压且不大于日最高气压，海拔高度大于 0 m 时，台站气压小于海平面气压，海拔高度等于 0 m 时，台站气压等于海平面气压，海拔高度小于 0 m 时，台站气压大于海平面气压。

（3）24 h 变压的绝对值小于 50 hPa。

（4）1 min 内允许的最大变化值为 1.0 hPa，1 h 内变化幅度的最小值为 0.1 hPa。

（5）某一定时气压缺测时，用前、后两定时数据内插求得，按正常数据统计，连续两个或两个以上定时数据缺测时，不能内插，仍按缺测处理。

（6）一天中 24 次定时观测记录有缺测时，按照 2：00、8：00、14：00、20：00 4 次定时记录做日平均，若 4 次定时记录缺测 1 次或 1 次以上，但该日各定时记录缺测 5 次或 5 次以下，按实有记录做日统计，缺测 6 次或 6 次以上时，不做日平均。日平均值缺测 6 次或者 6 次以上时，不做月统计。建议进行缺失数据插补。

6.2.1.4　数据

表 6-7 中为奈曼站综合气象要素观测场自动气象站 2005—2015 年月尺度气压数据。

表 6-7　气　　压

时间（年-月）	气压/hPa
2005 - 06	960.2
2005 - 07	963.0
2005 - 08	967.0
2005 - 09	972.2
2005 - 10	—
2005 - 11	975.9
2005 - 12	982.8
2006 - 01	982.6
2006 - 02	980.9
2006 - 03	971.2
2006 - 04	967.7
2006 - 05	968.3
2006 - 06	962.1
2006 - 07	962.8
2006 - 08	966.9
2006 - 09	973.6
2006 - 10	976.5
2006 - 11	—
2006 - 12	982.7

（续）

时间（年-月）	气压/hPa
2007 - 01	983.5
2007 - 02	975.7
2007 - 03	975.1
2007 - 04	971.7
2007 - 05	963.7
2007 - 06	964.2
2007 - 07	962.0
2007 - 08	966.7
2007 - 09	973.0
2007 - 10	977.9
2007 - 11	980.7
2007 - 12	979.3
2008 - 01	985.7
2008 - 02	981.8
2008 - 03	973.8
2008 - 04	969.0
2008 - 05	964.9
2008 - 06	965.1
2008 - 07	963.4
2008 - 08	966.2
2008 - 09	971.9
2008 - 10	975.1
2008 - 11	977.7
2008 - 12	978.0
2009 - 01	981.3
2009 - 02	976.4
2009 - 03	974.7
2009 - 04	971.0
2009 - 05	967.2
2009 - 06	960.2
2009 - 07	962.3
2009 - 08	966.8
2009 - 09	971.4

（续）

时间（年-月）	气压/hPa
2009 - 10	974.3
2009 - 11	981.4
2009 - 12	979.6
2010 - 01	980.5
2010 - 02	—
2010 - 03	976.3
2010 - 04	972.7
2010 - 05	965.3
2010 - 06	967.0
2010 - 07	964.0
2010 - 08	967.2
2010 - 09	972.6
2010 - 10	972.4
2010 - 11	973.7
2010 - 12	973.8
2011 - 01	984.6
2011 - 02	979.1
2011 - 03	977.2
2011 - 04	970.5
2011 - 05	965.0
2011 - 06	963.2
2011 - 07	962.1
2011 - 08	967.0
2011 - 09	973.2
2011 - 10	976.3
2011 - 11	981.9
2011 - 12	984.9
2012 - 01	983.7
2012 - 02	979.5
2012 - 03	976.9
2012 - 04	966.9
2012 - 05	967.4
2012 - 06	962.5

（续）

时间（年-月）	气压/hPa
2012 – 07	962.5
2012 – 08	967.8
2012 – 09	972.4
2012 – 10	974.9
2012 – 11	975.8
2012 – 12	981.1
2013 – 01	981.8
2013 – 02	980.5
2013 – 03	973.7
2013 – 04	970.3
2013 – 05	965.3
2013 – 06	964.2
2013 – 07	960.5
2013 – 08	963.3
2013 – 09	972.5
2013 – 10	978.2
2013 – 11	976.2
2013 – 12	979.6
2014 – 01	979.8
2014 – 02	983.5
2014 – 03	976.0
2014 – 04	973.5
2014 – 05	965.2
2014 – 06	965.0
2014 – 07	963.0
2014 – 08	967.5
2014 – 09	972.7
2014 – 10	976.8
2014 – 11	977.8
2014 – 12	979.7
2015 – 01	981.4
2015 – 02	978.3
2015 – 03	975.9

(续)

时间（年-月）	气压/hPa
2015 - 04	971.6
2015 - 05	963.8
2015 - 06	962.8
2015 - 07	964.7
2015 - 08	966.5
2015 - 09	973.3
2015 - 10	975.3
2015 - 11	984.3
2015 - 12	981.4

6.2.2　10 min 平均风速数据集

6.2.2.1　概述

本数据集为奈曼站 2005—2015 年自动气象站月尺度 10 min 平均风速，定位观测点地理位置参见 6.1.1，计量单位为 m/s，精度为 0.1 m/s，有效数据 125 条。

6.2.2.2　数据采集和处理方法

数据获取方法：用 WAA151 或者 WAC151 风速风向传感器观测（图 6 - 2），10 m 风杆。每秒采测 1 次风速数据，以 1 s 为步长求 3 s 滑动平均值，以 3 s 为步长求 1 min 滑动平均风速，然后以 1 min 为步长求 10 min 滑动平均风速。正点时存储 00 min 的 10 min 平均风速值。

图 6 - 2　风速风向传感器

数据产品处理方法：参见 6.2.1。

6.2.2.3 数据质量控制和评估

（1）超出气候学值域 0～75 m/s 的数据为错误数据。

（2）10 min 平均风速小于最大风速。

（3）一天中 24 次定时观测记录有缺测时，按照 2：00、8：00、14：00、20：00 4 次定时记录做日平均，若 4 次定时记录缺 1 次或 1 次以上但该日各定时记录缺 5 次或 5 次以下，按实有记录做日统计，缺测 6 次或 6 次以上时，不做日平均。

6.2.2.4 数据

表 6-8 中为奈曼站综合气象要求观测场自动气象站 2005—2015 年月尺度 10 min 平均风速数据。

表 6-8 10 min 平均风速

时间（年-月）	平均风速/（m/s）
2005 - 06	2.1
2005 - 07	1.7
2005 - 08	1.2
2005 - 09	2.1
2005 - 10	—
2005 - 11	2.2
2005 - 12	2.5
2006 - 01	2.3
2006 - 02	3.0
2006 - 03	3.3
2006 - 04	3.2
2006 - 05	2.3
2006 - 06	2.2
2006 - 07	1.8
2006 - 08	1.5
2006 - 09	1.6
2006 - 10	1.9
2006 - 11	2.3
2006 - 12	1.9
2007 - 01	2.2
2007 - 02	2.5
2007 - 03	2.8
2007 - 04	2.7
2007 - 05	2.7
2007 - 06	2.1

（续）

时间（年-月）	平均风速/（m/s）
2007 – 07	1.4
2007 – 08	1.6
2007 – 09	1.4
2007 – 10	1.8
2007 – 11	2.2
2007 – 12	2.1
2008 – 01	2.1
2008 – 02	2.6
2008 – 03	2.7
2008 – 04	2.8
2008 – 05	2.4
2008 – 06	2.0
2008 – 07	1.6
2008 – 08	1.7
2008 – 09	1.9
2008 – 10	2.1
2008 – 11	2.3
2008 – 12	2.6
2009 – 01	2.2
2009 – 02	2.4
2009 – 03	2.6
2009 – 04	2.7
2009 – 05	2.4
2009 – 06	2.3
2009 – 07	1.7
2009 – 08	1.9
2009 – 09	2.0
2009 – 10	2.0
2009 – 11	2.3
2009 – 12	2.0
2010 – 01	2.3
2010 – 02	—
2010 – 03	2.6

（续）

时间（年-月）	平均风速/（m/s）
2010 - 04	2.9
2010 - 05	2.5
2010 - 06	2.1
2010 - 07	1.5
2010 - 08	1.6
2010 - 09	1.6
2010 - 10	2.5
2010 - 11	2.6
2010 - 12	2.3
2011 - 01	2.1
2011 - 02	2.2
2011 - 03	2.7
2011 - 04	2.7
2011 - 05	2.8
2011 - 06	2.0
2011 - 07	1.6
2011 - 08	1.3
2011 - 09	1.6
2011 - 10	1.9
2011 - 11	1.7
2011 - 12	1.8
2012 - 01	1.6
2012 - 02	2.5
2012 - 03	2.7
2012 - 04	3.1
2012 - 05	2.1
2012 - 06	1.9
2012 - 07	1.7
2012 - 08	1.4
2012 - 09	1.6
2012 - 10	1.7
2012 - 11	2.3
2012 - 12	2.0

（续）

时间（年-月）	平均风速/（m/s）
2013 - 01	1.6
2013 - 02	2.5
2013 - 03	2.7
2013 - 04	2.8
2013 - 05	2.6
2013 - 06	2.1
2013 - 07	1.8
2013 - 08	1.7
2013 - 09	1.8
2013 - 10	1.8
2013 - 11	2.5
2013 - 12	1.8
2014 - 01	1.9
2014 - 02	1.8
2014 - 03	2.0
2014 - 04	2.1
2014 - 05	2.2
2014 - 06	1.5
2014 - 07	1.7
2014 - 08	1.3
2014 - 09	1.3
2014 - 10	1.6
2014 - 11	1.9
2014 - 12	2.3
2015 - 01	1.7
2015 - 02	2.3
2015 - 03	2.3
2015 - 04	2.3
2015 - 05	2.4
2015 - 06	1.6
2015 - 07	1.3
2015 - 08	1.2
2015 - 09	1.2

（续）

时间（年-月）	平均风速/（m/s）
2015 - 10	1.9
2015 - 11	1.5
2015 - 12	1.6

6.2.3 气温数据集

6.2.3.1 概述

本数据集为奈曼站 2005—2015 年月尺度气温数据，定位观测点地理位置参见 6.1.1，计量单位为℃，精度为 0.1℃，有效数据 124 条。

6.2.3.2 数据采集和处理方法

数据获取方法：用 HMP45D 温湿度传感器观测（图 6-3），距地面 1.5 m。每 10 s 采测 1 个温度值，每分钟采测 6 个温度值，去除 1 个最大值和 1 个最小值后取平均值，作为每分钟的温度值存储。正点时采测 00 min 的温度值作为正点数据存储。

图 6-3　温湿度传感器

数据产品处理方法：用质控后的日均值合计值除以天数获得月平均值。

6.2.3.3 数据质量控制和评估

（1）超出气候学值域 -80～60℃的数据为错误数据。

（2）1 min 内允许的最大变化值为 3℃，1 h 内变化幅度的最小值为 0.1℃。

（3）定时气温大于等于日最低地温且小于等于日最高气温。

（4）气温大于等于露点温度。

（5）24 h 气温变化范围小于 50℃。

（6）利用与台站下垫面及周围环境相似的 1 个或多个邻近站观测数据计算本站气温值，比较台站观测值和计算值，如果超出阈值即认为观测数据可疑。

（7）某一定时气温缺测时，用前、后两定时数据内插求得，按正常数据统计，若连续 2 个或 2 个以上定时数据缺测，不能内插，仍按缺测处理。

（8）一天中若 24 次定时观测记录有缺测，按照 2：00、8：00、14：00、20：00 4 次定时记录做日平均，若 4 次定时记录缺 1 次或 1 次以上，但该日各定时记录缺测 5 次或 5 次以下，按实有记录做日统计，缺测 6 次或 6 次以上时，不做日平均。日平均值缺测 6 次或者 6 次以上时，不做月统计。

6.2.3.4　数据

表 6-9 中为奈曼站 2005—2015 年月尺度气温数据。

表 6-9　气　温

时间（年-月）	气温/℃
2005 - 06	21.5
2005 - 07	23.8
2005 - 08	21.9
2005 - 09	17.2
2005 - 10	—
2005 - 11	−0.9
2005 - 12	−13.5
2006 - 01	−11.7
2006 - 02	−8.9
2006 - 03	0.0
2006 - 04	6.6
2006 - 05	17.1
2006 - 06	21.3
2006 - 07	23.4
2006 - 08	23.1
2006 - 09	16.5
2006 - 10	9.7
2006 - 11	—
2006 - 12	−9.6
2007 - 01	−10.4
2007 - 02	−3.1
2007 - 03	−1.0
2007 - 04	8.7
2007 - 05	17.1
2007 - 06	24.7
2007 - 07	23.8
2007 - 08	22.4
2007 - 09	17.1

（续）

时间（年-月）	气温/℃
2007 - 10	7.8
2007 - 11	−2.1
2007 - 12	−9.5
2008 - 01	−13.5
2008 - 02	−9.0
2008 - 03	2.9
2008 - 04	11.8
2008 - 05	15.1
2008 - 06	21.2
2008 - 07	24.2
2008 - 08	22.1
2008 - 09	16.8
2008 - 10	10.2
2008 - 11	−0.5
2008 - 12	−8.7
2009 - 01	−12.2
2009 - 02	−8.0
2009 - 03	−0.7
2009 - 04	10.3
2009 - 05	19.1
2009 - 06	20.3
2009 - 07	23.4
2009 - 08	23.3
2009 - 09	16.6
2009 - 10	7.9
2009 - 11	−4.9
2009 - 12	−13.1
2010 - 01	−14.2
2010 - 02	—
2010 - 03	−3.8
2010 - 04	5.4
2010 - 05	16.5
2010 - 06	23.5

（续）

时间（年-月）	气温/℃
2010 – 07	24.0
2010 – 08	22.4
2010 – 09	16.6
2010 – 10	7.9
2010 – 11	−1.0
2010 – 12	−11.9
2011 – 01	−15.5
2011 – 02	−7.0
2011 – 03	−0.9
2011 – 04	8.6
2011 – 05	16.3
2011 – 06	21.5
2011 – 07	23.3
2011 – 08	22.8
2011 – 09	14.7
2011 – 10	9.2
2011 – 11	−3.0
2011 – 12	−12.1
2012 – 01	−16.4
2012 – 02	−11.1
2012 – 03	−2.1
2012 – 04	10.3
2012 – 05	17.4
2012 – 06	20.8
2012 – 07	23.3
2012 – 08	21.9
2012 – 09	16.2
2012 – 10	7.7
2012 – 11	−5.0
2012 – 12	−15.3
2013 – 01	−15.8
2013 – 02	−11.1
2013 – 03	−1.8

（续）

时间（年-月）	气温/℃
2013 - 04	4.6
2013 - 05	18.7
2013 - 06	21.4
2013 - 07	24.2
2013 - 08	23.3
2013 - 09	16.2
2013 - 10	8.4
2013 - 11	−0.4
2013 - 12	−9.2
2014 - 01	−10.6
2014 - 02	−9.2
2014 - 03	1.5
2014 - 04	11.8
2014 - 05	15.8
2014 - 06	21.6
2014 - 07	24.2
2014 - 08	22.2
2014 - 09	15.2
2014 - 10	8.6
2014 - 11	−0.1
2014 - 12	−9.9
2015 - 01	−9.9
2015 - 02	−6.8
2015 - 03	2.0
2015 - 04	10.3
2015 - 05	17.2
2015 - 06	20.8
2015 - 07	23.4
2015 - 08	22.6
2015 - 09	17.0
2015 - 10	8.4
2015 - 11	−4.8
2015 - 12	−8.7

6.2.4　相对湿度数据集

6.2.4.1　概述

本数据集为奈曼站 2005—2015 年月尺度相对湿度，定位观测点地理位置参见 6.1.1，用百分数表示，精度为 1%，有效数据 124 条。

6.2.4.2　数据采集和处理方法

数据获取方法：用 HMP45D 湿度传感器观测。每 10 s 采测 1 个湿度值，每分钟采测 6 个湿度值，去除 1 个最大值和 1 个最小值后取平均值，作为每分钟的湿度值存储。正点时采测 00 min 的湿度值作为正点数据存储。

数据产品处理方法：参见 6.2.1。

6.2.4.3　数据质量控制和评估

（1）相对湿度为 0～100%。

（2）定时相对湿度大于等于日最小相对湿度。

（3）干球温度大于等于湿球温度（结冰期除外）。

（4）某一定时相对湿度缺测时，用前、后两定时数据内插求得，按正常数据统计，若连续 2 个或 2 个以上定时数据缺测，不能内插，仍按缺测处理。

（5）一天中若 24 次定时观测记录有缺测，该日按照 2：00、8：00、14：00、20：00 4 次定时记录做日平均，若 4 次定时记录缺 1 次或 1 次以上，但该日各定时记录缺测 5 次或 5 次以下，按实有记录做日统计，缺测 6 次或 6 次以上时，不做日平均。日平均值缺测 6 次或者 6 次以上时，不做月统计。

6.2.4.4　数据

表 6 - 10 中为奈曼站综合气象要素观测场 2005—2015 年月尺度相对湿度数据。

表 6 - 10　相对湿度

时间（年-月）	相对湿度/%
2005 - 06	67
2005 - 07	75
2005 - 08	75
2005 - 09	58
2005 - 10	—
2005 - 11	44
2005 - 12	54
2006 - 01	46
2006 - 02	41
2006 - 03	34
2006 - 04	41
2006 - 05	40
2006 - 06	57
2006 - 07	66

（续）

时间（年-月）	相对湿度/%
2006 - 08	67
2006 - 09	61
2006 - 10	45
2006 - 11	—
2006 - 12	53
2007 - 01	53
2007 - 02	38
2007 - 03	50
2007 - 04	37
2007 - 05	39
2007 - 06	43
2007 - 07	68
2007 - 08	68
2007 - 09	62
2007 - 10	53
2007 - 11	51
2007 - 12	63
2008 - 01	44
2008 - 02	39
2008 - 03	43
2008 - 04	47
2008 - 05	47
2008 - 06	63
2008 - 07	71
2008 - 08	71
2008 - 09	54
2008 - 10	45
2008 - 11	48
2008 - 12	41
2009 - 01	45
2009 - 02	37
2009 - 03	37
2009 - 04	47

（续）

时间（年-月）	相对湿度/%
2009 - 05	39
2009 - 06	57
2009 - 07	69
2009 - 08	60
2009 - 09	53
2009 - 10	47
2009 - 11	51
2009 - 12	55
2010 - 01	55
2010 - 02	—
2010 - 03	44
2010 - 04	44
2010 - 05	57
2010 - 06	49
2010 - 07	78
2010 - 08	69
2010 - 09	62
2010 - 10	54
2010 - 11	56
2010 - 12	55
2011 - 01	51
2011 - 02	48
2011 - 03	39
2011 - 04	37
2011 - 05	41
2011 - 06	62
2011 - 07	75
2011 - 08	73
2011 - 09	55
2011 - 10	49
2011 - 11	58
2011 - 12	55
2012 - 01	52

（续）

时间（年-月）	相对湿度/%
2012 - 02	39
2012 - 03	46
2012 - 04	35
2012 - 05	39
2012 - 06	65
2012 - 07	72
2012 - 08	69
2012 - 09	70
2012 - 10	61
2012 - 11	70
2012 - 12	66
2013 - 01	70
2013 - 02	62
2013 - 03	51
2013 - 04	53
2013 - 05	44
2013 - 06	63
2013 - 07	72
2013 - 08	70
2013 - 09	59
2013 - 10	58
2013 - 11	46
2013 - 12	55
2014 - 01	52
2014 - 02	43
2014 - 03	37
2014 - 04	34
2014 - 05	55
2014 - 06	64
2014 - 07	67
2014 - 08	66
2014 - 09	66
2014 - 10	51

（续）

时间（年-月）	相对湿度/%
2014－11	39
2014－12	47
2015－01	54
2015－02	48
2015－03	30
2015－04	38
2015－05	41
2015－06	66
2015－07	66
2015－08	68
2015－09	64
2015－10	49
2015－11	58
2015－12	61

6.2.5　地表温度数据集

6.2.5.1　概述

本数据集为奈曼站 2005—2015 年月尺度地表温度数据，定位观测点地理位置参见 6.1.1，计量单位为℃，精度为 0.1℃，有效数据 124 条。

6.2.5.2　数据采集和处理方法

数据获取方法：用 QMT110 地温传感器观测地表面 0 cm 处的温度。每 10 s 采测 1 次地表温度值，每分钟采测 6 次，去除 1 个最大值和 1 个最小值后取平均值，作为每分钟的地表温度值存储。正点时采测 00 min 的地表温度值作为正点数据存储。

数据产品处理方法：参见 6.2.1。

6.2.5.3　数据质量控制和评估

（1）超出气候学值域－90～90℃的数据为错误数据。

（2）1 min 内允许的最大变化值为 5℃，1 h 内变化幅度的最小值为 0.1 ℃。

（3）定时观测地表温度大于等于日地表最低温度且小于等于日地表最高温度。

（4）地表温度 24 h 变化范围小于 60℃。

（5）某一定时地表温度缺测时，用前、后两定时数据内插求得，按正常数据统计，若连续 2 个或 2 个以上定时数据缺测，不能内插，仍按缺测处理。

（6）一天中若 24 次定时观测记录有缺测，按照 2：00、8：00、14：00、20：00 4 次定时记录做日平均，若 4 次定时记录缺 1 次或 1 次以上，但该日各定时记录缺 5 次或 5 次以下，按实有记录做日统计，缺测 6 次或 6 次以上时，不做日平均。日平均值缺测 6 次或者 6 次以上时，不做月统计。

6.2.5.4　数据

表 6-11 中为奈曼站综合气象要素观测场 2005—2015 年月尺度地表温度数据。

表 6 - 11　地表温度

时间（年-月）	地表温度/℃
2005 - 06	25.1
2005 - 07	25.1
2005 - 08	23.7
2005 - 09	19.9
2005 - 10	—
2005 - 11	−2.6
2005 - 12	−11.9
2006 - 01	−13.1
2006 - 02	−8.3
2006 - 03	2.0
2006 - 04	9.8
2006 - 05	21.5
2006 - 06	26.3
2006 - 07	29.3
2006 - 08	28.7
2006 - 09	19.3
2006 - 10	11.5
2006 - 11	—
2006 - 12	−11.8
2007 - 01	−12.0
2007 - 02	−3.3
2007 - 03	2.1
2007 - 04	13.5
2007 - 05	21.6
2007 - 06	31.2
2007 - 07	29.3
2007 - 08	28.3
2007 - 09	21.8
2007 - 10	8.8
2007 - 11	−2.8
2007 - 12	−9.2
2008 - 01	−14.4
2008 - 02	−9.1

（续）

时间（年-月）	地表温度/℃
2008 - 03	4.0
2008 - 04	14.2
2008 - 05	19.8
2008 - 06	27.1
2008 - 07	30.7
2008 - 08	27.7
2008 - 09	20.9
2008 - 10	11.6
2008 - 11	−1.7
2008 - 12	−10.6
2009 - 01	−13.5
2009 - 02	−7.6
2009 - 03	2.3
2009 - 04	13.2
2009 - 05	24.2
2009 - 06	25.6
2009 - 07	28.9
2009 - 08	29.7
2009 - 09	20.8
2009 - 10	9.4
2009 - 11	−5.3
2009 - 12	−14.5
2010 - 01	−13.7
2010 - 02	—
2010 - 03	−1.5
2010 - 04	9.5
2010 - 05	20.0
2010 - 06	31.4
2010 - 07	28.4
2010 - 08	28.2
2010 - 09	20.8
2010 - 10	10.1
2010 - 11	−0.1

（续）

时间（年-月）	地表温度/℃
2010 - 12	−10.3
2011 - 01	−14.0
2011 - 02	−6.4
2011 - 03	1.4
2011 - 04	12.5
2011 - 05	21.1
2011 - 06	27.4
2011 - 07	28.3
2011 - 08	28.9
2011 - 09	19.6
2011 - 10	9.9
2011 - 11	−2.7
2011 - 12	−13.4
2012 - 01	−17.5
2012 - 02	−10.7
2012 - 03	0.4
2012 - 04	14.7
2012 - 05	22.7
2012 - 06	25.1
2012 - 07	28.8
2012 - 08	28.2
2012 - 09	19.3
2012 - 10	7.8
2012 - 11	−4.5
2012 - 12	−14.7
2013 - 01	−14.9
2013 - 02	−9.0
2013 - 03	0.3
2013 - 04	6.5
2013 - 05	23.2
2013 - 06	27.0
2013 - 07	29.5
2013 - 08	29.0

（续）

时间（年-月）	地表温度/℃
2013 - 09	20.3
2013 - 10	9.7
2013 - 11	-1.3
2013 - 12	-10.9
2014 - 01	-12.1
2014 - 02	-8.1
2014 - 03	4.6
2014 - 04	16.8
2014 - 05	19.1
2014 - 06	27.2
2014 - 07	30.5
2014 - 08	29.3
2014 - 09	18.6
2014 - 10	9.7
2014 - 11	-1.6
2014 - 12	-12.1
2015 - 01	-11.3
2015 - 02	-6.3
2015 - 03	4.6
2015 - 04	14.2
2015 - 05	22.0
2015 - 06	25.6
2015 - 07	29.8
2015 - 08	29.4
2015 - 09	22.0
2015 - 10	9.2
2015 - 11	-3.5
2015 - 12	-10.8

6.2.6　土壤温度（5 cm）数据集

6.2.6.1　概述

本数据集为奈曼站 2005—2015 年月尺度 5 cm 土壤温度，定位观测点地理位置参见 6.1.1，计量单位为℃，精度为 0.1℃，有效数据 125 条。

6.2.6.2　数据采集和处理方法

数据获取方法：用 QMT110 地温传感器观测地面以下 5 cm 温度。每 10 s 采测 1 次 5 cm 地温值，每分钟采测 6 次，去除 1 个最大值和 1 个最小值后取平均值，作为每分钟的 5 cm 地温值存储。正点时采测 00 min 的 5 cm 地温值作为正点数据存储。

数据产品处理方法：参见 6.2.1。

6.2.6.3　数据质量控制和评估

（1）超出气候学值域 −80~80℃ 的数据为错误数据。

（2）1 min 内允许的最大变化值为 1℃，2 h 内变化幅度的最小值为 0.1 ℃。

（3）5 cm 地温 24 h 变化范围小于 40℃。

（4）某一定时土壤温度（5 cm）缺测时，用前、后两定时数据内插求得，按正常数据统计，若连续 2 个或 2 个以上定时数据缺测，不能内插，仍按缺测处理。

（5）一天中若 24 次定时观测记录有缺测，按照 2：00、8：00、14：00、20：00 4 次定时记录做日平均，若 4 次定时记录缺 1 次或 1 次以上，但该日各定时记录缺 5 次或 5 次以下，按实有记录做日统计，缺测 6 次或 6 次以上时，不做日平均。日平均值缺测 6 次或者 6 次以上时，不做月统计。

6.2.6.4　数据

表 6 - 12 中为奈曼站综合气象要素观测场 2005—2015 年月尺度 5 cm 土壤温度数据。

表 6 - 12　土壤温度（5 cm）

时间（年-月）	土壤温度（5 cm）/℃
2005 - 06	22.5
2005 - 07	24.6
2005 - 08	23.4
2005 - 09	20.1
2005 - 10	—
2005 - 11	−0.3
2005 - 12	−9.3
2006 - 01	−10.3
2006 - 02	−6.7
2006 - 03	1.6
2006 - 04	8.2
2006 - 05	18.4
2006 - 06	23.9
2006 - 07	26.8
2006 - 08	26.4
2006 - 09	18.9
2006 - 10	12.0
2006 - 11	−0.4
2006 - 12	−8.9

（续）

时间（年-月）	土壤温度（5 cm）/℃
2007 - 01	−9.6
2007 - 02	−2.5
2007 - 03	2.3
2007 - 04	12.3
2007 - 05	20.2
2007 - 06	28.7
2007 - 07	27.3
2007 - 08	25.9
2007 - 09	21.9
2007 - 10	10.1
2007 - 11	−0.2
2007 - 12	−6.9
2008 - 01	−11.1
2008 - 02	−6.6
2008 - 03	4.1
2008 - 04	12.1
2008 - 05	18.0
2008 - 06	24.2
2008 - 07	27.9
2008 - 08	25.9
2008 - 09	20.4
2008 - 10	13.2
2008 - 11	0.8
2008 - 12	−7.4
2009 - 01	−10.4
2009 - 02	−5.2
2009 - 03	3.3
2009 - 04	12.6
2009 - 05	20.8
2009 - 06	22.9
2009 - 07	25.8
2009 - 08	27.1
2009 - 09	20.8

（续）

时间（年-月）	土壤温度（5 cm）/℃
2009 - 10	10.8
2009 - 11	−2.4
2009 - 12	−11.1
2010 - 01	−11.7
2010 - 02	—
2010 - 03	−0.8
2010 - 04	8.8
2010 - 05	18.0
2010 - 06	27.1
2010 - 07	26.1
2010 - 08	26.4
2010 - 09	20.7
2010 - 10	11.4
2010 - 11	2.0
2010 - 12	−8.7
2011 - 01	−12.5
2011 - 02	−5.6
2011 - 03	1.0
2011 - 04	10.4
2011 - 05	18.4
2011 - 06	24.2
2011 - 07	26.0
2011 - 08	26.1
2011 - 09	19.7
2011 - 10	10.9
2011 - 11	−0.4
2011 - 12	−11.5
2012 - 01	−15.1
2012 - 02	−9.7
2012 - 03	0.4
2012 - 04	12.4
2012 - 05	19.8
2012 - 06	22.9

（续）

时间（年-月）	土壤温度（5 cm）/℃
2012 - 07	26.4
2012 - 08	25.4
2012 - 09	18.6
2012 - 10	9.0
2012 - 11	−1.4
2012 - 12	−10.3
2013 - 01	−10.6
2013 - 02	−7.3
2013 - 03	−0.3
2013 - 04	4.8
2013 - 05	18.7
2013 - 06	24.3
2013 - 07	26.9
2013 - 08	26.3
2013 - 09	19.4
2013 - 10	10.6
2013 - 11	0.6
2013 - 12	−8.0
2014 - 01	−9.5
2014 - 02	−6.5
2014 - 03	4.4
2014 - 04	14.5
2014 - 05	17.2
2014 - 06	24.6
2014 - 07	27.6
2014 - 08	26.3
2014 - 09	18.0
2014 - 10	10.2
2014 - 11	0.7
2014 - 12	−8.4
2015 - 01	−8.5
2015 - 02	−5.6
2015 - 03	2.4

（续）

时间（年-月）	土壤温度（5 cm）/℃
2015 - 04	11.3
2015 - 05	18.5
2015 - 06	23.0
2015 - 07	26.0
2015 - 08	26.3
2015 - 09	20.2
2015 - 10	9.9
2015 - 11	−0.8
2015 - 12	−7.8

6.2.7 土壤温度（10 cm）数据集

6.2.7.1 概述

本数据集为奈曼站 2005—2015 年月尺度 10 cm 土壤温度，定位观测点地理位置参见 6.1.1，计量单位为℃，精度为 0.1℃，有效数据 124 条。

6.2.7.2 数据采集和处理方法

数据获取方法：用 QMT110 地温传感器观测地面以下 10 cm 土壤温度。每 10 s 采测 1 次 10 cm 地温值，每分钟采测 6 次，去除 1 个最大值和 1 个最小值后取平均值，作为每分钟的 10 cm 地温值存储。正点时采测 00 min 的 10 cm 地温值作为正点数据存储。

数据产品处理方法：参见 6.2.1。

6.2.7.3 数据质量控制和评估

（1）超出气候学值域−70~70℃的数据为错误数据。

（2）1 min 内允许的最大变化值为 1℃，2 h 内变化幅度的最小值为 0.1 ℃。

（3）10 cm 地温 24 h 变化范围小于 40℃。

（4）某一定时土壤温度（10 cm）缺测时，用前、后两定时数据内插求得，按正常数据统计，若连续 2 个或 2 个以上定时数据缺测，不能内插，仍按缺测处理。

（5）一天中若 24 次定时观测记录有缺测，按照 2：00、8：00、14：00、20：00 4 次定时记录做日平均，若 4 次定时记录缺 1 次或 1 次以上，但该日各定时记录缺 5 次或 5 次以下，按实有记录做日统计，缺测 6 次或 6 次以上时，不做日平均。日平均值缺测 6 次或者 6 次以上时，不做月统计。

6.2.7.4 数据

表 6-13 中为奈曼站综合气象要素观测场 2005—2015 年月尺度 10 cm 土壤温度数据。

表 6-13 土壤温度（10 cm）

时间（年-月）	土壤温度（10 cm）/℃
2005 - 06	22.0
2005 - 07	24.2
2005 - 08	23.2

（续）

时间（年-月）	土壤温度（10 cm）/℃
2005 - 09	19.6
2005 - 10	—
2005 - 11	0.2
2005 - 12	−8.4
2006 - 01	−9.8
2006 - 02	−6.5
2006 - 03	1.0
2006 - 04	7.5
2006 - 05	17.8
2006 - 06	23.2
2006 - 07	26.1
2006 - 08	25.8
2006 - 09	18.7
2006 - 10	12.0
2006 - 11	—
2006 - 12	−8.1
2007 - 01	−9.2
2007 - 02	−3.0
2007 - 03	1.8
2007 - 04	11.3
2007 - 05	19.2
2007 - 06	27.1
2007 - 07	26.6
2007 - 08	25.3
2007 - 09	21.2
2007 - 10	10.2
2007 - 11	0.4
2007 - 12	−6.0
2008 - 01	−10.3
2008 - 02	−6.7
2008 - 03	2.9
2008 - 04	11.3
2008 - 05	17.2

（续）

时间（年-月）	土壤温度（10 cm）/℃
2008 – 06	23.0
2008 – 07	26.9
2008 – 08	25.2
2008 – 09	19.7
2008 – 10	12.8
2008 – 11	1.1
2008 – 12	−6.7
2009 – 01	−9.9
2009 – 02	−5.4
2009 – 03	2.1
2009 – 04	11.4
2009 – 05	19.9
2009 – 06	22.0
2009 – 07	25.2
2009 – 08	26.2
2009 – 09	20.3
2009 – 10	11.0
2009 – 11	−1.5
2009 – 12	−9.9
2010 – 01	−11.1
2010 – 02	—
2010 – 03	−1.3
2010 – 04	8.1
2010 – 05	17.4
2010 – 06	25.8
2010 – 07	25.5
2010 – 08	25.6
2010 – 09	20.2
2010 – 10	11.1
2010 – 11	2.3
2010 – 12	−8.1
2011 – 01	−12.2
2011 – 02	−5.9

（续）

时间（年-月）	土壤温度（10 cm）/℃
2011 - 03	0.1
2011 - 04	9.4
2011 - 05	17.5
2011 - 06	23.3
2011 - 07	25.2
2011 - 08	25.5
2011 - 09	19.2
2011 - 10	11.0
2011 - 11	0.7
2011 - 12	−10.2
2012 - 01	−14.0
2012 - 02	−9.6
2012 - 03	−0.1
2012 - 04	11.3
2012 - 05	19.1
2012 - 06	22.4
2012 - 07	25.7
2012 - 08	24.7
2012 - 09	18.4
2012 - 10	9.1
2012 - 11	0.0
2012 - 12	−8.8
2013 - 01	−9.7
2013 - 02	−6.9
2013 - 03	−0.8
2013 - 04	3.4
2013 - 05	16.1
2013 - 06	22.2
2013 - 07	25.4
2013 - 08	25.0
2013 - 09	18.7
2013 - 10	10.8
2013 - 11	1.7

（续）

时间（年-月）	土壤温度（10 cm）/℃
2013 - 12	−6.4
2014 - 01	−8.3
2014 - 02	−6.1
2014 - 03	2.8
2014 - 04	12.6
2014 - 05	16.0
2014 - 06	23.0
2014 - 07	26.0
2014 - 08	25.3
2014 - 09	18.2
2014 - 10	10.5
2014 - 11	1.4
2014 - 12	−7.4
2015 - 01	−7.8
2015 - 02	−5.3
2015 - 03	2.1
2015 - 04	10.9
2015 - 05	18.1
2015 - 06	22.6
2015 - 07	25.5
2015 - 08	25.9
2015 - 09	20.2
2015 - 10	10.4
2015 - 11	0.0
2015 - 12	−7.0

6.2.8　土壤温度（15 cm）数据集

6.2.8.1　概述

本数据集为奈曼站 2005—2015 年月尺度 15 cm 土壤温度，定位观测点地理位置参见 6.1.1，计量单位为℃，精度为 0.1℃，有效数据 124 条。

6.2.8.2　数据采集和处理方法

数据获取方法：用 QMT110 地温传感器观测地面以下 15 cm 土壤温度。每 10 s 采测 1 次 15 cm 地温值，每分钟采测 6 次，去除 1 个最大值和 1 个最小值后取平均值，作为每分钟的 15 cm 地温值存储。正点时采测 00 min 的 15 cm 地温值作为正点数据存储。

数据产品处理方法：参见 6.2.1。

6.2.8.3　数据质量控制和评估

（1）超出气候学值域−60～60℃的数据为错误数据。

（2）1 min 内允许的最大变化值为 1℃，2 h 内变化幅度的最小值为 0.1 ℃。

（3）15 cm 地温 24 h 变化范围小于 40℃。

（4）某一定时土壤温度（15 cm）缺测时，用前、后两定时数据内插求得，按正常数据统计，若连续 2 个或 2 个以上定时数据缺测，不能内插，仍按缺测处理。

（5）一天中若 24 次定时观测记录有缺测，按照 2：00、8：00、14：00、20：00 4 次定时记录做日平均，若 4 次定时记录缺 1 次或 1 次以上，但该日各定时记录缺 5 次或 5 次以下，按实有记录做日统计，缺测 6 次或 6 次以上时，不做日平均。日平均值缺测 6 次或者 6 次以上时，不做月统计。

6.2.8.4　数据

表 6−14 中为奈曼站综合气象要素观测场 2005—2015 年月尺度 15 cm 土壤温度数据。

表 6−14　土壤温度（15 cm）

时间（年-月）	土壤温度（15 cm）/℃
2005 − 06	21.5
2005 − 07	23.7
2005 − 08	22.9
2005 − 09	19.5
2005 − 10	—
2005 − 11	1.4
2005 − 12	−6.5
2006 − 01	−8.3
2006 − 02	−5.5
2006 − 03	1.1
2006 − 04	7.0
2006 − 05	17.1
2006 − 06	22.5
2006 − 07	25.5
2006 − 08	25.4
2006 − 09	18.7
2006 − 10	12.3
2006 − 11	—
2006 − 12	−7.1
2007 − 01	−8.6
2007 − 02	−3.1
2007 − 03	1.5
2007 − 04	10.5

（续）

时间（年-月）	土壤温度（15 cm）/℃
2007 - 05	18.2
2007 - 06	25.9
2007 - 07	25.9
2007 - 08	24.8
2007 - 09	20.9
2007 - 10	10.6
2007 - 11	1.1
2007 - 12	−5.1
2008 - 01	−9.4
2008 - 02	−6.4
2008 - 03	2.3
2008 - 04	10.6
2008 - 05	16.5
2008 - 06	22.2
2008 - 07	26.2
2008 - 08	24.7
2008 - 09	19.4
2008 - 10	12.8
2008 - 11	1.6
2008 - 12	−5.8
2009 - 01	−9.4
2009 - 02	−5.3
2009 - 03	1.5
2009 - 04	10.6
2009 - 05	19.2
2009 - 06	21.5
2009 - 07	24.7
2009 - 08	25.6
2009 - 09	20.0
2009 - 10	11.3
2009 - 11	−0.5
2009 - 12	−8.7
2010 - 01	−10.3

（续）

时间（年-月）	土壤温度（15 cm）/℃
2010 - 02	—
2010 - 03	−1.5
2010 - 04	7.5
2010 - 05	16.9
2010 - 06	24.9
2010 - 07	25.1
2010 - 08	25.0
2010 - 09	20.0
2010 - 10	11.5
2010 - 11	2.9
2010 - 12	−7.2
2011 - 01	−11.7
2011 - 02	−6.0
2011 - 03	−0.5
2011 - 04	8.6
2011 - 05	16.8
2011 - 06	22.6
2011 - 07	24.7
2011 - 08	25.1
2011 - 09	19.1
2011 - 10	11.2
2011 - 11	1.7
2011 - 12	−8.8
2012 - 01	−12.9
2012 - 02	−9.3
2012 - 03	−0.5
2012 - 04	10.5
2012 - 05	18.5
2012 - 06	21.9
2012 - 07	25.3
2012 - 08	24.2
2012 - 09	18.5
2012 - 10	9.4

（续）

时间（年-月）	土壤温度（15 cm）/℃
2012 – 11	0.2
2012 – 12	−8.4
2013 – 01	−9.4
2013 – 02	−6.7
2013 – 03	−0.9
2013 – 04	3.2
2013 – 05	15.9
2013 – 06	21.9
2013 – 07	25.3
2013 – 08	25.2
2013 – 09	18.8
2013 – 10	11.0
2013 – 11	2.0
2013 – 12	−6.0
2014 – 01	−8.0
2014 – 02	−6.0
2014 – 03	2.3
2014 – 04	12.1
2014 – 05	15.8
2014 – 06	22.8
2014 – 07	25.8
2014 – 08	25.4
2014 – 09	18.5
2014 – 10	10.9
2014 – 11	2.0
2014 – 12	−6.6
2015 – 01	−7.2
2015 – 02	−4.9
2015 – 03	1.9
2015 – 04	10.5
2015 – 05	17.8
2015 – 06	22.2
2015 – 07	25.1

（续）

时间（年-月）	土壤温度（15 cm）/℃
2015 - 08	25.6
2015 - 09	20.2
2015 - 10	10.9
2015 - 11	0.7
2015 - 12	−6.2

6.2.9　土壤温度（20 cm）数据集

6.2.9.1　概述

　　本数据集为奈曼站 2005—2015 年月尺度 20 cm 土壤温度数据，定位观测点地理位置参见 6.1.1，计量单位为℃，精度为 0.1℃，有效数据 124 条。

6.2.9.2　数据采集和处理方法

　　数据获取方法：用 QMT110 地温传感器观测地面以下 20 cm 土壤温度。每 10 s 采测 1 次 20 cm 地温值，每分钟采测 6 次，去除 1 个最大值和 1 个最小值后取平均值，作为每分钟的 20 cm 地温值存储。正点时采测 00 min 的 20 cm 地温值作为正点数据存储。

　　数据产品处理方法：参见 6.2.1。

6.2.9.3　数据质量控制和评估

　　（1）超出气候学值域−50～50℃的数据为错误数据。

　　（2）1 min 内允许的最大变化值为 1℃，2 h 内变化幅度的最小值为 0.1 ℃。

　　（3）20 cm 地温 24 h 变化范围小于 30℃。

　　（4）某一定时土壤温度（20 cm）缺测时，用前、后两定时数据内插求得，按正常数据统计，若连续 2 个或 2 个以上定时数据缺测，不能内插，仍按缺测处理。

　　（5）一天中若 24 次定时观测记录有缺测，按照 2∶00、8∶00、14∶00、20∶00 4 次定时记录做日平均，若 4 次定时记录缺测 1 次或 1 次以上，但该日各定时记录缺测 5 次或 5 次以下，按实有记录做日统计，缺测 6 次或 6 次以上时，不做日平均。日平均值缺测 6 次或者 6 次以上时，不做月统计。

6.2.9.4　数据

　　表 6 - 15 中为奈曼站综合气象要素观测场 2005—2015 年月尺度 20 cm 土壤温度数据。

表 6 - 15　土壤温度（20 cm）

时间（年-月）	土壤温度（20 cm）/℃
2005 - 06	20.9
2005 - 07	23.3
2005 - 08	22.6
2005 - 09	19.3
2005 - 10	—
2005 - 11	2.0
2005 - 12	−5.9

（续）

时间（年-月）	土壤温度（20 cm）/℃
2006 – 01	−8.1
2006 – 02	−5.6
2006 – 03	0.2
2006 – 04	6.1
2006 – 05	16.4
2006 – 06	21.8
2006 – 07	24.6
2006 – 08	24.8
2006 – 09	18.4
2006 – 10	12.4
2006 – 11	—
2006 – 12	−6.2
2007 – 01	−8.0
2007 – 02	−3.2
2007 – 03	1.2
2007 – 04	9.7
2007 – 05	17.4
2007 – 06	25.0
2007 – 07	25.1
2007 – 08	24.3
2007 – 09	20.6
2007 – 10	10.8
2007 – 11	1.6
2007 – 12	−4.5
2008 – 01	−8.7
2008 – 02	−6.2
2008 – 03	1.8
2008 – 04	9.9
2008 – 05	16.0
2008 – 06	21.4
2008 – 07	25.5
2008 – 08	24.2
2008 – 09	19.1

（续）

时间（年-月）	土壤温度（20 cm）/℃
2008 - 10	12.8
2008 - 11	2.0
2008 - 12	−5.2
2009 - 01	−8.9
2009 - 02	−5.1
2009 - 03	1.1
2009 - 04	10.0
2009 - 05	18.5
2009 - 06	20.9
2009 - 07	24.0
2009 - 08	25.0
2009 - 09	19.7
2009 - 10	11.4
2009 - 11	0.2
2009 - 12	−7.8
2010 - 01	−9.8
2010 - 02	—
2010 - 03	−1.7
2010 - 04	7.0
2010 - 05	16.3
2010 - 06	24.1
2010 - 07	24.6
2010 - 08	24.4
2010 - 09	19.8
2010 - 10	11.7
2010 - 11	3.3
2010 - 12	−6.5
2011 - 01	−11.3
2011 - 02	−6.1
2011 - 03	−0.9
2011 - 04	7.9
2011 - 05	16.2
2011 - 06	22.0

（续）

时间（年-月）	土壤温度（20 cm）/℃
2011 - 07	24.2
2011 - 08	24.6
2011 - 09	18.9
2011 - 10	11.3
2011 - 11	2.3
2011 - 12	−7.9
2012 - 01	−12.1
2012 - 02	−9.1
2012 - 03	−0.8
2012 - 04	9.8
2012 - 05	17.8
2012 - 06	21.3
2012 - 07	24.8
2012 - 08	23.7
2012 - 09	18.4
2012 - 10	9.5
2012 - 11	0.8
2012 - 12	−7.6
2013 - 01	−8.9
2013 - 02	−6.5
2013 - 03	−1.0
2013 - 04	2.5
2013 - 05	14.8
2013 - 06	21.0
2013 - 07	24.5
2013 - 08	24.7
2013 - 09	18.5
2013 - 10	11.1
2013 - 11	2.5
2013 - 12	−5.2
2014 - 01	−7.4
2014 - 02	−5.7
2014 - 03	1.9

(续)

时间（年-月）	土壤温度（20 cm）/℃
2014 - 04	11.3
2014 - 05	15.2
2014 - 06	22.1
2014 - 07	25.3
2014 - 08	25.0
2014 - 09	18.7
2014 - 10	11.3
2014 - 11	3.0
2014 - 12	−5.3
2015 - 01	−6.3
2015 - 02	−4.4
2015 - 03	1.5
2015 - 04	9.9
2015 - 05	17.2
2015 - 06	21.7
2015 - 07	24.5
2015 - 08	25.1
2015 - 09	20.2
2015 - 10	11.6
2015 - 11	1.9
2015 - 12	−5.1

6.2.10　土壤温度（40 cm）数据集

6.2.10.1　概述

本数据集为奈曼站 2005—2015 年月尺度 40 cm 土壤温度数据，定位观测点地理位置参见 6.1.1，计量单位为℃，精度为 0.1℃，有效数据 120 条。

6.2.10.2　数据采集和处理方法

数据获取方法：用 QMT110 地温传感器观测地面以下 40 cm 土壤温度。每 10 s 采测 1 次 40 cm 地温值，每分钟采测 6 次，去除 1 个最大值和 1 个最小值后取平均值，作为每分钟的 40 cm 地温值存储。正点时采测 00 min 的 40 cm 地温值作为正点数据存储。

数据产品处理方法：参见 6.2.1。

6.2.10.3　数据质量控制和评估

（1）超出气候学值域−45～45℃的数据为错误数据。

（2）1 min 内允许的最大变化值为 0.5 ℃，2 h 内变化幅度的最小值为 0.1 ℃。

（3）40 cm 地温 24 h 变化范围小于 30℃。

（4）某一定时土壤温度（40 cm）缺测时，用前、后两定时数据内插求得，按正常数据统计，若连续2个或2个以上定时数据缺测，不能内插，仍按缺测处理。

（5）一天中若24次定时观测记录有缺测，按照2：00、8：00、14：00、20：00 4次定时记录做日平均，若4次定时记录缺测1次或1次以上，但该日各定时记录缺测5次或5次以下，按实有记录做日统计，缺测6次或6次以上时，不做日平均。日平均值缺测6次或者6次以上时，不做月统计。

6.2.10.4 数据

表6-16中为奈曼站综合气象观测场2005—2015年月尺度40 cm土壤温度数据。

表6-16 土壤温度（40 cm）

时间（年-月）	土壤温度（40 cm）/℃
2005 - 06	19.1
2005 - 07	21.9
2005 - 08	21.8
2005 - 09	18.9
2005 - 10	—
2005 - 11	23.8
2005 - 12	11.8
2006 - 01	—
2006 - 02	—
2006 - 03	—
2006 - 04	—
2006 - 05	14.4
2006 - 06	19.9
2006 - 07	22.6
2006 - 08	23.5
2006 - 09	18.3
2006 - 10	13.3
2006 - 11	—
2006 - 12	−3.5
2007 - 01	−6.0
2007 - 02	−2.8
2007 - 03	0.8
2007 - 04	8.3
2007 - 05	15.7
2007 - 06	22.7
2007 - 07	23.6

（续）

时间（年-月）	土壤温度（40 cm）/℃
2007 – 08	23.3
2007 – 09	20.4
2007 – 10	12.2
2007 – 11	4.0
2007 – 12	−1.8
2008 – 01	−5.6
2008 – 02	−4.8
2008 – 03	0.6
2008 – 04	7.9
2008 – 05	14.4
2008 – 06	19.3
2008 – 07	23.6
2008 – 08	23.1
2008 – 09	18.8
2008 – 10	13.3
2008 – 11	3.9
2008 – 12	−2.6
2009 – 01	−6.6
2009 – 02	−4.2
2009 – 03	0.2
2009 – 04	8.5
2009 – 05	16.7
2009 – 06	19.3
2009 – 07	22.4
2009 – 08	23.6
2009 – 09	19.4
2009 – 10	12.4
2009 – 11	2.7
2009 – 12	−4.7
2010 – 01	−7.6
2010 – 02	—
2010 – 03	−1.8
2010 – 04	5.8

（续）

时间（年-月）	土壤温度（40 cm）/℃
2010 - 05	14. 3
2010 - 06	21. 8
2010 - 07	23. 1
2010 - 08	23. 0
2010 - 09	19. 5
2010 - 10	12. 7
2010 - 11	4. 6
2010 - 12	−4. 1
2011 - 01	−9. 7
2011 - 02	−6. 0
2011 - 03	−1. 4
2011 - 04	6. 0
2011 - 05	14. 4
2011 - 06	20. 1
2011 - 07	22. 7
2011 - 08	23. 4
2011 - 09	18. 8
2011 - 10	12. 1
2011 - 11	4. 6
2011 - 12	−4. 7
2012 - 01	−9. 3
2012 - 02	−7. 8
2012 - 03	−1. 5
2012 - 04	7. 7
2012 - 05	15. 7
2012 - 06	19. 7
2012 - 07	23. 3
2012 - 08	22. 6
2012 - 09	18. 4
2012 - 10	10. 6
2012 - 11	2. 8
2012 - 12	−4. 4
2013 - 01	−6. 8

（续）

时间（年-月）	土壤温度（40 cm）/℃
2013 - 02	−5.3
2013 - 03	−1.0
2013 - 04	1.0
2013 - 05	11.7
2013 - 06	18.7
2013 - 07	22.4
2013 - 08	23.5
2013 - 09	18.1
2013 - 10	12.1
2013 - 11	4.6
2013 - 12	−2.3
2014 - 01	−5.0
2014 - 02	−4.2
2014 - 03	0.7
2014 - 04	9.0
2014 - 05	13.6
2014 - 06	20.3
2014 - 07	23.8
2014 - 08	24.1
2014 - 09	19.0
2014 - 10	12.5
2014 - 11	5.4
2014 - 12	−1.9
2015 - 01	−3.6
2015 - 02	−2.8
2015 - 03	0.7
2015 - 04	7.9
2015 - 05	15.0
2015 - 06	19.8
2015 - 07	22.4
2015 - 08	23.7
2015 - 09	20.0
2015 - 10	13.1

（续）

时间（年-月）	土壤温度（40 cm）/℃
2015 - 11	4.8
2015 - 12	−1.8

6.2.11　土壤温度（100 cm）数据集

6.2.11.1　概述

　　本数据集为奈曼站 2005—2015 年月尺度 100 cm 土壤温度数据，定位观测点地理位置参见 6.1.1，计量单位为℃，精度为 0.1℃，有效数据 120 条。

6.2.11.2　数据采集和处理方法

　　数据获取方法：用 QMT110 地温传感器观测地面以下 100 cm 土壤温度。每 10 s 采测 1 次 100 cm 地温值，每分钟采测 6 次，去除 1 个最大值和 1 个最小值后取平均值，作为每分钟的 100 cm 地温值存储。正点时采测 00 min 的 100 cm 地温值作为正点数据存储。

　　数据产品处理方法：参见 6.2.1。

6.2.11.3　数据质量控制和评估

　　（1）超出气候学值域−40～40℃的数据为错误数据。

　　（2）1 min 内允许的最大变化值为 0.1 ℃，1 h 内变化幅度的最小值为 0.1 ℃。

　　（3）100 cm 地温 24 h 变化范围小于 20℃。

　　（4）某一定时土壤温度（100 cm）缺测时，用前、后两定时数据内插求得，按正常数据统计，若连续 2 个或 2 个以上定时数据缺测，不能内插，仍按缺测处理。

　　（5）一天中若 24 次定时观测记录有缺测，按照 2：00、8：00、14：00、20：00 4 次定时记录做日平均，若 4 次定时记录缺测 1 次或 1 次以上，但该日各定时记录缺测 5 次或 5 次以下，按实有记录做日统计，缺测 6 次或 6 次以上时，不做日平均。日平均值缺测 6 次或者 6 次以上时，不做月统计。

6.2.11.4　数据

　　表 6 - 17 中为奈曼站综合气象要素观测场 2005—2015 年月尺度 100 cm 土壤温度数据。

表 6 - 17　土壤温度（100 cm）

时间（年-月）	土壤温度（100 cm）/℃
2005 - 06	14.3
2005 - 07	18.0
2005 - 08	19.1
2005 - 09	17.9
2005 - 10	—
2005 - 11	31.7
2005 - 12	0.0
2006 - 01	—
2006 - 02	—

（续）

时间（年-月）	土壤温度（100 cm）/℃
2006 - 03	—
2006 - 04	—
2006 - 05	9.6
2006 - 06	15.1
2006 - 07	18.2
2006 - 08	19.9
2006 - 09	17.5
2006 - 10	14.9
2006 - 11	—
2006 - 12	3.3
2007 - 01	0.3
2007 - 02	0.0
2007 - 03	1.4
2007 - 04	5.7
2007 - 05	11.3
2007 - 06	16.5
2007 - 07	19.7
2007 - 08	20.5
2007 - 09	19.4
2007 - 10	14.7
2007 - 11	8.8
2007 - 12	3.7
2008 - 01	1.1
2008 - 02	−0.2
2008 - 03	0.0
2008 - 04	4.4
2008 - 05	10.6
2008 - 06	14.7
2008 - 07	18.4
2008 - 08	19.8
2008 - 09	17.7
2008 - 10	14.6
2008 - 11	8.9

（续）

时间（年-月）	土壤温度（100 cm）/℃
2008 - 12	3.8
2009 - 01	0.3
2009 - 02	−0.3
2009 - 03	0.3
2009 - 04	5.6
2009 - 05	11.6
2009 - 06	15.4
2009 - 07	18.0
2009 - 08	19.6
2009 - 09	18.2
2009 - 10	14.2
2009 - 11	8.5
2009 - 12	2.6
2010 - 01	−1.1
2010 - 02	—
2010 - 03	−0.2
2010 - 04	4.1
2010 - 05	9.3
2010 - 06	15.4
2010 - 07	18.0
2010 - 08	19.2
2010 - 09	18.2
2010 - 10	15.0
2010 - 11	8.2
2010 - 12	2.9
2011 - 01	−2.2
2011 - 02	−2.7
2011 - 03	−0.7
2011 - 04	3.3
2011 - 05	9.8
2011 - 06	15.2
2011 - 07	18.1
2011 - 08	19.7

（续）

时间（年-月）	土壤温度（100 cm）/℃
2011 - 09	17.8
2011 - 10	13.9
2011 - 11	9.3
2011 - 12	3.0
2012 - 01	−1.2
2012 - 02	−2.3
2012 - 03	−0.9
2012 - 04	3.9
2012 - 05	10.5
2012 - 06	14.7
2012 - 07	18.5
2012 - 08	19.4
2012 - 09	17.7
2012 - 10	12.9
2012 - 11	7.2
2012 - 12	2.9
2013 - 01	0.1
2013 - 02	−0.6
2013 - 03	−0.2
2013 - 04	0.0
2013 - 05	5.4
2013 - 06	13.3
2013 - 07	17.3
2013 - 08	19.6
2013 - 09	17.2
2013 - 10	13.8
2013 - 11	9.0
2013 - 12	3.9
2014 - 01	1.0
2014 - 02	0.2
2014 - 03	0.3
2014 - 04	5.1
2014 - 05	9.9

（续）

时间（年-月）	土壤温度（100 cm）/℃
2014 – 06	15.4
2014 – 07	19.4
2014 – 08	20.7
2014 – 09	18.5
2014 – 10	14.3
2014 – 11	9.6
2014 – 12	4.1
2015 – 01	1.4
2015 – 02	0.6
2015 – 03	0.9
2015 – 04	5.2
2015 – 05	10.9
2015 – 06	15.3
2015 – 07	18.2
2015 – 08	20.3
2015 – 09	18.8
2015 – 10	15.0
2015 – 11	9.6
2015 – 12	4.0

6.2.12 降水量数据集

6.2.12.1 概述

本数据集为奈曼站 2005—2015 年月尺度降水量数据，定位观测点地理位置参见 6.1.1，计量单位为 mm，精度为 0.2 mm，有效数据 127 条。

6.2.12.2 数据采集和处理方法

数据获取方法：用 RG13H 型翻斗雨量计观测（图 6 - 4），距地面 70 cm。每分钟计算出 1 min 降水量，正点时计算存储 1 h 的累积降水量，每日 20：00 存储每日累积降水。

原始数据观测频率：每日 2 次（北京时间 8：00、20：00）。

数据产品处理方法：一个月中降水量缺测 6 d 或以下时，按实有记录做月合计，缺测 7 d 或以上时，该月不做月合计。

6.2.12.3 数据质量控制和评估

（1）降雨强度超出气候学值域 0～400 mm/min 的数据为错误数据。

（2）降水量大于 0.0 mm 或者微量时，应有降水或者雪暴天气现象。

（3）一天中各时降水量缺测数小时但不是全天缺测时，按实有记录做日合计。全天缺测时，不做日合计，按缺测处理。

图 6 - 4 RG13H 型翻斗雨量计

6.2.12.4 数据

表 6 - 18 中为奈曼站综合气象要素观测场 2005—2015 年月尺度降水量数据。

表 6 - 18 降水量

时间 （年-月）	月累计降水量/mm
2005 - 06	136.4
2005 - 07	55.8
2005 - 08	66.8
2005 - 09	11.8
2005 - 10	7.8
2005 - 11	0.2
2005 - 12	0.0
2006 - 01	0.0
2006 - 02	1.2
2006 - 03	1.2
2006 - 04	12.8
2006 - 05	35.2
2006 - 06	68.0
2006 - 07	44.8
2006 - 08	69.6
2006 - 09	28.6

（续）

时间（年-月）	月累计降水量/mm
2006 - 10	7.4
2006 - 11	0.0
2006 - 12	0.0
2007 - 01	0.2
2007 - 02	0.0
2007 - 03	6.8
2007 - 04	8.0
2007 - 05	53.2
2007 - 06	0.8
2007 - 07	178.2
2007 - 08	40.2
2007 - 09	12.6
2007 - 10	16.2
2007 - 11	0.0
2007 - 12	0.0
2008 - 01	0.0
2008 - 02	0.0
2008 - 03	15.4
2008 - 04	24.6
2008 - 05	28.0
2008 - 06	26.0
2008 - 07	74.4
2008 - 08	51.8
2008 - 09	7.0
2008 - 10	10.0
2008 - 11	6.0
2008 - 12	0.0
2009 - 01	0.0
2009 - 02	1.0
2009 - 03	0.2

（续）

时间（年-月）	月累计降水量/mm
2009 - 04	64.4
2009 - 05	23.2
2009 - 06	54.4
2009 - 07	86.6
2009 - 08	9.8
2009 - 09	4.4
2009 - 10	6.4
2009 - 11	0.0
2009 - 12	0.0
2010 - 01	0.0
2010 - 02	0.0
2010 - 03	5.4
2010 - 04	11.2
2010 - 05	51.0
2010 - 06	13.4
2010 - 07	82.0
2010 - 08	26.8
2010 - 09	29.2
2010 - 10	58.2
2010 - 11	1.8
2010 - 12	0.4
2011 - 01	0.0
2011 - 02	0.2
2011 - 03	0.2
2011 - 04	1.6
2011 - 05	34.4
2011 - 06	33.4
2011 - 07	90.8
2011 - 08	24.8
2011 - 09	2.0

（续）

时间（年-月）	月累计降水量/mm
2011 - 10	7.8
2011 - 11	5.2
2011 - 12	0.0
2012 - 01	0.0
2012 - 02	3.4
2012 - 03	4.2
2012 - 04	17.0
2012 - 05	28.6
2012 - 06	87.4
2012 - 07	93.8
2012 - 08	27.8
2012 - 09	144.8
2012 - 10	17.4
2012 - 11	6.2
2012 - 12	0.0
2013 - 01	0.0
2013 - 02	2.0
2013 - 03	3.8
2013 - 04	30.0
2013 - 05	10.0
2013 - 06	36.0
2013 - 07	85.2
2013 - 08	59.2
2013 - 09	7.6
2013 - 10	17.4
2013 - 11	0.4
2013 - 12	0.0
2014 - 01	0.0
2014 - 02	0.0
2014 - 03	11.8

（续）

时间（年-月）	月累计降水量/mm
2014 - 04	2.2
2014 - 05	79.0
2014 - 06	69.2
2014 - 07	56.8
2014 - 08	7.8
2014 - 09	36.8
2014 - 10	5.2
2014 - 11	0.2
2014 - 12	0.0
2015 - 01	1.0
2015 - 02	4.8
2015 - 03	0.2
2015 - 04	23.2
2015 - 05	21.8
2015 - 06	88.8
2015 - 07	44.6
2015 - 08	13.0
2015 - 09	15.2
2015 - 10	16.2
2015 - 11	0.6
2015 - 12	0.6

6.2.13　总辐射量数据集

6.2.13.1　概述

本数据集为奈曼站 2005—2015 年月尺度太阳辐射数据，定位观测点地理位置参见 6.1.1，计量单位为 MJ/m^2，精度为 $0.001\ MJ/m^2$，有效数据 124 条。

6.2.13.2　数据采集和处理方法

数据获取方法：用总辐射表观测距地面 1.5 m 处的太阳辐射（图 6-5）。每 10 s 采测 1 次，每分钟采测 6 次辐照度（瞬时值），去除 1 个最大值和 1 个最小值后取平均值。正点（地方平均太阳时）00 min 采集存储辐照度，同时计存储曝辐量（累积值）。

原始数据观测频率：每天 2 次（北京时间 8：00、20：00）。

数据产品处理方法：一个月中辐射曝辐量日总量缺测 9 d 或 9 d 以下时，月平均日合计等于实有记录之和除以实有记录天数。缺测 10 d 或 10 d 以上时，该月不做月统计，按缺测处理。

图 6-5　总辐射量传感器和光合有效辐射传感器

6.2.13.3　数据质量控制和评估

（1）总辐射量最大值不能超过气候学界限值 2 000 W/m²。

（2）当前瞬时值与前一次值的差异小于最大变幅 800 W/m²。

（3）小时总辐射量大于等于小时净辐射、反射辐射和紫外辐射；除阴天、雨天和雪天外总辐射一般在中午前后出现极大值。

（4）小时总辐射累积值应小于同一地理位置大气层顶的辐射总量，小时总辐射累积值可以稍微大于同一地理位置在大气具有很大透过率和非常晴朗天空状态下的小时总辐射累积值，所有夜间观测的小时总辐射累积值小于 0 时用 0 代替。

（5）辐射曝辐量缺测数小时但不是全天缺测时，按实有记录做日合计，全天缺测时，不做日合计。

6.2.13.4　数据

表 6-19 中为奈曼站 2005—2015 年月尺度太阳总辐射量数据。

表 6-19　总辐射量

时间（年-月）	日累计总辐射/（MJ/m²）
2005-06	669.837
2005-07	663.861
2005-08	547.060
2005-09	511.187
2005-10	—
2005-11	287.688
2005-12	242.747
2006-01	269.185
2006-02	326.126
2006-03	525.425
2006-04	525.706
2006-05	663.027

（续）

时间（年-月）	日累计总辐射/（MJ/m²）
2006 - 06	649.087
2006 - 07	689.431
2006 - 08	609.438
2006 - 09	492.195
2006 - 10	419.288
2006 - 11	—
2006 - 12	222.556
2007 - 01	269.975
2007 - 02	355.622
2007 - 03	473.577
2007 - 04	635.404
2007 - 05	678.167
2007 - 06	743.023
2007 - 07	674.670
2007 - 08	645.919
2007 - 09	530.256
2007 - 10	389.806
2007 - 11	269.934
2007 - 12	222.416
2008 - 01	289.944
2008 - 02	386.996
2008 - 03	477.774
2008 - 04	555.995
2008 - 05	657.808
2008 - 06	617.870
2008 - 07	648.318
2008 - 08	628.702
2008 - 09	547.502
2008 - 10	418.015
2008 - 11	260.336
2008 - 12	229.553
2009 - 01	277.176
2009 - 02	352.158

（续）

时间（年-月）	日累计总辐射/（MJ/m²）
2009 - 03	525.093
2009 - 04	497.563
2009 - 05	732.801
2009 - 06	679.029
2009 - 07	696.161
2009 - 08	682.378
2009 - 09	515.762
2009 - 10	409.655
2009 - 11	260.645
2009 - 12	213.048
2010 - 01	259.206
2010 - 02	350.561
2010 - 03	481.764
2010 - 04	561.960
2010 - 05	541.984
2010 - 06	736.196
2010 - 07	590.036
2010 - 08	618.646
2010 - 09	494.412
2010 - 10	368.878
2010 - 11	261.244
2010 - 12	190.145
2011 - 01	288.075
2011 - 02	321.220
2011 - 03	520.588
2011 - 04	537.493
2011 - 05	682.491
2011 - 06	566.764
2011 - 07	539.519
2011 - 08	561.614
2011 - 09	507.368
2011 - 10	382.126
2011 - 11	221.048

（续）

时间（年-月）	日累计总辐射/（MJ/m²）
2011 - 12	240.292
2012 - 01	261.798
2012 - 02	368.240
2012 - 03	505.428
2012 - 04	572.756
2012 - 05	712.828
2012 - 06	610.759
2012 - 07	609.762
2012 - 08	608.933
2012 - 09	453.068
2012 - 10	367.230
2012 - 11	254.365
2012 - 12	231.153
2013 - 01	266.911
2013 - 02	347.789
2013 - 03	501.228
2013 - 04	546.468
2013 - 05	698.511
2013 - 06	612.285
2013 - 07	674.031
2013 - 08	632.821
2013 - 09	513.836
2013 - 10	369.811
2013 - 11	259.372
2013 - 12	—
2014 - 01	248.406
2014 - 02	293.737
2014 - 03	515.255
2014 - 04	626.168
2014 - 05	625.858
2014 - 06	626.808
2014 - 07	684.662
2014 - 08	620.737

（续）

时间（年-月）	日累计总辐射/（MJ/m²）
2014 - 09	509.001
2014 - 10	377.802
2014 - 11	285.163
2014 - 12	239.164
2015 - 01	269.608
2015 - 02	335.856
2015 - 03	540.128
2015 - 04	635.174
2015 - 05	698.181
2015 - 06	651.550
2015 - 07	720.055
2015 - 08	623.614
2015 - 09	511.876
2015 - 10	394.489
2015 - 11	235.679
2015 - 12	218.731

第7章

研究数据集

7.1 奈曼旗不同类型土壤有机碳和全氮数据集

7.1.1 引言

土壤有机碳库是陆地碳库的主要组成部分，在陆地碳循环研究中扮演着极其重要的角色。全球土壤碳库量（2 500 Gt）约是大气碳库量（760 Gt）的 3 倍，约是生物碳库量（560 Gt）的 4.5 倍，土壤碳库微小的变化都会对大气温室气体浓度及全球气候产生相当大的影响。因此，估算土壤有机碳储量、揭示其分布格局及动态有助于预测陆地生态系统对气候变化的反馈情况（Davidson et al.，2006）。

科尔沁沙地曾是水草丰美的科尔沁大草原，但由于放垦开荒等不合理利用，科尔沁草原的土壤逐渐沙化，再加上气候干旱，秀美的大草原演变成了我国正在发展中的面积最大的沙地。奈曼旗是科尔沁沙地退化最为严重的地区之一，20 世纪 70 年代奈曼旗退化土地面积占该旗土地总面积的 69.5%，自然地貌以流动沙丘为主。为了有效控制该地区的荒漠化，当地采取了植树造林、禁牧围封和退耕还草等措施，如今，奈曼旗的自然景观以不同盖度的沙丘和灌溉农田为主，该地区独特的地表景观及其生态脆弱性引起了广大学者的关注，而对于该地区土壤有机碳和全氮的估算还未见报道。

野外取样是获取土壤有机碳数据的有效手段，本数据集整理了奈曼旗取样点的土壤有机碳、全氮和容重数据，并对所有样点依据中国土壤发生分类进行划分，为深入研究该地区土壤有机碳和氮储量的动态特征提供了参比标准，为科尔沁沙地恢复、碳源-碳汇转变提供了理论依据。

7.1.2 数据采集和处理方法

本数据集的取样时间是 2011 年 7 月至 8 月，在每个取样位置（共 64 个）建立一个 10 m× 10 m 的样方，在每个样方内随机选取 15 个点分 0～10 cm 和＞10～20 cm 两层取样，然后把 15 个点每层的土样混合成一个样，即每个样方获取 2 个混合土样，64 个取样位置共计 64 × 2 = 128 个混合样。在对应的样点和土层采用环刀（体积 100 cm³）取土测定土壤容重。将土壤带回实验室风干并过 2 mm 筛移除根系和杂质，然后进一步磨细，用于土壤有机碳和全氮含量的测定，土壤有机碳的测定采用重铬酸钾氧化-外加热法（Nelson et al.，1982），土壤全氮的测定采用凯氏定氮法（McGill et al.，1993）。

7.1.3 数据质量控制和评估

数据质量控制和评估依照《陆地生态系统土壤观测规范》执行。

7.1.4 数据价值

土壤有机碳可以为植物生长提供营养元素，维持土壤良好的物理结构。由于土壤碳库容巨大，其储量的微弱变化就能导致大气圈中 CO_2 浓度发生巨大变化，直接影响全球碳平衡格局（崔永琴等，2011）。作为我国北方半干旱农牧交错带的典型生态脆弱区，科尔沁沙地退化土壤和退化植被等问题引起人们的广泛关注，而对于土壤有机碳、氮含量及其储量的研究甚少，本数据集正好可以填补这一空白，可以作为科尔沁沙地土壤有机碳、氮研究的数据基础。

7.1.5　数据使用方法和建议

为尊重知识产权、保障数据作者的权益、扩展数据中心的服务、评估数据的应用潜力，请数据使用者在使用数据所产生的研究成果（包括公开发表的论文、论著、数据产品和未公开发表的研究报告、数据产品等成果）时注明数据来源和数据作者。对于转载（二次或多次发布）的数据，请注明原始数据来源。发表的中文成果参考以下规范注明：数据来源于内蒙古奈曼站农田生态系统国家野外科学观测研究站（http：//nmd. cern. ac. cn/），发表的英文成果依据以下规范注明：The data set is provided by Naiman Farmland Ecosystem National Field Science Research Station in Inner Mongolia（http：//nmd. cern. ac. cn/）。

7.1.6　奈曼旗不同类型土壤有机碳和全氮数据集

本数据集详细数据见表 7-1。

表 7-1　奈曼旗不同类型土壤有机碳和全氮数据集

样点编号	土地利用类型	0~10 cm 土壤有机碳/ (g/kg)	>10~20 cm 土壤有机碳/ (g/kg)	0~10 cm 容重/ (g/cm³)	>10~20 cm 容重/ (g/cm³)	0~10 cm 土壤全氮/ (g/kg)	>10~20 cm 土壤全氮/ (g/kg)
1	农田-谷子	4.31	4.75	1.18	1.12	0.56	0.55
2	林地-樟子松	13.83	6.87	1.16	1.14	1.07	0.65
3	农田-高粱	2.98	2.39	1.48	1.30	0.41	0.37
4	草地	10.59	9.95	1.18	1.16	1.10	1.01
5	林地-杨树林	3.23	2.49	1.25	1.41	0.44	0.34
6	农田-高粱	5.47	4.93	1.30	1.30	0.60	0.58
7	农田-玉米	1.23	1.08	1.41	1.57	0.11	0.11
8	灌木林	1.66	0.86	1.51	1.42	0.14	0.08
9	乔木林-小叶杨	4.49	1.94	1.52	1.44	0.54	0.26
10	林地-小叶杨	4.67	3.41	1.47	1.47	0.46	0.39
11	林地-小叶杨人工林	1.49	1.19	1.59	1.59	0.13	0.08
12	稀树草地	6.71	3.19	1.46	1.31	0.55	0.27
13	乔木林-本地杨	4.25	2.46	1.35	1.23	0.58	0.41
14	农田-玉米	3.82	2.55	1.35	1.43	0.49	0.36
15	草地	3.13	3.04	1.55	1.44	0.35	0.33
16	农田-玉米	5.70	6.80	1.37	1.35	0.73	0.76
17	农田-玉米	4.32	4.36	1.41	1.23	0.57	0.57
18	林地-小叶杨	8.23	2.72	1.37	1.31	0.74	0.35

（续）

样点编号	土地利用类型	0～10 cm 土壤有机碳/ (g/kg)	>10～20 cm 土壤有机碳/ (g/kg)	0～10 cm 容重/ (g/cm³)	>10～20 cm 容重/ (g/cm³)	0～10 cm 土壤全氮/ (g/kg)	>10～20 cm 土壤全氮/ (g/kg)
19	草地-教来河泄洪区	4.03	3.14	1.22	1.19	0.39	0.31
20	林地-小叶杨	0.98	0.76	1.49	1.59	0.12	0.09
21	半固定沙丘	3.11	1.97	1.57	1.64	0.28	0.18
22	农田-玉米	1.58	1.48	1.53	1.53	0.18	0.18
23	林地-小叶锦鸡儿人工林	0.56	0.53	1.60	1.55	0.08	0.08
24	半固定沙丘	0.60	0.53	1.56	1.56	0.06	0.06
25	农田-玉米	3.39	3.32	1.44	1.35	0.41	0.39
26	林地-小叶杨人工林	2.91	2.59	1.50	1.28	0.39	0.28
27	农田-玉米	6.56	4.59	1.40	1.36	0.77	0.52
28	农田-玉米	4.65	4.59	1.38	1.25	0.53	0.50
29	半固定沙丘	0.54	0.64	1.51	1.60	0.18	0.08
30	草地	1.57	0.84	1.62	1.57	0.16	0.11
31	固定沙丘	1.21	0.85	1.55	1.59	0.13	0.09
32	林地-小叶杨人工林	5.01	1.99	1.47	1.49	0.48	0.19
33	农田-玉米	6.88	7.18	1.14	1.06	0.72	0.77
34	林地-小叶杨	3.66	2.95	1.56	1.35	0.40	0.29
35	农田-玉米	3.58	3.00	1.54	1.60	0.40	0.40
36	草地	1.31	1.25	1.61	1.60	0.19	0.18
37	林地-小叶杨人工林	6.24	2.43	1.32	1.58	0.51	0.27
38	农田-玉米	7.40	5.87	1.37	1.41	0.85	0.71
39	湿草甸	3.51	6.09	1.47	1.50	0.35	0.66
40	农田-玉米	9.79	11.01	1.15	1.10	1.00	1.16
41	林地-小叶杨	4.51	2.99	1.54	1.55	0.46	0.32
42	湿草甸	1.90	2.40	1.42	1.54	0.20	0.27
43	林地-小叶杨	3.91	1.05	1.54	1.52	0.38	0.11
44	农田-玉米	3.58	2.35	1.51	1.58	0.40	0.28
45	农田-玉米	1.53	1.40	1.62	1.58	0.15	0.15
46	半固定沙丘	0.97	0.97	1.61	1.61	0.10	0.11
47	农田-玉米	7.66	4.05	1.27	1.38	0.78	0.46
48	半固定沙丘	1.53	1.29	1.54	1.55	0.15	0.14
49	半流动沙丘	0.43	0.36	1.60	1.63	0.04	0.03

（续）

样点编号	土地利用类型	0~10 cm 土壤有机碳/ (g/kg)	>10~20 cm 土壤有机碳/ (g/kg)	0~10 cm 容重/ (g/cm³)	>10~20 cm 容重/ (g/cm³)	0~10 cm 土壤全氮/ (g/kg)	>10~20 cm 土壤全氮/ (g/kg)
50	流动沙丘	0.23	0.30	1.66	1.59	0.04	0.04
51	农田-玉米	5.18	4.38	1.50	1.53	0.50	0.45
52	林地-小叶杨	2.40	2.43	1.52	1.50	0.26	0.27
53	农田-玉米	5.85	4.85	1.45	1.45	0.57	0.52
54	林地-小叶杨	1.08	1.03	1.46	1.57	0.11	0.10
55	农田-大豆	11.54	5.03	1.47	1.46	1.07	0.48
56	农田-玉米	5.00	4.38	1.41	1.40	0.48	0.46
57	半固定沙丘	2.08	2.05	1.55	1.55	0.21	0.21
58	半固定沙丘	1.52	2.51	1.47	1.57	0.13	0.23
59	林地-杨树林	0.57	0.40	1.55	1.57	0.04	0.02
60	榆树草地	3.05	2.71	1.57	1.57	0.33	0.29
61	榆树草地	5.34	2.95	1.63	1.50	0.55	0.32
62	流动沙丘	0.30	0.20	1.55	1.62	0.04	0.03
63	农田-玉米	9.86	9.31	1.22	1.33	1.17	0.99
64	林地-新疆杨	3.08	2.58	1.60	1.60	0.37	0.29

7.2 科尔沁沙地流动沙丘土壤水分和特征常数的空间变化分析数据集

7.2.1 引言

　　干旱、半干旱区和半湿润区农牧交错地带生态系统脆弱，随着人口和载畜量的不断增加，加之不合理的开发利用，这些地区成为土地沙漠化的主要发生区，环境的严酷决定了其生态系统的脆弱性和不稳定性，在这样的生态系统中，土壤水分状况是系统重要的生态因素，与系统大多数性质和过程都有直接或间接的关系，是生态系统稳定、结构和功能正常发挥的关键因子。而土壤水的持留与土壤水分特征常数（包括机械组成、容重、田间持水量、凋萎湿度、有机质等）也有直接或间接关系。在各类型沙地中，流动沙丘对农牧业发展和人民生活的危害最为严重，因此，对流动沙丘土壤水分和水分特征常数的时空变化规律的研究显得十分重要。近年来，很多学者对耕地、林地土壤水分和土壤物理性状的时空变化做了大量研究，但对流动沙丘土壤水分和特征常数的时空变化、沙丘移动对土壤水分和特征常数的影响机制以及土壤水分常数之间的相互关系等方面的研究相对较少。本文选择科尔沁沙地典型流动沙丘作为观测对象，以期在揭示流动沙丘土壤水分和水分特征常数时空变化规律的同时，为流动沙丘的综合整治、恢复和开发利用提供一定的理论依据。

7.2.2 数据采集和处理方法

　　本数据集的构建过程主要包括野外样地调查、数据加工与处理。利用 SPSS19.0 软件对所测数据进行单因素方差分析、相关分析和回归分析，利用 Excel 2010 和 Origin 8.0 进行图表的绘制。

选择科尔沁沙地典型流动沙丘作为试验样地，在流动沙丘迎风坡底坡、迎风坡中坡、丘顶、背风坡中坡、背风坡底坡选取样点，样点走向与主风向（东南→西北）保持一致。迎风坡坡度为 32.7°，背风坡坡度为 48.6°。样点间的直线距离分别是迎风坡丘间低地→中坡 25.8 m，中坡→丘顶24.9 m，背风坡丘间低地→中坡 26.0 m，中坡→丘顶 19.0 m。

野外数据的整理主要包括原始记录信息的检查和完善、数据录入、文献数据的补充等。原始记录信息的检查和完善分调查中和调查后两个阶段。在野外调查过程中，每调查完一个样方，调查人和记录人共同复核数据，发现问题及时纠正；完成数据调查后，调查人和记录人及时对原始记录表进行信息补充和完善，主要内容包括调查人和记录人信息的填写、指代信息的明确、数据记录完善、相关情况的说明等。数据录入是将野外原始纸质记录数据录入计算机、形成电子版原始记录的过程。数据录入由调查人和记录人负责，以保证在观测真实数据和记录数据之间出现差异时，真实情况可以再现。数据录入完成后，调查人和记录人对数据进行自查，检查原始记录表和电子版数据表的一致性。

7.2.3　数据质量控制和评估

本数据集来源于野外样地的实测调查。应从调查前期准备、调查过程中到调查完成，在整个过程中对数据质量进行控制。同时，利用 SPSS19.0 软件对所测数据进行分析，以确保数据相对准确。根据统一的调查规范方案，对所有参与调查的人员集中进行技术培训，尽可能地减少人为误差。调查人和记录人完成样方调查时，立即对原始记录表进行核查，发现有误的数据及时纠正。调查完成后，调查人和记录人完成对样方数据的进一步核查，并补充相关信息；将纸质版数据录入电脑的过程中，采用 2 人同时输入数据的方式，自查并相互检查，以确保数据输入的准确性；将野外纸质原始数据集妥善保存并备份，放置于不同地方，以备将来核查。

7.2.4　数据价值

本研究公开发表了 2004 年科尔沁沙地流动沙丘土壤水分和特征常数的空间变化分析数据，数据结果表明不同林分类型的土壤最大蓄水量和涵养水源量存在明显的差异。低山阳坡薄土林分最大，其次分别是低山阴坡厚土林分、低山阳坡厚土林分及沟谷林分。从涵养水源量看，低山阴坡厚土林分最大，其次分别为低山阳坡薄土林分、低山阳坡厚土林分，最小的为沟谷林分。低山阳坡薄土林分及低山阴坡厚土林分的最大持水量、毛管持水量、田间持水量及最佳含水量下限都比其他两个林分类型相对高些。而沟谷林分可能因为大的石砾过多、土层薄，很难起到有效的涵养水源作用。4 种不同林分类型土壤有效水含量存在较大的差异，从大到小依次为低山阴坡厚土林分、沟谷林分、低山阳坡薄土林分及低山阳坡厚土林分。有效水的范围从大到小为低山阳坡薄土林分、低山阴坡厚土林分、低山阳坡厚土林分及沟谷林分。对不同林分类型的土壤水分进行分析和评价，分析结果表明：除了低山阴坡厚土林分和沟谷林分的上层土壤水分有效性为中度以外，其他各林分类型各土层水分都属迟效水；各林分类型在总孔隙度、非毛管孔隙度上差异明显，在毛管孔隙度、土壤通气度及 pH 上差异不大；各林分类型在氮、钾元素含量及有机质含量上存在较大的差异，磷含量差异不明显；各林分类型间初渗率差异明显，低山阳坡薄土林分最大，沟谷林分最小。各林分类型达到稳渗的时间基本一致，但稳渗速率明显不同，低山阳坡薄土林分的稳渗速率最大，而低山阳坡厚土林分的稳渗速率最小。

7.2.5　数据使用方法和建议

本数据集可通过 CERN 综合中心数据资源服务网站（http：//www.cnern.org.cn）或 Science Data Bank 在线服务网址（http：//www.sciencedb.cn/dataSet/handle/298）获取数据服务。登录系统后，在首页点击"数据论文数据"，图标或在数据资源栏目选择"数据论文数据"进入相应页面下载数据，也可通过湖北神农架森林生态系统国家野外科学观测研究站网址（http：//snf. cern. ac. cn/meta/metaData）获取数据服务，登录首页后点"资源服务"下的数据服务，进入相应页面下载数据，可以通过流动沙丘、土壤水分、时空变化、水分特征常数等字段进行数据查询。

7.2.6 数据

表 7-2 至表 7-5 中为流动沙丘土壤水分和特征常数的空间变化分析数据。

表 7-2 流动沙丘不同深度土壤含水率

部位	不同深度土壤含水率/%								
	0~20 mm	>20~40 mm	>40~60 mm	>60~80 mm	>80~100 mm	>100~120 mm	>120~140 mm	>140~160 mm	>160~180 mm
迎风坡底坡	1.33	3.64	3.89	5.06	6.33	6.40	10.60	24.80	21.60
迎风坡中坡	1.70	3.20	3.00	2.80	2.63	2.72	3.13	3.47	3.79
丘顶	2.08	4.98	4.76	4.11	4.41	4.34	3.59	2.73	2.48
背风坡中坡	1.75	3.78	3.64	3.40	3.26	3.48	3.66	3.89	4.04
背风坡底坡	2.84	4.78	6.21	4.91	3.83	3.70	3.66	3.88	4.03

表 7-3 流动沙丘不同深度土壤容重

部位	不同深度土壤容重/（g/cm³）									平均/（g/cm³）
	0~20 cm	>20~40 cm	>40~60 cm	>60~80 cm	>80~100 cm	>100~120 cm	>120~140 cm	>140~160 cm	>160~180 cm	
迎风坡底坡	1.56	1.58	1.58	1.63	1.61	1.59	1.55	1.59	1.36	1.56±0.079a
迎风坡中坡	1.62	1.63	1.63	1.61	1.56	1.56	1.52	1.58	1.58	1.59±0.038a
丘顶	1.60	1.63	1.63	1.58	1.6	1.56	1.63	1.63		1.61±0.030a
背风坡中坡	1.56	1.57	1.57	1.56	1.59	1.57	1.55	1.56	1.56	1.57±0.012a
背风坡底坡	1.49	1.62	1.59	1.6	1.62	1.6	1.58	1.58	1.54	1.58±0.042a

表 7-4 凋萎湿度（%）

重复	迎风坡底坡	迎风坡中坡	丘顶	背风坡中坡	背风坡底坡
1	1.78	1.60	1.55	1.50	1.62
2	1.79	1.60	1.43	1.52	1.63
3	1.79	1.64	1.54	1.52	1.58
4	1.72	1.62	1.52	1.48	1.65
5	1.75	1.48	1.52	1.50	1.73
6	1.76	1.54	1.49	1.50	1.68
平均值	1.77	1.58	1.51	1.50	1.65

表 7-5 流动沙丘不同深度土壤机械组成

部位	粒级/mm	不同深度土壤机械组成/%								
		0~20 cm	>20~40 cm	>40~60 cm	>60~80 cm	>80~100 cm	>100~120 cm	>120~140 cm	>140~160 cm	>160~180 cm
迎风坡底坡	≥0.25	14.68	28.39	44.17	19.93	15.13	13.17	12.70	9.73	0.40
	0.25~0.1	82.70	68.38	52.01	69.13	64.37	62.27	64.77	49.70	7.67
	0.1~0.05	1.13	1.46	1.20	7.63	16.20	19.97	17.33	33.57	41.27
	<0.05	1.49	1.76	2.62	3.30	4.30	4.60	5.20	7.00	50.67
迎风坡中坡	≥0.25	45.05	25.39	31.05	39.79	31.52	16.84	14.83	22.07	29.19
	0.25~0.1	51.95	69.56	63.61	57.92	65.22	79.07	76.64	72.24	66.68
	0.1~0.05	1.42	2.31	4.00	1.20	2.11	2.29	6.53	3.10	2.30
	<0.05	1.58	2.74	1.35	1.10	1.15	1.80	2.00	2.60	1.83
丘顶	≥0.25	24.68	22.93	18.65	11.56	8.33	4.23	21.56	18.50	
	0.25~0.1	72.47	74.74	77.98	86.07	88.74	90.73	75.87	78.27	
	0.1~0.05	1.03	1.17	1.27	1.37	1.17	4.20	1.37	1.76	
	<0.05	1.82	1.17	2.10	1.00	1.77	0.83	1.20	1.46	
背风坡中坡	≥0.25	43.25	23.60	16.97	25.64	29.60	24.48	23.63	27.70	17.60
	0.25~0.1	54.35	74.37	81.67	71.30	67.48	73.89	74.37	69.40	79.97
	0.1~0.05	0.53	0.83	0.36	1.98	1.59	0.60	0.33	1.57	0.77
	<0.05	1.87	1.20	0.99	1.09	1.33	1.03	1.67	1.33	1.67
背风坡底坡	≥0.25	18.54	42.55	25.84	12.64	30.18	13.34	21.66	30.99	22.45
	0.25~0.1	56.48	47.91	53.48	69.75	63.11	75.49	69.61	50.09	65.29
	0.1~0.05	19.60	7.02	17.18	14.78	3.65	7.09	5.26	14.96	9.85
	<0.05	5.38	2.53	3.50	2.84	3.06	4.07	3.47	3.95	2.42

7.3 科尔沁沙地樟子松生长对降水和温度的响应数据集

7.3.1 引言

樟子松（*Pinus sylvestris* var. *Mongolica*）原产于我国大兴安岭和呼伦贝尔草原红花尔基沙地，具有耐寒、抗旱、耐瘠薄和速生的优良特性，是半干旱风沙区营造防风固沙林、水土保持林和农田防护林的主要树种，也是我国东北和内蒙古地区主要的用材林和具有明显经济和生态效益的树种。由于樟子松具有多种优良特性，目前已被引种至我国十多个省（自治区、直辖市）。

内蒙古自治区奈曼旗地处科尔沁沙地，是我国北方半干旱农牧交错带沙漠化比较严重的地区，被认为是樟子松生长的下限地区。为了治理流沙和恢复植被，当地引种樟子松营造了大量防风固沙林。然而，从 20 世纪 90 年代开始，樟子松人工林出现了大量枯梢和较大树龄植株枯死的现象。水分条件被认为是影响樟子松生长和林分稳定性的重要原因，生长季土壤水供给不足严重影响樟子松的正常生长。也有研究认为干旱胁迫是沙地樟子松人工林提早衰退的最重要原因。对于科尔沁沙地而言，樟子松人工林的生长主要依赖于天然降水，降水格局的变化能否导致樟子松的生长特征发生变化，降水和气温的时间变化是否是决定樟子松生长的主要因素？关于这些问题目前尚没有相关的研究报道。因此，有必要对该区域樟子松人工林的生长特征及其与降水和温度的关系进行深入的研究，以期对樟子松的引种、栽培和管理提供科学依据。

7.3.2　数据采集和处理方法

本数据集的构建过程主要包括野外样地调查、数据加工与处理。利用 SPSS19.0 软件对所测数据进行单因素方差分析、相关分析和回归分析，利用 Excel 2010 和 Origin 8.0 进行图表的绘制。

于 2009 年 8 月底在中国科学院奈曼站沙漠化研究站西面沙地中选择 3 个 20 m×20 m 的 25 年龄的樟子松人工林样地调查樟子松 2001—2009 年的生长特征。样地之间的距离大于 100 m。调查每个样地所有樟子松的树高、胸径及出现枯梢的樟子松的株数。同时采用升降梯在每个样地随机调查 10 棵未出现枯梢樟子松的年生长高度和累积径生长。

野外数据的整理主要包括原始记录信息的检查和完善、数据录入、文献数据的补充等。原始记录信息的检查和完善分调查中和调查后两个阶段。在野外调查过程中，每调查完一个 20 m×20 m 的样方，调查人和记录人共同复核数据，发现问题及时纠正；完成数据调查后，调查人和记录人及时对原始记录表进行信息补充和完善，主要内容包括调查人和记录人信息的填写、指代信息的明确、数据记录完善、相关情况的说明等。数据录入是将野外原始纸质记录数据录入计算机、形成电子版原始记录的过程。数据录入由调查人和记录人负责，以保证在观测真实数据和记录数据之间出现差异时，真实情况可以再现。数据录入完成后，调查人和记录人对数据进行自查，检查原始记录表和电子版数据表的一致性。数据统计分析是将原始数据按物种分类统计树高、胸径及出现枯梢的樟子松的株数，并根据文献和野外经验分析相关数据。

7.3.3　数据质量控制和评估

本数据集中的数据来源于野外样地的实测调查。从调查前期准备、调查过程中到调查完成后，整个过程中对数据质量进行控制。同时，利用 SPSS19.0 软件对所测数据进行分析，以确保数据相对准确。根据统一的调查规范方案，对所有参与调查的人员集中进行技术培训，尽可能地减少人为误差。调查过程中的数据质量控制：调查开始时，在树木的胸径测量位置用油漆进行标记，并采用统一型号的胸径尺测量；调查人和记录人完成样方调查时，立即对原始记录表进行核查，发现错误的数据及时纠正。调查完成后，调查人和记录人完成对样方数据的进一步核查，并补充相关信息；将纸质版数据录入电脑的过程中，采用 2 人同时输入数据的方式，自查并相互检查，以确保输入数据的准确性；野外纸质原始数据集妥善保存并备份，放置于不同地方，以备将来核查。

7.3.4　数据价值

本研究公开发表了 2009 年科尔沁沙地樟子松生长对降水和温度的响应数据，结果表明科尔沁沙地樟子松人工林的生长与降水并非同增同减，而是对降水的响应表现出 1～2 年的滞后效应；50 mm 以上即超过多年平均的降水量明显促进樟子松后续 1～2 年的高生长；樟子松累积径生长量随着降水变化出现一定程度的波动，年累积降水量与累积径生长量之间存在显著的线性关系；当年降水量不完全是樟子松高生长的主要影响因素，过多的降水事件会降低气温，减少日照时数和光合作用时间等间接影响樟子松的高生长；气温是影响樟子松生长的主要因素，樟子松在生长季需要较高的气温，而非生长季适宜的低温环境有利于樟子松的休眠，从而为樟子松生长季生长蓄积营养；相比于高生长，任一时段的降水都能促进樟子松的径生长，温度的升高主要是促进樟子松的高生长，而对径生长的促进作用相对较小；科尔沁沙地樟子松人工林衰退可归结为树势减弱背景下多种环境和生物因子综合作用的结果。

7.3.5　数据使用方法和建议

本数据集可通过 CERN 综合中心数据资源服务网站（http：//www. cnern. org. cn）或 Science Data Bank 在线服务网址（http：//www. sciencedb. cn/dataSet/handle/298）获取数据服务。登录系统后，在首页点击"数据论文数据"或在数据资源栏目选择"数据论文数据"进入相应页面下载数据，也可通过奈曼农田生态系统国家野外科学观测研究站网址（http：//nmd. cern. ac. cn/meta/metaData）获取数据服务，登录首页后点"资源服务"下的"数据服务"，进入相应页面下载数据。可以通过樟子松林、温度、降水等字段进行相关数据的查询。

7.3.6　数据

表 7-6 至表 7-9 中为 2001—2009 年樟子松生长对降水和温度的响应数据。

表 7-6　樟子松生长状况

样地	树高/cm	胸径/cm	枯梢比/%
1	4.71±0.17	7.94±0.51	12.50
2	4.68±0.07	7.58±0.52	18.70
3	5.02±0.11	7.92±0.27	19.40

表 7-7　樟子松累积径生长与累积降水量的关系

年份	高度/cm	降水量/mm	粗度/cm	累积降水/mm
1999		37.28		316.88
2000		21.31		279.60
2001	32.43	24.61	3.88	258.29
2002	28.49	28.46	3.18	233.68
2003	23.16	33.63	2.61	205.22
2004	19.36	24.23	2.27	171.59
2005	16.52	31.82	1.94	147.36
2006	16.67	27.00	1.44	115.54
2007	12.70	37.27	1.27	88.54
2008	16.49	25.59	1.26	51.27
2009	22.17	25.68	0.82	25.68

表 7 - 8 樟子松年生长量 （cm）

样地	2001年		2002年		2003年		2004年		2005年		2006年		2007年		2008年		2009年	
	高	径	高	径	高	径	高	径	高	径	高	径	高	径	高	径	高	径
1	33.25	3.22	21.75	2.62	20.81	2.15	16.50	2.28	15.50	1.97	15.67	1.28	13.11	1.34	16.78	1.69	23.28	0.93
2	31.50	4.80	35.80	3.86	29.20	3.13	23.90	2.33	17.90	2.10	16.80	1.64	16.00	1.38	17.70	1.18	24.70	0.84
3	32.54	3.62	27.92	3.05	19.46	2.53	17.69	2.20	16.15	1.76	17.54	1.39	9.00	1.11	15.00	0.90	18.54	0.69
平均值	32.43	3.88	28.49	3.18	23.16	2.61	19.36	2.27	16.52	1.94	16.67	1.44	12.70	1.27	16.49	1.26	22.17	0.82

表 7 - 9 樟子松年高生长与降水和气温的相关性

	累积生长	累积降水量							平均气温						
	径生长	年	生长季	非生长季	春	夏	秋	冬	年	生长季	非生长季	春	夏	秋	冬
累积生长															
径生长	1.000														
累积降水量															
年	0.721**	1.000													
生长季	0.721**	1.000**	1.000												
非生长季	0.720**	0.992**	0.990**	1.000											
春	0.682**	0.979**	0.979**	0.970**	1.000										
夏	0.724**	0.999**	10.000**	0.990**	0.974**	1.000									
秋	0.724**	0.990**	0.989**	0.991**	0.951**	0.990**	1.000								
冬	0.706**	0.981**	0.979**	0.986**	0.954**	0.979**	0.982**	1.000							
平均气温															
年	0.392**	0.573**	0.567**	0.624**	0.578**	0.566**	0.586**	0.522**	1.000						
生长季	0.358**	0.343**	0.336**	0.406**	0.242**	0.354**	0.380**	0.323**	0.591**	1.000					
非生长季	0.268**	0.499**	0.495**	0.524**	0.565**	0.484**	0.493**	0.447**	0.875**	0.126**	1.000				
春	0.015	-0.151**	-0.157**	-0.097	-0.235**	-0.140**	-0.111	-0.207**	0.327**	0.835**	-0.099	1.000			
夏	0.542**	0.749**	0.744**	0.796**	0.751**	0.747**	0.734**	0.730**	0.847**	0.649**	0.651**	0.233**	1.000		
秋	0.279**	0.491**	0.495**	0.449**	0.589**	0.478**	0.439**	0.439**	0.216**	-0.440**	0.530**	-0.630**	0.253**	1.000	
冬	0.261**	0.497**	0.493**	0.533**	0.526**	0.485**	0.514**	0.497**	0.838**	0.188**	0.918**	-0.112	0.619**	0.284**	1.000

7.4 2014 年和 2015 年科尔沁沙地沙化草地恢复过程中优势灌木小叶锦鸡儿访花昆虫组成数据集

7.4.1 引言

全球范围内，各种措施（如禁牧和种植本地物种）被用来恢复退化的土地（Schwilch et al.，2009）。目前，大多数评估恢复工作的研究集中在被恢复土地的土壤性质，植物和动物的多样性、组成和结构。然而，生态系统结构和功能的变化趋势不一致，因此，需要进一步进行研究来确定土地恢复对生态系统结构和功能的影响，以评估恢复措施的成效，这些研究可为退化地区恢复措施的确定提供理论基础。

传粉作为一种重要的生态活动对植物的生存和繁衍至关重要，但往往被忽视。近 90% 的开花植物依靠动物进行传粉（Ollerton et al.，2011），这种重要的共生关系可能会受到生境退化和丧失的负面影响。对退化土地恢复的最新研究表明，植被恢复使传粉昆虫增加。栖息地传粉昆虫种群数量的增加可以显著增强昆虫的服务功能，降低传粉限制，提高植物生殖成功率。因此，对生态系统功能的定量评估（如传粉）可以促进对退化土地恢复措施的理解，并可以影响相关治理措施和管理政策的制定。

科尔沁地区是我国北方农牧交错带沙漠化最为严重的地区之一。自 20 世纪 70 年代以来，随着恢复措施的逐步到位，流动沙丘逐渐恢复为半固定沙丘，植被覆盖率为 30%~60%，固定沙丘覆盖率超过 60%（Zuo et al.，2008）。过去关于恢复工作的研究主要集中在植被和土壤上。然而，在长期的植被恢复过程中，对植物传粉的研究相对较少。

本数据集整理了科尔沁沙地沙漠化草地植被恢复过程中优势灌木小叶锦鸡儿访花昆虫的物种组成，为深入研究该地区传粉昆虫的动态特征提供了本地资料，为该地区灌丛管理、生物多样性保护等提供了数据支撑，对推动我国长期传粉生态学的研究具有重要意义。

7.4.2 数据采集和处理方法

数据主要来自科尔沁沙地沙漠化草地恢复过程中固定样地的野外调查。2014 年和 2015 年在内蒙古自治区奈曼旗选择保存较好的流动沙丘、半固定沙丘和固定沙丘设立固定样地，观察并记录访花昆虫的种类、访花次数，捕捉野外未能鉴定到种的物种，制成标本，以便后续鉴定。数据统计分析是将原始数据按物种分类统计平均访花频率。

7.4.3 数据质量控制和评估

从调查前期准备、调查过程中到调查完成后，整个过程中对数据质量进行控制。同时，采用专家审核验证的方法，以确保数据相对准确可靠。根据统一的调查规范方案，对所有参与调查的人员集中进行技术培训，尽可能地减少人为误差。将纸质版数据录入电脑的过程中自查，以确保输入数据的准确性；关于访花昆虫的种名咨询了动物分类专家，访花昆虫名称和特性的鉴定可靠；野外纸质原始数据集妥善保存，以备将来核查。

7.4.4 数据价值

大多数（90%）开花植物是依靠昆虫或其他动物传粉以维持植物种群的繁衍的（Ollerton et al.，2011）。因此，传粉动物在生态系统正常运作和为人类提供营养物质方面扮演着本质性的角色。传粉昆虫作为生态系统的重要组成部分，其种类组成、传粉对象、数量变化直接或间接反映生态环境状况及其发展趋势；同时，传粉昆虫为生态系统提供了重要的生态服务功能，对于维持生态系统的动态平衡与相对稳定发挥了重要作用，可为科尔沁沙地退化草地的恢复和生物多样性的关联提供基础信息。然而，以往的研究主要针对植物物种组成、土壤养分变化等，而忽视了传粉昆虫这一重要的功能类群。本研究公开发表了 2014 年和 2015 年沙漠化草地恢复过程中优势灌木访花昆虫的物种组成数据（Pan et al.，2017），可为研究该地区沙漠化草地恢复过程中生物多样性的动态变化以及植物的生存繁衍对策提供素材。这也是本地区开展传粉生态学研究的基础文献。

7.4.5　数据使用方法和建议

数据使用者可以通过公开发表的论文（Pan et al.，2017）获取，需注明数据来源和数据作者。本数据可通过中国科学院西北生态环境资源研究院奈曼站沙漠化研究站网站查询。

7.4.6　数据

表 7-10 中为小叶锦鸡儿访花昆虫的物种组成数据。

7.5　2017 年巴音温都尔沙漠沙化土地封禁保护区观测数据集

7.5.1　引言

巴音温都尔沙漠位于内蒙古自治区巴彦淖尔市乌拉特后旗和阿拉善盟阿拉善左旗境内，狼山北部。由阿拉善盟境内的雅玛雷克沙漠和巴彦淖尔市乌拉特后旗境内的本巴台、海里斯及白音查干等沙漠组成，总面积约 100 万 hm²。

巴音温都尔沙漠所处的乌拉特后旗西南部的阴山北麓是河套地区西北部最后一道生态防线。由于巴音温都尔沙漠一直没有得到有效治理，沙丘每年移动 10～50 m，风沙危害日趋严重，沙区内的牧民生活水平下降，人均收入减少，个别地区出现了沙进人退的局面。因此，阻止巴音温都尔沙漠继续向东侵蚀，建立生态屏障，维护河套平原生态安全，对于改善乌拉特后旗及周边的生态环境，加快沙产业发展步伐和调整林业产业结构等都具有重大意义和深远影响。鉴于此，对乌拉特后旗境内的巴音温都尔沙漠进行观测十分必要。

7.5.2　数据采集和处理方法

数据主要来源于对 8 个固定样点的定期观测。8 个样点按照沙地类型划分为半固定沙地（样点 1 和样点 2）、压沙固沙补播沙地（样点 3 和样点 4）、流动沙地（样点 5 和样点 6）和固定沙地（样点 7 和样点 8）。

（1）半固定沙地类型
半固定沙地主要生长着零星的籽蒿和沙鞭，植被盖度为 5%，分布在项目区西部。
（2）压沙固沙补播沙地类型
在无固沙压沙和有固沙压沙地区布设样地，以便进行不同固沙压沙措施的对比。
（3）流动沙地类型
流动沙地平均沙丘高度在 40～50 m，在高大沙垄的低洼处有零星的沙竹，分布在项目区的中部。
（4）固定沙地类型
固定沙地主要生长着一些灌木，主要是天然柠条、沙冬青、白刺、藏锦鸡等，植被盖度在 15%～20%，分布在项目区的东部。

观测指标包括地理坐标、气候类型、地貌类型、海拔高度、土地使用权属、荒漠化和沙化类型、荒漠化和沙化程度、地形调查、土壤调查、水文调查、植被类型、沙丘高度、荒漠化和沙化成因、气

表 7 - 10　小叶锦鸡儿访花昆虫的物种组成数据

物种名	拉丁名	科名	科拉丁名	属名	属拉丁名	2014 年访花频率 /（次 /h）			2015 年访花频率 /（次/h）			
---	---	---	---	---	---	流动	半固定	固定	流动	半固定	固定	
淡翅切叶蜂	Xanthosaurus remota	切叶蜂科	Megachilidae	切叶蜂属	Megachile	0.02	0.03	0.19	0.03	0.03	0.16	
沙漠石蜂	Megachile desertorum	切叶蜂科	Megachilidae	切叶蜂属	Megachile			0.03			0.01	
短臀裸眼尖腹蜂	Liothyrapis sp.	切叶蜂科	Megachilidae	尖腹蜂属	Coelioxys			0.06			0.04	
突眼木蜂	Proxylocopa sp.	蜜蜂科	Apidae	突眼木蜂属	Proxylocopa			0.01			0.01	
熊蜂	Bombus spp.	蜜蜂科	Apidae	熊蜂属	Bombus						0.02	
东亚无垫蜂	Amegilla parhypate	蜜蜂科	Apidae	无垫蜂属	Amegilla			0.02			0.01	
地蜂	Andrenidae sp.	地蜂科	Andrenidae	地蜂属	Andrena			0.02			0.01	

象因子观测、地表风蚀风积状况观测，观测样地位置见表 7 - 11、图 7 - 1。

表 7 - 11　观测样地位置表

| 建设名称 | 点号 | GPS 点位 | | 沙地 |
		横	纵	
观测点位	1	59°38′03″	45°35′22″	半固定沙地
	2	59°45′51″	45°35′36″	
	3	59°26′36″	45°34′40″	压沙固沙补播
	4	59°27′18″	45°33′06″	
	5	59°44′03″	45°36′38″	流动沙地
	6	59°44′20″	45°36′10″	
	7	59°45′24″	45°34′11″	固定沙地
	8	59°45′33″	45°33′02″	

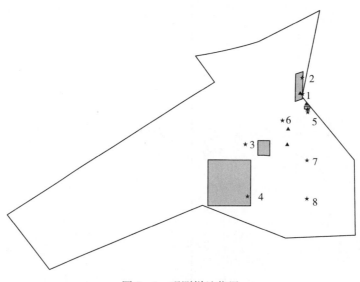

图 7 - 1　观测样地位置

7.5.3　数据质量控制和评估

本数据集中的数据来源于野外样地的实测调查。从调查前期准备、调查过程中到调查完成后，整个过程中对数据质量进行控制。同时，采用专家审核验证的方法，以确保数据相对准确可靠。调查前的数据质量控制：根据统一的调查规范方案，对所有参与调查的人员集中进行技术培训，尽可能地减少人为误差。具体观测过程中，严格按照以下标准进行观测。

7.5.3.1　土地沙化分类系统

土地沙化划分为沙化土地、有明显沙化趋势的土地和非沙化土地 3 个类型。

（1）沙化土地

沙化土地指在各种气候条件下，由于各种因素形成的、地表呈现以沙（砾）物质为主要标志的退化土地。

a. 流动沙地（丘）

指土壤质地为沙质，植被盖度＜10％，地表沙物质常处于流动状态的沙地或沙丘。

b. 半固定沙地（丘）

指土壤质地为沙质，10%≤植被盖度<30%（乔木林冠下无其他植被时，郁闭度<0.50），且分布比较均匀，风沙流活动受阻，但流沙纹理仍普遍存在的沙丘或沙地。半固定沙地（丘）分为：

人工半固定沙地：通过人工措施（人工种植乔灌草、飞播、封育等措施）治理的半固定沙地。

天然半固定沙地：植被起源为天然的半固定沙地。

c. 固定沙地（丘）

指土壤质地为沙质，植被盖度≥30%（乔木林冠下无其他植被时，郁闭度≥0.50），风沙流活动不明显，地表稳定或基本稳定的沙丘或沙地。固定沙地（丘）分为：

人工固定沙地：通过人工措施（人工种植乔灌草、飞播、封育等措施）治理的固定沙地。

天然固定沙地：植被起源为天然的固定沙地。

d. 露沙地

指土壤表层主要为土质，有斑点状流沙出露（<5%）或疹状灌丛沙堆分布，能就地起沙的土地。

e. 沙化耕地

主要指没有防护措施及灌溉条件，经常受风沙危害，作物产量低而不稳的沙质耕地。

f. 非生物治沙工程地

指单独以非生物手段固定或半固定的沙丘和沙地，如机械沙障及以土石和其他材料固定的沙地。在非生物治沙工程地上又采用生物措施的，应划为相应的固定或半固定沙地（丘）。

g. 风蚀残丘

指干旱地区因风蚀作用而形成的雅丹、土林、白砻墩等风蚀地。

h. 风蚀劣地

指由因风蚀作用导致土壤细粒物质损失，粗粒物质相对增多或砾石和粗沙集中于地表的土地。

i. 戈壁

指干旱地区地表为砾石覆盖，植被稀少，且广袤而平坦的土地。

（2）有明显沙化趋势的土地

指由过度利用或水资源匮乏等因素导致的植被严重退化、生产力下降、地表偶见流沙点或风蚀斑但尚无明显流沙堆积的土地。

（3）非沙化土地

指沙化土地和有明显沙化趋势的土地以外的其他土地。

7.5.3.2　沙化程度分级

沙化程度分为 4 级：

（1）轻度

植被盖度>40%（极干旱、干旱区、半干旱）或>50%（其他气候类型区），基本无风沙流活动（沙化土地）；一般年景作物能正常生长、缺苗较少（一般作物缺苗率小于 20%）（沙化耕地）。

（2）中度

25%<植被盖度≤40%（极干旱、干旱区、半干旱）或 30%<植被盖度≤50%（其他气候类型区），风沙流活动不明显（沙化土地）；作物长势不旺、缺苗较多（一般 20%≤作物缺苗率<30%）且分布不均（沙化耕地）。

（3）重度

10%<植被盖度≤25%（极干旱、干旱区、半干旱）或 10%<植被盖度≤30%（其他气候类型区），风沙流活动明显或流沙纹理明显可见（沙化土地）；植被盖度≥10%（风蚀残丘、风蚀劣地及戈壁）；作物生长很差、作物缺苗率≥30%（沙化耕地）。

（4）极重度

植被盖度≤10%（沙化土地）。

7.5.4　数据价值

巴音温都尔沙漠总面积约为 1.56 万 km²，是内蒙古自治区五大沙漠之一。近几年来，巴音温都尔沙漠不断东侵南下，沙化面积逐年扩大，与乌兰布和沙漠已呈"握手"之势，直接威胁着河套平原、京（包）兰铁路、黄河及华北平原的安全。然而，巴音温都尔沙漠降水极少，植被盖度低，治理难度大。因此，在当地建立封禁保护区并进行数据观测，对于建立生态屏障、阻止巴音温都尔沙漠继续向东扩张，改善乌拉特后旗及其周边生态环境、维护河套平原生态安全具有关键作用。

7.5.5　数据使用方法和建议

本数据依托"内蒙古自治区乌拉特后旗巴音温都尔沙漠沙化土地封禁保护补助试点项目"（蒙林规-2015-182），可通过乌拉特后旗林业局或中国科学院西北生态环境资源研究院乌拉特荒漠草原研究网站查询。

7.5.6　数据

7.5.6.1　沙化土地按类型分

本次观测沙化土地分为 4 个类型，包括流动沙地（丘）、半固定沙地（丘）、固定沙地（丘）和压沙固沙补播沙地，压沙固沙补播沙地因属于在非生物治沙工程地上又采用生物措施的，故划为相应的固定或半固定沙地。观测结果显示：

观测初期，封禁保护区中流动沙地（丘）占沙化土地总面积的 45.0%；半固定沙地（丘）占沙化土地总面积的 30.9%；固定沙地（丘）占沙化土地总面积的 24.1%（图 7-2A）。

2017 年末，封禁保护区中流动沙地（丘）占沙化土地总面积的 39.2%；半固定沙地（丘）占沙化土地总面积的 35.9%；固定沙地（丘）占沙化土地总面积的 24.9%（图 7-2B）。

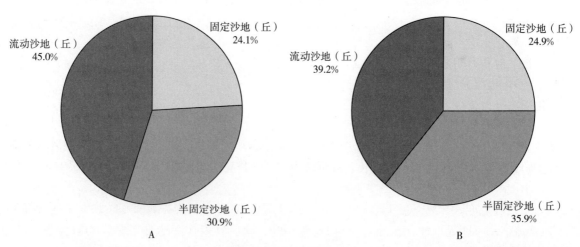

图 7-2　封禁区域流动沙地（丘）、半固定沙地（丘）和固定沙地（丘）占沙化土地总面积百分比的变化情况
A. 观测初期　B. 2017 年末

7.5.6.2　沙化土地按程度分

沙化土地按沙化程度不同分为轻度沙化土地、中度沙化土地、重度沙化土地、极重度沙化土地 4 种。

观测初期，轻度沙化土地面积占沙化土地总面积的 15.5%；中度沙化土地面积占沙化土地总面积的 18.8%；重度沙化土地面积占沙化土地总面积的 26.4%；极重度沙化土地面积占沙化土地总面积的 39.3%。2017 年末，轻度沙化土地面积占沙化土地总面积的 19.7%；中度沙化土地面积占沙化土地总面积的 34.1%；重度沙化土地面积占沙化土地总面积的 16.6%；极重度沙化土地面积占沙化土地总面积的 29.6%。其中，轻度沙化土地以固定沙地（丘）为主，中度沙化土地以固定、半固定沙地（丘）为主，重度沙化土地以半固定沙地（丘）为主，极重度沙化土地以流动沙地（丘）为主。

7.5.6.3　沙化土地按土地利用类型分

本次沙化观测沙化土地涉及林地、草地、未利用地 3 大类型。其中：林地占沙化土地总面积的 19.1%；草地占沙化土地总面积的 45.8%；未利用地占沙化土地总面积的 35.1%（图 7 - 3）。

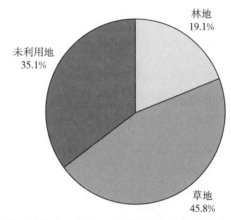

图 7 - 3　封禁区域林地、草地、未利用地占沙化土地总面积的百分比

林地的沙化土地类型主要为固定沙地（丘），草地的沙化土地类型主要为半固定、固定沙地（丘），未利用地的沙化土地类型主要为流动沙地（丘）。

7.5.6.4　沙化土地按植被盖度分

植被盖度是沙化土地类型及程度分级的重要指标，被用来表征植被生长状况。本次观测中，以 10% 划分植被盖度，共有 9 个盖度级：小于 10%、>10%~20%、>20%~29%、>30%~39%、>40%~49%、>50%~59%、>60%~69%、>70%~79%、≥80%。观测结果显示，沙化土地植被盖度整体较低，植被盖度<10% 的沙化土地面积最大，占沙化土地总面积的 43.7%，>20%~29% 范围内的沙化土地面积次之，占沙化土地总面积的 24.6%，植被盖度≥80% 的仅占 5.3%。

就各种沙化土地类型而言，流动沙地（丘）沙化严重，植被稀少，其植被盖度都在 10% 以下；半固定沙地（丘）植被盖度在>10%~29%；固定沙地（丘）植被盖度在 30% 以上。

7.5.6.5　沙化土地按植物种分

本次观测结果显示，生长于沙化土地上的植物：乔木占沙化土地总面积的 0.8%；灌木占沙化土地总面积的 49.0%；草本占沙化土地总面积的 15.9%，无植被生长的沙化土地总占沙化土地总面积的 34.3%。

沙化土地上生长的植物种因沙化土地类型不同而有差异，这与植被的生境有关。流动沙地生境恶劣，生长的植被以草本为主，有沙蓬、黑沙蒿和沙鞭。固定沙地乔、灌、草均有分布，但乔木分布较少，主要有榆树和沙枣。半固定沙地灌、草也均有分布，其中灌木分布面积较大，主要有柠条锦鸡儿和蒙古旱蒿等。

7.5.6.6　聚乳酸纤维沙障效果

至 2017 年末，沙障内土壤含水量为 (5.1±0.16)%，较沙障外 [(3.9±0.12)%] 显著升高 ($P<0.05$)；沙障内植被盖度略高于沙障外，但统计分析无显著差异；沙障内植物地上生物量为

（10.12±1.12）g/m²，显著高于沙障外 ［（7.58±0.69）g/m²］；地下部生物量无显著差异（图 7 - 4）。

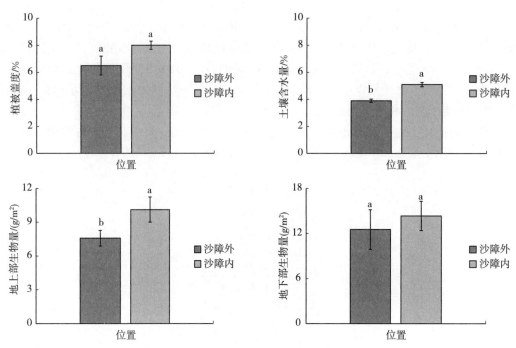

图 7 - 4　聚乳酸纤维沙障示范效果

7.5.6.7　气象观测结果

气象观测结果见表 7 - 12。

表 7 - 12　2017 年观测样地气象数据

	1 月	2 月	3 月	4 月	5 月	6 月	7 月	8 月	9 月	10 月	11 月	12 月	全年
平均风速/（m/s）	5.8	6.0	6.0	7.0	7.9	6.7	5.8	4.7	4.8	5.0	6.6	4.7	5.9
最大风速/（m/s）	43.5	34.0	33.3	46.8	56.0	33.3	41.3	21.8	22.8	17.6	22.6	17.7	32.6
降水量/mm	0	0	0	0	0.7	1.2	19.0	13.0	6.3	0.8	0.1	0	40.2

7.6　乌拉特站多枝柽柳种群开花物候长期观测数据集

7.6.1　引言

中国科学院乌拉特荒漠草原研究站（106°59′—107°05′E，41°06′—41°25′N）自建站以来一直从事荒漠地区植物生态学和恢复生态学方面的研究，积累了大量荒漠植被繁殖及其恢复方面的资料，长期观测的荒漠草原综合观测场可以为本研究提供理想的野外样地，多个荒漠植被长期观测样地可为本研究提供理想的控制实验场地，植物生态学和植物生理学实验室可以完成实验观测中的柽柳开花物候、访花昆虫携带花粉量的分析，乌拉特站拥有植物生态学和植物生理学实验室 10 间，仪器设备 100 余台（套），积累了丰富的繁殖生物学和植物生态学方面的研究成果，实验室拥有无菌操作台、恒温培养箱、智能人工气候箱、分析天平、培养皿等仪器，为野外及室内实验的顺利完成提供了有力保障。

7.6.2　数据采集和处理方法

7.6.2.1　花部结构和开花动态的观测

2016 年、2017 年参照陈敏等的研究方法对黑河中游自然生境和斑块化生境下的多枝柽柳种群进行野外观测。在自然和斑块生境下分别选取生长状况相似的多枝柽柳各 10 株，采用 Spira 等和 Kudo 的研究方法，对处于花蕾期的各花序进行挂牌标记，每株标记 3 个花序。对标记花序从开花第 1 天到第 7 天进行连续观察，从第 8 天到第 14 天间断观察。每次观测时都记录花序内花朵开放的顺序、花朵各组成部分的颜色、形状、数目及它们的时空动态，记录花朵开放、花粉散出及花朵闭合的时间，记录有无花蜜及气味等。

7.6.2.2　花粉活力测定

采用离体萌发法测定多枝柽柳的花粉活力。将刚采集的花粉样品放在凹面载玻片上，加入 1～2 滴培养液（10％蔗糖、0.05％硼酸、pH 为 6.5），加盖玻片后置于 30℃的恒温箱中培养 24 h，然后，在低倍显微镜下观察其花粉管萌发状况，以花粉管长度超过花粉粒直径作为萌发标准。每张载玻片观察 4 个视野，每个视野统计 100 粒左右，重复 5 次，取其平均值。计算公式如下：

$$萌发率 = （已萌发花粉粒数目/花粉粒总数）\times 100\%$$

7.6.2.3　柱头可授性检测

采用联苯胺-过氧化氢法测定多枝柽柳的柱头可授性。取盛花期（通常在 8：00—10：00）多枝柽柳的花朵，每 2h 取样 1 次，将其柱头浸入凹面载玻片的反应液（1％联苯胺∶3％过氧化氢∶水 = 4∶11∶22，体积比）中。柱头若具有可授性（即具有过氧化物酶活性，能够降解过氧化氢、氧化联苯胺），则其周围的反应液呈现蓝色并出现大量气泡。

7.6.2.4　访花者种类、访花行为及访花频率观测

分别标记自然生境和斑块生境下的多枝柽柳，各取 10 个花序，从花蕾期开始，每天上午、下午各观察 2 次，直至花序的第 1 朵花开放。花开后，每天 6：00—19：00，连续观察并记录访花者的种类、访花次数、访花频率及访花行为。利用捕虫网，捕捉访花者，并用乙醚将其麻醉，制成标本后存放于标本盒中。在实验室，利用体视显微镜、照相显微镜等进一步鉴定访花者的种类及携带花粉情况。

7.6.2.5　繁育系统及坐果率比较

采用套袋法对自然生境和斑块生境下多枝柽柳的坐果率进行观测。每种生境下，于盛花期选择间隔 10 m 左右的 6 株多枝柽柳，每株标记 5 个花序（去除已开花朵），共 30 个花序。分为 5 组：①对照组，自然条件下，不进行任何处理；②去雄人工授粉组，开花前去雄，进行人工授粉；③套袋处理组，自然条件下，采用硫酸纸袋对花朵进行套袋处理，以隔绝虫媒和风媒传粉；④去雄网袋处理组，开花前去雄，采用 1 mm² 的纱网对花朵进行套袋处理，以隔绝虫媒传粉，但可实现风媒传粉；⑤去雄不套袋处理组，开花前去雄，不再进行其他处理。对标记花序进行定位观测，记录每组处理的花朵数目，并分别记录其坐果数目，统计分析不同生境下多枝柽柳的坐果率。多枝柽柳的花较小且花朵较多，但其苞片宿存，因此通常根据其苞片数目来计算开花数目：

$$坐果率 = （果实数目/苞片数目）\times 100\%$$

7.6.3　数据质量控制和评估

针对原始观测数据和实验室分析的数据，数据质量控制过程包括对源数据的检查整理、单个数据点的检查、数据转换以及数据的编写、检查和入库。对源数据的检查包括检查文件格式化错误、存储损坏等明显的数据问题以及文件格式、字段标准化命名、字段量纲、数据完整性等。单个数据点的检查中，主要针对异常数据进行修正、剔除。数据整理和入库过程的质量控制主要分为两个步骤：①进行各种源数据的集成、整理、转换、格式统一；②通过一系列质量控制方法，去除随机及系统误差。使用的质量控制方法包括内部一致性检查，以保障数据的质量。

7.6.4　数据价值

依据乌拉特站观测和累积的植物物候观测资料，结合野外观测和室内分析，利用繁殖生物学和植

物生理学技术，对多枝柽柳种群传粉和种子萌发过程中的开花动态和繁育系统进行研究。通过对柽柳有性繁殖过程的观测与分析，揭示其繁育特性，为柽柳种群的种群繁殖提供理论依据。

7.6.5　数据使用方法和建议

在 2009—2018 年的植物种群物候观测数据中，个别样点的部分指标如开花动态、花粉活力、访花者种类、访花行为和访花频率等因人工采样差异和仪器故障等原因存在数据缺失情况；个别指标如繁育系统等在 2010 年才纳入常规观测指标体系，出于保持数据完整性的考虑，也将该指标整合进来。乌拉特站的长期植物物候、生理数据从种群水平揭示了不同生境对植物繁殖过程的影响，为荒漠植被种群恢复和繁殖提供了技术支持。

7.6.6　数据

表 7‐13 至表 7‐15 中为 2016 年、2017 年柽柳种群开花物候长期观测数据。

表 7‐13　不同生境多枝柽柳的开花时间

开花进程	开花时间	
	自然生境	斑块生境
花朵开放	7：30—8：00	8：00—8：30
花粉传播	8：00—18：00	8：30—18：00
花朵完全开放	9：00—10：00	9：30—10：30
花朵开始闭合	16：00—16：30	16：00—17：00
花朵完全闭合	18：00—18：30	18：00—19：00

表 7‐14　不同生境多枝柽柳的主要访花昆虫频率

时间	访花频率/（次/h）			
	卡切叶蜂（自然生境）	意大利蜂（自然生境）	卡切叶蜂（斑块生境）	意大利蜂（斑块生境）
8：00	3	7	2	4
10：00	7	15	5	10
12：00	15	23	10	18
14：00	8	12	6	9
16：00	5	8	3	4
18：00	3	5	1	2

表 7‐15　不同生境多重处理下多枝柽柳的坐果率

处理	坐果率/%	
	自然生境	斑块生境
对照组	58.3	47.1
去雄人工授粉组	73.2	68.3
套袋处理组	15.1	17.2
去雄套网袋处理组	12.5	11.6
去雄不套袋处理组	38.7	30.2

7.7 半干旱沙地不同生境植物叶片氮浓度和回收利用数据集

7.7.1 引言

植物从凋落叶片中回收氮可以减少氮损失，可储备或者重新利用氮，因此氮回收是植物提高氮利用效率的重要机制（Richardson et al.，2005）。植物的氮回收可以用氮回收效率（nitrogen resorption efficiency，NRE，指植物从枯叶中回收的氮的比率）和氮回收度（nitrogen resorption proficiency，NRP，指枯叶的氮含量）来表示（Killingbeck，1996；Yuan et al.，2005a）。另外，许多研究中用完全凋谢叶片氮浓度的倒数（nitrogen use efficiency，NUE）表示叶片氮利用效率（Yuan et al.，2005a）。

高水平的 NRE 有利于植物适应贫瘠的生境，因此有研究假设适应贫瘠生境的物种具有更高的 NRE（Yuan et al.，2005b）和更低的枯叶氮浓度。但是这种假说至今仍有争议，例如，在物种水平上，随着土壤氮含量的增加，有的 NRE 减少，有的 NRE 增加，还有的不受影响，因此这个有争议的课题值得进一步研究（Kobe et al.，2005）。

Killingbeck（1996）提出凋落叶片的氮含量随着土壤可利用氮的减少而降低。与 NRE 相比，NRP 对土壤可利用氮更敏感（Richardson et al.，2005）。施加氮肥导致植物凋落叶片的氮含量增加（Huang et al.，2008），这表明施加氮肥使得 NRP 降低。Wright 等（2003）和 Richardson 等（2005）在自然肥力梯度的生境中也发现类似的 NRP 和土壤氮含量的关系。然而，如果分布在贫瘠生境的典型植物本身成熟叶片和凋落叶片氮浓度较低，则 NRP 和土壤氮含量的关系可能受植物物种间差异的影响（Richardson et al.，2005）。

7.7.2 数据采集和处理方法

样地选取：根据研究区地表景观特征和沙地（丘）固定程度评价指标（赵哈林等，2008），选择不同类型的沙地（丘）样地，即固定沙地（丘）、半固定沙地（丘）、半流动沙地（丘）和流动沙地（丘）4 个沙地（丘），并选取丘间草地，共 5 个样地。在每个样地的背风坡选取 40 m×40 m 的样方作为本研究的样地。在 5 个典型生境［丘间草地、固定沙地（丘）、半固定沙地（丘）、半流动沙地（丘）和流动沙地（丘）］一共选取物种（足够采样分析）35 种（各样地植物种有重复），各样地分别为 25 种、16 种、14 种、5 种和 3 种。

叶片采集：绿叶和枯叶采集在 2008 年 7 月至 10 月进行，所采集的叶片包括其叶柄和复叶的叶轴，是完整的成熟的并且无病虫害的叶片。在 2008 年 7 月末 8 月初（植物生长旺盛期），每个样地的每种植物分别从已做好标记的 5~20 株植物上采集约 5g 完全展开的绿色叶片，采集的绿色叶片用冰壶保存；在 9 月末 10 初同样的已做好标记的植株上采集枯叶。对于落叶的植物，将完全干枯、变黄或者变红并且无虫害的将要凋落死亡的完整叶片当作枯叶（Wright et al.，2003），摇动枝条使这些枯叶凋落，收集枯叶。对于叶片死亡后仍然保留在植株上的植物（所有的单子叶植物），剪断枯叶并采集（Yuan et al.，2005a）。绿叶采集后测定比叶重，采集枯叶带回实验室烘干。

叶片氮含量：将烘干的植物的叶片混合粉碎，过 0.147 mm 筛制成供试样品。用凯氏定氮法测定其绿叶和枯叶的全氮含量（UDK 140 Automatic Steam Distilling Unit，Automatic Titroline 96，意大利）。每个样品重复测定 3 次。

叶片氮回收效率和叶片氮利用效率的计算：根据下列公式计算氮回收效率（nitrogen resorption efficiency，NRE）和叶片氮利用效率（leaf nitrogen use efficiency，NUE）（Killingbeck，1996；Yuan et al.，2005a）：

$$NRE = \left[(N_g - N_s) / N_g \right] \times 100\% \qquad (7-1)$$

$$NUE=1/\left[N_g\left(1-NRE\right)\right]=1/N_s \tag{7-2}$$

式中，N_g、N_s 分别为绿叶和枯叶中的氮浓度。

另外，枯叶中的氮浓度可直接作为氮回收度的指标（nitrogen resorption proficiency，NRP），NRP 可作为氮回收完全程度的测量指标，理论上 NRP 接近枯叶氮浓度的最低值（Killingbeck，1996；Yuan et al.，2005a）。由于本地区地处半干旱区，降水极少，可以忽略通过淋洗损失的氮。

7.7.3　数据质量控制和评估

本数据集中的数据来源于野外样地的实测调查。从调查前期准备、调查过程中到调查完成后，整个过程中对数据质量进行控制。同时，采用专家审核验证的方法，以确保数据相对准确可靠。根据统一的调查规范方案，对所有参与调查的人员集中进行技术培训，尽可能地减少人为误差。调查开始时，植物种名参照《中国植物志》和《内蒙古植物志》，对于不能当场确定的植物名称，采集相关标本、凭证并在室内进行鉴定；调查人和记录人完成小样方调查时，立即对原始记录表进行核查，发现有误的数据及时纠正。调查完成后，调查人和记录人完成对样方数据的进一步核查，并补充相关信息；将纸质版数据录入电脑的过程中，采用2人同时输入数据的方式，自查并相互检查，以确保输入数据的准确性；树种的补充信息、种名及其特性等参考了《中国植物志》和《内蒙古植物志》以及相关文献，并咨询了当地的植物分类专家，植物名称和特性的鉴定可靠；最后形成的物种组成数据集由专家进行最终审核和修订，确保数据集的真实、可靠；将野外纸质原始数据集妥善保存并备份，放在不同地方，以备将来核查。

7.7.4　数据价值

植物从凋落叶片中回收氮可以减少氮损失，可储备或者重新利用氮，因此氮回收是植物提高氮利用效率的重要机制（Richardson et al.，2005）。根据土壤肥力梯度上的 NRP 的种间变化可以更直接地检验 NRP 随着土壤氮含量变化的假说。目前的研究只是集中于在不同土壤肥力梯度生境中均有分布的个别物种或者相似物种（Richardson et al.，2005；Yuan et al.，2005b），对不同土壤肥力梯度上所有植物的大范围调查的研究较少。

本研究数据公开发表在 SCI 期刊 *Polish Journal of Ecology* 上，可为研究该地区退化沙地植被恢复过程中植物的氮利用策略以及固沙植物的选择提供基础数据。同时数据可为相关恢复生态学专著的编写提供素材，也是在本地区开展植物功能形状的基础文献。

7.7.5　数据使用方法和建议

本数据集可通过奈曼站农田生态系统国家野外科学观测研究站网络获取数据服务，登录首页后点"资源服务"下的数据服务，进入相应页面下载数据。可以通过物种名、叶氮含量等字段进行相关数据的查询。

7.7.6　数据

表 7-16 中为半干旱沙地（丘）不同生境植物叶片氮浓度和回收利用数据。

表 7-16　半干旱沙地（丘）不同生境植物叶片氮浓度和回收利用数据

生境	科	生活型	物种	N_{soil}	N_g	N_s	NRE	NUE
IDL	豆科	灌木	兴安胡枝子	0.45	31.02	17.08	44.91	58.56
IDL	豆科	草本	苦参	0.45	40.74	16.80	58.76	59.53

（续）

生境	科	生活型	物种	N_{soil}	N_g	N_s	NRE	NUE
IDL	豆科	灌木	木羊柴	0.45	32.47	18.56	42.87	53.92
IDL	豆科	灌木	细叶胡枝子	0.45	24.99	12.96	48.11	77.23
IDL	豆科	灌木	小叶锦鸡儿	0.45	33.91	23.16	31.69	43.18
IDL	豆科	草本	斜茎黄芪	0.45	33.48	19.43	41.96	51.46
IDL	禾本科	禾草	白草	0.45	34.83	12.09	65.27	82.74
IDL	禾本科	禾草	糙隐子草	0.45	26.72	10.09	62.24	99.20
IDL	禾本科	禾草	狗尾草	0.45	29.00	10.48	63.82	95.48
IDL	禾本科	禾草	虎尾草	0.45	29.40	8.97	69.51	111.57
IDL	禾本科	禾草	假苇拂子茅	0.45	22.18	7.61	65.70	131.61
IDL	禾本科	禾草	芦苇	0.45	25.75	9.64	62.53	103.84
IDL	菊科	灌木	盐蒿	0.45	32.63	22.12	32.20	45.21
IDL	菊科	草本	大籽蒿	0.45	42.84	25.05	41.50	39.92
IDL	菊科	草本	苦苣菜	0.45	34.74	19.17	44.80	52.16
IDL	菊科	草本	铁杆蒿	0.45	34.85	23.19	33.45	43.17
IDL	菊科	草本	野艾蒿	0.45	25.90	15.24	41.14	65.70
IDL	菊科	草本	黄花蒿	0.45	33.30	19.40	41.74	51.56
IDL	藜科	草本	尖头叶藜	0.45	30.69	19.75	35.62	50.65
IDL	藜科	草本	雾冰藜	0.45	44.00	13.87	68.47	72.14
IDL	藜科	草本	黄花菜	0.45	27.02	8.62	68.08	115.96
IDL	萝藦科	草本	地梢瓜	0.45	37.83	16.62	56.07	60.19
IDL	萝藦科	草本	鹅绒藤	0.45	34.38	11.76	65.74	85.02
IDL	杨柳科	灌木	黄柳	0.45	28.64	11.73	59.01	85.29
IDL	杨柳科	灌木	小红柳	0.45	27.58	14.67	46.79	68.26
FD	豆科	草本	扁蓿豆	0.17	32.37	19.96	38.33	50.09
FD	豆科	灌木	兴安胡枝子	0.17	29.72	13.64	54.09	73.34
FD	禾本科	禾草	白草	0.17	33.90	13.72	59.54	72.90
FD	禾本科	禾草	糙隐子草	0.17	26.92	11.76	56.33	85.38
FD	禾本科	禾草	狗尾草	0.17	21.82	8.32	61.86	120.52
FD	禾本科	禾草	赖草	0.17	28.99	10.75	62.92	93.10
FD	禾本科	禾草	芦苇	0.17	30.20	12.45	58.74	80.34
FD	菊科	草本	砂蓝刺头	0.17	25.75	14.69	42.98	68.21
FD	菊科	草本	野艾蒿	0.17	22.88	9.99	56.33	100.21
FD	菊科	草本	黄花蒿	0.17	33.56	17.79	46.93	56.33

（续）

生境	科	生活型	物种	N_{soil}	N_g	N_s	NRE	NUE
FD	藜科	灌木	华北驼绒藜	0.17	34.57	14.47	58.13	69.11
FD	藜科	草本	尖头叶藜	0.17	26.34	16.74	36.42	59.75
FD	藜科	草本	雾冰藜	0.17	39.96	10.30	74.20	97.18
FD	藜科	草本	猪毛菜	0.17	22.90	8.62	62.29	115.96
FD	牻牛儿苗科	草本	牻牛儿苗	0.17	32.10	11.07	65.49	90.36
FD	紫草科	草本	砂引草	0.17	22.33	14.84	33.53	67.40
SFD	豆科	草本	花苜蓿	0.11	28.51	18.32	35.73	54.61
SFD	豆科	灌木	兴安胡枝子	0.11	32.20	16.82	47.73	59.46
SFD	豆科	草本	苦参	0.11	39.80	15.82	60.25	63.25
SFD	豆科	灌木	细叶胡枝子	0.11	24.16	10.69	55.73	93.54
SFD	豆科	灌木	小叶锦鸡儿	0.11	31.12	21.08	32.21	47.44
SFD	禾本科	禾草	狗尾草	0.11	22.73	8.86	60.95	113.00
SFD	菊科	灌木	盐蒿	0.11	28.61	20.16	29.56	49.63
SFD	菊科	草本	苦苣菜	0.11	32.42	15.86	51.07	63.10
SFD	藜科	草本	灰绿藜	0.11	28.35	15.38	45.74	65.11
SFD	藜科	草本	尖头叶藜	0.11	25.40	13.84	45.56	72.78
SFD	藜科	草本	雾冰藜	0.11	38.88	10.25	73.60	97.61
SFD	藜科	草本	猪毛菜	0.11	27.34	9.15	66.55	109.50
SFD	萝藦科	草本	地梢瓜	0.11	32.82	16.68	49.16	59.96
SFD	杨柳科	灌木	黄柳	0.11	25.49	9.39	63.14	106.47
SMD	禾本科	禾草	白草	0.04	15.13	6.34	58.07	157.80
SMD	禾本科	禾草	狗尾草	0.04	13.73	5.22	61.70	191.51
SMD	菊科	灌木	盐蒿	0.04	17.33	11.95	31.06	83.70
SMD	藜科	草本	虫实	0.04	9.23	5.60	39.37	178.73
SMD	藜科	草本	雾冰藜	0.04	15.86	7.61	52.03	131.58
MD	禾本科	禾草	狗尾草	0.04	12.73	5.26	58.70	190.40
MD	菊科	草本	沙地旋复花	0.04	20.14	8.36	58.48	119.85
MD	藜科	草本	沙蓬	0.04	13.16	8.02	38.95	124.70

7.8　半干旱沙地不同生境植物气体交换特征数据集

7.8.1　引言

　　植物光合作用将无机物质转化为有机物，同时固定太阳光能，是地球上最重要的化学反应，也是绿色植物对各种内外因子最敏感的生理过程之一。植物光合生理对某一环境的适应性很大程度上反映了此植物在该地区的生存能力和竞争能力。因此，探讨光合作用对不同外界因子的响应一直是植物环境生理学研究的一个重要内容。植物对环境的响应首先表现在其生理和生态学功能上，如光合作用类型、水分利用程度和生长发育的差异等，进而才表现出形态、外貌、结构上的差异。

水分利用效率指植物消耗单位水量产出的同化量，是反映植物水分利用特性的重要参数。它取决于植物生长的 3 个生物学过程（光合作用、呼吸作用和蒸腾作用）的耦合过程，主要受植物气孔开闭的调节。在植物气孔开闭的过程中，光合作用吸收 CO_2 的过程和蒸腾作用消耗水分的过程是相反的，同时光合作用同化产物一部分被呼吸作用消耗。

科尔沁沙地植物生长期降水较为集中，同时流动沙地（丘）和半流动沙地（丘）上降落的雨水可以更快下渗，而且干沙层减少了地表蒸散，植物蒸腾量小，从而在干旱地区相同的降水条件下其水分含量相对较高（姜凤歧等，2002），而且该区降水后不同沙地生境土壤水分的空间变异特征不同（赵学勇等，2006）。生境资源分布的异质性和复杂性决定着沙地土壤的发生、演化和土地生产力，制约着沙地植被的形成和发展，因此，其在科尔沁沙地不同生境植物的光合作用、蒸腾作用和水分利用效率的研究中显得尤为重要。

7.8.2　数据采集和处理方法

样地选取：根据研究区地表景观特征和沙丘固定程度评价指标（赵哈林等，2008），选择不同类型的沙地（丘）样地，即固定沙地（丘）、半固定沙地（丘）、半流动沙地（丘）和流动沙地（丘）4 个沙丘，并选取丘间草地，共 5 个样地。在每个样地的背风坡选取 40 m×40 m 的样方作为本研究的样地。在 5 个典型生境［丘间草地、固定沙地（丘）、半固定沙地（丘）、半流动沙地（丘）和流动沙地（丘）］选取物种（足够采样分析）共 35 种（各样地植物种有重复），各样地分别为 25 种、16 种、14 种、5 种和 3 种。

野外植物气体交换特征测定：以采集叶片测定叶片氮浓度的 5 个样地的 35 种植物为材料，分别测定其气体交换特征。在 7 月底 8 月初采集绿色叶片的同时，选择土壤湿度较高、晴朗无风的时候，用便携式光合分析系统（LI-6400，LI-COR Inc.，林肯，内布拉斯加州，美国），使用开路测定系统，在 9：00—11：00（北京时间）连续测定这 35 种植物的气体交换特征。光照强度（PAR）、环境温度、环境 CO_2 浓度、空气湿度和叶片净光合速率（Pn）、气孔导度（G_s）、细胞间隙 CO_2 浓度（Ci）等参数由仪器自动记录。每个样地、每种植物选取植物上部充分展开的叶片进行活体测定，测定不同植株上的 3～5 片叶子，每片叶子读取仪器稳定后的 5 个数据，计算平均值。由于测定时的土壤水分较好，植物叶片没有遭受干旱胁迫，且测定在植物生长状态最好的 9：00—11：00 进行，因此将此时测定的净光合速率作为植物在自然条件下的最大净光合速率（P_{max}）。

7.8.3　数据质量控制和评估

本数据集中的数据来源于野外样地的实测调查。从调查前期准备、调查过程中到调查完成后，整个过程中对数据质量进行控制。同时，采用专家审核验证的方法，以确保数据相对准确可靠。

调查前的数据质量控制：根据统一的调查规范方案，对所有参与调查的人员集中进行技术培训，尽可能地减少人为误差。定期维护检修便携式光合测定系统 LI-6400，开机后预热检查就绪后再开始测定。

调查过程中的数据质量控制：调查开始时，植物种名参照《中国植物志》和《内蒙古植物志》，对于不能当场确定的植物名称，采集相关标本、凭证并在室内进行鉴定；调查人和记录人完成小样方调查时，立即对原始记录表进行核查，发现有误的数据及时纠正。

调查完成后的数据质量控制：调查完成后，调查人和记录人完成对样方数据的进一步核查，并补充相关信息；将纸质版数据录入电脑的过程中，采用 2 人同时输入数据的方式，自查并相互检查，以确保输入数据的准确性；树种的补充信息、种名及其特性等参考了《中国植物志》和《内蒙古植物志》以及相关文献，并咨询了当地的植物分类专家，树种名称和特性的鉴定可靠；形成的物种组成数据集由专家最终审核和修订，确保数据集的真实、可靠；将野外纸质原始数据集妥善保存并备份，放在不同的地方，以备将来核查。

7.8.4 数据价值

关于生境对植物光合作用的研究，主要集中在个别物种上，对不同生境植物的研究较少。蒋高明等（1999）认为：随着生境沿着由湿到干的不同水分供应等级，如从湿地、滩地、固定沙地（丘）至流动沙地（丘），光合作用和蒸腾作用呈现减弱的趋势，而水分利用效率则呈现升高的趋势。科尔沁沙地上沿着不同生境土壤氮含量逐渐降低（Zhao et al.，2009），氮可能是限制植物生长的主要生态因子之一。

本研究数据公开发表在核心期刊《草业学报》上，可为研究该地区退化沙地植被恢复过程中植物的光合特征和水分利用策略以及固沙植物的选择提供基础数据。同时数据可为相关恢复生态学专著的编写提供素材，也是在本地区开展植物功能形状的基础文献。

7.8.5 数据使用方法和建议

本数据集可通过奈曼站农田生态系统国家野外科学观测研究站网络获取数据服务，登录首页后点“资源服务”下的数据服务，登录首页后点“资源服务”下的数据服务，进入相应页面下载数据。可以通过物种名、叶片光合和水分特性等字段进行相关数据的查询。

7.8.6 数据

表 7-17 中为半干旱沙地（丘）不同生境植物气体交换特征数据。

表 7-17 半干旱沙地（丘）不同生境植物气体交换特征数据

物种	生境	生活型	光合途径	固氮性	净光合速率/[μmol/（m² · S）]	蒸腾速率/[μmol/（m² · S）]	气孔导度	水分利用效率/（mol/mol）	瞬时水分利用效率/（mol/mol）
白草	IDL	禾草	C_4	非豆科	37.71	8.96	0.33	4.23	115.52
糙隐子草	IDL	禾草	C_4	非豆科	23.87	9.06	0.21	2.70	112.08
盐蒿	IDL	灌木	C_3	非豆科	21.29	13.95	0.36	1.52	59.48
兴安胡枝子	IDL	灌木	C_3	豆科	17.39	8.72	0.23	2.07	77.27
大籽蒿	IDL	草本	C_4	非豆科	16.01	8.89	0.24	1.91	67.10
狗尾草	IDL	禾草	C_4	非豆科	21.75	7.44	0.19	2.95	112.44
黄柳	IDL	灌木	C_3	非豆科	14.66	6.36	0.19	2.42	77.92
假苇拂子茅	IDL	禾草	C_3	非豆科	12.32	5.84	0.14	2.12	85.60
苦参	IDL	草本	C_3	豆科	22.03	14.59	0.46	1.51	47.57
苦苣菜	IDL	草本	C_3	非豆科	14.45	5.94	0.14	2.43	104.75
芦苇	IDL	禾草	C_3	非豆科	24.88	13.34	0.40	1.79	62.96
木羊柴	IDL	灌木	C_4	豆科	14.62	5.93	0.17	2.46	85.73
铁杆蒿	IDL	草本	C_3	非豆科	17.89	8.97	0.24	2.21	73.23
雾冰藜	IDL	草本	C_4	非豆科	22.83	18.65	0.46	1.24	49.61

（续）

物种	生境	生活型	光合途径	固氮性	净光合速率/ $[\mu mol/(m^2 \cdot S)]$	蒸腾速率/ $[\mu mol/(m^2 \cdot S)]$	气孔导度	水分利用效率/ （mol/mol）	瞬时水分利用 效率/（mol/mol）
细叶胡枝子	IDL	灌木	C_3	豆科	14.10	8.43	0.21	1.64	67.27
小红柳	IDL	灌木	C_3	非豆科	14.34	7.21	0.21	1.99	67.24
小叶锦鸡儿	IDL	灌木	C_3	豆科	13.53	6.93	0.23	1.99	57.79
野艾蒿	IDL	草本	C_3	非豆科	13.78	7.72	0.19	1.81	70.72
猪毛菜	IDL	草本	C_4	非豆科	23.34	13.91	0.32	1.69	72.94
白草	FD	禾草	C_4	非豆科	27.71	6.96	0.30	3.98	93.48
花苜蓿	FD	草本	C_3	豆科	14.48	10.14	0.26	1.43	56.04
糙隐子草	FD	禾草	C_4	非豆科	24.87	9.06	0.22	2.74	111.54
兴安胡枝子	FD	灌木	C_3	豆科	18.39	8.32	0.23	2.21	81.72
狗尾草	FD	禾草	C_4	非豆科	24.75	8.44	0.20	2.93	121.66
蒺藜	FD	草本	C_4	非豆科	27.40	11.30	0.24	2.42	114.64
尖头叶藜	FD	草本	C_4	非豆科	27.11	15.15	0.81	1.79	33.48
芦苇	FD	禾草	C_3	非豆科	19.85	12.80	0.31	1.55	65.08
砂引草	FD	草本	C_3	非豆科	16.20	11.60	0.20	1.40	81.00
雾冰藜	FD	草本	C_4	非豆科	23.15	24.65	0.62	0.94	37.15
野艾蒿	FD	草本	C_3	非豆科	14.78	7.72	0.19	1.92	75.85
猪毛菜	FD	草本	C_4	非豆科	23.10	15.40	0.34	1.50	68.75
黄花蒿	FD	草本	C_3	非豆科	18.50	10.90	0.29	1.70	63.79
花苜蓿	SFD	草本	C_3	豆科	12.50	10.04	0.27	1.24	45.48
盐蒿	SFD	灌木	C_3	非豆科	12.10	12.00	0.31	1.11	38.98
兴安胡枝子	SFD	灌木	C_3	豆科	15.84	7.15	0.19	2.22	81.54
大籽蒿	SFD	草本	C_4	非豆科	13.26	7.08	0.14	1.89	96.79
地梢瓜	SFD	草本	C_3	非豆科	11.97	9.86	0.19	1.22	62.30
狗尾草	SFD	禾草	C_4	非豆科	30.75	8.74	0.17	3.53	179.35
黄柳	SFD	灌木	C_3	非豆科	15.66	8.36	0.24	1.87	65.76
灰绿藜	SFD	草本	C_4	非豆科	23.19	16.46	0.41	1.43	56.05
尖头叶藜	SFD	草本	C_4	非豆科	30.11	18.15	0.81	1.66	37.18
苦苣菜	SFD	草本	C_3	非豆科	19.99	13.34	0.37	1.51	53.78
雾冰藜	SFD	草本	C_4	非豆科	22.15	29.65	0.82	0.75	26.91
细叶胡枝子	SFD	灌木	C_3	豆科	20.98	11.49	0.36	1.83	58.20
小叶锦鸡儿	SFD	灌木	C_3	豆科	16.13	12.61	0.27	1.28	59.33
猪毛菜	SFD	草本	C_4	非豆科	25.19	19.33	0.41	1.31	61.90
盐蒿	SMD	灌木	C_3	非豆科	11.84	13.24	0.40	0.98	29.51

（续）

物种	生境	生活型	光合途径	固氮性	净光合速率/ [μmol/（m²·S）]	蒸腾速率/ [μmol/（m²·S）]	气孔导度	水分利用效率/ （mol/mol）	瞬时水分利用 效率/（mol/mol）
大果虫实	SMD	草本	C₃	非豆科	7.76	7.49	0.16	1.03	48.51
杠柳	SMD	灌木	C₃	非豆科	7.39	5.24	0.15	1.42	49.14
狗尾草	SMD	禾草	C₄	非豆科	22.89	9.81	0.19	2.30	119.07
光梗蒺藜草	SMD	禾草	C₄	非豆科	22.61	8.73	0.17	2.60	131.88
黄柳	SMD	灌木	C₃	非豆科	13.93	9.42	0.21	1.49	65.10
苦苣菜	SMD	草本	C₃	非豆科	9.74	7.89	0.21	1.26	47.43
雾冰藜	SMD	草本	C₄	非豆科	9.90	14.43	0.26	0.68	38.15
狗尾草	MD	禾草	C₄	非豆科	20.89	9.51	0.20	2.20	103.30
沙地旋覆花	MD	草本	C₃	非豆科	13.41	19.79	0.44	0.71	30.58
沙蓬	MD	草本	C₄	非豆科	12.98	15.57	0.41	0.93	31.89

注：IDL 为丘间低地，FD 为固定沙丘，SFD 为半固定沙丘，SMD 为半流动沙丘，MD 为固定沙丘。

7.9 放牧与封育对沙质草场植被特征及其空间变异性影响数据集

7.9.1 引言

放牧是人类对草地的主要干扰方式之一，而施行退化草地的禁牧封育则是区域生态恢复重建的一项重要举措。

我国沙区现有草地 1.4 亿 hm²，由于土壤条件和植被组成的差异，该区的沙质草地与其毗邻的典型草原相比植被的耐牧能力有很大差别，其反应过程和最终结果也明显不同（汪诗平等，1998）。沙质草场植被的斑块化分布和空间变异性较强，但关于放牧与封育对沙质放牧草地植被群落特征空间变异性影响的研究较少。空间变异性反映了生态格局和生态过程的内在特性。群落在空间上的分布受环境的影响既非均一又非随机，而空间变异性从空间差异的角度指出了空间不连续性对自然群落分布格局的重要影响，即空间过程对群落格局的重要性（辛晓平等，2002）。

科尔沁沙地是我国北方农牧交错区的典型代表区域，也是近年来沙漠化最为严重的地区之一。这一地区的原生自然景观为半干旱温带疏林草原，但由于自然生态系统的脆弱性（多沙、干旱、大风），再加上过度的人为干扰，沙地植被破坏严重，生产力下降。但较小的空间尺度上，由于地形、放牧干扰和种间竞争等作用的共同影响，在沙质草场内部存在着小尺度群落组成、多样性分布格局的空间变异性，这种小尺度的空间变异性可能是维持较大尺度的群落生物多样性、初级生产力和植被稳定性的重要因素。作者利用中国科学院奈曼站沙漠化研究站定位试验观测场开展试验调查，采用经典统计和地统计学的分析方法（Su et al.，2006），定量分析了放牧和封育沙质草场的植被特征及其空间变异性规律，探讨放牧和封育管理对植被的影响，为退化草地的恢复和管理提供了科学依据。

7.9.2 数据采集和处理方法

2006 年 8 月，选择中国科学院奈曼站沙漠化研究站定位观测的封育草场和相邻围栏外的放牧草场，分别在每个草场内选取面积为 900 m²（30 m×30 m）、坡度为 3°～6°的典型草场，各草场植物群落类型、植物种数、优势植物、面积、坡度及土壤机械组成（0～15 cm）如表 7-18 所示。沙质草场植被由杂草组成，放牧与封育草场内均有 26 种植物，优势种植物有黄花蒿（*Artemisia annua*）、狗尾草（*Setaria viridis*）、糙隐子草（*Cleistogenes squarrosa*）、兴安胡枝子（*Lespedeza davurica*）等，根据重要值排序取前 3 种优势植物，各草场优势度最高的植物均为黄花蒿、狗尾草、糙隐子草，3 种植物优势度之和均大于 50%。各草场地形均起伏不大，都是坡度小于 6°的平缓沙质草场。各草场土壤中以中沙粒为主，封育沙质草场细纱粒和黏粉粒含量均大于放牧草场，中沙粒含量小于放牧草场。

各草场内均间隔 2 m 取样，分别共有 225 个样点，按抽取随机数字的方法各抽取 80 个样点，并以所抽取样点为中心设置 1 m×1 m 的样方，分种测定植株高度、密度、株丛数，估测分种盖度及总盖度，并进一步计算物种的重要值，确定其优势种类。物种的重要值计算如下：

$$物种重要值＝（相对多度＋相对盖度＋相对高度）/3$$

分析方法：作者用 SPSS11.5 分别对围栏内和放牧草场植被群落特征进行了统计性描述及 t 检验分析。植被多样性指数采用多样性测度值 Shannon-Wiener 指数。对每组植被特征数据是否符合正态分布规律进行单样本柯尔莫哥洛夫-斯米诺夫（One-Sample Kolomogorov-Semirnov，KS）检验，对不符合正态分布的各组进行对数转换，使转换后各组数据趋于正态分布。

7.9.3　数据质量控制和评估

本数据集中的数据来源于野外样地的实测调查。从调查前期准备、调查过程中到调查完成后，整个过程中对数据质量进行控制。同时，采用专家审核验证的方法，以确保数据相对准确可靠。调查前的数据质量控制：根据统一的调查规范方案，对所有参与调查的人员集中进行技术培训，尽可能地减少人为误差。

调查过程中的数据质量控制：调查开始时，植物种名参照《中国植物志》和《内蒙古植物志》，对于不能当场确定的植物名称，采集相关标本、凭证并在室内进行鉴定；调查人和记录人完成小样方调查时，立即对原始记录表进行核查，发现错误的数据及时纠正。

调查完成后的数据质量控制：调查完成后，调查人和记录人完成对样方数据的进一步核查，并补充相关信息；在将纸质版数据录入电脑的过程中，采用 2 人同时输入数据的方式，自查并相互检查，以确保输入数据的准确性；树种的补充信息、种名及其特性等参考了《中国植物志》和《内蒙古植物志》以及相关文献，并咨询了当地的植物分类专家，植物名称和特性的鉴定可靠；形成的物种组成数据集由专家进行最终审核和修订，确保数据集的真实、可靠；将野外纸质原始数据集妥善保存并备份，放在不同的地方，以备将来核查。

7.9.4　数据价值

定量分析了放牧与封育沙质草场的植被特征及其空间变异性规律，探讨放牧和封育管理对植被的影响，为退化草地的恢复和管理提供科学依据。本研究数据公开发表在核心期刊《干旱区研究》上，可为研究该地区退化草地的恢复和管理提供科学依据。同时数据可为相关恢复生态学专著的编写提供素材，也是在本地区开展植物生态学和草地管理的基础文献。

7.9.5　数据使用方法和建议

本数据集可通过奈曼站农田生态系统国家野外科学观测研究站网络获取数据服务，登录首页后点"资源服务"下的数据服务，登录首页后点"资源服务"下的数据服务，进入相应页面下载数据。可以通过植被盖度、多度和多样性特征等字段进行相关数据的查询。

7.9.6　数据

表 7-18 中为沙质草场群落特征数据。

表 7 - 18　沙质草场群落特征

植被特征	草场	最小值	最大值	平均值	标准差	变异系数/%	分布类型
盖度/%	封育	40.000	72.000	56.063	8.029	14.3	正态
	放牧	28.000	60.000	42.500	7.569	17.8	对数正态
丰富度	封育	4.000	12.000	7.388	1.804	24.4	正态
	放牧	3.000	13.000	6.863	1.763	25.7	正态
平均高度/cm	封育	13.750	44.200	26.489	7.827	29.5	非正态
	放牧	6.063	24.600	13.356	3.744	28.0	非正态
密度/株	封育	29.000	332.000	120.100	61.056	50.8	对数正态
	放牧	29.000	370.000	150.950	72.277	47.9	正态
Shannon-Wiener 指数	封育	1.047	2.220	1.696	0.230	13.5	正态
	放牧	0.764	2.191	1.474	0.320	21.7	正态

参 考 文 献

崔永琴，马剑英，刘小宁，等，2011. 人类活动对土壤有机碳库的影响研究进展 [J]. 中国沙漠，31 (2)：8.

姜凤歧，曹成有，曾德慧，等，2002. 科尔沁沙地生态系统退化与恢复 [M]. 北京：中国林业出版社.

蒋高明，何维民，1999. 毛乌素沙地若干植物光合作用、蒸腾作用和水分利用效率种间及生境间差异 [J]. 植物学报，41 (10)：1114-1124.

汪诗平，王艳芬，李永宏，1998. 不同放牧率对牧草再生性能与地上净初级生产力的影响 [J]. 草地学报，6 (4)：275-281.

辛晓平，李向林，杨桂霞，等，2002. 放牧和刈割条件下草山草坡群落空间变异性分析 [J]. 应用生态学报，13 (4)：449-453.

赵学勇，左小安，赵哈林，等，2006. 科尔沁不同类型沙地土壤水分在降水后的空间变异特征 [J]. 干旱区地理，29 (2)：275-281.

Davidson E A, Janssens I A, 2006. Temperature sensitivity of soil carbon decomposition and feedbacks to climate change [J]. Nature, 440 (7081)：165-173.

Huang J Y, Zhu X G, Yuan Z Y, 2008. Changes in nitrogen resorption traits of six temperate grassland species along a multi-level N addition gradient [J]. Plant Soil, 306：149-158.

Killingbeck K, 1996. Nutrients in senesced leaves：Keys to the search for potential resorption and resorption proficiency [J]. Ecology, 77：1716-1727.

Kobe R, Lepczyk C, Iyer M, 2005. Resorption efficiency decreases with increasing green leaf nutrients in a global data set [J]. Ecology, 86：2780-2792.

McGill W B, Figueiredo C T, 1993. Total nitrogen [M]. Carter M R, Soil sampling and methods of analysis. Canada：Lewis Publishers：201-212.

Nelson D W, Sommers L E, 1982. Total carbon, organic carbon and organic matter [M]. Page A L, Miller R H, Keeney D R, Methods of Soil Analysis：Part 2, 2nd ed. Madison：American Society of Agronomy：539-577.

Ollerton J, Winfree R, Tarrant S, 2011. How many flowering plants are pollinated by animals? [J]. Oikos, 120：321-326.

Pan C C, Qu H, Feng Q, et al., 2017. Increased pollinator service and reduced pollen limitation in the fixed dune populations of a desert shrub [J]. Scientific Reports, 7 (1)：16903.

Richardson S, Peltzer D, Allen R, et al., 2005. Resorption proficiency along a chronosequence：Responses among communities and within species [J]. Ecology, 86：20-25.

Schwilch G, Bachmann F, Liniger H P, 2009. Appraising and selecting conservation measures to mitigate desertification and land degradation based on stakeholder participation and global best practices [J]. Land Degradation and Development, 20：308-326.

Su Y Z, Li Y L, Zhao H L, 2006. Soil properties and their spatial pattern in a degraded sandy grassland under postgrazing restoration, Inner Mongolia, northern China [J]. Biogeochemistry, 79：297-314.

Wright I, Westoby M, 2003. Nutrient concentration, resorption and lifespan：Leaf traits of Australian sclerophyll species [J]. Functional Ecology, 10：10-19.

Yuan Z Y, Li L H, Han X G, et al., 2005a. Nitrogen resorption from senescing leaves in 28 plant species in a semi-arid region of northern China [J]. Journal of Arid Environments, 63：191-202.

Yuan Z Y, Li L H, Han X G, et al., 2005b. Foliar nitrogen dynamics and nitrogen resorption of a sandy shrub Salix gordejevii in northern China [J]. Plant Soil, 278：183-193.

ZH L，Zhou R L，Su Y Z，et al.，2007. Shrub facilitation of desert land restoration in the Horqin Sand Land of Inner Mongolia [J]．Ecological engineering，31（1）：1 - 8.

ZX A，Zhao H L，Zhao X Y，et al.，2008. Plant distribution at the mobile dune scale and its relevance to soil properties and topographic features [J]．Environmental Geology，54：1111 - 1120.